"十四五"职业教育国家规划教材

国家卫生健康委员会"十四五"规划教材
全国高等职业教育药品类专业第四轮规划教材

供药学类、药品制造类、食品药品管理类、食品工业类专业用

基础化学

第 4 版

主　编　黄月君

副主编　段卫东　姜　斌　黄志远

编　者（以姓氏笔画为序）

史春婷（南阳医学高等专科学校）　　　　段卫东（黑龙江护理高等专科学校）

冯寅寅（皖西卫生职业学院）　　　　　　姜　斌（山东医学高等专科学校）

李　艳（山东省莱阳卫生学校）　　　　　袁海平（山西药科职业学院）

杨　丹（山东中医药高等专科学校）　　　黄月君（山西药科职业学院）

狄庆锋（湖南中医药高等专科学校）　　　黄志远（长春医学高等专科学校）

张芙蓉（重庆三峡医药高等专科学校）　　曾　诺（广东省食品药品职业技术学校）

范　伟（菏泽医学专科学校）　　　　　　廖　萍（赣南卫生健康职业学院）

人民卫生出版社
·北京·

图书在版编目（CIP）数据

基础化学 / 黄月君主编 . -- 4 版 . -- 北京 ：人民
卫生出版社，2025.6（2025.10重印）. --（全国高等职业
教育药品类专业第四轮规划教材）. -- ISBN 978-7-117
-37890-1

Ⅰ. O6

中国国家版本馆 CIP 数据核字第 2025EW8329 号

人卫智网　www.ipmph.com	医学教育、学术、考试、健康， 购书智慧智能综合服务平台	
人卫官网　www.pmph.com	人卫官方资讯发布平台	

基 础 化 学
Jichu Huaxue
第 4 版

主　　编：黄月君
出版发行：人民卫生出版社（中继线 010-59780011）
地　　址：北京市朝阳区潘家园南里 19 号
邮　　编：100021
E - mail：pmph @ pmph.com
购书热线：010-59787592　010-59787584　010-65264830
印　　刷：人卫印务（北京）有限公司
经　　销：新华书店
开　　本：850×1168　1/16　印张：22　插页：1
字　　数：517 千字
版　　次：2009 年 1 月第 1 版　2025 年 6 月第 4 版
印　　次：2025 年 10 月第 3 次印刷
标准书号：ISBN 978-7-117-37890-1
定　　价：68.00 元
打击盗版举报电话：**010-59787491**　E-mail：**WQ @ pmph.com**
质量问题联系电话：**010-59787234**　E-mail：**zhiliang @ pmph.com**
数字融合服务电话：**4001118166**　E-mail：**zengzhi @ pmph.com**

出版说明

近年来,我国职业教育在国家的高度重视和大力推动下已经进入高质量发展新阶段。从党的十八大报告强调"加快发展现代职业教育",到党的十九大报告强调"完善职业教育和培训体系,深化产教融合、校企合作",再到党的二十大报告强调"统筹职业教育、高等教育、继续教育协同创新,推进职普融通、产教融合、科教融汇,优化职业教育类型定位",这一系列重要论述不仅是对职业教育发展路径的精准把握,更是对构建中国特色现代职业教育体系、服务国家发展战略、促进经济社会高质量发展的全面部署,也为我们指明了新时代职业教育改革发展的方向和路径。

为全面贯彻国家教育方针,将现代职业教育发展理念融入教材建设全过程,人民卫生出版社经过广泛调研论证,启动了全国高等职业教育药品类专业第四轮规划教材的修订出版工作。

本套规划教材首版于 2009 年,分别于 2013 年、2017 年修订出版了第二轮、第三轮规划教材。本套教材在建设之初,根据行业标准和教育目标,制定了统一的指导性教学计划和教学大纲,规范了药品类专业的教学内容。这套规划教材不仅为高等职业教育药品类专业的学生提供了系统的理论知识,还帮助他们建立了扎实的专业技能基础。这套教材的不断修订完善,是我国职业教育体系不断完善和进步的一个缩影,对于我国高素质药品类专业技术技能型人才的培养起到了重要的推动作用。同时,本套教材也取得了诸多成绩,其中《基础化学》(第 3 版)、《天然药物学》(第 3 版)、《中药制剂技术》(第 3 版)等多本教材入选了"十四五"职业教育国家规划教材,《药物制剂技术》(第 3 版)荣获了首届全国教材建设奖一等奖,《药物分析》(第 3 版)荣获了首届全国教材建设奖二等奖。

第四轮规划教材主要依据教育部相关文件精神和职业教育教学实际需求,调整充实了教材品种,涵盖了药品类相关专业群的主要课程。全套教材为国家卫生健康委员会"十四五"规划教材,是"十四五"时期人民卫生出版社重点教材建设项目。本轮教材继续秉承"大力培养大国工匠、能工巧匠、高技能人才"的职教理念,结合国内药学类专业领域教育教学发展趋势,科学合理推进规划教材体系改革,重点突出如下特点:

1. 坚持立德树人,融入课程思政　高职院校人才培养事关大国工匠养成,事关实体经济发展,事关制造强国建设,要确保党的事业后继有人,必须把立德树人作为中心环节。本轮教材修订注重深入挖掘各门课程中蕴含的课程思政元素,通过实践案例、知识链接等内容,润物细无声地将思想政治工作贯穿教育教学全过程,使学生在掌握专业知识与技能的同时,树立起正确的世界观、人生观、价值观,增强社会责任感,坚定服务人民健康事业的理想信念。

2. 对接岗位需求,优化教材内容　根据各专业对应从业岗位的任职标准,优化教材内容,避免重要知识点的遗漏和不必要的交叉重复,保证教学内容的设计与职业标准精准对接,学校的人才培养与企业的岗位需求精准对接。根据岗位技能要求设计教学内容,增加实践教学内容的比重,设计贴近企业实际生产、管理、服务流程的实验、实训项目,提高学生的实践能力和解决问题的能力;部分教材采用基于工作过程的模块化结构,模拟真实工作场景,让学生在实践中学习和运用知识,提高实际操作能力。

3. 知识技能并重,实现课证融通 本轮教材在编写队伍组建上,特别邀请了一大批具有丰富实践经验的行业专家,与从全国高职院校中遴选出的优秀师资共同合作编写,使教材内容紧密围绕岗位所需的知识、技能和素养要求展开。在教材内容设计方面,充分考虑职业资格证书的考试内容和要求,将相关知识点和技能点融入教材中,使学生在学习过程中能够掌握与岗位实际紧密相关的知识和技能,帮助学生在完成学业的同时获得相应的职业资格证书,使教材既可作为学历教育的教科书,又能作为岗位证书的培训用书。

4. 完善教材体系,优化编写模式 本轮教材通过搭建主干知识、实验实训、数字资源的"教学立交桥",充分体现了现代高等职业教育的发展理念。强化"理实一体"的编写方式,并多配图表,让知识更加形象直观,便于教师讲授与学生理解。并通过丰富的栏目确保学生能够循序渐进地理解和掌握知识,如用"导学情景"引入概念,用"案例分析"结合实践,用"课堂活动"启发思考,用"知识链接"开阔视野,用"点滴积累"巩固考点,大大增加了教材的可读性。

5. 推进纸数融合,打造新形态精品教材 为了适应新的教学模式的需要,通过在纸质教材中添加二维码的方式,融合多媒体元素,构建数字化平台,注重教材更新与迭代,将"线上""线下"教学有机融合,使学生能够随时随地进行扫码学习、在线测试、观看实验演示等,增强学习的互动性和趣味性,使抽象知识直观化、生动化,提高可理解性和学习效率。通过建设多元化学习路径,不断提升教材的质量和教学效果,为培养高素质技能型人才提供有力支持。

本套教材的编写过程中,全体编者以高度负责、严谨认真的态度为教材的编写工作付出了诸多心血,各参编院校为编写工作的顺利开展给予了大力支持,从而使本套教材得以高质量如期出版,在此对相关单位和各位专家表示诚挚的感谢! 教材出版后,各位教师、学生在使用过程中,如发现问题请反馈给我们(发消息给"人卫药学"公众号),以便及时更正和修订完善。

人民卫生出版社

2024 年 11 月

前　言

　　《基础化学》(第4版)为"十四五"职业教育国家规划教材。本教材在第3版的基础上进行了适当修订,增加了相关视频,同时,通过数字资源与纸质教材相融合,实现教学立体化,更利于学生对知识的理解和掌握。本教材内容简明扼要,重点突出,理论联系实际,适用于药学类、药品制造类、食品药品管理类、食品工业类等高职高专相关专业的学生学习,也可作为成人教育相关专业的教材或参考书。

　　本教材以培养高素质技术技能型人才作为编写的指导思想,根据高职高专教育专业人才的培养目标以及高职高专学生应具备的知识与能力结构和素质要求编写而成。编写时坚持"以素质教育为基础、以能力培养为本位"的教育教学指导思想,打破完整学科型的教材体系,紧扣"实用为主,必需、够用和管用为度"的原则,体现"工学结合,产教融合,理实一体,课证融通"导向,构建适用于高职高专相关专业的《基础化学》教材新体系。

　　本教材的主要内容包括无机化学和分析化学的基础知识和基本原理。充分考虑高职高专药品类专业特点,将无机化学和分析化学两门独立课程的教学内容精心遴选后进行有机整合,加强基础,突出重点。删除了较深奥的理论分析和阐述,力求做到既言简意赅、通俗易懂,又具有较完整的基础化学知识体系。如将定量化学分析的四种滴定分析法融入"四大"相关化学平衡,并以化学平衡原理为基点展开,充分体现基础理论与应用技术的一体化。对各种化学分析方法,特别是现代主要仪器分析方法,着重强化实际应用,使教学内容更切合高职高专药品类专业教育实际,既体现了化学课程的专业基础课特色,又着力培养学生分析、解决问题的能力。

　　本教材由黄月君主编并统稿,章节编写具体分工为(按章节先后顺序排列):黄月君负责编写绪论、第十章,廖萍负责编写第一章,范伟负责编写第二章,段卫东负责编写第三章,袁海平负责编写第四章,黄志远负责编写第五章,曾诺负责编写第六章,史春婷负责编写第七章,李艳负责编写第八章,张芙蓉负责编写第九章,姜斌负责编写第十一章,狄庆锋负责编写第十二章,冯寅寅负责编写第十三章,杨丹负责编写第十四章。

　　本书的编写得到了人民卫生出版社、各位编者所在院校及有关专家的大力支持,参考了部分教材和相关著作,从中借鉴了许多有益的内容,在此谨向相关作者和出版社致以衷心的感谢。

　　鉴于编者的水平和能力有限,教材难免存在不足之处,恳请专家以及使用本教材的老师和同学们批评指正。

编　者

2025 年 5 月

目 录

绪论 ● **001**

一、化学研究的对象和作用 001

二、化学的发展趋势 002

三、化学与药学 003

四、基础化学的学习方法 004

第一章　溶液 ● **005**

第一节　分散系 **005**

一、基本概念 005

二、分类 006

第二节　溶液的浓度 **007**

一、溶液浓度的表示方法 007

二、溶液浓度的换算 009

第三节　稀溶液的依数性 **009**

一、溶液的蒸气压下降 010

二、溶液的沸点升高 010

三、溶液的凝固点降低 011

四、溶液的渗透压 012

第四节　胶体溶液 **015**

一、溶胶的性质 016

二、胶团的结构 017

三、溶胶的稳定性 018

四、溶胶的聚沉 018

第五节　高分子溶液与凝胶 **019**

一、高分子溶液 019

二、凝胶 020

基础化学实训基本知识　　　　　　　　　　　　　　　　021

　　　　　一、实训室工作要求　　　　　　　　　　　　021

　　　　　二、实训室安全知识　　　　　　　　　　　　022

　　　　　三、试剂使用规则　　　　　　　　　　　　　023

　　　　　四、实训室常见紧急事故的处理　　　　　　　023

　　　　　五、实训数据的记录和实训报告　　　　　　　024

　　实训一　溶液的配制　　　　　　　　　　　　　　　025

　　实训二　药用氯化钠的制备　　　　　　　　　　　　027

第二章　物质结构　　　　　　　　　　　　　　　　● 030

　　第一节　核外电子的运动状态　　　　　　　　　　030

　　　　　一、原子核外电子的运动　　　　　　　　　　030

　　　　　二、核外电子运动状态的描述　　　　　　　　031

　　第二节　原子核外电子的排布　　　　　　　　　　033

　　　　　一、近似能级图　　　　　　　　　　　　　　033

　　　　　二、核外电子排布的规律　　　　　　　　　　034

　　第三节　元素周期律与元素的基本性质　　　　　　036

　　　　　一、原子的电子层结构与元素周期表　　　　　036

　　　　　二、元素基本性质的周期性变化规律　　　　　037

　　第四节　化学键　　　　　　　　　　　　　　　　039

　　　　　一、离子键　　　　　　　　　　　　　　　　039

　　　　　二、共价键　　　　　　　　　　　　　　　　040

　　　　　三、杂化轨道理论　　　　　　　　　　　　　044

　　第五节　分子间作用力和氢键　　　　　　　　　　047

　　　　　一、分子的极性　　　　　　　　　　　　　　048

　　　　　二、分子间作用力　　　　　　　　　　　　　048

　　　　　三、氢键　　　　　　　　　　　　　　　　　049

第三章　化学反应速率与化学平衡　　　　　　　　● 052

　　第一节　化学反应速率　　　　　　　　　　　　　052

　　　　　一、化学反应速率及表示方法　　　　　　　　053

　　　　　二、有效碰撞理论与活化能　　　　　　　　　053

　　　　　三、影响化学反应速率的因素　　　　　　　　054

第二节　化学平衡　　　　　　　　　　　　　　　　　　　　057

一、可逆反应与化学平衡　　　　　　　　　　　　　057

二、化学平衡常数　　　　　　　　　　　　　　　　058

三、化学平衡的移动　　　　　　　　　　　　　　　060

实训三　化学反应速率与化学平衡的影响因素　　　　064

第四章　定量分析基础 　　　　　　　　　　　　　　　　　▪ 067

第一节　定量分析概述　　　　　　　　　　　　　　　　067

一、定量分析的任务和作用　　　　　　　　　　　067

二、定量分析方法　　　　　　　　　　　　　　　068

第二节　误差与分析数据的处理　　　　　　　　　　　　070

一、误差的分类　　　　　　　　　　　　　　　　070

二、准确度与精密度　　　　　　　　　　　　　　071

三、提高分析结果准确度的方法　　　　　　　　　073

四、有效数字及运算规则　　　　　　　　　　　　075

五、可疑值的取舍　　　　　　　　　　　　　　　076

六、分析结果的一般表示方法　　　　　　　　　　077

第三节　滴定分析法　　　　　　　　　　　　　　　　　078

一、滴定分析法概述　　　　　　　　　　　　　　078

二、滴定液　　　　　　　　　　　　　　　　　　080

三、滴定分析计算　　　　　　　　　　　　　　　081

实训四　电子天平称量练习　　　　　　　　　　　　　　085

实训五　滴定分析仪器的基本操作　　　　　　　　　　　087

第五章　酸碱平衡与酸碱滴定法 　　　　　　　　　　　▪ 094

第一节　酸碱质子理论　　　　　　　　　　　　　　　　094

一、酸碱的定义和共轭酸碱对　　　　　　　　　095

二、酸碱反应的实质　　　　　　　　　　　　　095

三、酸碱的强度　　　　　　　　　　　　　　　096

第二节　酸碱平衡　　　　　　　　　　　　　　　　　　096

一、水的解离和溶液的酸碱性　　　　　　　　　096

二、弱酸、弱碱的解离平衡　　　　　　　　　　097

三、解离常数与解离度的关系——稀释定律　　　098

四、共轭酸碱对的 K_a 与 K_b 的关系 099

五、同离子效应和盐效应 100

六、酸碱溶液 pH 的计算 101

第三节　缓冲溶液 **103**

一、缓冲溶液和缓冲机制 103

二、缓冲溶液 pH 的计算 104

三、缓冲容量与缓冲范围 105

四、缓冲溶液的选择与配制 106

五、缓冲溶液在医药学上的应用 107

第四节　酸碱滴定法 **107**

一、酸碱指示剂 108

二、酸碱滴定类型及指示剂的选择 109

三、酸碱滴定液的配制与标定 115

四、应用示例 116

第五节　非水溶液的酸碱滴定法 **118**

一、基本原理 118

二、碱的滴定 121

三、酸的滴定 124

实训六　缓冲溶液的配制与性质 **125**

实训七　盐酸滴定液的配制与标定 **128**

实训八　氢氧化钠滴定液的配制与标定 **130**

实训九　食醋中总酸量的测定 **131**

实训十　药用硼砂含量的测定 **133**

第六章　沉淀溶解平衡与沉淀滴定法 **135**

第一节　沉淀溶解平衡 **135**

一、溶度积原理 135

二、沉淀的生成与溶解 137

第二节　沉淀滴定法 **140**

一、确定终点的方法 140

二、滴定液 144

三、应用示例 145

实训十一　生理盐水中氯化钠含量的测定 **147**

第七章　配位平衡与配位滴定法 ────────────────────────── • **150**

　　第一节　配位化合物　151
　　　　一、配位化合物的定义　151
　　　　二、配位化合物的组成　151
　　　　三、配位化合物的命名　153
　　　　四、配位化合物的类型　154
　　第二节　配位平衡　155
　　　　一、配位化合物的稳定常数　155
　　　　二、配位平衡的移动　155
　　第三节　配位滴定法　157
　　　　一、EDTA 及其配位特性　157
　　　　二、滴定条件的选择　160
　　　　三、金属指示剂　161
　　　　四、滴定液　162
　　　　五、应用示例　163
　　实训十二　水总硬度的测定　165

第八章　氧化还原反应与氧化还原滴定法 ────────────── • **168**

　　第一节　氧化还原反应　168
　　　　一、氧化数　168
　　　　二、氧化还原反应基本概念　169
　　第二节　原电池与电极电势　171
　　　　一、原电池　171
　　　　二、电极电势　172
　　　　三、能斯特方程式　173
　　第三节　氧化还原滴定法　174
　　　　一、概述　174
　　　　二、指示剂　176
　　　　三、高锰酸钾法　176
　　　　四、碘量法　179
　　　　五、亚硝酸钠法　182
　　实训十三　高锰酸钾滴定液的配制与标定　185
　　实训十四　消毒液中过氧化氢含量的测定　186

实训十五　硫代硫酸钠滴定液的配制与标定　　　188

实训十六　维生素 C 含量的测定　　　190

实训十七　食盐中碘含量的测定　　　192

第九章　电化学分析法　　　194

第一节　概述　　　194

　　一、电化学分析法的特点　　　194

　　二、电化学分析法的分类　　　195

　　三、参比电极和指示电极　　　195

第二节　直接电势法　　　197

　　一、溶液 pH 的测定　　　197

　　二、其他离子浓度的测定　　　199

第三节　电势滴定法　　　200

　　一、基本原理　　　200

　　二、滴定终点的确定方法　　　201

　　三、电势滴定法的应用　　　202

第四节　永停滴定法　　　203

　　一、基本原理　　　204

　　二、应用示例　　　205

实训十八　溶液 pH 的测定　　　207

实训十九　磺胺嘧啶含量的测定　　　209

第十章　紫外 - 可见分光光度法　　　211

第一节　概述　　　212

　　一、光的特性　　　212

　　二、物质对光的选择性吸收　　　213

第二节　基本原理　　　214

　　一、吸收光谱曲线　　　214

　　二、光的吸收定律　　　215

　　三、偏离吸收定律的主要因素　　　218

第三节　紫外 - 可见分光光度计　　　219

　　一、主要部件　　　219

　　二、分光光度计的类型　　　221

　　　三、测量条件的选择　　　　　　　　　　　　222

第四节　定性和定量分析方法　　　　　　　　**223**

　　　一、定性分析方法　　　　　　　　　　　　223

　　　二、纯度检查　　　　　　　　　　　　　　225

　　　三、定量分析方法　　　　　　　　　　　　226

实训二十　高锰酸钾含量的测定　　　　　　**229**

实训二十一　维生素 B$_{12}$ 注射液含量的测定　　**231**

第十一章　液相色谱法　　　　　　　　　　●　**234**

　　第一节　概述　　　　　　　　　　　　　　**234**

　　　一、色谱法的产生与发展　　　　　　　　　235

　　　二、色谱法的分类　　　　　　　　　　　　236

　　　三、色谱法的基本原理　　　　　　　　　　236

　　第二节　柱色谱法　　　　　　　　　　　　**238**

　　　一、液 - 固吸附柱色谱法　　　　　　　　　238

　　　二、液 - 液分配柱色谱法　　　　　　　　　241

　　　三、离子交换柱色谱法　　　　　　　　　　242

　　　四、凝胶柱色谱法　　　　　　　　　　　　243

　　第三节　薄层色谱法　　　　　　　　　　　**244**

　　　一、基本原理　　　　　　　　　　　　　　244

　　　二、吸附剂的选择　　　　　　　　　　　　245

　　　三、展开剂的选择　　　　　　　　　　　　245

　　　四、操作方法　　　　　　　　　　　　　　246

　　　五、应用示例　　　　　　　　　　　　　　249

　　第四节　纸色谱法　　　　　　　　　　　　**250**

　　　一、基本原理　　　　　　　　　　　　　　250

　　　二、影响 R_f 值的因素　　　　　　　　　250

　　　三、操作方法　　　　　　　　　　　　　　251

　　实训二十二　几种混合磺胺类药物的薄层色谱　**253**

　　实训二十三　几种氨基酸的纸色谱　　　　　**255**

第十二章　气相色谱法　　　　　　　　　　●　**257**

　　第一节　概述　　　　　　　　　　　　　　**257**

一、气相色谱法的分类及特点 257

二、气相色谱仪的基本组成及工作流程 258

第二节 基本原理 **259**

一、基本概念 259

二、基本理论 261

第三节 色谱柱和检测器 **262**

一、色谱柱 262

二、检测器 264

三、分离条件的选择 265

第四节 定性与定量分析方法 **266**

一、定性分析方法 266

二、定量分析方法 266

三、色谱系统适用性试验 268

四、应用示例 268

实训二十四 藿香正气水中乙醇含量的测定 **271**

第十三章 高效液相色谱法 **273**

第一节 概述 **273**

一、高效液相色谱法与经典液相色谱法比较 274

二、高效液相色谱法与气相色谱法比较 274

第二节 高效液相色谱仪 **275**

一、输液系统 275

二、进样系统 276

三、分离系统 276

四、检测系统 276

五、数据记录及处理系统 277

第三节 高效液相色谱法中的速率理论 **277**

一、柱内展宽 277

二、柱外展宽 278

第四节 高效液相色谱法的主要类型 **278**

一、液 - 固吸附色谱法 279

二、化学键合相色谱法 280

三、流动相的要求及洗脱方式 281

第五节　高效液相色谱分析方法 　282
一、定性分析方法 　283
二、定量分析方法 　283
三、分离方法的选择 　284
四、应用示例 　285
实训二十五　阿莫西林含量的测定 　286

第十四章　其他仪器分析法简介　289

第一节　红外分光光度法 　289
一、基本原理 　290
二、红外分光光度计 　294
三、应用 　297
第二节　原子吸收分光光度法 　299
一、基本原理 　299
二、原子吸收分光光度计 　300
三、应用 　302
第三节　荧光分析法 　304
一、基本原理 　304
二、荧光分光光度计 　306
三、应用 　307
第四节　质谱法 　308
一、基本原理 　308
二、质谱仪 　309
三、应用 　309
实训二十六　参观红外分光光度计、原子吸收分光光度计、荧光分光
光度计、质谱仪、色谱 - 质谱联用仪等仪器 　313

参考文献 　315

目标检测参考答案 　316

附录 　323
一、国际单位制的基本单位 　323

二、常见元素国际原子量   323

三、常见化合物的相对分子质量   325

四、常见弱酸、弱碱在水中的解离常数(298.15K)   328

五、常见难溶电解质的溶度积常数(298.15K)   329

六、EDTA 滴定部分金属离子的最低 pH   330

七、部分电对的标准电极电势(298.15K)   330

八、常见酸碱溶液的浓度、含量及密度   333

九、常见酸溶液的配制   334

十、常见碱溶液的配制   334

十一、不同温度时常用标准缓冲溶液的 pH   334

十二、标准缓冲溶液的配制   335

十三、常用指示剂的配制   335

课程标准   **336**

元素周期表

绪　论

化学是一门研究物质的组成、结构、性质及其变化规律的科学,是人们认识和改造物质世界的主要方法和手段之一,在人类的生存和社会的发展中起着极为重要的作用。

人类很早就从事与化学相关的生产实践,如烧制陶瓷、冶炼铜器和铁器等金属以及应用火药等。在现代,生命奥秘的探索、新药的筛选与合成、环境保护、新能源的开发利用、功能材料的研究等重大问题都与化学紧密相关。

一、化学研究的对象和作用

化学是自然科学中的一门重要学科,是其他许多学科的基础。化学是研究物质化学运动的科学,化学来源于生产,其产生和发展与人类最基本的生产活动紧密相连,人类的衣食住行也无不与化学科学密切相关,化学元素和化学物种是人类赖以生存的物质宝库。人类社会和经济的飞速发展,给化学科学提供了极为丰富的研究对象和物质技术条件,开辟了广阔的研究领域。化学科学来源于生产,反过来又促进了生产的进步。在应对社会发展所面临的人口、资源、能源、粮食、环境、健康等方面各种问题的严峻挑战中,化学科学都发挥了不可缺少的重要作用,做出了杰出的贡献。化学科学的发展正是这样把巨大的自然力和自然科学并入生产过程,推动了生产的迅猛发展。

化学是一门以实践为基础的学科,涉及所有存在于自然界的物质,主要是指地球上的矿物质,海洋里的水和盐,空气中的混合气体,在植物、动物或人类身上找到的各种各样的化学物质,以及由人类创造的新物质。化学研究的内容涉及自然界的变化,包括与生命有关的化学变化,还有那些由化学家发明和创造的新变化。因此,化学研究包含着两种主要不同类型的工作:其一,研究自然界中已存在的物质并试图了解它的组成、结构、性质、变化规律及其应用;其二,研究如何创造自然界不存在的新物质并完成其所需的对环境有益的化学变化。

众所周知,所有物质都处于不停的运动、变化和发展状态之中。世界上没有不运动的物质,也没有脱离物质的运动。化学主要研究物质的化学运动形式。

化学运动形式即化学变化的主要特征是生成了新的物质。但从物质结构层次讲,化学变化通常是指在原子核不变的情况下,发生了原子的化分(即原有化学键或分子的破坏)和化合(新的化学键或分子的形成)而生成了新的物质。因此,化学的研究对象是在分子、原子或离子水平上,研究物质的组成、结构、性质、变化以及变化过程中能量关系的科学。

物质的各种运动形式是彼此联系的,并在一定条件下互相转化。物质的化学运动形式与其他运动形式也是有联系并互相转化的。化学变化总伴随着物理变化,生物过程总伴随着不间断的化学变化。因此,化学研究必须与其他相关学科的理论和实践相结合。传统上,化学按研究对象和研究的内在逻辑的不同,分为无机化学、有机化学、分析化学和物理化学四大分支。现在这些分支已经发生了相当大的演变。随着科学技术的进步和生产的发展,各学科之间的相互渗透日益增强,化学已经渗透到生物科学、医学、药学、环境科学、农学、食品科学等众多领域之中,形成了许多应用化学的新分支和交叉边缘学科,如生物化学、药物化学、天然药物化学、药物分析、环境化学等。化学是一门"中心科学",它不仅生产用于制造住所、衣物和交通用的材料,发明提高和保证粮食供应的新方法,创造新的药物,还在很多方面改善着我们的生活,因此,化学也是一门实用科学。在现代生活中,特别是在人类的生产活动中,化学起着重要的作用,几乎所有的生产部门都与化学有密切联系。例如,运用对物质结构和性质的知识,科学地选择使用原材料以生产功能不同的新材料;运用化学变化的规律,可以研制开发各种新产品、新药物。当前人类关心的能源和资源的开发,粮食的增产,环境的保护,海洋的综合利用,生物工程,化害为利与变废为宝,解决酸雨、臭氧空洞和光气烟雾等都离不开化学知识。现代化的生产和科学技术往往需要综合运用多种学科的知识,但它们都与化学有着密切的联系,包括医学、药学在内的生命科学与化学的联系更为密切。研制生产各种药物和疫苗防治人类疾病,卫生监督,环境监控以及各种污水的净化处理,都离不开化学的基本原理、基本知识和基本操作技能。

不仅如此,化学在国民经济、国防建设和人民生活等方面都有很大的实际意义。例如,在工业上,资源的勘探、原料的选择、工艺流程的控制、成品的检验以及"三废"的处理与环境的监测;在农业上,土壤的普查、作物营养的诊断、化肥及农产品的质量检验;在尖端科学和国防建设中,人造卫星、核武器的研究和生产,以及原子能材料、半导体材料、超纯物质中微量杂质的分析;在国际贸易方面,对进出口的原料、成品的质量分析等,都要应用到化学的知识。可以说,化学的水平已成为衡量一个国家科学技术水平的重要标志之一。

二、化学的发展趋势

由于科学和技术的发展,化学正处在变革之中。近代的科学研究和生产不仅要求测定物质的化学组成,还要求研究诸如元素的氧化态、配合态及空间分布,物质的晶体结构、表面结构及微区结构,不稳定中间体等。这些研究拓展了化学的范围,大大地促进了它的发展。

现代科学技术的迅猛发展,促进了不同学科的深入发展、交叉与融合,不同科技领域的共鸣与共振,必将爆发出更为惊人的综合效果。人类对物质世界的探索至广、至深,令人惊叹!人们运用闪光分解技术已经可以直接观测到化学反应最基本的动态历程,能够在飞秒级(10^{-15}秒)的时间内追踪化学变化。与分子器件、纳米材料、生物体系的模拟有关的亚微观体系的研究备受青睐。纳米技术涉及原子或分子团簇、超细微粒,并与微电子技术密切相关,不只有理论意义而且有实用意义。与此同时,人们把越来越多的注意力投向处理复杂性问题,特别是化学与生物学、生命科学相关联的一些领域。一些物理学的新思想,如非线性科学中的耗散结构理论、混沌理论、分形理论等在化学中的应用日益广泛,前景引人注目。可以估计到,这些新思想在解决以开放、非平衡态为特点的生命体系中的化学问题时,必将引起化学领域的新的突破。

纵观千变万化的现代物质文明,人类面临着一系列重大的课题:环境的保护、新能源的开发和利用、功能材料的研制、生命过程一系列奥秘的探索等,都与化学的发展密切相关。可以预言,未来化学将面临着全新的挑战,也充满着无限生机。在继承传统的基础上,当前化学发展的总趋势可以概括为:从宏观到微观,从静态到动态,从定性到定量,从体相到表相,从描述到理论。积极向一些与国民经济发展和人民生活水平提高有着密切关系的学科渗透,最主要的是与环境科学、能源科学、材料科学和生命科学的相互交叉渗透,形成一系列新的边缘学科;充分利用新的理论和技术,按特定需要,在分子水平上设计结构,进行制备,贯通性能、结构、制备之间的关系,增强功能意识,进一步向化学的新方向——分子工程学发展;深入地从原子、分子层次上对生命过程做出化学的说明,更多地揭示出复杂生命现象的奥秘。

三、化学与药学

药学科学是生命科学重要的一部分,其主要任务是研制预防和治疗疾病、保障人类健康的药物,并揭示药物与人体及病原体相互作用的规律。化学与药学的关系十分密切,早在 16 世纪,科学家就提出化学要为医治疾病制造药物。19 世纪初,人类发现了一氧化二氮的麻醉作用,后来发现乙醚为更有效的麻醉剂,使无痛外科手术成为现实。自那以后,人们发明了许多更好的麻醉剂。1932 年,德国科学家(G. Domagk)发现一种偶氮磺胺染料,使一位患细菌性血中毒的孩子得以康复,此后,化学家先后研究出数千种抗生素、抗病毒药物及抗肿瘤药物,使许多长期危害人类健康和生命的疾病得到控制,挽救了无数生命,充分显示出化学在医学和人类文明进步中的巨大作用。

医学研究的目的是预防和治疗疾病,而疾病的预防和治疗则需要使用药物。药物的药理作用和疗效是与其化学结构及性质相关的。如碳酸氢钠($NaHCO_3$)有碳酸氢钠片和碳酸氢钠注射液,作为抗酸药,用于糖尿病昏迷及急性肾炎等引起的代谢性酸中毒。钙是人体必需元素,缺钙将造成骨骼畸形、手足抽搐、骨质疏松等疾病,因此,儿童和老人除保证从日常饮食中摄取钙以外,还常常需服用一些钙制剂。枸橼酸钠能通过将体内的铅转变为稳定的无毒的 $[Pb(C_6H_5O_7)]^-$,使之经肾脏排出体外,以治疗铅中毒。顺铂是第一代抗肿瘤药,能破坏癌细胞 DNA 的复制能力,抑制癌细胞的生长,从而达到治疗的目的。由于药物在防病和治病方面的重要作用,越来越多的科学家、医学家为开发利用新的药物而不懈地探索和试验,而药物的研制、生产、鉴定、保存等,都需要依赖丰富的化学知识。

化学和现代医学的关系更加密切。20 世纪初,化学家开始研究糖、血红蛋白、维生素等生物小分子,20 世纪 50 年代又在核酸、蛋白质等生物大分子的研究领域取得了重大突破。

现代化学的发展,为药物的发展开辟了崭新的天地。无论是合成药物的研发、天然药物的提取,还是药物剂型、药理和毒理研究,都要依靠化学知识。用无机化学和有机化学的理论和方法可合成具有特定功能的药物,研究各种无机和有机化学反应以了解药物的结构 - 性质 - 生物效应关系。用化学分析和仪器分析的方法可从动物、植物以至人体组织、体液中分离出有生物活性的物质或有治疗作用的成分,确定这些成分的结构,检测它们在体内的代谢物。在药物生产中,分析原料药、药物中间体以及制剂中的有效成分及杂质需要应用化学的理论知识和分析技术。用化学的概念和理论可解释病理、药理和毒理过程,提出治疗疾病的方法。利用化学知识,可以研究药物的组成和结构,研究药物的稳定性、生物利用度和药物代谢动力学,从本质上认识药物,因而可在实验室里合成药物,进而在现代化工厂大规模生产,造福于人类。当今约95%以上的药品来自化学合成,因此可以毫不夸张地说,没有化学就没有现代药物,也不会有现代药学和现代医学。

四、基础化学的学习方法

在药品、食品类等专业教育中,基础化学是一门重要的专业基础课。开设本课程的目的是使学生通过理论课的学习为后续化学课程和药品、食品类等专业课程的学习打好基础,通过实验实训掌握相关的基本实验技能,通过学习提高独立思考和独立解决问题的能力。基础化学融汇了高职高专教育所需的溶液理论、化学平衡原理、物质结构基础知识、化学分析和仪器分析等化学基本知识和基本原理,覆盖面广,内容浓缩紧凑。

在学习基础化学的过程中,应注意以下几点。

1. 科学方法和科学思维　科学的方法就是在仔细观察实验现象、搜集事实、获得感性知识的基础上,经过分析、比较、判断,加以推理和归纳,得到概念、定律、原理等不同层次的理性知识,再将这些理性知识应用到实践中去。学习基础化学也是一个从实践到理论再到实践的过程,在整个过程中,人脑所起的作用就是科学思维。

2. 掌握重点和突破难点　要在课前预习的基础上认真听课,根据各章的教学基本要求进行学习。凡属重点一定要学懂学通,融会贯通;对难点要作具体分析,有的难点亦是重点,有的难点并非重点。努力学会运用理论知识去分析解决实际问题。

3. 让"点的记忆"汇成"线的记忆"　善于运用分析对比和联系归纳的方法,对课程的基本理论、基本知识要反复理解与应用,在理解中进行记忆,弄清相关概念、原理,尤其是应用条件及使用范围。做到举一反三,通过归纳,寻找联系,做到熟练掌握与灵活运用,融会贯通将知识系统化。

4. 着重培养自学能力　掌握知识是提高自学能力的基础,而提高自学能力又是掌握知识的重要条件,两者相互促进。为此要充分利用多种资源,通过参阅各种参考资料帮助自己更深刻地理解与掌握课程的基本理论和基本知识,拓宽知识面,提高学习兴趣。

5. 重视化学实验学习　化学是一门以实验为基础的科学,不仅要通过理论课学习,而且要结合实验现象,巩固和深化、扩大理论知识,努力变"应试学习"为"创新、探索性学习",通过实验培养实事求是、严谨治学的科学态度以及分析问题、解决问题的能力。

6. 学习化学史　在化学的形成、发展过程中,有无数前辈为此付出了辛勤的劳动,做出了巨大的贡献。他们的成功经验与失败教训值得我们借鉴,而他们不怕困难、百折不挠、脚踏实地、勤奋工作、严谨治学、实事求是的精神更值得我们学习。

(黄月君)

第一章 溶液

ER 1-1

第一章
溶液(课件)

学习目标

1. **掌握** 溶液浓度的表示方法及相关计算;渗透现象产生的条件;溶液渗透压与溶液浓度、温度之间的关系;溶胶的电学性质;溶胶的聚沉方法。
2. **熟悉** 分散系的分类;高分子溶液特性及对溶胶的保护作用;溶液配制的基本方法;渗透压在医学上的意义;溶胶的光学及动力学性质;溶胶稳定存在的原因。
3. **了解** 稀溶液的依数性。

溶液是指两种或两种以上物质组成的均匀、稳定的分散体系。溶液在我们日常生活中随处可见,如临床上使用的生理盐水、葡萄糖溶液等。我们把溶液中被均匀分散的物质称为溶质,溶质分散其中的介质称为溶剂。

导学情景

情景描述:

溶液对科学研究具有重要意义。人体内的血液及其他体液是溶液,体内的许多化学反应是在溶液中进行的,医疗用药多是在体液内溶解后形成溶液而发挥其效应的,药物分析和药检工作的许多操作也是在溶液中进行的。可见溶液与医药工作联系极其密切。大多数化学反应以及药物在体内的吸收和代谢过程都是在溶液中进行的,因此在药物的研发、生产和应用中,经常要涉及与溶液相关的内容。

学前导语:

本章主要介绍分散系的概念及分类、溶液浓度的表示方法及相关计算、溶液的渗透压及其在医学上的意义、胶体溶液及应用等内容。

第一节 分散系

一、基本概念

在进行科学研究时,常把所研究的一部分物质或空间与其余的物质或空间分开。被划分出来作为研究对象的一部分物质或空间称为体系。体系中物理性质和化学性质完全相同的均匀部分称为相。只含有一个相的体系称为均相体系(或单相体系),含有两个或两个以上相的体系称为非均相体系（或多相体系）。例如，纯水或生理盐水等体系中只含有一个相，是均相体系；而冰、水、水蒸气共存的体系中含有三个相，是非均相体系。在非均相体系中，相与相之间存在着明显的界面。

一种或几种物质分散在另一种物质中所得到的体系称为**分散系**。被分散的物质称为**分散相**（或分散质），容纳分散相的物质称为**分散介质**（或分散剂）。例如，碘分散在乙醇中成为碘酒，泥土分散在水中成为泥浆，碳分散在铁中成为钢等，它们各自成为一个分散系。其中碘、泥土、碳是分散相；乙醇、水、铁是分散介质。

二、分类

根据分散相粒子直径的不同，分散系可分为以下三类。

1. 分子或离子分散系　分散相粒子直径小于1nm的分散系称为**分子或离子分散系**。分散相为分子或离子，分散系为均匀稳定的均相体系。分子或离子分散系又称为**真溶液**，简称"**溶液**"。

2. 胶体分散系　分散相粒子直径在1~100nm之间的分散系称为**胶体分散系**，简称"**胶体**"。根据分散相粒子的聚集状态不同分为溶胶和高分子溶液。从外观上看两者均不浑浊且性质相似，但却有本质的区别。溶胶是非均相、相对稳定体系，而高分子溶液是均相、稳定体系。

3. 粗分散系　分散相粒子直径大于100nm的分散系称为**粗分散系**。分散相粒子较大，分散系呈浑浊状态，分散相粒子与分散介质之间有明显的界面存在，为非均相不稳定体系。其中分散相为固体微粒的粗分散系称为**悬浊液**，分散相为液体微粒的粗分散系称为**乳浊液**。放置一段时间，悬浊液会产生沉淀，乳浊液会分层。

> **课 堂 活 动**
> 日常生活中常见的分散系有哪些？在这些分散系中，哪个是分散相，哪个是分散介质？

根据分散系的状态不同，分散系可分为固态、液态和气态分散系三类。在医学上，液体状态的分散系（即固-液分散系和液-液分散系）具有更加重要的意义。液态分散系的分类，如表1-1所示。

表 1-1　分散系的分类

| 分散系 | 分子或离子分散系 | 胶体分散系 | | 粗分散系 | |
	真溶液	溶胶	高分子溶液	悬浊液	乳浊液
分散相	小分子或小离子	分子、离子、原子的聚集体	单个高分子	固体微粒	液体微粒
粒子直径	<1nm	1~100nm		>100nm	
性质	均相,透明,均匀,稳定,不聚沉,粒子能透过滤纸和半透膜	非均相,不均匀,有相对稳定性,不易聚沉 粒子能透过滤纸,不能透过半透膜	均相,透明,均匀,稳定,不聚沉	非均相,不透明,不均匀,不稳定,能自动聚沉,粒子不能透过滤纸和半透膜	
实例	生理盐水、医用酒精	$Fe(OH)_3$溶胶、AgI溶胶	蛋白质溶液、淀粉溶液	药用硫黄合剂	药用松节油搽剂

药物的剂型

任何药物在供给临床使用前,必须制成适合于医疗应用的形式,这种形式称为药物的剂型。药物剂型按分散系不同可分为 7 种。

1. 溶液型:如芳香水剂、溶液剂、醑剂、甘油剂及部分注射剂等。
2. 胶体溶液型:如胶浆剂、火棉胶剂、涂膜剂等。
3. 乳剂型:如乳剂、静脉乳剂、部分搽剂等。
4. 混悬剂型:如合剂、洗剂、混悬剂等。
5. 气体分散剂型:如气雾剂、喷雾剂等。
6. 固体分散剂型:如散剂、丸剂、片剂等。
7. 微粒分散剂型:如微囊剂、纳米剂等。

在人体生命活动的过程中,机体组织和细胞所需要的各种物质,如无机盐、蛋白质、核酸、糖类等,大多数以分子或离子分散系、胶体分散系或粗分散系的形式存在,这些分散系被不同的组织膜分隔开,既独立地发挥各自的生理功能,又彼此相互平衡,构成统一的有机整体,从而维持正常的生命活动。

点滴积累

1. 分散系是将一种或几种物质分散在另一种物质中所得到的体系。
2. 分散系包括分子或离子分散系、粗分散系及胶体分散系三类。

第二节　溶液的浓度

溶液的浓度是指一定量的溶液或溶剂中所含溶质的量。临床上给患者输液或用药时,必须规定药液的浓度和用量。因此,溶液的浓度是溶液的一个重要特征。

一、溶液浓度的表示方法

1. **质量分数**　溶液中溶质 B 的质量(m_B)与溶液的质量(m)之比称为溶质 B 的质量分数,用符号 ω_B 或 $\omega(B)$ 表示,即

$$\omega_B = \frac{m_B}{m} \qquad 式(1\text{-}1)$$

式(1-1)中,m_B 和 m 的单位相同,质量分数可用小数或百分数表示,药学上常用符号 %(g/g)表示。

例1-1　将60.0g蔗糖溶于水,配制成500g蔗糖溶液,计算此溶液的质量分数。

解:

$$\omega_{蔗糖} = \frac{m_{蔗糖}}{m} = \frac{60.0}{500} = 0.120$$

2. 体积分数　溶液中溶质B的体积(V_B)与溶液的体积(V)之比称为溶质B的体积分数,用符号φ_B或$\varphi(B)$表示,即

$$\varphi_B = \frac{V_B}{V} \qquad\qquad 式(1\text{-}2)$$

式(1-2)中,V_B和V的单位相同,体积分数可用小数或百分数表示,药学上常用符号%(ml/ml)表示。

例1-2　配制500ml医用消毒酒精溶液需375ml纯乙醇,计算此酒精溶液的体积分数。

解:

$$\varphi_{乙醇} = \frac{V_{乙醇}}{V} = \frac{375}{500} = 0.750$$

3. 质量浓度　溶液中溶质B的质量(m_B)与溶液的体积(V)之比称为溶质B的质量浓度,用符号ρ_B或$\rho(B)$表示,即

$$\rho_B = \frac{m_B}{V} \qquad\qquad 式(1\text{-}3)$$

质量浓度的SI单位是kg/m^3,实际工作中常用的单位是g/L、mg/L和μg/L等。

因为ρ为密度的表示符号,因此,在使用时要特别注意质量浓度ρ_B和密度ρ的区别。

例1-3　100ml静脉滴注用的葡萄糖溶液中含5.0g $C_6H_{12}O_6$,计算此$C_6H_{12}O_6$溶液的质量浓度。

解:

$$\rho_{C_6H_{12}O_6} = \frac{m_{C_6H_{12}O_6}}{V} = \frac{5.0}{0.100} = 50\,(g/L)$$

4. 物质的量浓度　溶液中溶质B的物质的量(n_B)与溶液的体积(V)之比称为溶质B的物质的量浓度,用符号c_B或$c(B)$表示,即

$$c_B = \frac{n_B}{V} \qquad\qquad 式(1\text{-}4)$$

物质的量浓度的SI单位为mol/m^3,实际工作中常用的单位是mol/L、mmol/L等。

世界卫生组织(WHO)提议,在医学上凡是已知相对分子质量的物质在体液内的含量,原则上均应用物质的量浓度表示。例如人体血液中葡萄糖含量正常值为$c(C_6H_{12}O_6) = 3.9{\sim}6.1$mmol/L。对于未知其相对分子质量的物质,可用质量浓度表示。对于注射液,一般应同时表明物质的量浓度和质量浓度。

例1-4　将4.0g NaOH(M=40.00g/mol)溶于水配成500ml NaOH溶液,求此溶液的物质的量浓度。

解:

$$n_{NaOH} = \frac{m_{NaOH}}{M} = \frac{4.0}{40.00} = 0.10\,(mol)$$

$$c_{NaOH} = \frac{n_{NaOH}}{V} = \frac{0.10}{0.500} = 0.20\,(mol/L)$$

5. 质量摩尔浓度　溶液中溶质 B 的物质的量(n_B)与溶剂 A 的质量(m_A)之比称为溶质 B 的质量摩尔浓度,用符号 b_B 或 $b(B)$ 表示,即

$$b_B = \frac{n_B}{m_A} \qquad\qquad 式(1\text{-}5)$$

质量摩尔浓度的 SI 单位是 mol/kg。此法的优点是浓度数值不受温度影响,所以在进行科学研究时,常用这种浓度表示方法。对于极稀的溶液 $b_B \approx c_B$。

例 1-5　将 1.38g 甘油($M = 92.09\text{g/mol}$)溶于 100ml 水中,计算该溶液的质量摩尔浓度。

解:

$$b_{C_3H_8O_3} = \frac{n_{C_3H_8O_3}}{m_{H_2O}} = \frac{1.38}{92.09 \times 0.100} = 0.150(\text{mol/kg})$$

二、溶液浓度的换算

根据实际工作的需要,可选择不同的方法来表示同一溶液的组成,因此经常涉及溶液浓度的换算。在进行换算时,要依据各种溶液浓度表示方法的基本定义,找出各种表示方法间的联系。其中一些溶液浓度的换算涉及质量与体积间的变换,必须借助溶液的密度才能实现。

例 1-6　市售浓硫酸($M = 98.07\text{g/mol}$)密度为 1.84kg/L,H_2SO_4 的质量分数为 98%,计算 H_2SO_4 的质量浓度和物质的量浓度。

解:

$$\rho_{H_2SO_4} = 1.84 \times 98\% \times 1\,000 = 1\,800(\text{g/L})$$

$$c_{H_2SO_4} = \frac{1.84 \times 98\% \times 1\,000}{98.07} = 18.4(\text{mol/L})$$

点滴积累

1. 溶液浓度的表示方法常用的有质量分数、体积分数、质量浓度、物质的量浓度和质量摩尔浓度等。
2. 溶液浓度的换算要依据各种浓度表示方法间的联系来进行。

第三节　稀溶液的依数性

溶液的性质通常取决于溶质的性质,如溶液的密度、颜色、气味、导电性等都与溶质的性质有关。但是溶液的有些性质却与溶质的本性无关,只取决于溶质的粒子数目。只与溶液中溶质粒子数目有关,而与溶质本性无关的性质称为溶液的依数性。溶液的依数性只有在溶液很稀时才有规律,而且溶液浓度越小,其依数性的规律性越强。稀溶液的依数性包括溶液的蒸气压下降、沸点升

高、凝固点降低和溶液的渗透压。

一、溶液的蒸气压下降

在一定温度下,将某纯溶剂放在密闭容器中,由于分子的热运动,液面上一部分动能较高的溶剂分子逸出液面,扩散到空间形成气相的溶剂分子,这一过程称为蒸发。同时,气相的溶剂分子也会接触到液面并被吸引到液相中,这一过程称为凝聚。一定温度下,溶剂的蒸发速率是恒定的。开始阶段,蒸发过程占优势,但随着蒸气密度的增加,凝聚的速率增大,最终蒸发速率与凝聚速率相等,气相和液相达到平衡,此时蒸气的密度不再改变,其具有的压力也不再改变,此时蒸气所具有的压力称为该温度下该溶剂的蒸气压,单位是 Pa 或 kPa。

蒸气压与物质的本质和温度有关。不同的物质有不同的蒸气压,如在 293.15K 时,水的蒸气压为 2.34kPa,乙醚的蒸气压为 57.6kPa。同一物质的蒸气压随温度升高而增大,如水在 273.15K 时的蒸气压为 0.610kPa,在 373.15K 时为 101.325kPa,固体也具有蒸气压,一般情况下,固体的蒸气压都很小,如冰的蒸气压,在 273.15K 时为 0.610kPa,在 263.15K 时为 0.286kPa。在一定温度时,每种固体和液体的蒸气压均是一个定值。

在一定温度下,溶剂的蒸气压是个定值。如果在溶剂中溶解了难挥发的非电解质溶质后,每个溶质分子与若干个溶剂分子结合形成了溶剂化分子。溶质分子一方面束缚了一部分高能的溶剂分子,另一方面又占据了一部分溶剂的表面,使溶剂蒸发的速率变小。这时蒸气凝聚的速率相对地大于溶剂蒸发的速率,蒸气必然要不断地凝聚成液体。在达到新的平衡时,溶液的蒸气压(即溶液中溶剂的蒸气压)必然比同温度下纯溶剂的蒸气压低,这种现象称为溶液的蒸气压下降。如图 1-1 所示,显然溶液的浓度越大,其蒸气压下降越多。

1887 年,法国物理学家拉乌尔(Raoult)根据实验结果得出下列结论:在一定温度下,难挥发的非电解质稀溶液的蒸气压下降与溶液的质量摩尔浓度成正比,而与溶质本身的性质无关。

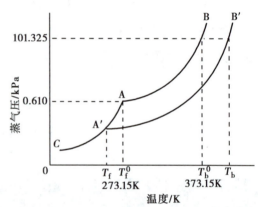

AB 为纯水的蒸气压曲线;A′B′ 为溶液的蒸气压曲线;AC 为冰的蒸气压曲线。

图 1-1 溶液的蒸气压下降、沸点升高、凝固点降低

> **课 堂 活 动**
> 在密闭的容器中,放置半杯糖水和半杯纯水,经过一段时间后,纯水全部转移到糖水杯中。如何解释这一现象?

二、溶液的沸点升高

加热一种液体,其蒸气压会随着温度升高而逐渐增大,当液体的蒸气压等于外界大气压时,即产生沸腾现象,这时液体的温度称为该液体在该压强下的沸点(如图1-1的T_b^0点)。达到沸点时,继续加热沸腾,液体的温度不再上升,直至液体蒸发完为止。因此,纯液体的沸点是恒定的。液体的沸点与外界压强关系很大,外界压强越大,液体的沸点越高。通常所说的液体的沸点是指在标准大气压(101.325kPa)时的沸点,例如水的沸点为373.15K。

根据液体沸点与外界压强相关的性质,在提取或精制某些对热不稳定的物质时,常采用减压蒸馏或减压浓缩的方法,以降低蒸发温度,防止高温加热对这类物质的破坏;而对热稳定的注射液或医疗器械的灭菌时,常采用热压灭菌法,即在密闭高压消毒器内加热,通过提高水蒸气温度,缩短灭菌时间和提高灭菌效果。

在101.325kPa下,纯水的沸点为373.15K。如果在水中加入一种难挥发的非电解质溶质时,由于溶液的蒸气压下降,在373.15K时溶液的蒸气压低于101.325kPa,因而水溶液不会沸腾。只有继续加热升高温度到T_b时,如图1-1所示,溶液的蒸气压等于101.325kPa,溶液才能沸腾,温度T_b即为该溶液的沸点。因此,溶液的沸点是指溶液的蒸气压等于外界大气压时的温度。显然,溶液的沸点总是高于纯溶剂的沸点,这种现象称为溶液的沸点升高。溶液浓度越大蒸气压越低,其沸点越高。

> **课 堂 活 动**
> 在标准大气压(101.325kPa)下,海水在373.15K会沸腾吗?水的沸点是恒定不变的吗?

三、溶液的凝固点降低

液体的凝固点是在一定外压下,该物质的液相与固相具有相同蒸气压而能平衡共存时的温度(如图1-1的T_f^0点)。当外界大气压为101.325kPa时,水的凝固点为273.15K,在此温度下,水与冰的蒸气压相等,均为0.610kPa。若温度低于或高于273.15K时,由于水和冰的蒸气压不再相等,则两相不能共存,蒸气压大的一相将向蒸气压小的一相转化。

在101.325kPa、273.15K时,若向平衡共存的冰、水混合体系中加入少量难挥发的非电解质,则水成为溶液,其蒸气压随之下降,而冰的蒸气压则不受影响。这样在273.15K时,水溶液的蒸气压必然要低于冰的蒸气压,这时溶液和冰就不能共存,冰将会不断融化为水。换句话说,在此温度下溶液不会凝固。如果要使溶液和冰的蒸气压相等而平衡共存,则必须继续降低温度。由图1-1可以看出,冰的蒸气压下降率比溶液大,当降到273.15K以下的某一温度T_f时,溶液的蒸气压和冰的蒸气压可再次相等,此时溶液和冰处于平衡状态。温度T_f就是该溶液的凝固点。因此,溶液的凝固点是指溶液与其固相溶剂具有相同蒸气压而能平衡共存时的温度。显然,溶液的凝固点比纯溶剂的低,这种现象称为溶液的凝固点降低。溶液浓度越大,凝固点越低。

溶液的凝固点降低的性质被广泛应用。如利用凝固点降低法测定物质的摩尔质量,对药液进行等渗调节;在冬季向汽车水箱中加入适量的甘油或乙二醇可防止水结冰,又可以防止夏季水沸腾;在冰雪天往路面上撒盐可使冰雪融化;食盐或氯化钙与冰的混合物可作冷冻剂,最低温度可达−22℃和−55℃,在食品贮藏及运输中广泛使用食盐与冰混合的冷冻剂等。

溶液的凝固点降低及沸点升高的根本原因在于溶液蒸气压的下降。因此,溶液的凝固点降低及沸点升高的程度也与溶液的质量摩尔浓度成正比,而与溶质的本身的性质无关。

课堂活动
把一块冰放在 273.15K 的水或盐水中,各有什么现象?

四、溶液的渗透压

(一) 渗透现象和渗透压

在蔗糖溶液的液面上加一层纯水,避免任何机械运动的情况下,静置一段时间,由于分子的热运动,糖分子向水层扩散,水分子向糖溶液中扩散,最后成为一种均匀的蔗糖溶液。在任何纯溶剂与溶液之间,或两种不同浓度的溶液相互接触时,都有扩散现象产生。如果用半透膜将蔗糖溶液和纯水隔开,情况就不同了。

半透膜是一种可以允许某些物质透过,而不允许另一些物质透过的多孔性薄膜。半透膜的种类很多,通透性也不同。常用的半透膜有生物体内的细胞膜、动物的膀胱膜、人造羊皮纸和火棉胶膜等。

用一种只允许水分子透过而蔗糖分子不能透过的半透膜,将蔗糖溶液和纯水隔开,并使膜两侧液面高度相等,如图 1-2(a)所示。此时,水分子可以通过半透膜向膜两侧运动。由于单位时间内从纯水透过半透膜进入蔗糖溶液的水分子数比从蔗糖溶液进入纯水的水分子数多,结果蔗糖溶液的液面升高,如图 1-2(b)所示。这种溶剂分子透过半透膜进入溶液的自发过程称为渗透。由于渗透作用,蔗糖溶液的液面逐渐上升,其静液压也会随之增加,使水分子从蔗糖溶液进入到纯水的速率加快。当半透膜两侧液面高度差达到一定值 h 时,水分子向两个方向渗透的速率相等,蔗糖溶液的液面不再升高,此时的系统处于动态平衡,即达到渗透平衡状态,如图 1-2(c)所示。为了使渗透现象不发生,必须在溶液液面上施加一额外的压力,如图 1-2(d)所示。国家标准规定:为维持只允许溶剂分子透过的半透膜所隔开的溶液与溶剂之间的渗透平衡而需要的额外压力称为溶液的渗透压。

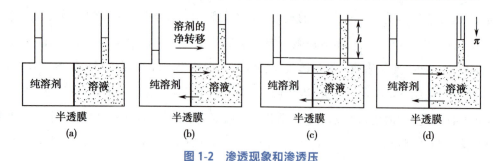

图 1-2 渗透现象和渗透压

注:(a)渗透发生前;(b)渗透现象;(c)渗透平衡;(d)渗透压。

如果用半透膜将两种不同浓度的溶液隔开,为了阻止渗透现象发生,必须在浓溶液液面上施加一压力,此压力仅为两溶液渗透压之差。

渗透现象的产生必须具备两个条件:一是有半透膜存在;二是膜两侧溶液具有浓度差,即半透膜两侧单位体积内不能透过半透膜的溶质粒子的数目不相等。渗透方向总是溶剂分子从纯溶剂向溶液(或从稀溶液向浓溶液)方向渗透,以减小膜两侧溶液的浓度差。

渗透现象
(动画)

ER1-2

知识链接

腹膜透析

　　腹膜透析,简称"腹透",是慢性肾衰竭患者最常用的替代疗法之一。利用腹膜的半透膜性,将适量透析液引入腹腔并停留一段时间,借助腹膜毛细血管内血液及腹腔内透析液中的溶质浓度梯度和渗透梯度进行水和溶质交换,以清除积蓄的代谢废物,纠正水、电解质、酸碱平衡紊乱。

　　腹膜透析液主要有渗透剂、缓冲液、电解质三种成分。渗透剂常采用葡萄糖,以维持腹透液的高渗透压。缓冲液常采用乳酸盐,用于纠正酸中毒。电解质的组成和浓度与正常血浆相近。腹透液应无菌、无毒、无致热原,可根据病情适当加入药物,如抗生素、肝素等。

(二) 渗透压与浓度、温度的关系

　　1886年,荷兰物理学家范托夫(van't Hoff)根据实验结果,提出难挥发性非电解质稀溶液的渗透压与浓度、温度的关系如下式:

$$\Pi = cRT \qquad\qquad 式(1\text{-}6)$$

式中,Π 为溶液的渗透压(kPa);c 为非电解质稀溶液的物质的量浓度(mol/L);T 为热力学温度(K);R 为摩尔气体常数[8.314kPa·L/(K·mol)]。

　　式(1-6)表明,在一定温度下,难挥发性非电解质稀溶液的渗透压只与单位体积溶液中所含溶质的微粒数成正比,而与溶质的本身的性质(如种类、大小、分子或离子等)无关。

　　对于电解质溶液,在计算渗透压时应考虑电解质的解离。因此,在计算渗透压公式中引入一个校正因子 i,即

$$\Pi = icRT \qquad\qquad 式(1\text{-}7)$$

　　对于强电解质稀溶液,校正因子 i 值是一"分子"电解质解离出的粒子个数。例如:

$$NaCl、KI、NaHCO_3 \qquad i=2$$
$$CaCl_2、Na_2SO_4、MgCl_2 \qquad i=3$$

例 1-7 计算37℃时0.15mol/L KCl溶液的渗透压。

　　解:

$$T=(273+37)K=310K \qquad i=2$$
$$\Pi = icRT = 2 \times 0.15 \times 8.314 \times 310 = 773.2(kPa)$$

(三) 渗透压在医学上的意义

　　1. 渗透浓度　在人体体液中含有电解质和非电解质组分,这些组分在体液中都能产生渗透效应。把体液中能产生渗透效应的各种分子及离子的总浓度称为渗透浓度,用符号 c_{os} 表示,其单位为 mol/L 或 mmol/L。

　　一定温度下,稀溶液的渗透压与渗透浓度成正

课堂活动
用所学渗透知识解释下列生活现象。
1. 淡水鱼和海水鱼不能互换生活环境。
2. 人们用清水冲洗伤口后会感觉到胀痛。
3. 人体在大量出汗后应补充电解质水。

比,而与溶质的本身的性质无关。由于生物体本身的温度变化不大,因此,医学上常用渗透浓度表示溶液渗透压的高低。

例 1-8 分别计算生理盐水 (9g/L NaCl, $M=58.44$g/mol) 和 50g/L 葡萄糖 ($M=180.15$g/mol) 溶液的渗透浓度。

解: NaCl 为强电解质,$i=2$,故生理盐水的渗透浓度为:

$$c_{NaCl} = \frac{9}{58.44} = 0.154 \, (mol/L) = 154 \, (mmol/L)$$

$$c_{os} = ic_{NaCl} = 2 \times 154 = 308 \, (mmol/L)$$

葡萄糖为非电解质,$i=1$,故葡萄糖溶液的渗透浓度为:

$$c_{os} = c_{C_6H_{12}O_6} = \frac{50}{180.15} = 0.278 \, (mol/L) = 278 \, (mmol/L)$$

2. 等渗、低渗和高渗溶液 在同一温度下,渗透压相等的两种溶液,互称等渗溶液;当两溶液的渗透压不等时,则渗透压高的溶液称高渗溶液,渗透压低的溶液称低渗溶液。

医学上的等渗、低渗和高渗溶液是以血浆的渗透压(或渗透浓度)为标准来衡量的。因正常人血浆的渗透浓度平均值约为 303.7mmol/L,据此临床上规定:凡是渗透浓度在 280~320mmol/L 的溶液为等渗溶液;渗透浓度低于 280mmol/L 的溶液为低渗溶液;渗透浓度高于 320mmol/L 的溶液为高渗溶液。

等渗溶液在医疗上具有重要意义。临床上给患者大剂量补液时,需使用与血液等渗的溶液,如常使用 9g/L 的 NaCl 溶液和 50g/L 的葡萄糖灭菌液等,否则会造成严重后果。因为血液中的红细胞膜具有半透膜性质,正常情况时的红细胞,其膜内细胞液和膜外血浆是等渗的。静脉滴注等渗溶液,红细胞维持正常形态,而发挥正常的生理功能;若大量滴注高渗溶液,使血浆浓度增大,红细胞膜内细胞液的水分子将向血浆渗透,结果使红细胞皱缩;若大量滴注低渗溶液,使血浆稀释,血浆中的水分子将向红细胞内渗透,使红细胞膨胀最后破裂(医学上称之为溶血),引起严重后果。临床上给患者换药时,通常用与组织细胞液等渗的生理盐水冲洗伤口,若用纯水或高渗盐水则会引起疼痛。当配制眼药水时,也必须使眼药水与眼黏膜细胞渗透压相同,否则眼睛会因受到刺激而疼痛。

临床上除使用等渗液外,有时根据治疗需要,也可使用少量高渗溶液。如用 500g/L 葡萄糖溶液给急救患者或低血糖患者进行静脉注射,注射量不能太多,速度也不能太快。少量高渗溶液进入血液后,随着血液循环被稀释,并逐渐被组织细胞利用而使浓度降低,故不会出现细胞皱缩的现象。

案例分析

食盐水可以清洗创口吗?

案例:5 岁的强强在玩耍时将腿摔破,妈妈为了"消毒"将食盐撒在了伤口上,疼得强强大哭不止,强强妈妈的做法对吗?

分析:食盐撒在伤口上,不仅会引起剧烈疼痛,并且会在创口表面形成高渗溶液,使创口表面有大量水分渗出,影响创口愈合并易引起高钠血症。正确的做法是用生理盐水(9g/L 的 NaCl 溶液)清洗创口,因为生理盐水与人体血浆及组织间液等渗,不会引起疼痛及其他不良现象。

3. 晶体渗透压和胶体渗透压　人体血浆中既有小分子和小离子物质,如 Na^+、Cl^-、HCO_3^- 和葡萄糖等;也有大分子和大离子胶体物质,如蛋白质、核酸等。血浆总渗透压是这两类物质所产生渗透压的总和。由小分子和小离子物质所产生的渗透压称为**晶体渗透压**;由大分子和大离子物质所产生的渗透压称为**胶体渗透压**。37℃时,正常人血浆的总渗透压约为 770kPa,其中晶体渗透压占99% 以上。晶体渗透压和胶体渗透压具有不同的生理功能,这是由于生物半透膜(如细胞膜和毛细血管壁)对各种溶质的通透性不同。

细胞膜是一种间隔着细胞内液和细胞外液的半透膜,它只允许水分子自由透过。由于晶体渗透压远大于胶体渗透压,因此水分子的渗透方向主要取决于晶体渗透压。当人体内缺水时,细胞外液各种溶质的浓度升高,外液的晶体渗透压增大,于是细胞内液中的水分子将向细胞外液渗透,造成细胞皱缩。如果大量饮水,则又会导致细胞外液晶体渗透压减小,水分子透过细胞膜向细胞内液渗透,使细胞肿胀。

毛细血管壁也是体内的一种半透膜,间隔着血液和组织间液,它允许水分子、小分子和小离子自由透过,而高分子物质不能透过。在这种情况下,晶体渗透压对维持血管内外血液和组织间液的水盐平衡不起作用,因此这一平衡只取决于胶体渗透压。人体因某种原因导致血浆蛋白减少时,血浆的胶体渗透压降低,血浆中的水和其他小分子、小离子则会透过毛细血管壁而进入组织间液,致使血容量(人体血液总量)降低,组织间液增多,这是形成水肿的原因之一。临床上对由于失血造成血浆胶体渗透压降低的患者补液时,除补充生理盐水外,同时还需要输入血浆或右旋糖酐等代血浆,以恢复血浆的胶体渗透压并增加血容量。

点滴积累

1. 稀溶液的依数性包括溶液的蒸气压下降、沸点升高、凝固点降低和溶液的渗透压。稀溶液的依数性的本质是溶液的蒸气压下降。
2. 稀溶液的依数性只适用于难挥发非电解质稀溶液。
3. 在一定温度下,稀溶液的渗透压与渗透浓度成正比,医学上常用渗透浓度表示溶液渗透压的高低。

第四节　胶体溶液

胶体分散系是分散相粒子直径在 1~100nm 范围内的一种分散体系,包括溶胶和高分子溶液。胶体的应用很广,在有机体的构成、人的生理活动及医药工作中都具有重要意义。

一、溶胶的性质

溶胶是由分子、离子或原子的聚集体高度分散在不相溶的分散介质中形成的。

溶胶的制备方法一般有两种：将较大的颗粒粉碎（或分散）成细小的胶粒的方法称为分散法；使分子或离子聚集成胶粒的方法称为凝聚法，包括物理凝聚法和化学凝聚法。其中化学凝聚法是通过化学反应使其生成难溶性物质聚集成胶粒的方法，如将 $FeCl_3$ 溶液逐滴加入沸水，$FeCl_3$ 与水发生反应形成红褐色的 $Fe(OH)_3$ 溶胶。

(一) 光学性质

在暗室中，将一束聚焦的光射入溶胶时，在与光线垂直的方向观察，可以看到溶胶中有一道明亮的光柱，这种现象称为丁铎尔（Tyndall）现象。

丁铎尔现象是由于胶体粒子对光的散射而形成的。当光线照射粗分散系时，因分散相粒子的直径（d）远大于入射光波长（λ），主要发生反射，光线无法透过，可观察到体系是浑浊不透明的；当光线照射溶胶（$d<\lambda$）时，则发生散射现象，在光线的垂直方向可观察到一条明亮的光柱；当光线照射真溶液（$d\ll\lambda$）时，光的散射很微弱，光几乎全部透过，溶液是透明的。因此，丁铎尔现象是溶胶的特征，可用来区分三类分散系。

(二) 动力学性质

在超显微镜下观察溶胶时，可以看到胶体粒子在介质中不停地做无规则的运动，这种运动称为布朗运动。布朗运动实质上是分子热运动的结果。胶粒越小，温度越高，介质黏度越低，则布朗运动越激烈。布朗运动的存在，使胶粒具有一定的能量，可以克服重力的影响，使胶粒稳定不易发生沉降。

胶粒由于存在布朗运动，能从浓度大的区域自动向浓度小的区域扩散，最后体系达到浓度均匀。但是如果把盛有溶胶的半透膜放入分散介质中，则胶粒不能透过半透膜。利用胶粒不能透过半透膜，而小离子、小分子能透过半透膜的性质，可以把胶体溶液中混有的电解质的分子或离子分离出来，使胶体溶液净化，这种方法称为透析或渗析。

渗析法可用于中草药中有效成分的分离提取。在中草药浸取液中，常利用植物蛋白、淀粉等不能透过半透膜的性质而将它们除去；中草药注射剂常由于存在微量的胶体状态杂质，在放置中变浑浊，应用渗析法可改变其澄明度。

> **案例分析**
>
> ### 血液透析
>
> **案例：** 患者，女性，48岁，以往有"慢性肾小球肾炎"病史20年，间断用中药治疗，近期病情加重来诊。经检查后诊断为尿毒症，医嘱进行血液透析治疗。
>
> **分析：** 血液透析是利用渗透原理，将患者血液与透析液连续不断地引入透析器（人工肾）内，两者分别在透析膜（人工半透膜）两侧逆向流动，通过扩散、对流、吸附等进行交换，使血液中的代谢废物（如尿素、尿酸等）进入透析液中，同时透析液中的营养物质或治疗药物进入血液。血液透析能清除患者血液中

的代谢废物、毒素、多余电解质及多余水分,而血液中的蛋白质、红细胞等因不能透过透析膜而留在血液中。

血液透析疗法是一种较安全、易行、应用广泛的血液净化方法,其目的是替代肾脏的部分生理功能,维系生命,但不能治愈尿毒症或肾衰竭。血液透析疗法是临床救治急、慢性肾衰竭最有效的方法之一。

(三)电学性质

在一个 U 形管内注入红褐色的氢氧化铁溶胶,在管的两端插入电极,通直流电后,可观察到阴极附近溶液颜色逐渐变深,表明氢氧化铁溶胶粒子向阴极移动,此溶胶微粒带正电荷。若改用黄色的硫化砷溶胶做上述实验,则阳极附近溶液颜色逐渐变深,表明硫化砷溶胶粒子向阳极移动,此溶胶微粒带负电荷。在外电场作用下,胶体粒子在分散介质中定向移动的现象称为电泳现象。

电泳现象的存在,可证明胶粒是带电的,电泳的方向可以判断胶粒所带电荷的种类。大多数金属氧化物和金属氢氧化物胶粒带正电,称为正溶胶;大多数金属硫化物、金属以及土壤所形成的胶粒带负电,称为负溶胶。

二、胶团的结构

(一)溶胶粒子带电原因

溶胶粒子带电主要是由于胶核选择性吸附离子所引起的。胶核是胶体粒子的中心,是某种物质的许多分子或原子的聚集体,胶核与分散介质之间存在着巨大的相界面,可以选择性地吸附某种离子而带电。

(二)胶团结构

胶核表面吸附离子时,优先吸附与自身有相同成分的离子。如用 $AgNO_3$ 在过量 KI 中制备 AgI^- 溶胶时,大量的 AgI 分子聚集成 AgI 胶核,其表面优先吸附过剩的 I^- 而带负电。I^- 又吸引溶液中过剩的带相反电荷的 K^+,K^+ 一方面受到 I^- 的静电吸引,有靠近胶核的倾向,同时又因本身的热运动有扩散分布到整个溶液中去的倾向,两种作用的结果,只有一部分 K^+ 紧密地排列在胶核表面上,与 I^- 组成吸附层。电泳时,吸附层和胶核一起运动,因此胶核和吸附层构成胶粒。在吸附层之外,还有一部分 K^+ 疏散地分布在胶粒周围形成一个扩散层。胶粒和扩散层一起总称胶团。通常所说的溶胶带电是指胶粒带电,整个胶团是电中性的。

在过量 KI 中,AgI 胶团结构可以表示为:

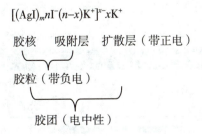

$$[(AgI)_m\,nI^-\,(n-x)K^+]^{x-}\,xK^+$$

胶核　　吸附层　扩散层(带正电)

胶粒(带负电)

胶团(电中性)

三、溶胶的稳定性

溶胶能够在相对较长时间内稳定存在的性质称为溶胶的稳定性。在医药工作中常常需要配制稳定的胶体，如难溶的药物常要制成胶体才便于患者服用和吸收，溶胶稳定的主要原因如下。

(一) 胶粒带电

一般情况下，同种胶粒在相同条件下带同种电荷，相互排斥，从而阻止了胶粒在运动时互相接近聚合成较大的颗粒而沉降。

(二) 溶剂化膜(水化膜)的存在

胶核吸附层上的离子，水化能力强，在胶粒周围形成一个水化层，阻止了胶粒之间的聚集。

四、溶胶的聚沉

在实践中，有时胶体的形成会带来不利的影响，例如在制备沉淀时，如果沉淀以胶态存在，吸附能力强，其表面将吸附许多杂质，不易洗涤干净，造成产品不纯和分离上的困难。因此需要破坏胶体，促使胶粒快速沉降，使胶粒聚集成较大的颗粒而沉降的过程称为聚沉，常用的聚沉方法如下。

(一) 加入少量电解质

加入电解质后，与胶粒带相反电荷的离子能进入吸附层，中和了胶粒所带的电荷，水化膜被破坏，当胶粒运动时互相碰撞聚集成大的颗粒而沉降。如江河入海口三角洲的形成，就是由于河流中带有负电荷的胶态黏土被海水中带正电荷的钠离子、镁离子中和后沉淀堆积而形成的。电解质对溶胶的聚沉能力，主要取决于与胶粒带相反电荷离子的电荷，离子电荷越高，聚沉能力越强。例如对负溶胶的聚沉能力是 $AlCl_3 > CaCl_2 > NaCl$；对正溶胶的聚沉能力是 $K_3[Fe(CN)_6] > K_2SO_4 > KCl$。

(二) 加入带相反电荷的胶体溶液

两种带相反电荷的胶粒互相吸引，彼此中和电荷，从而发生聚沉。明矾净水法是溶胶相互聚沉的典型例子。

(三) 加热

由于加热使胶粒的运动速度加快，碰撞聚合的机会增多；同时，升温降低了胶核对离子的吸附作用，减少了胶粒所带的电荷，水化程度降低，有利于胶粒在碰撞时聚沉。

点滴积累

胶体分散系包括溶胶与高分子溶液(表 1-2)。

表 1-2　溶胶与高分子溶液的比较

胶体分散系	粒子直径	分散相	性质
溶胶	1~100nm	分子(离子、原子)聚集体	非均相、相对稳定
高分子溶液		单个高分子	均相、稳定

第五节　高分子溶液与凝胶

一、高分子溶液

高分子溶液是指高分子化合物溶解在适当的溶剂中所形成的均相体系。其属于胶体分散系，既具有溶胶的某些性质，又与溶胶有不同之处。溶胶是非均相体系，高分子溶液是均相体系，但因分子大，与低分子溶液在性质上也有许多不同。

（一）高分子溶液的特征

1. 稳定性　高分子化合物在溶液中的溶剂化能力很强，分子结构中有许多亲水能力很强的基团，如—OH、—COOH、—NH$_2$ 等，当以水作溶剂时，高分子化合物表面能通过氢键与水形成很厚的水化膜，使其能稳定分散于溶液中不易凝聚，而溶胶粒子的溶剂化能力比高分子化合物弱得多。

2. 黏度大　由于高分子化合物是链状分子，长链之间互相靠近而结合在一起，把一部分液体包围在结构中失去流动性，结合后的大分子在流动时受到的阻力也很大，且高分子的溶剂化作用束缚了大量溶剂，因此高分子化合物溶液的黏度比溶胶和真溶液要大得多。

3. 盐析　高分子化合物溶液稳定的主要因素是其分子表面有很厚的水化膜，只有加入大量电解质才能将高分子化合物的水化膜破坏，使高分子化合物聚沉析出。在高分子化合物溶液中加入大量电解质，使其从溶液中析出的过程称为盐析。盐析常用的电解质有氯化钠、硫酸钠、硫酸镁、硫酸铵等。可用盐析法分离纯化中草药中有效成分。

（二）高分子化合物对溶胶的保护作用

在溶胶中加入适量的高分子化合物溶液，可以显著地提高溶胶对电解质的稳定性，这种现象称为高分子化合物对溶胶的保护作用。高分子化合物之所以能保护胶体，是由于高分子化合物都是链状能卷曲的线性分子，很容易吸附在胶粒表面包住胶粒，由于高分子化合物本身很稳定，有很厚的水化膜，这样将阻止胶粒对溶液中异电离子的吸引以及降低胶粒之间互相碰撞的机会，从而大大增加溶胶的稳定性。

高分子化合物对溶胶的保护作用应用很广。例如墨水是一种胶体，为了让其稳定、长时间不聚沉，常常加入明胶或阿拉伯胶起保护作用；医药中的杀菌剂蛋白银就是由蛋白质保护的银溶胶；血液中所含的难溶盐碳酸钙、磷酸钙就是靠血液中的蛋白质保护而以胶态存在，患肝、肾等疾病使血液中蛋白质减少，则难溶盐就可能沉积在肾、胆囊等器官中，形成各种结石。

> **知识链接**
>
> ### 钡餐造影
>
> 钡餐造影是用药用硫酸钡(悬浊液)作为造影剂，在 X 射线照射下显示消化道有无病变的一种检查方法。钡不易被 X 射线穿透，在胃肠道内与周围器官形成鲜明对比，同时由于硫酸钡不溶于水和脂质，所以也不会被胃肠黏膜吸收，对人体无毒性。用于胃肠道造影的硫酸钡合剂，其中含有高分子化合物阿拉伯胶，对硫酸钡起保护作用。当患者口服后，硫酸钡胶浆能均匀地黏附在胃肠道壁上形成薄膜，从而有利于造影检查。

二、凝胶

(一) 凝胶的形成

高分子溶液和溶胶在温度降低或浓度增大时,失去流动性,变成半固态时的体系称为凝胶。例如琼脂溶于热水,煮沸形成胶体溶液,冷却后形成凝胶。根据凝胶中液体含量的多少,可将凝胶分为冻胶和干凝胶。冻胶中液体的含量常在90%以上,如血块、肉冻等。液体含量少的凝胶为干凝胶,如明胶、半透膜等。

(二) 凝胶的性质

1. 弹性 凝胶可分为弹性凝胶和脆性凝胶两类。两者在冻态时,弹性大致相同,但在干燥后有很大区别。弹性凝胶烘干后体积缩小很多,但仍保持弹性,如肌肉、皮肤、血管壁等。脆性凝胶烘干后体积缩小不多,但失去弹性而具有脆性。脆性凝胶大多是无机凝胶,如硅胶、氢氧化铝等,其网状结构坚固,不易伸缩,具有多孔性及较大的内表面,广泛用作吸附剂或干燥剂。

2. 膨胀作用 干燥的弹性凝胶放入适当的溶剂中,会自动吸收液体,使凝胶的体积和重量增大的现象称为膨胀作用。脆性凝胶没有这种性质。如果膨胀作用进行到一定程度便停止,这种膨胀称为有限膨胀,如木材在水中的膨胀。如果膨胀作用一直进行下去,最终使凝胶的网状骨架完全消失而形成溶液的膨胀称为无限膨胀,如动物胶在水中的膨胀。膨胀现象对于药用植物的浸取很重要,一般只有在植物组织膨胀后,才能将有效成分提取出来。

3. 脱水收缩(离浆) 制备好的凝胶在放置过程中,缓慢自动地渗出液体,使体积缩小的现象称为脱水收缩或离浆,如常见的糨糊久置后要析出水,血块放置后有血清分离出来。脱水收缩是膨胀的逆过程,可以认为是凝胶的网状结构继续相互靠近,促使网孔收缩,把一部分液体从网眼中挤出来的结果。体积虽然变小了,但仍保持原来的几何形状。离浆现象在生命过程中普遍存在,因为人类的细胞膜、肌肉组织纤维等都是凝胶状的物质,老人皮肤松弛、变皱主要就是由细胞老化失水而引起的。

4. 触变作用 某些凝胶受到振摇或搅拌等外力作用,网状结构被破坏变成有较大流动性的溶液状态(稀化),去掉外力静置后,又恢复成半固体凝胶状态(重新稠化),这种现象称为触变现象。原因是凝胶的网状结构是通过范德华力形成的不稳定、不牢固的网络,振摇即能破坏网络,释放液体。静置后,由于范德华力作用又形成网络,包住液体而成凝胶。临床使用的众多药物中有触变性药剂,使用时只需振摇数次,即得均匀的溶液。这类药物的特点是比较稳定,便于储藏。

点滴积累

凝胶的性质包括弹性、膨胀作用、脱水收缩和触变作用。

目标检测

一、简答题

1. 高分子溶液和溶胶同属胶体分散系,其主要异同点是什么?

2. 把红细胞分别置于 3g/L、9g/L、15g/L 的 NaCl 溶液中,分析其将各呈什么形态,并解释原因。

3. 请简述配制 9g/L 的 NaCl 溶液 100ml 的操作步骤。

4. 举例说明高分子化合物对溶胶的保护作用。

二、计算题

1. 某患者需补充 0.06mol 的 Na^+,应补充生理盐水的体积为多少毫升?

2. 配制 $\varphi_B = 0.75$ 的消毒乙醇 500ml,需取 $\varphi_B = 0.95$ 的药用乙醇多少毫升?

三、实例分析

1. 正常人血液中的葡萄糖($M = 180g/mol$)的浓度为 3.9~6.1mmol/L。测得某人 1ml 血液中含有葡萄糖 1mg,此人的血糖正常吗?

2. 某患者需用 0.56mol/L 葡萄糖溶液 500ml,现有 2.78mol/L 和 0.28mol/L 两种浓度的葡萄糖溶液,要用这两种溶液各多少毫升,如何配制?

3. 临床上常用的人工肾透析液,每 10 000ml 中含葡萄糖 0.11mol、NaCl 0.95mol、NaAc 0.35mol、KCl 0.01mol、$MgCl_2$ 0.01mol、$CaCl_2$ 1.7g。此透析液是等渗、高渗还是低渗?

基础化学实训基本知识

化学是以实训为基础的一门自然科学,学习化学的最终目的是应用分析方法和技术去解决各个学科和生产实践中的问题。基础化学实训是基础化学课程的重要组成部分。

基础化学实训可以帮助学生理解和掌握化学基本理论和基础知识;掌握正确使用各种实训仪器的方法;训练学生的基本操作技能,进行实训观察、记录;培养学生独立思考、正确处理分析数据、分析问题和解决问题的能力;培养学生理论联系实际、实事求是的科学态度和严谨细致的工作作风,为今后的学习和工作奠定良好的实践基础。

为保证实训的顺利进行和获得准确的分析结果,必须了解和掌握相关的化学实训基础知识。

一、实训室工作要求

1. 实训前必须认真预习实训内容,明确实训目的和实训原理,熟悉实训步骤及注意事项。

2. 进入实训室必须穿工作服,遵守实训室的各项规章制度,熟悉实训室的环境和安全通道,检查实训所需的药品、仪器是否齐全,如有缺少或破损,立即报告教师,及时登记、补领或调换。

3. 实训室应保持安静,严格遵守操作规程,认真操作,积极思考,仔细观察,详细做好实训记录。

4. 实训数据应有专用记录本,记录要及时、真实、准确、整洁。原则上不得涂改原始数据,如有记错或重新测定的数据,应划掉重写,不得涂改、刀刮或补贴。

5. 实训试剂及公用仪器应放在指定位置,试剂放置要合理、有序。按规定量取用药品,称取药品后,及时盖好原瓶盖,实训完毕后试剂、仪器、用具等都要放回原处,注意节约试剂。

6. 保持实训台面清洁、仪器摆放整齐;要回收的试剂应放入指定的回收容器中,废纸、火柴梗和碎玻璃等应倒入垃圾箱;废液应倒入废液缸内,切勿倒入水槽,以防堵塞或锈蚀下水管道。

7. 对于不熟悉的仪器设备应仔细阅读使用说明,听从教师指导,切不可随意操作,以防损坏仪器或发生事故。要爱护仪器和实训设备,仪器损坏要及时登记,申请补领或检修,并按规定赔偿。

8. 要养成良好的职业习惯,实训完毕及时提交实训报告。

9. 实训室内的一切物品不得带离实训室。

10. 实训结束后,安排值日生,做好实训室清洁、整理工作,清点实训仪器,关好门、窗、水、电、煤气等。

二、实训室安全知识

保证实训室工作安全有效进行是实训室管理工作的重要内容。化学药品中,许多是易燃、易爆、有腐蚀性和有毒的,因此在进行化学实训时,要严格遵守水、电、煤气和各种化学试剂、仪器的使用规定,重视安全操作,熟悉安全知识,严格遵守操作规程,防止安全事故发生。

1. 实训室电器必须由专业人员安装,不得私拉乱接电线,所有电器的用电量应与实训室的供电及用电端口匹配,决不可超负荷运行。使用电器时,应防止人体与电器导电部分直接接触,不要用湿的手、物接触电器。为防止触电,装置和设备必须连接地线。

2. 量取酒精等易燃液体时,必须远离火源,给酒精灯加酒精时,要先熄灭火焰冷却至室温后再用漏斗添加酒精。使用酒精灯或电炉加热时,器皿外壁应干燥,操作者应守护至加热完毕。

3. 可能发生危险的实训,操作时应采取必要的防护措施。加热易燃试剂时,必须使用水浴、油浴或电热套,绝对不可使用明火;若加热温度有可能达到被加热物质的沸点,则必须加入沸石(或碎瓷片),以防暴沸伤人;使用或反应产物中物质有毒、异臭和有强刺激性时,必须在通风橱中操作。

4. 要熟悉灭火器、沙桶以及急救箱的放置地点和使用方法;水、电、煤气使用完毕,应立即关闭水源、煤气、电闸开关;点燃的火柴用后立即熄灭,不得乱丢。

5. 严禁在实训室内喝水、饮食和吸烟,严禁用实训器皿作餐具,严禁试剂入口,实训完毕必须洗净双手。

6. 一切试剂、样品均应有标签,绝不可在容器内装与标签内容不相符的物质。药品、试剂使用时应尽快将滴管插回滴瓶中或加盖瓶盖。

7. 浓酸、浓碱具有强烈的腐蚀性,使用时切勿溅在皮肤和衣服上,更要注意防护眼睛。稀释浓硫酸时,只能在耐热容器中将浓硫酸在不断搅拌下缓缓注入水中。试管加热时,切不可使试管口对着自己或别人。

8. 要特别小心使用汞盐、砷化物、氰化物等剧毒药品,并采取必要的防护措施。实验残余的毒物应采取适当的方法加以处理,切勿随意丢弃或倒入水槽。

9. 在胶塞或胶管中插入或拔出玻璃棒、玻璃管、温度计时,应有垫布,不可强行插入或拔出。切割玻璃管、玻璃棒,装配或拆卸玻璃仪器装置时,要防止玻璃突然破裂而造成刺伤。

10. 使用压缩气(钢瓶)时,瓶内气体与外部标志应一致,搬运及存放压缩气体钢瓶时,一定要将钢瓶上的安全帽旋紧,气瓶直立放置时要进行固定。开启压缩气体钢瓶的气门开关及减压阀时,应慢速逐渐打开,以免气流过急流出,发生危险;瓶内气体不得用尽,应保持一定剩余残压,否则将导致空气或其他气体进入钢瓶,再次充气时将影响气体的纯度,甚至发生危险。

11. 在进行仪器操作中,如遇故障应立即报告老师,未经许可,学生一律不得自行拆卸实训装置、仪器、电器,以防意外事故发生。

三、试剂使用规则

1. 试剂不能与手接触。

2. 取用固体试剂应当用干净的药勺,用过的药勺需擦拭干净后再使用。

3. 取用液体试剂应当用滴管、洁净的量筒或烧杯,绝对不准用同一种量具连续取用不同试剂。滴定液应直接倒入滴定管中,不允许倒入烧杯后再倒入滴定管或是用滴管加入。

4. 取试剂前要看清瓶签上的名称与浓度,不要取错试剂。取用时不可将瓶盖随意乱放,应将瓶盖倒放在干净的地方,取完试剂后随手将瓶盖盖好。

5. 试剂的用量及浓度应按要求适当使用,过多或过浓不仅造成浪费,还可能产生副反应,甚至得不到正确的结果。取出未用完的试剂不得倒回原瓶中,应倒入教师指定的容器内。

6. 实训室配制或分装的各种试剂都必须贴上标签。标签上应标明试剂的名称、浓度、纯度、标定日期、有效期、配制标定人等信息。

四、实训室常见紧急事故的处理

1. 被玻璃割伤时,取出伤口中的残余玻璃,用医用过氧化氢溶液(双氧水)或纯化水洗净,涂上碘伏等,进行包扎或送医院处理。

2. 不慎失火,应立即关闭电源,打开窗户,迅速灭火,必要时向公安消防部门电话(119)报警。有机溶剂着火,可用湿抹布或砂扑灭,火势较大则用灭火器。电源着火,先切断电源,再用砂或灭火器灭火。

3. 试剂溅入眼内,应立即用生理盐水冲洗,若溅入的是酸溶液则用稀碳酸钠溶液冲洗,若溅入的是碱溶液则用稀硼酸溶液冲洗。受伤严重时要送医院治疗。

4. 试剂灼伤:①被酸灼伤,擦净后立即用大量的自来水冲洗,再用碳酸氢钠(或氨、肥皂水)溶液洗涤;②被碱灼伤,擦净后立即用大量的自来水冲洗,然后用硼酸(或稀醋酸)溶液冲洗;③被溴灼伤,立即用大量的自来水冲洗,然后用酒精擦至无溴液存在为止,再涂甘油或烫伤油膏。

5. 中毒的急救,主要在于把患者送往医院或医师到达之前,尽快将患者从中毒物质区域中移出,并尽量弄清致毒物质成分,以便协助医师排出中毒者体内的毒物。如遇中毒者呼吸停止、心脏停搏时,应立即施行人工呼吸、心肺复苏,直至医师到达或送到医院为止。

6. 如遇触电事故,立即切断电源,使触电者脱离电源,将触电者抬至空气新鲜处,仰面躺平,且确保气道通畅,必要时进行人工呼吸,再送医院救治。

五、实训数据的记录和实训报告

进行化学实训时,要按实训原理和操作步骤认真进行实训,及时、准确地记录实训数据和实训现象,在实训结束后写出完整正确的实训报告。

(一) 化学实训步骤

1. 实训课课前预习

(1)阅读教科书、实训教材和参考资料中的有关内容,明确实训目的。

(2)熟悉实训原理、操作步骤、实训条件和实训注意事项。

(3)写出预习笔记,列出数据记录项目,方可进行实训。

2. 实训操作
在充分预习的基础上,根据实训条件按实训的操作步骤进行实训操作,操作中应做到以下几点。

(1)按实训内容将实训所需的仪器按要求洗涤干净。

(2)认真操作、细心观察,及时、准确地将实训现象和实训原始数据如实地记录在实训记录本上。

(3)实训中应勤于思考、仔细分析,将理论知识与实践操作相结合,解决实训中出现的问题。

3. 完成实训报告

(二) 实训数据的记录

1. 进行化学实训必须有专用的实训记录本,并将记录本页码编号,不得随意撕去,严禁记录在小纸片上、手上或随意记录在其他地方。

2. 记录实训数据必须做到认真、及时、准确、清楚。坚持实事求是,严禁随意拼凑和伪造数据。

3. 实训中的每一个数据都是实训测量的结果,因此重复观察时即使数据完全相同也应记录下来。

4. 记录实训数据时,应根据仪器的精度准确记录,不能随便增加或减少位数。

5. 尽可能用列表法或其他较为简明的方法记录实训现象和数据。当记录有误或其他原因舍弃的数据应划掉重写,并注明原因。

(三) 实训报告

实训完毕后,根据实训记录本上的原始记录,及时对实训数据进行整理、计算和分析,认真写出实训报告。实训报告要求正确、清晰、简明扼要。实训报告一般包括以下内容：①实训名称，实训日期；②实训目的；③实训原理，用文字或化学反应式简要说明；④实训用品，记录实训所用仪器、试剂；⑤实训内容与步骤，简要描述实训过程(用文字或简短流程式表示)；⑥实训数据记录与处理，用文字、表格或图形将实训数据表示出来，运用有效数字的运算规则进行计算，给出正确的分析结果；⑦实训思考，对实训中出现的现象与问题加以分析和讨论，总结经验教训，以提高分析问题和解决问题的能力。

实训一　溶液的配制

【实训目的】

1. **掌握**　溶液浓度的有关计算及溶液的配制方法。
2. **学会**　玻璃仪器的洗涤、试剂的取用、量筒和台秤的使用。

【实训原理】

配制溶液时，首先要了解所配制溶液的体积、浓度的表示方法、溶质的纯度(一般为分析纯或优级纯试剂)等。通过计算得出所需溶质的量，按计算量进行称取或量取后，置于适当的容器中，加溶剂溶解到一定的体积，混匀即可。

稀释浓溶液时，计算需要掌握一个基本原则，即稀释前后溶质的量不变。根据浓溶液的浓度和体积与所要配制的稀溶液的浓度和体积，利用稀释公式 $c_1V_1=c_2V_2$，计算出所需浓溶液的体积，然后加水稀释至一定体积。配制溶液的操作步骤一般是如下两种。

由固体试剂配制溶液：计算→称量→溶解→转移→定容。

由液体试剂配制(稀释)溶液：计算→量取→转移→定容。

进行溶液配制时，还应注意以下问题。

1. 配制 H_2SO_4 溶液时，需特别注意要在不断搅拌下将浓 H_2SO_4 缓缓地倒入盛水的容器中，切不可将水倒入浓 H_2SO_4 中。

2. 对于易水解的固体试剂如 $SnCl_2$、$FeCl_3$、$Bi(NO_3)_2$ 等，在配制其水溶液时，应称取一定量的固体试剂于烧杯中，然后加入适量一定浓度的相应酸液，使其溶解，再以纯化水稀释至所需体积，搅拌均匀后转移至试剂瓶中。

3. 一些见光容易分解或容易发生氧化还原反应的溶液，要防止在保存期间失效，最好配好就用，不要久存。另外，常在贮存的 Sn^{2+} 及 Fe^{2+} 的溶液中放入一些锡粒和铁屑，以避免 Sn^{2+}、Fe^{2+} 被氧化后产生 Sn^{4+} 及 Fe^{3+}。$AgNO_3$、$KMnO_4$、KI 等溶液如需短时间贮存，应存于干净的棕色瓶中。

【仪器和试剂】

1. **仪器** 台秤、烧杯(50ml)、量筒(10ml、50ml)、玻璃棒等。
2. **试剂** NaCl(固)、葡萄糖(固)、浓 HCl、95% 药用乙醇。

【实训步骤】

1. **生理盐水的配制** 计算配制 50ml 生理盐水所需 NaCl 的质量。在台秤上称量所需 NaCl 的质量,置于 50ml 烧杯中,加适量纯化水使其溶解,定量转移至 50ml 量筒中,加纯化水至刻度,混匀,倒入指定试剂瓶中。

2. **50g/L 葡萄糖溶液的配制** 计算配制 50ml 50g/L 葡萄糖溶液所需固体葡萄糖的质量。在台秤上称量所需葡萄糖的质量,置于 50ml 烧杯中,加适量纯化水使其溶解,定量转移至 50ml 量筒中,加纯化水至刻度,混匀,倒入指定试剂瓶中。

3. **1mol/L HCl 溶液的配制** 计算配制 50ml 1mol/L HCl 溶液所需浓 HCl(质量分数为 37%,密度为 1.19g/ml)的体积。用 10ml 量筒量取所需浓 HCl 的体积,转移至已加入少量纯化水的 50ml 烧杯中稀释,再将稀释液定量转移至 50ml 量筒中,加纯化水至刻度,混匀,倒入指定试剂瓶中。

4. **75% 消毒酒精的配制** 计算配制 50ml 75% 的消毒酒精所需 95% 乙醇的体积。用 50ml 量筒量取所需 95% 乙醇的体积,加纯化水稀释至刻度,混匀,倒入指定试剂瓶中。

【注意事项】

1. 玻璃仪器先用自来水洗刷干净,再用少量纯化水淋洗 2~3 次,方可使用。洗净的玻璃仪器内壁只附着一层均匀的水膜,不挂水珠。

2. 取用固体试剂时,用洁净滤纸将药匙擦拭干净,再取固体试剂,以免药匙不洁净而污染固体试剂。

3. 从滴瓶中取少量液体试剂时,滴管应在盛接容器的正上方,保持垂直,滴管不能伸入盛接容器中或触及盛接容器的器壁,使用后应立即将滴管插回原瓶。

【思考题】

1. 为什么不能用量筒量取热的溶液或作为反应容器?
2. 配制 1mol/L HCl 溶液时,为什么将量取的浓 HCl 首先转移至已加入少量纯化水的小烧杯中稀释?

见表 1-3。

表 1-3　实训一的实训记录

配制的溶液	配制溶液体积 /ml	溶质取量 /g	配制过程
生理盐水			
50g/L 葡萄糖溶液			
1mol/L HCl 溶液			
75% 消毒酒精			

实训二　药用氯化钠的制备

【实训目的】

1. **掌握**　药用氯化钠的制备方法。
2. **熟悉**　溶解、过滤、蒸发、浓缩、结晶、干燥等基本操作。

【实训原理】

氯化钠试剂或医药用氯化钠都是以粗食盐为原料提纯的。粗食盐中除含有泥沙等不溶性杂质外，还含有 K^+、Ca^{2+}、Mg^{2+}、SO_4^{2-} 等可溶性杂质。不溶性杂质可用过滤方法除去，可溶性杂质中的 Ca^{2+}、Mg^{2+}、SO_4^{2-} 则通过加入 $BaCl_2$、Na_2CO_3 和 NaOH 溶液，生成难溶的硫酸盐、碳酸盐或碱式碳酸盐沉淀而除去。

1. 用 $BaCl_2$ 溶液除去 SO_4^{2-}：

$$Ba^{2+} + SO_4^{2-} \rightleftharpoons BaSO_4\downarrow$$

2. 用 Na_2CO_3 溶液和 NaOH 溶液除去 Ca^{2+}、Mg^{2+} 和过量 Ba^{2+}：

$$Ca^{2+} + CO_3^{2-} \rightleftharpoons CaCO_3\downarrow$$

$$Ba^{2+} + CO_3^{2-} \rightleftharpoons BaCO_3\downarrow$$

$$2Mg^{2+} + CO_3^{2-} + 2OH^- \rightleftharpoons Mg_2(OH)_2CO_3\downarrow$$

3. 用 HCl 溶液除去过量的 OH^- 和 CO_3^{2-}：

$$H^+ + OH^- \rightleftharpoons H_2O$$

$$CO_3^{2-} + 2H^+ \longrightarrow CO_2\uparrow + H_2O$$

4. 除去 K^+、Br^-、I^- 和 NO_3^-。粗盐中的 K^+、Br^-、I^- 和 NO_3^- 等离子与上述沉淀剂不起作用,含量少且溶解度较大。NaCl 的溶解度受温度影响不大,而 KCl、KNO_3 和 $NaNO_3$ 等溶解度随温度升高而明显增大。故在加热蒸发浓缩时,NaCl 结晶出来,K^+、Br^-、I^- 和 NO_3^- 则留在母液中而将其除去。多余的盐酸在干燥氯化钠时会以氯化氢的形式挥发掉。

【仪器和试剂】

1. **仪器** 台秤、烧杯、量筒、玻璃棒、电炉、布氏漏斗、滤纸、蒸发皿、石棉网、吸滤瓶、抽滤机等。
2. **试剂** 粗食盐(已炒好)、25% $BaCl_2$ 溶液、饱和 Na_2S 溶液、2mol/L NaOH 溶液、饱和 Na_2CO_3 溶液、6mol/L HCl 溶液、pH 试纸。

【实训步骤】

1. 称取 10g 粗食盐于 100ml 的烧杯中,加水约 30ml,加热搅拌使其溶解。

2. 将溶液加热至近沸,边搅拌边滴加 25% $BaCl_2$ 溶液(约 20 滴)至沉淀完全,继续加热煮沸 2 分钟,停止加热及搅拌,待沉淀沉降后,沿烧杯壁滴加数滴 $BaCl_2$ 溶液,检验 SO_4^{2-} 是否沉淀完全。如有白色沉淀生成,则需补加 $BaCl_2$ 溶液至沉淀完全;如没有白色沉淀生成,可用布氏漏斗抽滤,弃去沉淀,保留滤液。

3. 将滤液移至另一干净的 100ml 的烧杯中,加入饱和 Na_2S 溶液 5 滴,若无沉淀,不必再多加 Na_2S 溶液。然后边搅拌边滴加饱和 Na_2CO_3 溶液(约 10 滴)至沉淀完全,再滴加 2mol/L NaOH 溶液(约 5 滴),调节 pH 为 10~11。加热煮沸数分钟,停止加热及搅拌,待沉淀沉降后,检验是否沉淀完全。沉淀完全后用布氏漏斗抽滤,沉淀弃去。

4. 将滤液移至干净的蒸发皿,滴加 6mol/L HCl(2~3 滴)溶液,调节 pH 为 3~4。不断搅拌下加热蒸发浓缩至糊状稠液,使 NaCl 完全析出,停止加热。冷却后用布氏漏斗抽滤,尽量将 NaCl 晶体抽干,再用少量纯化水洗涤 NaCl 晶体 2~3 次,抽干,母液弃去。

5. 将 NaCl 晶体移至另一洁净的已称重的蒸发皿中,加热烘干,冷至室温,称重,计算产率。

【注意事项】

1. 粗食盐中所含主要杂质为 K^+、Mg^{2+}、Ca^{2+}、Fe^{3+} 金属离子、SO_4^{2-}、Br^-、I^- 等以及泥沙和有机杂质。将粗食盐在火上煅炒,使有机物炭化,再用水溶解成饱和溶液。不溶性杂质可采取过滤法除去,可溶性杂质可根据其性质借助于化学方法除去。如:

$$金属离子 + S^{2-} \longrightarrow 沉淀$$

2. 注意抽滤装置的安装和使用;抽滤时为防止滤纸破损;可用两层滤纸。

【思考题】

1. 在加入沉淀剂将 SO_4^{2-}、Ca^{2+}、Mg^{2+} 等离子转化为沉淀除去时,是否加热？如何检查这些离子是否沉淀完全？

2. 在调节溶液 pH 为酸性时,若加入的盐酸过量,应如何处理？为何将溶液调节为酸性？

3. 在浓缩过程中,能否把溶液蒸干？为什么？

【实训记录】

见表1-4。

表1-4　实训二的实训记录

粗食盐质量/g	精食盐质量/g	产率/%

（廖 萍）

第二章　物质结构

学习目标

1. **掌握**　四个量子数的意义；多电子原子轨道近似能级图；原子核外电子排布的规律；周期表中元素性质的递变规律；现代价键理论；离子键、共价键、氢键的概念及特点。
2. **熟悉**　四个量子数的取值；核外电子排布的表示方式；周期、族、区的划分；分子的极性。
3. **了解**　杂化轨道理论；分子间作用力的类型。

自然界的物质种类繁多，丰富多彩，性质各异。物质在性质上的差异是由于物质的内部结构不同引起的。因此要了解物质的性质，认识物质世界的变化规律，必须进一步了解物质的内部结构。

导学情景

情景描述：

　　人类对物质结构的认识，经历了漫长的过程。公元前 400 年，古希腊哲学家德谟克利特提出了万物由"原子"产生的思想。19 世纪初，英国化学家道尔顿创立了原子学说，认为一切物质都是由不可见、不可再分的原子组成的。20 世纪初，随着电子、质子、中子、放射性核素等一系列的新发现，人们建立了具体的原子模型，原子从假说变成了实物。这期间，英国物理学家卢瑟福提出了原子的行星模型，随后玻尔在卢瑟福、爱因斯坦、普朗克思想的基础上提出了新的原子结构模型。之后，法国物理学家德布罗意提出物质的波粒二象性，海森堡提出测不准原理，薛定谔提出薛定谔方程，海特勒和伦敦阐明共价键本质，鲍林建立价键理论和杂化轨道理论等，使得现代物质结构理论得以完善。

学前导语：

　　化学是一门在原子、分子水平上研究物质的组成、结构、性质和应用的自然科学。本章主要介绍原子结构和分子结构的基本知识。

第一节　核外电子的运动状态

一、原子核外电子的运动

　　原子是由一个带正电的原子核和核外带负电的电子组成的体系，原子核是由带正电的质子和不带电的中子组成的。原子核极小，却集中了原子 99.9% 以上的质量。电子在原子核外直径约为

10^{-10}m 的空间高速运动,速率接近真空中的光速(即 3×10^{8}m/s),其没有固定的轨道,不能同时准确地测定某一瞬间的位置和运动速度,只能用统计的方法来判断电子在核外空间某一区域出现的概率。

例如:氢原子核外有一个电子围绕原子核运动。假如我们用相机拍摄电子在核外运动的某一瞬间的位置,然后将所有照片叠加进行观察,则会发现明显的统计规律:电子经常出现的区域是核外的一个球形空间,如图 2-1 所示。图中小黑点表示电子出现的瞬间位置,小黑点越密集的区域表示电子在此处出现的概率越大,小黑点越稀疏的区域表示电子在此处出现的概率越小。由于这种核外电子出现的概率密度分布图看起来像一片云雾,因此被形象地称作"电子云"。电子云是原子核外电子运动统计结果的一种形象化的描述。

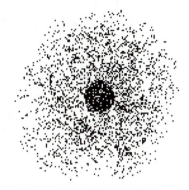

图 2-1　氢原子的电子云示意图

二、核外电子运动状态的描述

电子在原子核外一定区域内做高速运动,其运动状态比较复杂,通常用 4 个量子数来描述。

(一) 主量子数(n)

表示电子出现概率最大的区域离原子核的远近,也称为电子层。主量子数 n 的取值为从 1 开始的正整数,即 1、2、3、4……n。n 是决定电子能量高低的主要因素。n 越小,表示电子出现概率最大的区域离核越近,电子的能量越低;n 越大,表示电子出现概率最大的区域离核越远,电子的能量越高。不同的电子层用不同的符号表示,主量子数与电子层的关系如表 2-1 所示。

表 2-1　主量子数与电子层的关系

n 的取值	电子层符号	电子层	能量高低
1	K	一	
2	L	二	
3	M	三	
4	N	四	高
5	O	五	
6	P	六	
7	Q	七	

(二) 角量子数(l)

在多电子原子中,同一电子层的电子能量稍有差别,运动状态也有所不同,即一个电子层还可分为若干个能量有差别、电子云形状不同的亚层。角量子数是描述电子云形状的参数,是决定电子能量的次要因素。角量子数 l 的取值受主量子数 n 的限制,只能取从 0 到 $(n-1)$ 的 n 个整数,即 0、1、2、3……$(n-1)$,可分别用符号 s、p、d、f……来表示。当 $n=1$ 时,l 只能取 0,只有 s 亚层;当 $n=2$ 时,l 可取 0 和 1,有 s 亚层和 p 亚层;依次类推。主量子数 n 与角量子数 l 的关系如表 2-2 所示。

表 2-2　主量子数 n 与角量子数 l 的关系

n	电子层	l	亚层
1	第一	0	1s
2	第二	0、1	2s、2p
3	第三	0、1、2	3s、3p、3d
4	第四	0、1、2、3	4s、4p、4d、4f

不同亚层的电子云形状不同,如 s 亚层电子云呈球形;p 亚层电子云呈哑铃形;d 亚层电子云呈花瓣形;f 亚层电子云形状比较复杂,在此不做讨论。s、p、d 电子云形状如图 2-2 所示。

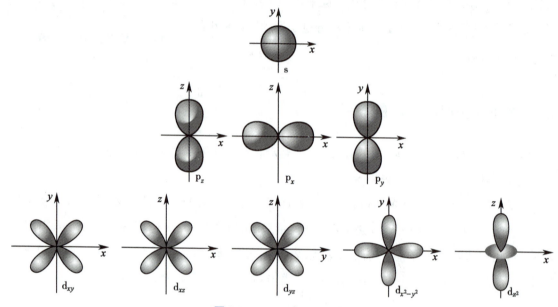

图 2-2　s、p、d 电子云形状

同一电子层中,随着角量子数 l 的增大,各亚层的能量也依次升高,即 $ns<np<nd<nf$。在多电子原子中,电子的能量由主量子数和角量子数共同决定。

(三) 磁量子数(m)

磁量子数 m 用来描述电子云在空间的伸展方向。在同一电子亚层的不同电子,它们的电子云处在不同的空间位置上,以不同的伸展方向存在于该亚层中。磁量子数 m 的每一个取值对应一个伸展方向。

通常,把在一定的电子层中,具有一定形状和伸展方向的电子云所占据的原子核外的空间称为一个原子轨道,简称"轨道"。可用圆圈"○"或方框"□"表示一个轨道。每一种原子轨道具有一定的形状和伸展方向。

磁量子数 m 的取值受角量子数 l 的制约。当角量子数 l 一定时,m 可以取从 $+l$ 到 $-l$ 并包括 0 在内的整数值,即 $m=0$、±1、±2、±3……$\pm l$。因此,每一个电子亚层所具有的轨道总数为 $2l+1$。如 $l=1$ 时,m 有 $+1$,0,-1 这 3 个取值,分别描述 p 轨道的三个伸展方向 p_x、p_y、p_z。

主量子数和角量子数相同的轨道称为简并轨道或等价轨道,它们之间能量相等。例如 $l=1$ 时,为 p 亚层，m 取值为 3 个，有 3 个轨道（p_x、p_y、p_z），p 轨道为三重简并。同样，d 轨道为五重简并，f 轨道为七重简并。磁量子数 m 与角量子数 l 的关系，如表 2-3 所示。

表 2-3　磁量子数 m 与角量子数 l 的关系

l 值	m 值	轨道
$l=0$（s 亚层）	$m=0$	只有 1 种伸展方向，无方向性
$l=1$（p 亚层）	$m=+1$、0、-1	3 种伸展方向，3 个等价轨道
$l=2$（d 亚层）	$m=+2$、$+1$、0、-1、-2	5 种伸展方向，5 个等价轨道
$l=3$（f 亚层）	$m=+3$、$+2$、$+1$、0、-1、-2、-3	7 种伸展方向，7 个等价轨道

（四）自旋量子数（m_s）

电子在围绕原子核运动的同时，本身还有自旋运动。描述电子自旋运动的量子数称为自旋量子数 m_s。m_s 的取值只有 $+\dfrac{1}{2}$ 和 $-\dfrac{1}{2}$ 两种，分别表示电子的两种自旋方向，相当于顺时针和逆时针两种方向，通常用向上的箭头"↑"和向下的箭头"↓"表示。

综上所述，原子核外每个电子的运动状态可用 n、l、m、m_s 这四个量子数来描述，它们分别从电子在原子核外的运动范围、轨道形状、轨道空间伸展方向及电子的自旋方向来表征每个电子的运动状态。

> **点滴积累**
> 1. 核外电子出现的概率密度分布图，被形象地称作"电子云"。
> 2. 原子核外电子的运动状态可用 n、l、m、m_s 这四个量子数描述，它们分别从电子在原子核外的运动范围、轨道形状、轨道空间伸展方向及电子的自旋方向来表征每个电子的运动状态。

第二节　原子核外电子的排布

一、近似能级图

多电子原子中，原子轨道的能量由 n、l 决定。根据光谱实验结果，鲍林提出了多电子原子的原子轨道近似能级图，如图 2-3 所示。鲍林的原子轨道近似能级图将原子轨道按照能量从低到高分为 7 个能级组。能量相近的能级划为 1 个能级组，图中的每个小圆圈代表 1 个原子轨道。

多电子原子中原子轨道能级高低的基本规律如下。

1. n 相同，l 不同。则 l 越大，原子轨道的能量越高，如 $E_{ns}<E_{np}<E_{nd}<E_{nf}$。

2. n 不同，l 相同。则 n 越大，电子离核越远，电子能量越高，如 $E_{1s}<E_{2s}<E_{3s}<E_{4s}$，$E_{2p}<E_{3p}<E_{4p}$。

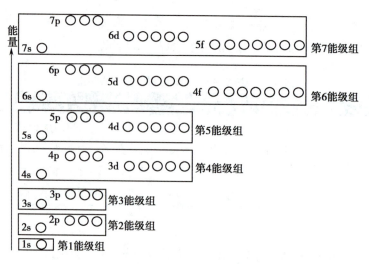

图 2-3 多电子原子轨道的近似能级图

3. 由于"屏蔽效应"和"钻穿效应",某些主量子数 n 大的原子轨道的能量低于某些主量子数 n 小的原子轨道的能量,这种现象称为能级交错。如 $E_{3d}>E_{4s}$,$E_{4f}>E_{6s}$ 等。

二、核外电子排布的规律

(一) 电子排布表示方法

电子在原子轨道中的排布方式称为电子层结构或电子构型。电子层结构常用轨道表示式和电子排布式两种方法表示。

1. 轨道表示式   用小方框(或小圆圈)代表原子轨道,原子轨道内的箭头代表电子,箭头的方向代表电子自旋的方向。在原子轨道的下方注明轨道的能级。排布电子时,根据电子排布规律,按照轨道的能级顺序,依次填入原子轨道即可。轨道表示式直观地反映了电子的排布方式。

2. 电子排布式   分别用数字 1、2、3、4……表示电子层,用符号 s、p、d、f……表示电子亚层,并在这些符号的右上角用数字表示各亚层上电子的数目。

例:

	轨道表示式					电子排布式
O	1s	2s	2p			$1s^2 2s^2 2p^4$
P	1s	2s	2p	3s	3p	$1s^2 2s^2 2p^6 3s^2 3p^3$

(二) 排布规律

原子核外有多个电子存在时,其运动状态各不相同,电子在核外的排布遵循以下 3 个规律。

1. 能量最低原理 原子核外的电子总是尽可能地先排布在能量较低的原子轨道中,当能量较低的原子轨道占满后,再依次排布在能量较高的轨道中,使得原子体系总能量最低,处于最稳定状态,这个规律称为能量最低原理。根据能量最低原理和原子轨道的近似能级图,电子排布进入原子轨道的先后顺序如图 2-4 所示。

2. 泡利不相容原理 1925 年,奥地利物理学家泡利(W. Pauli)指出:在同一原子中不可能存在运动状态完全相同的两个电子,即同一原子中无四个量子数完全相同的电子,称为泡利不相容原理。也就是说每个原子轨道最多能容纳两个电子,且这两个电子的自旋方向相反。

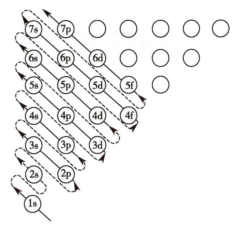

图 2-4　原子核外电子填充的顺序图

3. 洪特规则 德国物理学家洪特(F. Hund)根据大量光谱数据总结出:电子进入同一亚层的简并轨道时,总是尽可能分占不同的轨道,并且自旋方向相同,称为洪特规则。

例如,碳原子的原子核外有 6 个电子,电子排布有 3 种可能(图中的每个小方框表示 1 个原子轨道),即

①　1s　2s　2p

②　1s　2s　2p

③　1s　2s　2p

实验数据证明,基态碳原子处于③状态。

此外,简并轨道电子处于全充满(p^6、d^{10}、f^{14})、半充满(p^3、d^5、f^7)和全空(p^0、d^0、f^0)状态时比较稳定。

通常参与化学反应的只是原子的外围电子(也称为价层电子或价电子层),内层电子结构一般不变。因此为避免电子排布式过长,在书写核外电子排布式时,当内层电子构型与稀有气体的电子构型相同时,就用该稀有气体的元素符号来表示原子的内层电子构型,称为原子实。如[He]代表类氦原子实,[Ne]和[Ar]分别表示类氖和类氩原子实。例如:16 号元素 S 的电子排布为 $1s^2 2s^2 2p^6 3s^2 3p^4$,用原子实表示为[Ne]$3s^2 3p^4$。

> **课 堂 活 动**
> 请分别写出钙原子和铬原子的轨道表示式和电子排布式。

点滴积累

1. 原子核外电子的排布遵循能量最低原理、泡利不相容原理和洪特规则。
2. 电子层结构常用轨道表示式和电子排布式两种方法表示。

第三节　元素周期律与元素的基本性质

一、原子的电子层结构与元素周期表

元素的化学性质主要是由最外电子层的结构所决定的,而最外电子层的结构又是由核电荷数和核外电子排布决定的。由于原子的电子层结构随着原子序数的递增呈现周期性变化,因此元素的性质也呈现周期性变化。这种元素的性质随着原子序数(核电荷数)的递增而呈现周期性变化的规律称为元素周期律。元素周期律是原子内部结构周期性变化的反映。

各种元素有规律地排列就构成了元素周期表,元素周期表是元素周期律的具体表现形式。

(一) 周期

在元素周期表中,周期是指具有相同的电子层数的元素按照原子序数递增的顺序排列的一个横行。周期表中共有 7 个周期,与鲍林能级图中的能级组对应,如表 2-4 所示。

表 2-4　周期与能级组的关系

周期 /n	能级组	能级	元素数目	周期名称
1	1	1s	2	特短周期
2	2	2s2p	8	短周期
3	3	3s3p	8	短周期
4	4	4s3d4p	18	长周期
5	5	5s4d5p	18	长周期
6	6	6s4f5d6p	32	特长周期
7	7	7s5f6d7p	32	新完成周期

(二) 族

元素周期表中的竖列称为族。周期表中共有 18 列,分为 16 个族,包括 8 个主族、8 个副族。族序数用罗马数字 Ⅰ、Ⅱ、Ⅲ、Ⅳ、Ⅴ、Ⅵ、Ⅶ、Ⅷ等表示。

1. 主族　由短周期和长周期元素共同构成的族称为主族。共有 8 个主族,在族序数后面标"A",如ⅠA、ⅡA、ⅢA、ⅣA、ⅤA、ⅥA、ⅦA、ⅧA。主族元素的族序数等于该元素原子的最外层电子数,也等于该族元素的最高氧化数(氧、氟除外)。

ⅧA 族是由稀有气体元素构成的族。稀有气体(惰性气体)元素原子的最外层均已填满,达到稳定结构,因此很难参与化学反应,化合价为 0,因此也被称为 0 族。

2. 副族　完全由长周期元素构成的族称为副族。共有 8 个副族,在族序数后面标"B",如ⅠB、ⅡB、ⅢB、ⅣB、ⅤB、ⅥB、ⅦB、ⅧB。凡最后一个电子填入 $(n-1)$d 或 $(n-2)$f 亚层上的都是副族元素,也称为过渡元素。

ⅧB 族也称第Ⅷ族,是由长周期第 8、9、10 三列构成的族,共有 9 种元素。

（三）区

根据核外电子构型的特点,常把元素周期表中的元素分为 5 个区,分别是 s 区、p 区、d 区、ds 区、f 区,如图 2-5 所示。

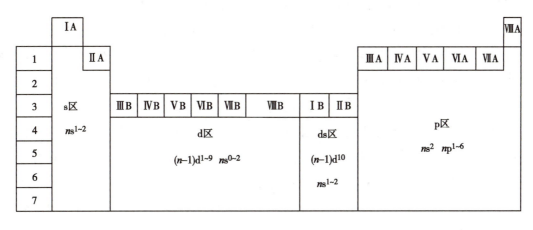

图 2-5　周期表中元素的分区

二、元素基本性质的周期性变化规律

元素原子的电子层结构呈周期性变化,导致了元素基本性质也呈周期性变化,如原子半径、电离能和电负性等,它们随着原子序数的增大,呈现明显周期性变化。

> **课堂活动**
> 判断下面元素在周期表中的位置(周期、族)。
> (1)N　(2)Al　(3)Ar　(4)K

（一）原子半径

原子半径常用的有三种,即共价半径、范德华半径和金属半径。通常情况下采用的都是共价半径,而稀有气体采用的是范德华半径,金属单质采用的是金属半径。

元素的原子半径取决于电子层数、有效核电荷数和电子构型。原子半径的变化有以下规律。

1. 同一周期元素的原子半径依次减小　同一周期元素的电子层数相同,从左到右,随着原子的有效核电荷数逐渐增大,原子对核外电子的吸引力逐渐增强,所以原子半径依次减小。而最后一个稀有气体的原子半径变大,是因为稀有气体的原子半径采用的是范德华半径。对于过渡元素,增加的电子填充在次外层的 d 轨道上,受到的屏蔽效应较大,过渡元素的原子半径依次减小的幅度较为缓慢。

2. 同一主族元素的原子半径逐渐增大　同一主族元素,从上至下,由于电子层逐渐增加所起的作用大于有效核电荷增加的作用,所以原子半径逐渐增大。同一副族元素,原子半径的变化比较复杂,从上到下原子半径的变化趋势总体上与主族相似,但原子半径增大的幅度不大。从ⅣB族元素开始,第五、六周期的同族元素,由于镧系收缩,造成它们的原子半径很接近,从而导致元素性质极为相似。

(二) 电离能

元素的一个气态原子在基态时失去一个电子成为气态的正一价阳离子时所消耗的能量,称为该元素的第一电离能,用符号"I_1"表示,常用单位为 kJ/mol。气态的正一价阳离子再失去 1 个电子成为气态的正二价阳离子所消耗的能量,称为第二电离能,用符号"I_2"表示,依此类推。通常各级电离能的大小顺序为 $I_1<I_2<I_3$,这是因为气态阳离子的价态越高,核外电子数越少,并且半径减小,因此有效核电荷对外层电子的吸引力增强,失去电子更困难,导致所需的能量更大。

电离能的大小可表示原子失去电子的倾向,从而可说明元素的金属性强弱。电离能越小表示原子失去电子所消耗能量越少,越易失去电子,则该元素的金属性越强。元素的电离能在周期表中呈现明显的周期性变化。一般常用第一电离能进行比较。

1. 同一周期元素,从左到右电离能变化总体呈增加趋势。这是由于有效核电荷增加而原子半径减小,导致核对外层电子的吸引力增强,使电子不易失去,第一电离能逐渐增大。但有特例,当具有稳定的构型(如半满、全满、全空)时,对应的第一电离能较大。

2. 同一主族元素,从上到下电离能逐渐减小。同一主族元素的价电子构型相同,同一主族从上到下随着原子半径逐渐增大,核对外层电子的吸引力逐渐减小,失去电子的倾向逐渐增大,因此第一电离能逐渐减小。

(三) 电负性

为全面衡量分子中各原子间争夺电子能力的大小,鲍林(L. Pauling)于 1932 年首先提出了元素电负性的概念。元素的电负性是指原子在分子中吸引电子的能力。鲍林指定氟的电负性为 4.0,并通过对比求出了其他元素的电负性数值。部分元素的电负性数值,如表 2-5 所示。

表 2-5 部分元素的电负性

H 2.20																	
Li 0.98	Be 1.57											B 2.04	C 2.55	N 3.04	O 3.44	F 3.98	
Na 0.93	Mg 1.31											Al 1.61	Si 1.90	P 2.19	S 2.58	Cl 3.16	
K 0.82	Ca 1.00	Sc 1.36	Ti 1.54	V 1.63	Cr 1.66	Mn 1.55	Fe 1.80	Co 1.88	Ni 1.91	Cu 1.90	Zn 1.65	Ga 1.81	Ge 2.01	As 2.18	Se 2.55	Br 2.96	
Rb 0.82	Sr 0.95	Y 1.22	Zr 1.33	Nb 1.60	Mo 2.16	Tc 1.90	Ru 2.28	Rh 2.20	Pd 2.20	Ag 1.93	Cd 1.69	In 1.78	Sn 1.96	Sb 2.05	Te 2.10	I 2.66	
Cs 0.79	Ba 0.89	La 1.10	Hf 1.30	Ta 1.50	W 2.36	Re 1.90	Os 2.20	Ir 2.20	Pt 2.28	Au 2.54	Hg 2.00	Tl 2.04	Pb 2.33	Bi 2.02	Po 2.00	At 2.20	

元素的电负性越大,表示其原子吸引电子的能力越强,元素的非金属性越强,金属性越弱;元素的电负性越小,表示其原子吸引电子的能力越弱,元素的非金属性越弱,金属性越强。通常情况下,金属元素的电负性在 2.0 以下,非金属元素的电负性在 2.0 以上,但它们之间没有严格的界限。

从表 2-5 可以看出,元素的电负性呈周期性变化。同一周期元素,从左到右电负性逐渐增大;同一主族元素,从上至下元素的电负性逐渐减小。副族元素的电负性变化不太规律。

点滴积累

1. 元素的性质随着原子序数(核电荷数)的递增而呈现周期性变化的规律称为元素周期律。
2. 周期表中的横行称为周期,有 7 个周期;周期表中的竖列称为族,有 8 个主族、8 个副族;元素周期表中的元素分为 5 个区,分别是 s 区、p 区、d 区、ds 区、f 区。
3. 同周期元素,从左到右,半径依次减小,电离能和电负性依次增大;同主族元素,从上到下,半径依次增大,电离能和电负性依次减小。

第四节　化学键

从结构的观点看,除稀有气体元素外,其他元素的单个原子都是不稳定的结构,故原子常相互组合成分子(或晶体)以形成稳定结构。分子(或晶体)之所以能稳定存在,是由于分子(或晶体)中相邻原子(或离子)之间存在着强烈的相互作用力,这种作用力称为化学键。化学键的能量为几十到几百千焦每摩尔。根据原子(或离子)间相互作用方式的不同,化学键分为离子键、共价键和金属键。

一、离子键

(一)离子键的形成

1916 年,德国化学家柯塞尔根据稀有气体原子的电子层结构具有高度稳定性的事实提出了离子键理论,认为在一定条件下,当电负性较小的活泼金属元素(如ⅠA、ⅡA及低价过渡金属)的原子与电负性较大的活泼非金属元素(如卤素、氧等)的原子相互接近时,它们都有达到稳定的稀有气体结构的倾向。活泼金属原子易失去电子而形成具有稳定电子层结构的带正电荷的阳离子;活泼非金属原子易得到电子而形成具有稳定电子层结构的带负电荷的阴离子。阴、阳离子之间由于静电引力而相互吸引。随着阴、阳离子的逐渐接近,两个原子核之间以及电子云之间的排斥作用逐渐增大,当阴、阳离子之间的吸引作用和排斥作用达到平衡时,系统的能量降到最低,阴、阳离子之间形成稳定的化学键。这种由阴、阳离子通过静电作用形成的化学键称为离子键。成键原子的电负性差值在 1.7 以上，一般形成离子键。

以 NaCl 为例，离子键的形成表示如下：

$$Na\times\ +\ \cdot\ddot{\underset{..}{Cl}}:\ \longrightarrow\ Na^+\left[:\ddot{\underset{..}{Cl}}:\right]^-$$

（二）离子键的特点

离子键的特点是既无方向性也无饱和性。

离子是一个带电的球体，它在周围空间各个方向上释放电场，即它可以在空间任何方向与带有相反电荷的离子相互吸引，所以离子键没有方向性。而且只要空间条件允许，每个离子将尽可能多地吸引带相反电荷的离子，因此离子键也没有饱和性。

例如，NaCl 晶体中每个 Na^+ 周围有 6 个 Cl^-，每个 Cl^- 周围也有 6 个 Na^+。分子式 NaCl 只代表晶体的离子组成比，并不表示晶体中存在 NaCl 分子。NaCl 晶体是由正、负离子按化学式组成比相间排列形成的"巨型分子"，其晶体结构如图 2-6 所示。

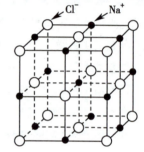

图 2-6　NaCl 晶体结构示意图

（三）离子键的强弱

离子键的稳定性是由离子键的强弱决定的。离子键的强弱与离子所带电荷数和离子的半径有关。

1. 离子的电荷　离子键的本质是阴、阳离子之间的静电作用力。离子带的电荷数越多，对带相反电荷的离子的吸引力越强，离子键就越强，形成的离子化合物越稳定。例如，大多数碱土金属离子 M^{2+} 的盐类的熔点比碱金属离子 M^+ 的盐类的要高：NaCl 的熔点为 801℃，而 MgS 的熔点则高于 2 000℃。

2. 离子的半径　一般来说，当离子的电荷数相同时，离子的半径越小，阴、阳离子之间的吸引力就越大，离子键就越强。例如，由于 Mg^{2+} 半径小于 Ca^{2+}，所以 MgO 的离子键比 CaO 强，MgO 的熔点（2 852℃）比 CaO 的熔点（2 572℃）高。

（四）离子化合物

由离子键形成的化合物称为离子化合物，如 NaCl、$MgBr_2$、KOH、NH_4Cl 等。离子化合物一般具有熔点高、易溶于水、水溶液或熔融状态能导电等特点。

二、共价键

离子键理论成功地说明了电负性相差较大的两元素的原子是如何成键的，但却无法解释电负性相差较小或相同的两原子是如何成键的。如 HCl、H_2O、H_2、Cl_2 等分子的形成可用共价键理论进行说明。

1916 年，美国化学家路易斯（G. N. Lewis）首次提出了共价键的概念。认为同种元素的原子以及电负性相近的原子间形成分子时，可以通过共用电子对以达到稳定的稀有气体的电子结构。这种原子间通过共用电子对形成的化学键称为共价键。两原子共用一对电子形成 1 个单键，共用两对和三对电子分别形成双键和三键。

1930 年,鲍林等人建立了现代价键理论(valence bond theory),又称为电子配对法,其基本要点为:①电子配对原理,两个原子相互接近时,只有自旋方向相反的单电子可以配对(两原子轨道重叠),使两核间的电子云密集,系统能量降低,形成共价键。②最大重叠原理,两原子轨道重叠愈多,两核间电子云愈密集,形成的共价键愈牢固。因此,共价键的形成将尽可能沿着原子轨道最大程度重叠的方向进行。

(一) 共价键的形成

以 HCl 分子的形成为例,分析共价键的形成。

H 原子的价电子构型是 $1s^1$,Cl 原子的价电子构型是 $3s^23p^5$。当 H 原子和 Cl 原子靠近成键时,它们各提供最外层的一个单电子形成一对共用电子对,共用电子对围绕这两个原子的原子核运动,为两个原子所共有,这样 H 原子和 Cl 原子都达到了稳定的稀有气体结构。像这种原子间通过共用电子对形成的化学键称为共价键。HCl 分子的形成可用电子式表示为:

$$H· \ + \ ·\overset{..}{\underset{..}{Cl}}: \ \longrightarrow \ H:\overset{..}{\underset{..}{Cl}}:$$

从原子轨道重叠的角度,HCl 分子的形成也可以看作:当 H 原子和 Cl 原子接近时,如果 H 原子 1s 轨道上的单电子和 Cl 原子 3p 轨道上的单电子自旋方向相反,H 原子的 1s 轨道和 Cl 原子的 3p 轨道发生重叠,电子云密集,形成共价键。因此共价键也可以看作是原子间通过原子轨道重叠形成的化学键。

一般来说,电负性相差不大的非金属元素的原子之间易形成共价键。

(二) 共价键的特点

1. 饱和性　一个原子含有几个未成对的单电子,就能与几个自旋相反的单电子配对形成几个共价键。即一个原子所形成的共价键的数目是由其单电子的数目决定的,这就是共价键的饱和性。例如两个 Cl 原子各有一个未成对的单电子,它们可以配对形成一个共价键(Cl—Cl);又如 N 原子有三个单电子,两个 N 原子通过三个共价键(N≡N)形成 N_2 分子。

2. 方向性　成键的原子轨道重叠程度越大,共价键就越牢固。在原子轨道中,除 s 轨道呈球形对称无方向性外,p、d、f 轨道都有一定的空间取向,它们在成键时原子轨道间的重叠只能沿着一定方向进行,才能达到最大程度的重叠,这就是共价键的方向性。

(三) 共价键的类型

1. 按成键原子轨道的重叠方式不同分类　可分为 σ 键与 π 键。

σ 键:两原子的原子轨道沿键轴(两原子核间连线)方向以"头碰头"方式重叠所形成的共价键,如图 2-7 所示。σ 键的特点是轨道重叠部分集中于两原子核之间并对于键轴呈圆柱形对称。σ 键的重叠程度大,较稳定,能独立存在于两原子之间。

π 键:两原子的原子轨道以"肩并肩"的方式重叠所形成的共价键,轨道重叠部分分布于键轴的两侧且对通过键轴的一个平面呈镜面反对称,这样的共价键称为 π 键,如图 2-8 所示。由于 π 键不是沿原子轨道最大重叠方向形成的,所以重叠程度较小,键能较小,稳定性低,在化学反应中容易断裂。

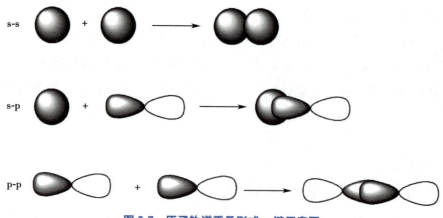

图 2-7　原子轨道重叠形成 σ 键示意图

两个原子之间形成共价键:若形成的是单键,则必然是原子轨道沿着键轴按"头碰头"的最大重叠方式形成的 σ 键;若形成的是双键或三键,则其中一个是轨道"头碰头"重叠形成的 σ 键,其余的轨道只能按"肩并肩"的方式重叠形成 π 键。σ 键和 π 键的比较如表 2-6 所示。

图 2-8　原子轨道重叠形成 π 键示意图

表 2-6　σ 键与 π 键的比较

键型	σ 键	π 键
重叠方式	沿键轴方向"头碰头"	沿键轴方向"肩碰肩"
重叠部分	沿键轴呈圆柱形对称,电子密集在键轴上	分布于键轴的两侧且对通过键轴的一个平面呈镜面反对称
重叠程度	大	小
键的强度	大	小
稳定性	高	低
存在形式	单键、双键和三键	双键和三键

2. 按共价键是否有极性分类　可分为非极性共价键与极性共价键。

由同种原子形成的共价键(A—A 型),由于它们的电负性相同,共用电子对在两原子核之间均匀分布,这样的共价键称为非极性共价键。如单质分子 H_2、O_2、N_2、Cl_2 等分子中的共价键。

由不同原子形成的共价键(A—B 型),由于两原子的电负性不同,共用电子对会偏向电负性较大的原子使其带负电荷,偏离电负性较小的原子使其带正电荷,键的两端出现了正、负极,这样的共价键称为极性共价键。如 HCl、CO_2、H_2O、NH_3 等分子中的共价键都是极性共价键。

共价键极性的大小通常用成键原子电负性的差值来衡量,差值越大,极性越大。如 H—F 键的极性大于 H—Cl 键的极性。

3. 按共用电子对的提供方式不同分类　分为普通共价键和配位键。

前面所讨论的共价键的共用电子对都是由成键的两个原子各提供一个电子形成的,称为普通共价键。此外,还有一类特殊的共价键,其共用电子对是由成键原子中的某个原子单方提供的,另一个原子只提供空轨道,这样形成的共价键称为配位共价键,简称"配位键",用"→"表示,由电子对的提供者指向接受者。

　　形成配位键应具备两个条件:一个成键原子有孤对电子;另一个成键原子有能接受电子对的空轨道。例如 NH_3 分子结合一个 H^+ 形成 NH_4^+ 的过程,就是 N 原子上的孤对电子投入 H^+ 的空轨道形成配位键的过程。

$$H^+ + :NH_3 \Longrightarrow H^+ \longleftarrow :NH_3 \Longrightarrow NH_4^+$$

案例分析

牙膏中的 NaF

案例:NaF 是牙膏中的一种常见成分,可以预防龋齿。请分析 NaF 中所含的化学键类型,并写出它的电子式。

分析:Na 元素是电负性较小的活泼金属元素(电负性值为 0.93),F 元素是电负性最大的活泼非金属元素(电负性值为 3.98),两者的电负性差值为 3.05,远大于 1.7,所以形成的是离子键。其电子式为 $Na^+\left[:\overset{\times}{\underset{\times}{F}}:\right]^-$。

(四) 共价键参数

　　表征共价键性质的物理量称为共价键参数,如键能、键长和键角等。键参数对于研究共价键及分子的性质等都十分重要。

　　1. 键能　键能是描述化学键强弱的物理量,键能越大,化学键越牢固,分子越稳定。在 298K、101.3kPa 下,1mol 气态分子 AB 断裂成气态基态原子 A 和 B 所需要的能量称为键能,常用单位是 kJ/mol。对于双原子分子,键能就是键解离能;对于多原子分子,键能是各个键解离能的平均值。一些常用共价键的键能、键长值如表 2-7 所示。

$$A—B(g) \longrightarrow A(g) + B(g)$$

表 2-7　一些共价键的键长和键能

共价键	键长 /pm	键能 /$(kJ \cdot mol^{-1})$	共价键	键长 /pm	键能 /$(kJ \cdot mol^{-1})$
H—H	74	436	C—C	154	356
C—H	109	416	C=C	134	598
N—H	101	391	C≡C	120	813
P—H	143	322	N—N	146	160
O—H	96	467	N=N	125	418
S—H	136	347	N≡N	110	946
F—H	92	566	O—O	148	146
Cl—H	127	431	F—F	128	158
Br—H	141	366	Cl—Cl	199	242
I—H	161	299	Br—Br	228	193

2. 键长 键长是成键的两原子的核间距离。一般来说，键长越短，键能越大，键越牢固。相同的原子之间形成单键、双键、三键，键长依次缩短，键能依次增大，但双键、三键的键能与单键的相比并非两倍、三倍的关系。

3. 键角 分子中共价键之间的夹角称为键角，是决定分子构型的主要参数。根据分子的键角和键长，可确定分子的空间构型。如 CO_2 分子中的键角为 180°，表明 CO_2 分子为直线形结构；H_2O 分子中两个 O—H 键的键角是 104°45′，表明 H_2O 分子为 V 形结构。

课 堂 活 动

1. 根据成键时原子轨道重叠的方式，判断 C—C 和 C=C 共价键的类型，并推测其反应活性。
2. 推断下列分子中化学键的类型：CO、MgO、NH_4Cl。

三、杂化轨道理论

杂化轨道理论（视频）

价键理论成功地说明了共价键的形成过程和本质，但在解释分子的空间构型方面却遇到了困难。例如，它不能解释 H_2O 分子中两个 O—H 键的键角为什么不是 90° 而是 104°45′；也不能解释 CH_4 分子的空间构型为什么是正四面体形。1931 年，鲍林和斯莱特在价键理论的基础上，提出了杂化轨道理论。

（一）杂化轨道理论要点

在形成分子时，为了增强成键能力，中心原子能量相近的不同类型的原子轨道进行组合，重新分配能量和确定空间取向，形成数目相等的新原子轨道，这种轨道重新组合的过程称为杂化，新形成的轨道称为杂化轨道，基本要点如下。

(1) 只有在形成分子时，中心原子的能量相近的轨道才进行杂化，孤立的原子不发生杂化。

(2) 杂化轨道的成键能力比原来未杂化的轨道的成键能力强，形成的化学键更稳定。这是因为杂化后原子轨道的形状发生变化，电子云集中在某一方向上，成键时轨道重叠程度更大，键能更大。

(3) 杂化轨道的数目等于参加杂化的原子轨道的数目。

(4) 杂化轨道之间力图在空间取最大夹角分布，使相互间排斥力最小，体系能量最低最稳定。杂化轨道的构型决定了分子的空间构型。

（二）杂化轨道的类型

根据原子轨道种类和数目的不同，可以组成不同类型的杂化轨道。根据形成的杂化轨道的能量和成分是否相同，分为等性杂化和不等性杂化。

1. 等性杂化 在形成的几个杂化轨道中，若它们成分相同、能量相等，则称为等性杂化。如 sp、sp^2、sp^3 等性杂化。

(1) sp 杂化：中心原子的一个 ns 轨道和一个 np 轨道进行的杂化称为 sp 杂化，形成两个等同的 sp 杂化轨道，每个 sp 杂化轨道均含有 1/2 的 s 轨道成分和 1/2 的 p 轨道成分。两个杂化轨道在相互排斥力的作用下,轨道间的夹角为180°,空间构型为直线形,如图 2-9 所示。

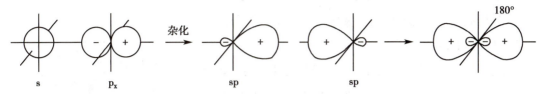

图 2-9　sp 杂化轨道的形成

以 $BeCl_2$ 分子的形成为例:Be 原子的电子层结构是 $1s^22s^2$,一个 2s 电子被激发跃迁到一个空的 2p 轨道中,2s 轨道和 2p 轨道杂化形成两个 sp 杂化轨道,如图 2-10 所示。成键时,两个 sp 杂化轨道分别与 Cl 原子的 3p 轨道以"头碰头"的方式重叠,形成 2 个 σ 键。杂化轨道间的夹角是180°,$BeCl_2$ 分子的空间构型是直线形,如图 2-11 所示。

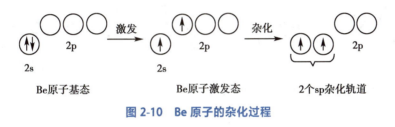

图 2-10　Be 原子的杂化过程

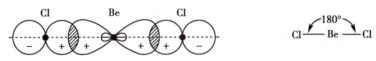

图 2-11　$BeCl_2$ 分子形成过程示意图

(2)sp^2 杂化:中心原子的一个 ns 轨道和两个 np 轨道进行的杂化称为 sp^2 杂化,形成三个等同的 sp^2 杂化轨道,每个 sp^2 杂化轨道均含有 1/3 的 s 轨道成分和 2/3 的 p 轨道成分。杂化轨道间的夹角为 120°,空间构型为平面三角形,如图 2-12 所示。

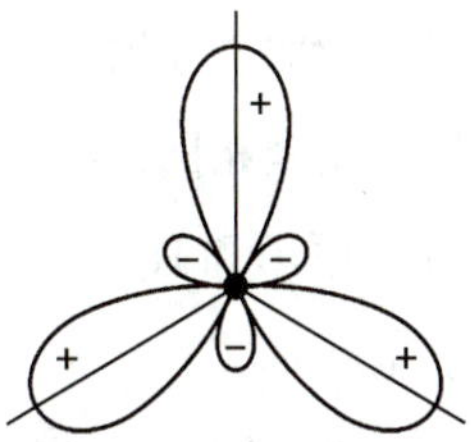

以 BF_3 分子的形成为例:B 原子的外层电子构型是 $2s^22p^1$,一个 2s 电子被激发跃迁到一个空的 2p 轨道中,2s 轨道和两个 2p 轨道进行杂化,形成三个 sp^2 杂化轨道,如图 2-13 所示。成键时,三个 sp^2 杂化轨道分别与 F 原子中的三个 2p 轨道以"头碰头"的方式重叠,形成 3 个 σ 键,键角为 120°。BF_3 为平面三角形构型,如图 2-14 所示。

图 2-12　sp^2 杂化轨道的空间构型

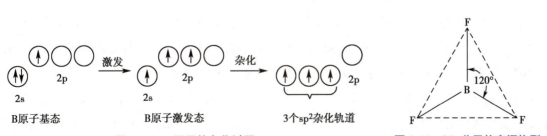

图 2-13　B 原子的杂化过程

图 2-14　BF_3 分子的空间构型

(3) sp^3 杂化:中心原子的一个 ns 轨道和三个 np 轨道进行的杂化称为 sp^3 杂化,形成四个等同的 sp^3 杂化轨道,每个 sp^3 杂化轨道均含有 1/4 的 s 轨道成分和 3/4 的 p 轨道成分。杂化轨道间的夹角为 109°28′,空间构型为正四面体形,如图 2-15 所示。

以 CH_4 分子的形成为例:C 原子的外层电子构型是 $2s^22p^2$,一个 2s 电子被激发跃迁到一个空的 2p 轨道中,2s 轨道和三个 2p 轨道进行杂化,形成四个 sp^3 杂化轨道,如图 2-16 所示。成键时,四个 sp^3 杂化轨道与四个 H 原子的 1s 轨道以"头碰头"的方式重叠,形成 4 个 σ 键,键角为 109°28′,CH_4 为正四面体构型,如图 2-17 所示。

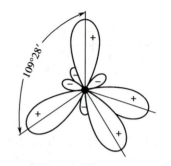

图 2-15　sp^3 杂化轨道的空间构型

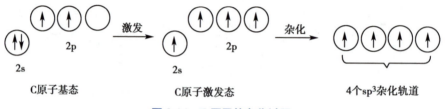

图 2-16　C 原子的杂化过程

像 $BeCl_2$、BF_3、CH_4 分子这样形成的几个杂化轨道中含有的电子数目是相等的,这样的杂化就是等性杂化。

2. 不等性杂化　在形成的几个杂化轨道中,若它们成分、能量不相同,则称为不等性杂化。如果在杂化轨道中有不参加成键的孤对电子对,使得各杂化轨道的成分和能量不完全相同,这种杂化就是不等性杂化,如 NH_3 分子中的 N 原子和 H_2O 分子中的 O 原子采取的就是 sp^3 不等性杂化。

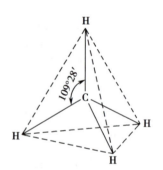

图 2-17　CH_4 分子的空间构型

NH_3 分子中基态 N 原子的最外层电子构型是 $2s^22p_x^12p_y^12p_z^1$,N 原子的一个 2s 轨道和三个 2p 轨道进行 sp^3 不等性杂化,形成四个 sp^3 杂化轨道。其中三个 sp^3 杂化轨道各含有一个单电子,另一个 sp^3 杂化轨道为一对孤对电子所占据,如图 2-18 所示。N 原子用三个各含一个单电子的

课堂活动
用杂化轨道理论判断 CCl_4 分子中 C 原子的杂化类型及分子的空间构型。

sp^3 杂化轨道分别与三个氢原子的 1s 轨道重叠,形成三个 N—H 键。由于孤对电子的电子云密集在 N 原子的周围,对三个 N—H 键的成键电子对有较大的排斥作用,使 N—H 键之间的夹角被压缩到 107°18′,因此 NH_3 分子的空间构型为三角锥形,如图 2-19(a) 所示。

H_2O 分子中基态 O 原子的最外层电子构型是 $2s^22p^4$,O 原子采取 sp^3 杂化,形成四个 sp^3 杂化轨道。其中两个杂化轨道各含有一个单电子,另外两个杂化轨道都被孤对电子所占据。O 原子用

两个各含一个单电子的 sp^3 杂化轨道分别与两个氢原子的 1s 轨道重叠,形成两个 O—H 键。由于两对孤对电子对两个 O—H 键的成键电子对有更大的排斥作用,使 O—H 键之间的夹角被压缩到 104°45′,因此 H_2O 分子的空间构型为 V 形,如图 2-19(b)所示。

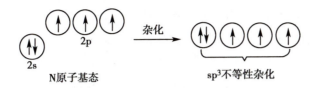

图 2-18 N 原子的杂化过程

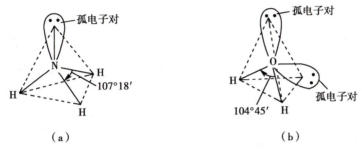

（a）   （b）

图 2-19 NH_3 分子和 H_2O 分子的空间构型

点滴积累

1. 分子(或晶体)中相邻原子(或离子)之间存在着强烈的相互作用力,称为化学键。化学键分为离子键、共价键和金属键。
2. 阴、阳离子通过静电作用形成的化学键称为离子键。离子键的特点是无方向性、无饱和性。影响离子键强度的因素是离子的电荷和离子的半径。
3. 原子间通过共用电子对形成的化学键称为共价键。共价键的特点是具有饱和性和方向性。共价键的分类:σ 键和 π 键;非极性共价键和极性共价键;普通共价键和配位键。共价键参数:键能、键长和键角。
4. 轨道杂化的类型常见的有 sp、sp^2、sp^3 杂化,对应的空间构型分别为直线形、平面三角形、正四面体形。

第五节　分子间作用力和氢键

　　物质的分子与分子之间存在着一种比较弱的相互作用力,称为分子间作用力,其最早是由荷兰物理学家范德华(van der Waals)于 1873 年提出的,故也称为范德华力。分子间作用力较弱,能量只有化学键能量的 1/100~1/10,其大小与分子的极性、结构有关。物质的三态变化等物理性质均与分子间作用力相关。

一、分子的极性

分子中含有带正电荷的原子核和带负电荷的电子。若正、负电荷中心不重合，则分子中出现正、负两极，即偶极，这样的分子称为极性分子；若正、负电荷中心重合，则整个分子不具有偶极，这样的分子称为非极性分子。

对于双原子分子，分子的极性与键的极性是一致的。即由非极性共价键构成的分子一定是非极性分子，如 H_2、O_2、Cl_2 等分子；由极性共价键构成的双原子分子一定是极性分子，如 HCl、CO 等分子。

多原子分子的极性取决于键的极性和分子的对称性。如果键无极性，则分子也无极性；如果键有极性，分子是否有极性还需考虑分子结构的对称性。例如，CO_2、BF_3、CH_4 分子中，C—O、B—F、C—H 都是极性键，但由于分子的构型是中心对称的，键的极性相互抵消，所以分子是非极性分子。又如，H_2O、NH_3 分子中，形成分子的化学键都是极性键，而它们的结构不是中心对称结构，键的极性无法抵消，分子的正、负电荷中心不重合，因此这些分子都是极性分子。

分子极性的大小通常用偶极矩（μ）来衡量，其定义是分子中正电荷中心（或负电荷中心）的电量 q 与正、负电荷中心间的距离 d 的乘积：$\mu = q \times d$

$$\overset{q^+}{\bullet} \xleftarrow{\quad} d \xrightarrow{\quad} \overset{q^-}{\bullet}$$

分子的偶极矩越大，其极性就越大。当偶极矩为零时，分子为非极性分子。

二、分子间作用力

分子间作用力按产生的原因和特点，可分为取向力、诱导力和色散力。

（一）取向力

极性分子中存在正、负两极，即固有偶极（永久偶极）。当两个极性分子相互接近时，由于同极相斥、异极相吸，分子在空间按异极相邻的状态定向排列，分子定向排列的过程称为取向。在已取向的分子之间，由于静电引力而相互吸引，这种相互作用力称为取向力，如图 2-20（a）所示。分子的极性越大，取向力越大。

（二）诱导力

当极性分子与非极性分子接近时，在极性分子固有偶极的影响下，非极性分子原来重合的正、负电荷中心发生相对位移而产生诱导偶极，在极性分子的固有偶极和非极性分子的诱导偶极之间的相互作用力称为诱导力，如图 2-20（b）所示。

当两个极性分子相互接近时，在对方固有偶极的影响下，每个极性分子的偶极矩会增大，也产生诱导偶极，因此诱导力也存在于极性分子之间。

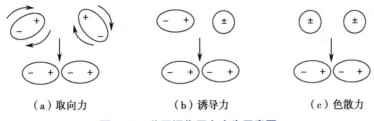

|（a）取向力|（b）诱导力|（c）色散力|

图 2-20　分子间作用力产生示意图

（三）色散力

非极性分子由于电子的运动及原子核的不断振动,使正、负电荷中心发生瞬间的位移,从而产生瞬间偶极。虽然瞬间偶极存在的时间很短,但是大量分子反复产生,同时诱导邻近分子产生瞬间偶极。这种由于分子的瞬间偶极而产生的相互作用力称为色散力,如图 2-20（c）所示。

任何分子都有不断运动的电子和不停振动的原子核,都会不断产生瞬间偶极,所以色散力存在于所有分子之间。一般来说,分子的相对分子量越大,色散力越大。

综上所述,在非极性分子之间只存在色散力；在极性和非极性分子之间存在色散力和诱导力；在极性分子之间存在色散力、诱导力和取向力。

分子间作用力是静电引力,其作用能只有几到几十千焦每摩尔,比化学键小 1~2 个数量级；它的作用范围只有几十到几百皮米；它不具有方向性和饱和性。对于大多数分子,色散力是主要的。只有极性大的分子,取向力才比较显著。诱导力通常都很小。

分子间作用力是决定物质熔点、沸点、溶解度、黏度、硬度、表面张力等性质的重要因素。物质聚集状态的变化(如液化、凝固、熔化等)主要是分子间作用力的变化。例如卤素分子(X_2)是非极性分子,分子间只存在色散力。随着相对分子量的增加,分子间作用力依次增大,所以熔、沸点依次升高,颜色依次加深:常温下,F_2 是淡黄色气体,Cl_2 是黄绿色气体,Br_2 是红棕色液体,I_2 是紫黑色固体。

知识链接

相似相溶原理

相似相溶原理是指分子极性相似,则彼此可以互溶。即极性分子组成的溶质易溶于极性分子组成的溶剂；非极性分子组成的溶质易溶于非极性分子组成的溶剂。相似相溶原理在医药学、化工生产以及生活中有着普遍的应用。如中草药有效成分的提取常用的溶剂提取法就是相似相溶原理的应用,根据中草药各种成分的溶解性,选择适当的溶剂能将有效成分从药材组织中尽可能地溶解出来。影响提取效率的因素很多,但分子极性是选择溶剂的最重要的条件。例如,水提取液中加入有机溶剂,会减小溶剂的极性,使水提取液中水溶性成分(淀粉、树胶、黏液质、蛋白质)从溶剂中析出。此外,药物有效成分的分离及色谱检识也用到了相似相溶原理。

三、氢键

一般来说,结构相似的同系列物质的熔、沸点随着相对分子量的增大而升高。但 NH_3、H_2O、HF

的熔、沸点明显高于同族的其他氢化物,如图 2-21 所示,出现反常的原因是这些分子之间除普通的分子间作用力外,还存在着一种特殊的作用力——氢键。

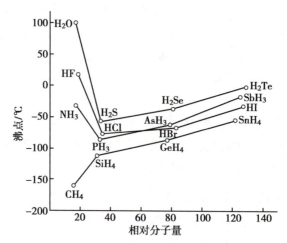

图 2-21　ⅣA~ⅦA 族各元素的氢化物的沸点递变情况

当氢原子与电负性大、半径小的原子 X(如 N、O、F)等以共价键结合时,由于 X 原子吸引电子的能力强,共用电子对强烈偏向 X 原子,使氢原子成为几乎没有电子云的"裸露"的带正电荷的质子。由于质子很小且正电荷密度很高,因此可以吸引另一个电负性大、半径小且外层有孤对电子的原子 Y(如 N、O、F)等,这种静电吸引作用称为氢键,通常表示为 X—H⋯Y。X 和 Y 可以相同,也可以不同。

氢键不是化学键,而是一种较强的分子间作用力。氢键的能量一般在 42kJ/mol 以下,比化学键弱得多。

氢键具有方向性:形成氢键 X—H⋯Y 时,X、H、Y 三个原子尽可能在一条直线上,这样使 X 与 Y 离得最远,斥力最小,体系能量最低、最稳定。氢键还具有饱和性:是指一个 X—H 中的 H 只能与一个 Y 原子形成氢键,否则因为排斥力太大而不稳定。

氢键可分为分子间氢键和分子内氢键两种类型。如图 2-22(a)所示为两个水分子形成的分子间氢键;图 2-22(b)所示为邻硝基苯酚形成的分子内氢键。

物质的许多物理性质,如熔点、沸点、溶解度、黏度等都受到氢键的影响:①形成分子间氢键时,使分子之间产生了较大的吸引力,固体熔化和液体汽化时不仅要克服分子间作用力,还须给予额外的能量去克服分子间的氢键,因此化合物的熔、沸点升高。倘若形成的是分子内氢键,常会使物质的熔、沸点降低。②如果溶质分子和溶剂分子之间形成氢键,则溶解度增大。例如 NH₃ 极易溶于

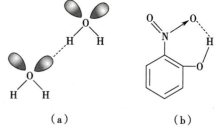

（a）　　　　　（b）

图 2-22　水分子形成的分子间氢键和邻硝基苯酚形成的分子内氢键

课　堂　活　动
请指出下列分子间存在的作用力:
H₂O—H₂O 分子间、Cl₂—H₂O 分子间、CO₂—N₂ 分子间。

水,乙醇与水能以任意比例混溶。若溶质分子形成分子内氢键,则在极性溶剂中的溶解度减小,而在非极性溶剂中的溶解度增大。

氢键对生命活动具有非常重要的意义,与生命现象密切相关的蛋白质和核酸分子中都含有氢键,氢键在决定蛋白质和核酸分子的结构和功能方面起着极为重要的作用。在这些分子中,一旦氢键被破坏,分子的空间结构就要改变,生物活性就会丧失。

点滴积累

1. 正、负电荷的中心重合的分子为非极性分子,正、负电荷的中心不重合的分子为极性分子。

2. 分子间作用力包括取向力、诱导力、色散力。分子间作用力越大,则物质的熔点、沸点越高。

3. 含有分子间氢键的物质,其熔点、沸点比没有分子间氢键的高;如果溶质和溶剂分子之间能形成氢键,则溶解性增强。

目标检测

习题

复习导图

一、简答题

1. 什么是电子云?

2. 描述核外电子运动状态的四个量子数的意义和它们的取值规则是什么?

3. 核外电子排布的规律是什么?

4. 元素周期表中的周期和族是如何划分的?

5. 什么是氢键?哪些分子间易形成氢键?氢键对物质的性质有何影响?

二、计算题

1. 计算第三电子层中共有多少个亚层,共有多少个轨道,最多可容纳多少个电子。

2. X、Y、Z 是相邻的三种短周期元素,X 和 Y 同周期,Y 和 Z 同主族,三种元素原子的最外层电子数之和是 20,核内质子数之和是 34。试写出 X、Y、Z 三种元素的名称。

三、实例分析

1. 试说出 NH_4Cl 分子中含有哪些类型的化学键。

2. 试判断下列分子的极性:CS_2(直线形)、H_2S(V 形)、PCl_3(三角锥形)、BCl_3(平面三角形)、SiF_4(正四面体形)。

3. 试分析 NH_3 极易溶于水的原因。

(范 伟)

第三章　化学反应速率与化学平衡

ER 3-1

第三章
化学反应
速率与化学
平衡（课件）

在研究各种类型化学反应时往往会涉及两个方面的问题：一个是化学反应进行的快慢，即化学反应速率问题；另一个是化学反应进行的程度，即化学平衡问题。学习这两方面的问题不仅对化工生产实际具有指导意义，而且对认识生物体内生化反应、生理变化及药物代谢等医药学基础理论知识是非常必要的。本章主要介绍化学反应速率与化学平衡的有关知识。

第一节　化学反应速率

化学反应的速率千差万别，例如爆炸、胶片的感光速率很快，而地层深处煤和石油的形成却很慢。反应物是影响化学反应速率的决定性因素，而反应条件是影响化学反应速率的外界条件。即使是同一化学反应，在不同反应条件下进行，其反应快慢也会不同。

一、化学反应速率及表示方法

化学反应速率是指在一定条件下反应物转变为生成物的速率，通常用单位时间内反应物或生成物浓度改变量的绝对值来表示。化学反应速率常用平均速率和瞬时速率表示。

平均速率的数学表达式为：

$$\bar{v} = \left| \frac{\Delta c}{\Delta t} \right| \qquad \text{式 (3-1)}$$

式中，Δc 为浓度变化量，常用单位为 mol/L；Δt 为反应时间变化量，常用单位为秒（s）、分（min）和（小）时（h）。$\bar{v}$ 为平均速率，常用单位为 mol/(L·s)、mol/(L·min)、mol/(L·h)。

例如，合成氨的反应 $N_2 + 3H_2 \rightleftharpoons 2NH_3$，在某条件下，开始时 N_2、H_2 的浓度分别为 1mol/L 和 3mol/L，2 秒后，测得 N_2、H_2、NH_3 的浓度分别为 0.8mol/L、2.4mol/L、0.4mol/L，则反应速率可分别表示为：

$$\bar{v}_{N_2} = 0.1 \text{mol/(L·s)}$$
$$\bar{v}_{H_2} = 0.3 \text{mol/(L·s)}$$
$$\bar{v}_{NH_3} = 0.2 \text{mol/(L·s)}$$

计算结果表明：对于同一反应，用不同物质浓度的变化表示该反应速率的数值各不相同，但均代表同一化学反应的反应速率。

对于任意一个化学反应：$mA + nB \rightleftharpoons pC + qD$，各物质的反应速率之间存在下列关系：

$$\frac{1}{m}\bar{v}_A = \frac{1}{n}\bar{v}_B = \frac{1}{p}\bar{v}_C = \frac{1}{q}\bar{v}_D \qquad \text{式 (3-2)}$$

因此，表示反应速率时，必须注明是用哪一种物质浓度的变化来表示的。

反应过程中，绝大部分化学反应不能匀速进行，因此，反应的平均速率并不能说明反应进行的真实情况。而当反应时间（Δt）无限趋近于零时，反应的平均速率越接近反应的真实速率，这就是瞬时速率。

表示化学反应在某一时刻的速率称为瞬时速率，可以用极限的方法来表示。瞬时速率可表示为：

$$v = \lim_{\Delta t \to 0} \left| \frac{\Delta c}{\Delta t} \right| \qquad \text{式 (3-3)}$$

一般如没有特别说明，反应速率就是指 Δt 时间内的平均速率。

二、有效碰撞理论与活化能

1918 年，英国科学家路易斯（W. C. M. Lewis）在气体分子运动论的基础上建立了碰撞理论，在一定程度上解释了不同的化学反应，特别是气体双原子分子反应速率的差别。

(一) 有效碰撞理论的主要论点

1. 反应物分子间的相互碰撞是发生化学反应的先决条件,化学反应是通过分子间的碰撞而发生的,碰撞频率越高,化学反应速率越快。

2. 不是任何两个反应物分子碰撞都能发生化学反应,能够发生化学反应的碰撞称为**有效碰撞**,分子具有足够的能量是发生有效碰撞的必要条件。

3. 能否发生有效碰撞,取决于有效碰撞分子间的取向和平均动能。例如:

$$CO(g) + NO_2(g) \Longrightarrow CO_2(g) + NO(g)$$

如图 3-1 所示,若能量足够高的 CO 和 NO_2 分子碰撞时,只有 CO 中的碳原子与 NO_2 中的氧原子靠近,并沿着 C—O 与 N—O 直线方向相互碰撞,才能发生反应,这样的碰撞为有效碰撞,如果碳原子与氮原子相碰撞则为无效碰撞。

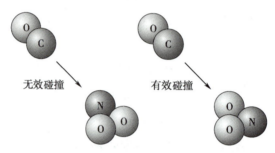

无效碰撞　　　　有效碰撞

图 3-1　有效碰撞与无效碰撞

(二) 活化能

碰撞理论和
过渡状态
理论(视频)

在碰撞理论中,将具有较大动能并能发生有效碰撞的分子称为**活化分子**。通常活化分子只占分子总数中的少部分。活化分子具有的最低能量(E^*)与反应物分子的平均能量($\overline{E}$)之差称为**活化能**,用 E_a 表示,单位为 kJ/mol。则:

$$E_a = E^* - \overline{E} \qquad\qquad 式(3\text{-}4)$$

活化能 E_a 越低,活化分子所占的比例越大,满足能量要求的有效碰撞越多,反应速率也越快;反之,E_a 越高,活化分子越少,反应速率越慢。因此,活化能是决定反应速率的内在因素。每一个反应都有其特定的活化能,一般化学反应的活化能在 60~250kJ/mol 之间。

三、影响化学反应速率的因素

化学反应速率的大小首先取决于参加反应物质的本性,此外,浓度、压强、温度和催化剂等反应条件是影响化学反应速率的外界因素。掌握这些外界因素对化学反应速率影响的规律,可以通过改变外界条件来控制反应速率的快慢。

(一) 浓度对化学反应速率的影响

1. 基元反应和非基元反应　化学反应方程式只能表示反应物和生成物,至于反应物如何转变成生成物,化学方程式不一定能够体现出来。实验证明,每一个化学反应的过程都不一样,化学反应所经历的具体路径称为反应机理。化学反应一般可分为基元反应和非基元反应两大类。

基元反应是指由反应物一步直接转变为生成物的反应,例如:

$$2NO_2 == 2NO + O_2$$

非基元反应是指由两个或两个以上基元反应组成的化学反应,也称为复合反应或复杂反应。绝大多数化学反应属于非基元反应。例如:

$$H_2(g) + I_2(g) == 2HI(g)$$

通过研究发现,反应分如下两步进行:

$$I_2(g) == 2I(g) \quad (快)$$

$$H_2(g) + 2I(g) == 2HI(g) \quad (慢)$$

在非基元反应中,各步反应的速率是不同的。整个反应的反应速率取决于反应速率最慢的那一步反应。

2. 质量作用定律　实验表明,当其他条件一定时,增大反应物的浓度能加快化学反应速率。这是因为在一定温度下,反应物分子中活化分子百分数是一定的,反应物浓度越大即反应物分子数越多,单位体积内活化分子数越多。当增大反应物浓度时,单位体积内活化分子数也相应增多,有效碰撞次数增加,因此化学反应速率加快。

1867 年,挪威科学家古德贝格(Guldberg)和瓦格(Waage)在总结大量实验数据的基础上,提出化学反应速率与反应物浓度之间的定量关系:在一定温度下,基元反应的反应速率与反应物浓度幂指数的乘积成正比,其中幂指数等于化学反应方程式中各反应物化学式前的系数。这一规律称为质量作用定律。

如基元反应 $aA + bB == gG + hH$,则有:

$$v = k c_A^a c_B^b \qquad\qquad 式(3-5)$$

式中,k 称为速率常数,其物理意义是:在一定温度下,反应物浓度都为 1mol/L 时的反应速率。k 的大小是由反应物本身的性质所决定的,与反应物浓度大小无关,但受温度和催化剂的影响。在相同的条件下,k 越大,反应速率越快。

质量作用定律表明了化学反应速率与反应物浓度之间的定量关系,它只适用于基元反应。其表示公式中,反应物只包括气体反应物或溶液中的溶质反应物,固态和纯液态反应物不写入公式中。

(二) 压强对化学反应速率的影响

对于有气体参加的化学反应,改变压强会影响化学反应速率。当温度一定时,一定量气体的体积与其所受的压强成反比。例如,如果气体的压强增大到原来的两倍,气体的体积将缩小到原来的一半,则气体的浓度增加为原来的两倍。

增大压强,即增大气体反应物的浓度;减小压强,即减小气体反应物的浓度。所以,当其他条件不变时,对于有气体参加的反应,增大压强,会增大反应速率;减小压强,会减小反应速率。

由于压强的改变对固体和液体的体积影响很小,其浓度几乎不发生改变,因此,压强对固体和液体物质间反应的反应速率几乎没有影响。

(三) 温度对化学反应速率的影响

温度对化学反应速率的影响特别明显,远大于浓度的影响。如常温下 H_2 和 O_2 的反应十分缓慢,慢到难以察觉,在 400℃时需要 80 天,在 500℃时需要 2 小时,但当温度升高到 600℃时,反应则通过剧烈的爆炸在瞬间完成。一般情况下,大多数化学反应速率随着温度的升高而加快。19 世纪 80 年代,荷兰科学家范特荷夫(vant' Hoff)总结出一条经验规律:在其他条件不变的情况下,温度每升高 10℃,化学反应速率一般增大到原来的 2~4 倍。

升高温度会增大反应速率,是因为当温度升高时,分子运动速度加快,使分子间的有效碰撞次数增加,反应速率加快;更重要的是当温度升高时,分子的平均能量增大,使普通分子升级而变成活化分子,分子间有效碰撞次数显著增多,化学反应速率也显著增大。

在实践中,经常采用控制温度的方法控制化学反应速率。例如,为防止食品腐败,药物(尤其是一些疫苗、酶类试剂)变质、失效,通常将其存放在冰箱里或阴凉处,以减慢反应的进行,延长保存期。

(四) 催化剂对化学反应速率的影响

案例分析

婴儿消化不良可以吃复方胰酶散吗?

案例:某新生儿,出生 21 天,最近每天大便 7~8 次,大便稀、色暗黄、有酸臭味,且大便中有"奶瓣子"。医师诊断为消化不良,医嘱口服复方胰酶散。

分析:复方胰酶散为复方制剂,其中含淀粉酶、胰酶、乳酶生,用于治疗小儿积食、乳积、腹胀、便秘及小儿发育不良等。

酶是生物催化剂,淀粉酶能直接使淀粉性食物分解成糊精与麦芽糖;胰酶中含有胰脂肪酶、胰淀粉酶、胰蛋白酶,能分别消化脂肪、淀粉与蛋白质;乳酶生在肠内分解糖类产生乳酸,使肠内酸度增高,从而抑制腐败菌生长繁殖,防止肠内发酵,减少产气,促进消化。

催化剂是一种能够改变化学反应速率,而其本身在反应前后质量、组成和化学性质均不改变的物质。催化剂具有催化作用。凡能加快反应速率的催化剂称为正催化剂;凡能减慢反应速率的催化剂称为负催化剂。一般情况下所提到的催化剂均指正催化剂。通常把负催化剂称为抑制剂。

催化剂能够加快化学反应速率的原因,是催化剂改变了反应的历程,降低了反应的活化能,从而增加了活化分子的百分数,大大加快了反应速率。

生物体内的催化剂是一些蛋白质大分子,称为酶。生物体内发生的一切生物化学反应几乎都是在酶的催化下进行的,酶对维持生命体正常的生理活动起着不可替代的作用,被称为生物催化剂。

酶——生物体内的催化剂

生物体内的各种酶是生物体内各种化学反应的天然活体催化剂,在生物体的消化、吸收、新陈代谢等过程中,发挥着非常重要的催化作用。酶是细胞赖以生存的基础,酶的种类很多,如淀粉酶、胃蛋白酶、胰蛋白酶等。

酶主要有以下特征。①高选择性:一种酶参与一种反应。例如,淀粉酶只能促进淀粉水解,尿酶只能促进尿素水解。②高效性:例如,胃液中的胃蛋白酶能促进蛋白质的分解,当体温在约37℃时,蛋白质能很快分解为氨基酸。在体外,没有胃蛋白酶催化的情况下,必须在强酸中加热到100℃,约24小时后蛋白质才能完全分解。③高敏感性:由于大多数酶是蛋白质,因而会被高温、强酸、强碱等破坏而变性。

酶可以作为药物用于临床治疗。例如胃蛋白酶、脂肪酶和木瓜蛋白酶等可帮助消化;链激酶、纤溶酶等可溶解血栓,防止形成血栓,用于脑血栓、心肌梗死等疾病的防治。

点滴积累

1. 化学反应速率通常用单位时间内反应物或生成物浓度改变量的绝对值来表示,常用平均速率和瞬时速率表示。
2. 能发生化学反应的碰撞称为有效碰撞。活化能越低,活化分子所占的比例越大,化学反应速率越快;反之,化学反应速率越慢。
3. 影响化学反应速率的主要反应条件有浓度、压强、温度和催化剂。

第二节 化学平衡

在一定条件下,不同的化学反应不仅反应速率不同,而且进行的程度也不同。有些化学反应反应物几乎完全转变成生成物,但大多数化学反应只能进行到一定程度,而不能进行到底。由此涉及化学平衡的问题。

一、可逆反应与化学平衡

(一) 可逆反应

有些化学反应,其反应物能完全转变为生成物,即所谓反应能进行到底。例如,加热时氯酸钾全部分解为氯化钾和氧气。

$$2KClO_3 \xrightarrow{\triangle} 2KCl + 3O_2 \uparrow$$

反过来,用氯化钾和氧气来制备氯酸钾,在目前条件下是不可能的。在一定条件下,只能向一个方向进行的反应称为不可逆反应。但是,对于绝大多数化学反应来说,在反应物转变为生成物的同时,生成物又可以转变为反应物。在同一条件下,既能向正反应方向进行,又能向逆反应方向进行的化学反应称为可逆反应。常用符号"$\rightleftharpoons$"表示可逆反应。如合成氨的反应:

$$N_2(g) + 3H_2(g) \rightleftharpoons 2NH_3(g)$$

在可逆反应中,通常把从左向右进行的反应称为正反应,从右向左进行的反应称为逆反应。

(二) 化学平衡

可逆反应不能进行完全,反应物不能全部转化为生成物,反应体系中反应物和生成物总是同时存在。

反应开始时,反应物浓度大,正反应速率大,随着反应的进行,反应物浓度不断减小,正反应速率逐渐减慢;另一方面,由于生成物的生成,逆反应也开始进行,且随着生成物浓度的不断增大,逆反应速率逐渐加快。当反应进行到一定程度时,正反应速率与逆反应速率相等,此时反应体系中,反应物和生成物的浓度不再发生变化,反应处于相对静止状态,反应达到了最大限度,即化学平衡状态,如图 3-2 所示。

在一定条件下,可逆反应的正、逆反应速率相等时,反应体系所处的状态称为化学平衡。处于平衡状态下的各物质的浓度称为平衡浓度。化学平衡具有以下特点。

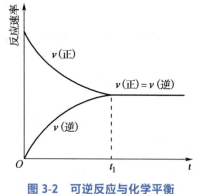

图 3-2　可逆反应与化学平衡

(1)化学平衡是一种动态平衡,反应仍在进行,正反应的反应速率等于逆反应的反应速率,即 $v_{正} = v_{逆}$。

(2)化学平衡状态是可逆反应进行的最大限度,各物质的浓度将不再随时间而发生变化。

(3)化学平衡是有条件的,当外界条件改变时,平衡将被破坏,反应继续进行,直到建立新的平衡。

二、化学平衡常数

(一) 化学平衡常数表达式

大量实验数据证明,在一定温度下,当可逆反应达到平衡时,生成物浓度幂指数的乘积与反应物浓度幂指数的乘积之比是一个常数(幂指数在数值上等于化学反应方程式中各物质化学式前的系数),该常数称为化学平衡常数,简称"平衡常数",常用符号 K 表示。平衡常数可以分为两种表示方法,一种是浓度平衡常数,用 K_c 表示;一种是压力平衡常数,用 K_p 表示,K_p 适用于气体反应。

对于可逆反应 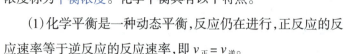 $$aA(g) + bB(g) \rightleftharpoons gG(g) + hH(g)$$

$$K_c = \frac{[G]^g [H]^h}{[A]^a [B]^b} \qquad \text{式(3-6)}$$

式中,[A]、[B]、[G]和[H]分别表示各种物质的平衡浓度,单位为 mol/L。

$$K_p = \frac{P_G^g P_H^h}{P_A^a P_B^b} \qquad \text{式(3-7)}$$

式中,P_A、P_B、P_G 和 P_H 分别表示各种物质的平衡分压,单位为 Pa。

例如:
$$CO(g) + \frac{1}{2}O_2(g) \rightleftharpoons CO_2(g)$$

$$K_p = \frac{P_{CO_2}}{P_{CO} P_{O_2}^{\frac{1}{2}}}$$

该反应的平衡常数也可用 K_c 来表示:

$$K_c = \frac{[CO_2]}{[CO][O_2]^{\frac{1}{2}}}$$

对于每一个可逆反应,当条件一定时,都有自身的平衡常数 K。K 值越大,表示正反应进行的程度越完全。同一反应中,K 随温度的变化而变化,与浓度或压强变化无关。

(二) 书写化学平衡常数表达式的规则

1. 平衡常数表达式中各物质的浓度均为平衡浓度,气态物质以分压表示。

2. 平衡常数表达式必须与反应方程式相符合。即使是反应物和生成物都相同的化学反应,方程式的写法不同(反应系数不同),平衡常数的表达式不同,平衡常数数值也不同。例如:

$(1) N_2O_4(g) \rightleftharpoons 2NO_2(g) \quad K_1 = \dfrac{[NO_2]^2}{[N_2O_4]}$

$(2) \dfrac{1}{2}N_2O_4(g) \rightleftharpoons NO_2(g) \quad K_2 = \dfrac{[NO_2]}{[N_2O_4]^{\frac{1}{2}}}$

可得到 $K_1 = (K_2)^2$。故不能离开反应方程式讨论平衡常数。

3. 反应体系中的纯固体、纯液体,均不写入平衡常数表达式。例如:
$$CaCO_3(s) \rightleftharpoons CaO(s) + CO_2(g) \quad K = P_{CO_2}$$

4. 在稀溶液中进行的反应,若反应有水参加,水不写入平衡常数表达式。

例如:$Cr_2O_7^{2-}(aq) + H_2O(aq) \rightleftharpoons 2CrO_4^{2-}(aq) + 2H^+(aq)$

$$K = \frac{[CrO_4^{2-}]^2 [H^+]^2}{[Cr_2O_7^{2-}]}$$

但是在非水溶液中,水作为反应物或生成物要写入平衡常数表达式。

例如:$H_2O(g) + CO(g) \rightleftharpoons CO_2(g) + H_2(g)$

$$K = \frac{[CO_2][H_2]}{[H_2O][CO]}$$

三、化学平衡的移动

化学平衡是一种有条件的动态平衡。当外界条件改变,可逆反应由一种平衡状态转变到另一种平衡状态的过程,称为化学平衡的移动。

化学平衡移动的结果是系统中各物质的浓度或压强发生了变化。

假设在一定温度下,某可逆反应: $aA + bB \rightleftharpoons gG + hH$

反应熵 Q 为:

$$Q = \frac{c_G^g c_H^h}{c_A^a c_B^b} \qquad\qquad \text{式(3-8)}$$

式中, c_A、c_B、c_G 和 c_H 分别表示各反应物和生成物在任意状态下的浓度。

将式(3-8)和式(3-6)比较可知:反应熵和平衡常数的表达式极其相似,但是前者浓度或压强均为任一时刻的数值,而后者为平衡状态,其数值在一定温度下为常数。通过比较 Q 和 K 的大小可以判断反应进行的方向。

当 $Q<K$ 时,表示生成物浓度小于平衡浓度或反应物浓度大于平衡浓度,这时 $v_正 > v_逆$,反应将正向自发进行,直到 $v_正 = v_逆$,反应达到平衡状态为止。

当 $Q=K$ 时,反应已处于平衡状态,即该在条件下反应进行到最大限度。

当 $Q>K$ 时,表示生成物浓度大于平衡浓度或反应物浓度小于平衡浓度,这时 $v_正 < v_逆$,逆向反应将自发进行,直到 $v_正 = v_逆$,反应达到平衡状态为止。

可见, Q 和 K 的相对大小可以预测反应进行的方向,同时判断反应是否进行完全。

以下主要讨论浓度、压强和温度对化学平衡移动的影响。

(一)浓度对化学平衡的影响

在温度一定的条件下,对已达到平衡状态的可逆反应,如果增大反应物的浓度或减小生成物的浓度,则 $Q<K$,平衡将向正反应方向移动;如果增大生成物的浓度或减小反应物的浓度,则 $Q>K$,平衡将向逆反应方向移动。

例如,在某一温度下,可逆反应 $CO(g) + H_2O(g) \rightleftharpoons CO_2(g) + H_2(g)$ 在密闭容器中建立了平衡,当 CO 和 H_2O 的起始浓度均为 1.0mol/L 时,CO 的转化率为 62.5%,而当 CO 和 H_2O 的起始浓度分别为 1.0mol/L 和 5.0mol/L 时,CO 的转化率提高到 93.0%。由此可知,当增加反应物水蒸气的浓度时,使平衡向正反应方向移动,从而达到新的平衡时,CO 的转化率已明显提高。

总之,在其他条件不变的情况下,增大反应物的浓度或减小生成物的浓度,平衡向正反应方向移动;减小反应物的浓度或增大生成物的浓度,平衡向逆反应方向移动。在药物生产中常利用这一原理,加大价格低廉的原料的投料比,使价格昂贵的原料得到充分利用,从而降低成本,提高经济效益。

边 学 边 练

理解浓度对化学平衡的影响,请见"实训三 化学反应速率与化学平衡的影响因素"。

案例分析

高压氧舱治疗一氧化碳中毒

案例:每到冬季,一氧化碳中毒(俗称煤气中毒)事故时有发生。前不久,某医院收治了一位由于一氧化碳中毒而入院的独居老人,该患者经高压氧舱治疗后身体得以恢复。

分析:人体吸入较多一氧化碳会引起中毒,原因是一氧化碳与血液中的氧合血红蛋白(HbO_2)反应,生成碳氧血红蛋白(HbCO),使血红蛋白不能很好地与氧气结合,导致患者因缺氧而窒息,甚至死亡。反应可表示为:

$$HbO_2 + CO \rightleftharpoons HbCO + O_2$$

临床上,通过给患者输氧增加 O_2 的浓度,使上述平衡向左移动,产生更多的氧合血红蛋白,氧合血红蛋白随血液流经全身各组织,释放 O_2 以满足患者对氧气的需求。反应可表示为:

$$HbO_2 \rightleftharpoons Hb + O_2$$

所以,高压氧舱治疗一氧化碳中毒是利用浓度的变化引起化学平衡移动的原理,输氧抢救危重患者。

(二) 压强对化学平衡的影响

由于压强对固体和液体的体积影响很小,在固体和液体反应的平衡体系中,可不必考虑压强对化学平衡的影响。对于有气体参加的反应,压强改变有两种情况:①平衡体系中某气体的分压改变;②体系的总压力发生改变。

某气体的分压改变与浓度对化学平衡的影响相同,在此不再赘述。

对于反应前后气体分子数不变的反应,如 $S(s) + O_2(g) \rightleftharpoons SO_2(g)$,若改变总压力,增大或减小总压力对反应物和生成物的分压产生的影响是等效的,因此,不会影响化学平衡。只有那些反应前后气体分子数不相等的气相反应,改变总压力才会影响它们的平衡状态,现举例说明:

在一定温度下,当可逆反应 $N_2O_4(g) \rightleftharpoons 2NO_2(g)$ 达到平衡状态时:

$$K = \frac{(P_{NO_2})^2}{P_{N_2O_4}}$$

当其他条件不变时,将总压力改变 m 倍,则两种气体的分压也改变 m 倍,此时:

$$Q = \frac{(P_{NO_2})^2}{P_{N_2O_4}} = \frac{(mP_{NO_2})^2}{mP_{N_2O_4}} = Km$$

若 $m>1$,当总压增大时,则 $Q>K$,平衡向逆向移动,即向气体分子数减少的方向移动;若 $m<1$,

当总压降低时,则$Q<K$,平衡向正向移动,即向气体分子数增大的方向移动。

总之,对于有气体参加的可逆反应,在其他条件不变的情况下,增大压强,化学平衡向着气体分子总数减少(气体体积缩小)的方向移动;减小压强,化学平衡向着气体分子总数增加(气体体积增大)的方向移动。

(三)温度对化学平衡的影响

温度对化学平衡的影响同前两种情况有着本质的区别。改变浓度、压强,使平衡点改变,从而引起平衡的移动,平衡常数并不发生改变。然而,温度的改变直接导致平衡常数的改变。例如,反应 $N_2(g)+3H_2(g)\rightleftharpoons 2NH_3(g)$ 中,正反应是放热反应,逆反应是吸热反应。当降低温度时,正、逆反应的速率都会减小,但减小的程度不同,放热反应减小的程度小于吸热反应减小的程度,使平衡常数 K 增大,则 $Q<K$,平衡将向正向移动,即向放热反应方向移动;当升高温度时,正、逆反应的速率都增大,但放热反应增大的倍数小于吸热反应增大的倍数,使平衡常数 K 减小,则 $Q>K$,平衡将向逆向移动,即向吸热反应方向移动。所以,较低的反应温度将有利于氨的合成。

总之,对任意一个可逆反应,升高温度,化学平衡向着吸热反应进行的方向移动;降低温度,化学平衡向着放热反应进行的方向移动。

知识链接

人体内的化学平衡

人体与外界的物质交换包括两大主要过程:①摄取营养物质;②向外排泄废物。这两个过程是依靠体液在血液、细胞内液及组织间液三者之间的交换来完成并维持动态平衡的。人体内的电解质平衡、酸碱平衡、渗透压平衡等都遵循化学平衡的有关理论。

总之,人体内各物质的代谢是一个动态平衡过程。当条件改变时,平衡就被破坏,此时机体就要进行适当调节,以维持代谢的正常进行。

法国化学家勒夏特列(Le Chatelier)将浓度、压强和温度对化学平衡的影响加以总结,概括成一个普遍规律:任何已经达到平衡的体系,如果改变平衡体系的一个条件,如浓度、压强或温度,平衡则向减弱这个改变的方向移动,这一规律称为勒夏特列(Le Chatelier)原理,又称平衡移动原理。平衡移动原理是一个普遍规律,对所有的动态平衡均适用。但应注意,平衡移动原理只应用于已达到平衡的体系,而不适用于非平衡体系。

点滴积累

1. 化学平衡是一种动态平衡,化学平衡是有条件的。
2. 平衡常数分为浓度平衡常数 K_c 和压力平衡常数 K_p,K_p 适用于气体反应。
3. 影响化学平衡移动的主要因素有浓度、压强和温度。
4. 勒夏特列原理又称平衡移动原理,改变浓度、压强或温度中的任一个条件,化学平衡会向减弱这个改变的方向移动。

目标检测

习题

复习导图

一、简答题

1. 反应 $2NO(g)+2H_2(g) \rightleftharpoons N_2(g)+2H_2O(g)$ 的反应速率表达式为 $v=kc_{NO}^2 c_{H_2}^2$，试讨论下列各种条件变化时反应速率是加快还是减小。

   (1)NO 的浓度降低到原来的一半。

   (2)升高温度。

   (3)将反应容器的体积增大两倍。

   (4)向反应体系中加入一定量的 H_2。

2. 可逆反应达到化学平衡时，具有哪些特点？

3. 化学平衡移动时，平衡常数是否发生改变？平衡常数发生改变时，化学平衡是否移动？

4. 如何理解"不能离开化学反应方程式讨论化学平衡常数"这一说法？

5. 为什么催化剂能改变化学反应速率而不能使化学平衡发生移动？

二、计算题

1. 某一化学反应中，反应物 B 的浓度在 5 秒内从 1.0mol/L 变成 0.5mol/L，求在这 5 秒内 B 的化学反应速率是多少。

2. 在某温度下，在体积为 1L 的容器中，将浓度为 5mol/L 的 SO_2 和浓度为 2.5mol/L 的 O_2 混合，达到平衡时，SO_3 的浓度为 3mol/L，反应式为 $2SO_2(g)+O_2(g) \rightleftharpoons 2SO_3(g)$，该反应的化学平衡常数为多少？

三、实例分析

1. 临床上将慢性缺氧患者置于高压氧舱内，可以加快患者血液中的血红蛋白(Hb)与氧气结合生成氧合血红蛋白(HbO_2)的速率。氧合血红蛋白(HbO_2)的量增多，随血液流经全身各组织，将氧气放出，以满足人体对氧气的需求：$Hb+O_2 \underset{\text{组织}}{\overset{\text{肺部}}{\rightleftharpoons}} HbO_2$，请用所学理论解释上述现象。

2. 牙齿的损坏实际是牙釉质$[Ca_5(PO_4)_3OH]$溶解的结果。在口腔中存在着如下平衡：$Ca_5(PO_4)_3OH \rightleftharpoons 5Ca^{2+}(aq)+3PO_4^{3-}(aq)+OH^-(aq)$，当糖附着在牙齿上发酵时，会产生 H^+，试运用化学平衡理论说明经常吃甜食对牙齿的影响。

3. 反应 $2HI(g) \rightleftharpoons H_2(g)+I_2(g)$ 达到平衡后，升高温度，混合气体颜色变浅，说明 HI 的分解反应是放热反应还是吸热反应？

4. 可逆反应 $CO_2+C(s) \rightleftharpoons 2CO$ 达到平衡时。

   (1)要使平衡向右移动，如何改变反应物浓度？

   (2)若降低温度，平衡向左移动的话，生成 CO 的反应是放热反应还是吸热反应？

   (3)要使平衡向左移动，如何改变体系的压强？

实训三　化学反应速率与化学平衡的影响因素

【实训目的】

1. **掌握**　浓度、温度、催化剂对化学反应速率的影响；浓度、温度对化学平衡的影响。
2. **学会**　水浴加热和对照实验的操作。

【实训原理】

1. 影响化学反应速率的主要因素　在其他条件不变的情况下，增大反应物的浓度能加快化学反应速率。

在其他条件不变的情况下，温度每升高10℃，化学反应速率一般增大到原来的2~4倍。这是因为无论是增大反应物的浓度还是升高化学反应的温度，单位体积内活化分子数会增多，有效碰撞次数增加，因此化学反应速率加快。

催化剂能够加快化学反应速率，是因为催化剂改变了反应的历程，降低了反应的活化能，从而增加了活化分子的百分数，大大加快了反应速率。

对于有气体参加的反应，增大压强，会增大反应速率；减小压强，会减小反应速率。

2. 影响化学平衡移动的主要因素　在其他条件不变的情况下，增大反应物的浓度或减小生成物的浓度，平衡向正反应方向移动；减小反应物的浓度或增大生成物的浓度，平衡向逆反应方向移动。

在其他条件不变的情况下，对任意一个可逆反应，升高温度，化学平衡向着吸热反应的方向移动；降低温度，化学平衡向着放热反应的方向移动。

【仪器和试剂】

1. 仪器　试管、试管夹、温度计、烧杯、量筒、酒精灯、铁架台、恒温水浴锅、玻璃棒、火柴、木条、装有 NO_2 和 N_2O_4 混合气体的平衡仪。

2. 试剂　0.1mol/L $Na_2S_2O_3$ 溶液、0.1mol/L H_2SO_4 溶液、3% H_2O_2 溶液、固体 MnO_2、0.3mol/L $FeCl_3$ 溶液、1mol/L KSCN 溶液、冰水、KCl 晶体。

【实训步骤】

1. 影响化学反应速率的因素

(1)浓度对化学反应速率的影响：取2支试管，编为1号和2号，并按下表数量加入 0.1mol/L

Na$_2$S$_2$O$_3$ 溶液和纯化水,摇匀。

再另取试管 2 支,各加入 0.1mol/L H$_2$SO$_4$ 溶液 2ml,分别同时倒入 1 号、2 号试管中,摇匀,观察浑浊出现的先后顺序,填入表 3-1。

硫代硫酸钠(Na$_2$S$_2$O$_3$)与稀 H$_2$SO$_4$ 溶液发生的化学反应为: Na$_2$S$_2$O$_3$ + H$_2$SO$_4$ $\rightleftharpoons$ Na$_2$SO$_4$ + SO$_2$↑ + S↓ + H$_2$O。

表 3-1　浓度对化学反应速率的影响

试管编号	加 Na$_2$S$_2$O$_3$ 溶液	加纯化水	加 H$_2$SO$_4$ 溶液	出现浑浊的先后顺序
1	4ml	—	2ml	
2	2ml	2ml	2ml	

(2)温度对化学反应速率的影响:取 2 支试管,编为 3 号和 4 号,分别加入 0.1mol/L Na$_2$S$_2$O$_3$ 溶液 2ml,3 号试管置于室温,4 号试管放入高于室温 20℃的水浴中加热,片刻后,同时分别向 3 号、4 号试管中各加入 1ml 的 0.1mol/L H$_2$SO$_4$,摇匀,观察浑浊出现的先后顺序,填入表 3-2。发生的化学反应同上。

表 3-2　温度对化学反应速率的影响

试管编号	加 Na$_2$S$_2$O$_3$ 溶液	温度	加 H$_2$SO$_4$ 溶液	出现浑浊的先后顺序
3	2ml	室温	1ml	
4	2ml	室温 + 20℃	1ml	

(3)催化剂对化学反应速率的影响:取 2 支试管,编为 5 号和 6 号,各加入 3% H$_2$O$_2$ 溶液 2ml,其中一支加入少量 MnO$_2$。观察 2 支试管有气泡生成,并用带火星的木条检验生成的氧气的先后顺序,填入表 3-3。

此化学反应为: 2H$_2$O$_2$ $\xrightarrow{\text{MnO}_2}$ 2H$_2$O + O$_2$。

表 3-3　催化剂对化学反应速率的影响

试管编号	加 H$_2$O$_2$ 溶液	加 MnO$_2$	生成气体的先后顺序
5	2ml	—	
6	2ml	少量	

2. 影响化学平衡的因素

(1)浓度对化学平衡的影响:在一只小烧杯中,加入 0.3mol/L FeCl$_3$ 溶液和 1mol/L KSCN 溶液各 5 滴,再加 20ml 纯化水稀释并摇匀。将此溶液分装于 4 支试管,分别编为 1 号、2 号、3 号、4 号,然后按下表操作,并完成表 3-4。

表 3-4　浓度对化学平衡的影响

试管号	加入试剂	现象	化学平衡移动的方向
1	0.3mol/L FeCl$_3$ 3 滴		
2	1mol/L KSCN 3 滴		
3	少许 KCl 晶体		
4	对照试管		

此化学反应为：$FeCl_3 + 3KSCN \rightleftharpoons Fe(SCN)_3 + 3KCl$。

(2)温度对化学平衡的影响：取出装有 NO_2 和 N_2O_4 混合气体的平衡仪在室温下达到化学平衡时,颜色是确定的。将平衡仪的一端放入盛有热水的烧杯中,另一端放入盛有冰水的烧杯中,观察颜色变化,与在室温下平衡仪颜色作对照,并完成表 3-5。

此化学反应为：$N_2O_4(g) \rightleftharpoons 2NO_2(g)$　$-Q$。

　　　　　　无色　　　　红棕色

表 3-5　温度对化学平衡的影响

反应条件	现象	化学平衡移动的方向
热水中		
冰水中		

【注意事项】

1. 在浓度、温度对化学反应速率影响的实验中,2 支试管的试剂总量要保持相等。

2. 在温度对化学反应速率影响的实验中,4 号试管要放入高于室温的水浴中加热片刻后,再分别向 3 号、4 号试管中同时加 H_2SO_4。

3. 在浓度对化学平衡影响的实验中,4 支试管分装的血红色溶液量要相等。

【思考题】

1. 结合实验,说出浓度、温度对化学反应速率与化学平衡的影响。

2. 假如向 $FeCl_3$ 与 KSCN 反应的平衡体系中加入催化剂,能否引起溶液颜色变化？为什么？

【实训记录】

见实训步骤中表格。

（段卫东）

第四章　定量分析基础

ER 4-1

第四章
定量分析
基础(课件)

分析化学是研究物质化学组成、含量和结构的分析方法及有关理论和操作技术的一门学科。分析化学的内容包括定性分析、定量分析和结构分析,其任务是鉴定物质的化学组成,测定有关组分的相对含量以及确定物质的化学结构。分析化学在工农业生产、国防、科学研究、医药卫生、资源勘查和环境检测等方面有极为重要的作用。

第一节　定量分析概述

一、定量分析的任务和作用

(一) 定量分析的任务

　　定量分析方法是分析化学的重要组成部分,其根本任务是准确测定试样中有关组分的相对含量。完成一项定量分析工作,通常包括以下几个步骤。

1. 试样的采取 为了保证分析结果的准确性,用于分析的试样应具有高度的均匀性和代表性,定量分析取样一般要从大量样品中取出少量试样。因此,必须采用科学取样法,从大批原始试样的不同部分、不同深度选取多个取样点采样,然后混合均匀,从中取出少量样品作为分析试样进行分析。

2. 试样的预处理 定量分析一般采用湿法分析。根据试样性质采用不同的分解试样方法,将试样分解后制备成溶液,然后进行测定。分解试样方法很多,如水溶法、酸溶法、碱溶法和熔融法等。分解试样时要求试样分解完全,待测组分不损失,不引入干扰物质。

对于含有多种组分的复杂试样,在测定某一组分时,共存的其他组分有干扰时,应采取措施消除干扰。消除干扰的方法主要有掩蔽和分离。

3. 试样的测定 根据被测组分的性质、含量和准确度要求,结合实验室的具体条件,选择合适的分析方法进行测定。在实际工作中,必须对试样进行多次重复(平行)测定。

4. 分析结果的表示 根据分析过程中的测量数据,计算定量分析结果,并对分析结果及其误差用统计学方法进行处理和评价。

(二) 定量分析的作用

定量分析化学在经济建设、国防建设、人民生活和医药卫生等方面都发挥着重要作用。例如,在工业生产中(如医药产品生产),通过对原料、中间产品以及产品质量进行定量分析,可以控制生产流程,改进生产技术,提高产品质量。在其他方面也广泛地用到定量分析的理论和技术:原材料的选择、工艺流程控制和产品的检验;资源勘探、海洋调查、武器和航空航天新材料的研制;环境监测、三废的处理和综合利用、农药残留量分析、突发公共卫生事件的处理;临床检验、疾病诊断、药品食品质量控制、药物代谢和动力学研究等。

随着科学技术的发展,人类深刻认识到产品的质量和性能、人类健康和生存环境都与物质的化学成分、含量密切相关,分析检测技术已成为使用最广泛、最频繁的测量技术,定量分析化学的发展水平已成为衡量国家科技水平和人民生活水平的重要标志之一。

二、定量分析方法

定量分析方法通常按测定原理和操作方法、取样量或组分含量、分析工作性质和要求等不同来分类。以下主要介绍两种分类方法。

(一) 化学分析法和仪器分析法

根据测定原理和操作方法的不同,一般分为化学分析法和仪器分析法两大类。

1. 化学分析法 利用物质的化学反应为基础的分析方法称为化学分析法。化学分析法历史悠久,又称为经典分析法,主要包括重量分析法和滴定分析法。

重量分析法是根据被测物质在化学反应前后的质量差来测定组分含量的方法。即用适当的方法将被测组分与样品中其他组分分离,转化为一定的称量形式进行称量,根据称量形式的质量来计算被测组分含量。此法准确度较高,但操作烦琐、费时。

滴定分析法是根据一种已知准确浓度的试剂溶液（滴定液）与被测物质按照化学计量关系完全反应时所消耗的体积及其浓度来计算被测组分含量的方法。根据滴定液与被测物质反应的类型不同，分为酸碱滴定法、沉淀滴定法、配位滴定法和氧化还原滴定法。

滴定分析法应用范围广，仪器简单，操作简便，分析结果准确，但对试样中微量组分的分析不够灵敏，不能满足现代快速分析的要求，需要用仪器分析法来解决。

2. 仪器分析法　以物质的物理或物理化学性质为基础的分析方法。根据物质的某种物理性质（如相对密度、折光率、沸点、熔点、颜色等）与组分的关系，不经化学反应直接进行分析的方法，称为物理分析法；根据被测物质在化学反应中的某种物理性质与组分之间的关系而进行分析的方法，称为物理化学分析法。物理分析法和物理化学分析法需要用到比较复杂、精密的仪器，故统称为仪器分析法。

仪器分析法具有快速、灵敏、准确等特点，该方法发展快且应用广泛。仪器分析法主要有电化学分析法、光学分析法、色谱法等。

（1）电化学分析法：根据被测物质的电化学性质建立的分析方法。主要有电势分析法、电解分析法、电导分析法、毛细管电泳法和伏安分析法等。

（2）光学分析法：根据被测物质的光学性质建立的分析方法。一般分为吸收光谱法（紫外 - 可见分光光度法、红外吸收光谱法、原子吸收光谱法、核磁共振波谱法等）、发射光谱法（荧光分光光度法、火焰分光光度法等）、质谱法、折光分析法、旋光分析法等。

（3）色谱法：利用被测样品中各组分分配系数不同而进行分离分析的方法。一般分为经典液相色谱法、气相色谱法、高效液相色谱法等。

仪器分析法具有取样量少、灵敏度高、准确度高、分析快速、仪器自动化的特点。在现行版《中国药典》中，药物分析大量使用仪器分析法。

（二）常量、半微量、微量和超微量分析法

根据试样用量的多少，分析方法可分为常量分析、半微量分析、微量分析和超微量分析法，如表 4-1 所示。

表 4-1　各种分析方法的试样用量

方法	试样质量	试液体积
常量分析法	>0.1g	>10ml
半微量分析法	0.01~0.1g	1~10ml
微量分析法	0.1~10mg	0.01~1ml
超微量分析法	<0.1mg	<0.01ml

实际工作中，化学定量分析一般采用常量或半微量分析法；化学定性分析多采用半微量或微量分析法；仪器分析常选用微量或超微量分析法。

此外，根据被测组分含量高低不同，定量分析方法又可分为常量组分（含量>1%）、微量组分（含量 0.01%~1%）和痕量组分（含量<0.01%）分析。这种分类法与根据试样用量的多少分类不同。例如，痕量组分分析不一定是微量分析或超微量分析，因为有时为了测定痕量组分也要取大量样品。

化学分析法一般适用于常量组分或微量组分的分析,仪器分析法通常适用于微量组分或痕量组分的分析。

> **点滴积累**
>
> 1. 定量分析任务的一般程序包括试样的采取、预处理、测定及分析结果的表示。
> 2. 根据测定原理和操作方法的不同,定量分析方法分为化学分析法和仪器分析法;根据试样用量的多少,可分为常量分析、半微量分析、微量分析和超微量分析法。

第二节 误差与分析数据的处理

定量分析的任务是准确测定试样中被测组分的相对含量,因此,要求分析结果必须具有一定的准确度。

在定量分析过程中,由于受分析方法、测量仪器、试剂和分析工作者主观因素等方面的影响,使测得的分析结果不可能与真实值完全一致。绝对准确的测量是不存在的,测量误差是客观存在的。为了尽可能获得准确可靠的分析结果,必须分析产生误差的各种原因,估计误差的大小,科学处理分析数据,并采取适当的方法减小误差,从而提高分析结果的准确性。

一、误差的分类

(一) 系统误差

系统误差也称可定误差,是由于某些确定因素造成的,对分析结果的影响比较固定,具有单向性、重现性。理论上,系统误差的大小、正负是可以测定的,并且可以设法减小或加以校正。根据系统误差的性质和产生原因,可将其分为以下四类。

1. **方法误差** 由于分析方法本身的某些不足所引起的误差。例如,在重量分析法中,沉淀的溶解或吸附现象;在滴定分析法中,由于反应不完全,干扰离子影响,滴定终点和化学计量点不完全相符等,都会产生系统误差。

2. **仪器误差** 由于所用仪器本身不够准确或未经校准所引起的误差。如天平两臂不等长;滴定管、容量瓶、移液管等刻度不够准确等,在使用过程中会使测定结果产生误差。

3. **试剂误差** 由于所用试剂不纯或纯化水中含有杂质而引起的误差。如使用的试剂中含有微量的被测组分或存在干扰离子等。

4. **操作误差** 主要指在正常操作情况下,由于操作者主观原因所造成的误差。例如,滴定管读数偏高或偏低,对某种颜色的辨别不够敏锐等所造成的误差。

（二）偶然误差

偶然误差又称不可定误差，是由某些难以控制或无法避免的偶然因素造成的误差。如测量时温度、湿度、气压的微小变化，分析仪器的轻微波动以及分析人员操作的细小差异等，都可能引起测量数据的波动而带来误差。

偶然误差难以觉察，似乎没有规律性，偶然误差的大小、正负都不固定，是难以预测和控制的。但是，如果在相同条件下对同一样品进行多次测定，并将测定数据进行统计处理，则可发现符合正态分布规律。如图 4-1 所示，即绝对值相等的正负误差出现的概率基本相等；小误差出现的概率大，大误差出现的概率小，特别大的误差出现的概率极小。

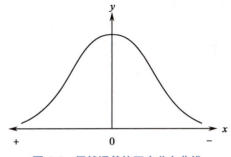

图 4-1　偶然误差的正态分布曲线

在消除系统误差的前提下，随着测定次数的增加，偶然误差的算术平均值将趋于零。因此，经常采用"多次测定，取平均值"的方法来降低偶然误差对测量结果的影响。

此外，在实验过程中也会存在由于分析人员粗心大意或工作过失所产生的差错。例如，溶液溅失、加错试剂、读错刻度、记录和计算错误等，其不属于误差范畴，应弃除此数据。因此，在分析过程中，工作人员应加强工作责任心，严格遵守操作规程，做好原始记录反复核对，避免这类错误的发生。

课 堂 活 动

下列这些属于系统误差、偶然误差还是工作过失？

A. 试剂含有干扰离子　　　　　　　　B. 电压偶有波动

C. 读错滴定管刻度　　　　　　　　　D. 滴定终点与化学计量点不完全一致

E. 滴定管、移液管未经校准　　　　　F. 砝码被腐蚀

二、准确度与精密度

（一）准确度与误差

准确度是测量值与真实值接近的程度。准确度通常用误差来表示，误差越小，表示分析结果与真实值越接近，准确度越高。相反，误差越大，表示准确度越低。误差分为绝对误差和相对误差。表示方法如下。

（1）绝对误差（E）：测定值（x）与真实值（μ）的差值，即

$$E = x - \mu \qquad\qquad 式（4-1）$$

（2）相对误差（RE）：绝对误差（E）在真实值（μ）中占有的百分率，即

$$RE = \frac{E}{\mu} \times 100\% \qquad\qquad 式（4-2）$$

绝对误差和相对误差都有正、负之分,正误差表示分析结果偏高,负误差表示分析结果偏低。分析结果的准确度常用相对误差表示。

准确度的比较

案例:某工厂技术人员用万分之一电子天平称量两份山梨酸钠(食品添加剂),其质量分别为 2.175 1g 和 0.217 6g。假设两份试样的真实质量各为 2.175 0g 和 0.217 5g。两份试样称量结果的准确度是否相同?

分析:两份称量结果的 $E_1=E_2=0.000$ 1g,但两份称量结果的准确度不同。

因为
$$RE_1=\frac{0.000\ 1}{2.175\ 0}\times 100\%=0.005\%\qquad RE_2=\frac{0.000\ 1}{0.217\ 5}\times 100\%=0.05\%$$

两份试样称量的绝对误差相等,但相对误差不相等,第二份称量结果的相对误差是第一份称量结果的相对误差的 10 倍,所以第一份称量结果更准确。

(二)精密度与偏差

精密度是指在相同条件下,多次测量结果之间相互接近的程度。精密度反映了测定结果的再现性,用偏差表示,其数值越小,说明分析结果的精密度越高;反之,精密度越低。因此,偏差的大小是衡量精密度高低的标准。

一般分析中常用平均偏差($\bar{d}$)、相对平均偏差($R\bar{d}$)表示分析结果的精密度;在分析要求较高时,则用标准偏差(S)和相对标准偏差(RSD)表示分析结果的精密度。

(1)绝对偏差、平均偏差和相对平均偏差:设某一组测定值为 $x_1,x_2\cdots\cdots x_n$(n 为重复测定次数),其分析结果用算术平均值($\bar{x}$)表示为:

$$\bar{x}=\frac{1}{n}\sum_{i=1}^{n}x_i \qquad\qquad 式(4\text{-}3)$$

绝对偏差(d_i)是个别测定值(x_i)与平均值的差值,即

$$d_i=x_i-\bar{x} \qquad\qquad 式(4\text{-}4)$$

平均偏差($\bar{d}$)是各次测定绝对偏差绝对值的平均值,即

$$\bar{d}=\frac{1}{n}\sum_{i=1}^{n}|d_i|=\frac{1}{n}\sum_{i=1}^{n}|x_i-\bar{x}| \qquad\qquad 式(4\text{-}5)$$

相对平均偏差($R\bar{d}$)是平均偏差占平均值的百分率,即

$$R\bar{d}=\frac{\bar{d}}{\bar{x}}\times 100\% \qquad\qquad 式(4\text{-}6)$$

(2)标准偏差和相对标准偏差:用统计方法进行数据处理时,常用标准偏差(S)表示分析结果的精密度,其能更好地反映个别偏差较大的数据对测定结果重现性的影响。

对于少量的测定结果($n\leqslant 20$)而言,标准偏差(统计学上称为样本标准偏差)为:

$$S=\sqrt{\frac{\sum_{i=1}^{n}(x_i-\bar{x})^2}{n-1}} \qquad\qquad 式(4\text{-}7)$$

相对标准偏差（RSD）又称变异系数，为标准偏差占平均值的百分率，即

$$RSD = \frac{S}{\bar{x}} \times 100\%$$
　　　　　式(4-8)

例4-1　测定某溶液浓度时，平行测定三次，测定结果分别为：0.329 1mol/L、0.329 4mol/L、0.328 8mol/L，求该溶液浓度的平均值、平均偏差、相对平均偏差、标准偏差和相对标准偏差。

解：

$$\bar{x} = \frac{x_1 + x_2 + x_3}{n} = \frac{0.329\ 1 + 0.329\ 4 + 0.328\ 8}{3} = 0.329\ 1$$

$$\bar{d} = \frac{1}{n} \sum_{i=1}^{n} |x_i - \bar{x}| = \frac{|0.329\ 1 - 0.329\ 1| + |0.329\ 4 - 0.329\ 1| + |0.328\ 8 - 0.329\ 1|}{3} = 0.000\ 2$$

$$R\bar{d} = \frac{\bar{d}}{\bar{x}} \times 100\% = \frac{0.000\ 2}{0.329\ 1} \times 100\% = 0.06\%$$

$$S = \sqrt{\frac{\sum_{i=1}^{n} (x_i - \bar{x})^2}{n-1}} = \sqrt{\frac{0^2 + (0.000\ 3)^2 + (-0.000\ 3)^2}{3-1}} = 0.000\ 3$$

$$RSD = \frac{S}{\bar{x}} = \frac{0.000\ 3}{0.329\ 1} \times 100\% = 0.09\%$$

（三）准确度与精密度的关系

系统误差影响分析结果的准确度，偶然误差影响分析结果的精密度。测量值的准确度表示测量的正确性，测量值的精密度表示测量的重现性。

以测定某样品中亚铁离子含量的四种方法为例，说明定量分析中准确度与精密度的关系。每种方法均测定六次。样品中亚铁离子的真实含量为10.00%，测量结果如图4-2所示。

由图4-2可以看出，方法1的精密度高，但平均值与真实值相差较大，存在系统误差，准确度低，测量结果不可取。方法2的精密度、准确度都高，说明该方法的系统误差和偶然误差均很小，测量结果准确可靠。方法3的精密度很差，说明偶然误差大，测量结果不可取。方法4的准确度、精密度都不高，说明系统误差、偶然误差都大，测量结果也不可取。

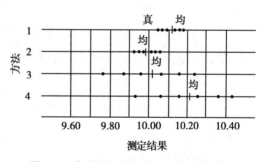

图4-2　定量分析结果的准确度与精密度

注：图中"真"代表真实值，"均"代表平均值。

综上所述可知：高精密度是获得高准确度的前提；但精密度高，准确度不一定高，只有在消除系统误差的前提下，精密度高，准确度才高。

三、提高分析结果准确度的方法

从误差产生的原因来看，只有尽可能地减小系统误差和偶然误差，才能提高分析结果的准确度。

(一）选择适当的分析方法

不同的分析方法,具有不同的灵敏度和准确度。一般来说,常量组分的测定选择化学分析法;微量组分或痕量组分的测定选择仪器分析法。选择分析方法时,还应考虑共存组分的干扰。总之,必须根据分析对象、样品情况以及对分析结果的要求,选择适当的分析方法。

(二）减少测量误差

为了保证分析结果的准确度,在选定分析方法后,必须尽量减小测量误差。例如:在称量时要设法减小称量误差;在滴定分析中,尽量减少滴定管的读数误差等。

> **课 堂 活 动**
>
> 1. 电子天平可称准至万分之一($\pm0.000\ 1g$),要使称量相对误差不大于0.1%,至少要称取试样多少克?
>
> 2. 常量滴定管两次读数之间的绝对误差为 $\pm0.02ml$,要使读数相对误差不大于0.1%,消耗滴定液的体积最少应不小于多少毫升?

(三）减少系统误差

1. 对照试验 对照试验是检查系统误差的有效方法,如检查试剂是否失效,测定条件控制是否正常,测量方法是否可靠等。常用的方法有标准品对照法和标准方法对照法。

标准品对照法是用已知准确含量的标准试样代替待测试样,在完全相同的条件下进行测定分析,以此对照。

标准方法对照法是用可靠(法定)分析方法与被检验的方法,对同一试样进行对照分析。两种测量方法的测定结果越接近,则说明被检验的方法越可靠。

2. 空白试验 在不加试样的情况下,用测定试样相同的测定方法、条件和步骤进行的试验。所得结果称为空白值,从试样分析结果中扣除空白值,可消除试剂、纯化水和器皿等带入杂质产生的误差。

3. 校准仪器 系统误差中的仪器误差可以用校准仪器来消除。例如在精密分析中,砝码、移液管、滴定管、容量瓶等,必须进行校准,并在计算时采用其校正值。一般情况下简单而有效的方法是在一系列操作过程中使用同一仪器,这样可以抵消部分仪器误差。

4. 回收试验 如果无标准试样作对照试验,或对试样的组成不太清楚时,可进行回收试验。这种方法是向试样中加入已知量的被测物质,然后用与被测试样相同的方法进行分析。由分析结果中被测组分的增大值与加入量之差,便能计算出分析的误差,并对分析结果进行校正。

(四）减少偶然误差

根据偶然误差产生的原因和统计学规律,偶然误差的减小,可通过选用稳定性好的仪器,改善实验环境,提高实验技术人员操作熟练程度,增加平行测定次数取平均值等方法来实现。

四、有效数字及运算规则

在定量分析中,为了得到准确的测量结果,不仅要准确地测定各种数据,还要正确地记录和计算。在记录测量数据和计算分析结果时,必须遵循有效数字的有关规则。

(一)有效数字

有效数字是指在分析工作中实际测量得到的有实际意义的数字,其位数包括所有的准确数字和最后一位可疑数字。记录测量数据和计算分析结果时,保留几位数字作为有效数字,必须与测量仪器、分析方法的准确度相适应。

例如,用万分之一的分析天平称量某试样的质量为1.238 2g,该数值为五位有效数字。这一数值中,1.238是准确的,最后一位"2"存在误差,是可疑数字。又如,若用25ml移液管量取25ml某溶液,应记录为25.00ml,记录四位有效数字。25.00ml中,最后一位"0"是可疑数字。

确定有效数字的位数,要注意以下四点内容。

1. 在数字(1~9)中间或后面的"0"是有效数字,如20.60ml中两个"0"均为有效数字;在数字(1~9)之前的"0"不是有效数字,如0.004 3中前面三个"0"都不是有效数字,只起定位作用,可写成4.3×10^{-3}。

2. 对数有效数字的位数只取决于小数点后面数字的位数。例如,pH=12.68,即$[H^+]=2.1 \times 10^{-13}$mol/L,其有效数字只有两位,而不是四位。整数部分只相当原数值的方次,不是有效数字。

3. 数学上的常数e、π以及倍数或分数(如3、1/2等)不是实际测量的数字,可视为无误差数字或无限多位有效数字。

4. 有效数字第一位数字等于或大于8时,其有效数字可多算一位。如8.97、9.43可视为四位有效数字。

> **课堂活动**
> 下列数字各为几位有效数字?
> 2.000 5,0.500 0,40.102,7.023×10^{-3},
> 0.30%,pH=10.60,pK_a=11.7,8.45,π。

(二)有效数字的记录及处理规则

在处理数据时,经常遇到一些准确程度不相同的测量数据,对于这些数据,必须按一定规则进行记录、修约及运算,避免得出不合理的结论。

1. 记录规则 记录测量数据时,只保留一位可疑数字。

2. 修约规则 在处理数据时,应合理保留有效数字的位数,按要求弃去多余的尾数,称之为数字的修约。数字修约的规则如下。

(1)"四舍六入五留双"的原则:①当被修约的数字小于或等于4时,则舍去;当被修约的数字大于或等于6时,则进位。②当被修约的数字等于5,且5的后面无数字或数字为零时,如5的前一位是偶数(包括"0")则舍去,若是奇数则进位;当被修约的数字等于5,且5的后面还有非零数字时,则进位。

例如,将3.486 4、0.374 26、5.623 50、2.384 51、4.624 50、6.384 5测量值修约为四位数,修约后分别为3.486、0.374 3、5.624、2.385、4.624、6.384。

(2)修约数字时,只允许对原测量值一次修约到所需位数,不能分次修约。如将4.549 1修约为两位数,不能先修约为 4.55 再修约成 4.6,而应一次修约为 4.5。

3. 运算规则

(1)加减法:几个数据相加或相减时,有效数字的保留位数,应以小数点后位数最少的数据为依据。

例如,0.012 1+25.64+1.057 82,其和应以 25.64 为依据,保留到小数点后第二位。计算时,先修约成 0.01+25.64+1.06 再计算,其和为 26.71。

(2)乘除法:几个数据相乘除时,有效数字位数的保留,应以有效数字位数最少的数据为依据。

例如,0.012 1×25.64×1.057 82,其积有效数字位数的保留以 0.012 1 为依据,先修约成 0.012 1×25.6×1.06 再计算,其乘积为 0.328。

另外,在对数运算中,所取对数的位数应和真数的有效数字位数相等。如 $[H^+]=1.0 \times 10^{-5}$,为两位有效数字,则 pH=5.00 也保留两位有效数字。在表示准确度和精密度时,在大多数情况下,只取一位有效数字,最多取两位有效数字。如 $R\bar{d}=0.05\%$。

五、可疑值的取舍

在一系列平行测量的数据中,有时会出现个别过高或过低的测量值,称为可疑值或逸出值。如该数值是因实验中的过失造成的,则可舍去,否则应按统计学方法进行处理,决定其取舍。目前常用的方法有 Q 检验法和 G 检验法。

(一) Q 检验法

在测定次数较少时(n 为 3~10),用 Q 检验法决定可疑值的取舍是比较合理的方法,其检验步骤如下。

1. 将所有测量数据按从小到大顺序排列,计算测定值的极差(即最大值与最小值之差)。

2. 计算出可疑值与其邻近值之差的绝对值。

3. 计算舍弃商,即

$$Q_{\text{计}} = \frac{|x_{\text{疑}} - x_{\text{邻}}|}{x_{\text{最大}} - x_{\text{最小}}} \qquad \text{式(4-9)}$$

4. 查 Q 值表 4-2,如果 $Q_{\text{计}} \geq Q_{\text{表}}$,将可疑值舍去,否则应当保留。

表 4-2　不同置信度下的 Q 值表

n	$Q_{90\%}$	$Q_{95\%}$	$Q_{99\%}$
3	0.94	0.97	0.99
4	0.76	0.84	0.93
5	0.64	0.73	0.82
6	0.56	0.64	0.74
7	0.51	0.59	0.68
8	0.47	0.54	0.63
9	0.44	0.51	0.60
10	0.41	0.49	0.57

例 4-2 用邻苯二甲酸氢钾作基准物质标定氢氧化钠溶液的浓度,平行测定四次,结果分别是:0.101 4mol/L、0.101 2mol/L、0.101 3mol/L、0.101 7mol/L。试用 Q 检验法确定 0.101 7 值是否应舍弃(置信度为 95%)?

解:
$$Q_{计} = \frac{\left| x_{疑} - x_{邻} \right|}{x_{最大} - x_{最小}} = \frac{\left| 0.101\ 7 - 0.101\ 4 \right|}{0.101\ 7 - 0.101\ 2} = 0.60$$

查表 4-2 得:$n=4$ 时,$Q_{表} = 0.84$。因为 $Q_{计} < Q_{表}$,所以数据 0.101 7 值不能舍弃。

知识链接

置信区间与置信度

在要求准确度较高的分析工作中,提出分析报告时,需根据测定平均值对真实值 μ 作出估计,即 μ 所在的取值范围称为置信区间。在对 μ 的取值区间作出估计时,还应指明这种估计的可靠性或概率,将 μ 落在此范围(置信区间)内的概率称为置信概率或置信度,用 P 表示。

如测定某药物中铝的含量,通过测量数据的计算得:在置信度 $P=95\%$ 时,$\mu=10.76\% \pm 0.02\%$。即表示有 95% 的把握认为该药物中铝的含量在 $10.76\% \pm 0.02\%$ 范围内。

(二) G 检验法

该法是目前应用较多的检验方法,其检验步骤如下。

1. 计算出包括可疑值在内的平均值。

2. 计算出包括可疑值在内的标准偏差。

3. 计算 G 值,即

$$G_{计} = \frac{\left| x_{可疑} - \overline{x} \right|}{S} \qquad \text{式 (4-10)}$$

4. 查 G 值表 4-3,如果 $G_{计} \geq G_{表}$,将可疑值舍去,否则应当保留。

表 4-3 95% 置信度的 G 临界值表

n	G	n	G
3	1.15	7	2.02
4	1.48	8	2.13
5	1.71	9	2.21
6	1.89	10	2.29

六、分析结果的一般表示方法

在忽略系统误差的情况下,进行定量分析实验,一般对每种试样至少平行测定三次,先计算测定结果的平均值,再计算出相对平均偏差。如果相对平均偏差 $R\overline{d} \leq 0.2\%$,可认为符合要求,取其平均值作为最后的测定结果。否则,此次实验需重做。

课堂活动
用 G 检验法判断例 4-2 中的 0.101 7 值是否应舍弃?

例 4-3　测定某一溶液的浓度,测定结果分别为:0.205 1mol/L、0.204 9mol/L、0.205 3mol/L。

解:

$$\bar{x} = \frac{0.205\ 1 + 0.204\ 9 + 0.205\ 3}{3} = 0.205\ 1$$

$$\bar{d} = \frac{|0.000\ 0| + |-0.000\ 2| + |0.000\ 2|}{3} = 0.000\ 1$$

$$R\bar{d} = \frac{0.000\ 1}{0.205\ 1} \times 100\% = 0.05\%$$

显然 $R\bar{d}$ <0.2%,符合要求。可用 0.205 1mol/L 报告分析结果。

如果制订分析标准、涉及重大问题的试样分析、科研成果等所需要的精确数据,则需要多次对试样进行平行测定,将取得的测定结果用统计方法进行处理。

点滴积累

1. 误差分为系统误差和偶然误差,系统误差包括方法误差、仪器误差、试剂误差、操作误差。减小系统误差的方法主要有对照试验、空白试验、校准仪器、回收试验。经常采用"多次测定,取平均值"的方法减小偶然误差。
2. 准确度用误差表示,精密度用偏差表示。偏差主要包括平均偏差、相对平均偏差、标准偏差和相对标准偏差。
3. 测量数据中可疑值的取舍,常用 Q 检验法和 G 检验法。

第三节　滴定分析法

一、滴定分析法概述

(一) 基本概念

滴定分析法是将一种已知准确浓度的试剂溶液(即滴定液),滴加到被测物质溶液中,直到所滴加的滴定液与被测组分按化学计量关系定量反应完全为止,根据滴定液的浓度和体积,计算待测组分含量的分析方法。滴定分析法是化学分析法中最常用的分析方法。

将滴定液由滴定管滴加到被测物质溶液中的操作过程称为滴定。当滴入的滴定液与被测组分定量反应完全,即两者的物质的量恰好符合化学反应式所表示的化学计量关系时,称反应达到了化学计量点。当滴定反应达到化学计量点时,往往没有任何肉眼可见的变化,因此,实际滴定中,为了确定化学计量点,常在被测溶液中加入一种辅助试剂,借助其颜色变化,作为判断化学计量点是否准确达到而终止滴定的信号,这种辅助试剂称为指示剂。在滴定过程中,指示剂发生颜色变化的转变点称为滴定终点。指示剂往往并不一定正好在化学计量点时变色,滴定终点与化学计量点不一定恰好符合,由此所造成的分析误差称为终点误差。

滴定分析法具有所用仪器简单、操作方便、测定快速、适用范围广、分析结果准确度高的特点。一般情况下相对误差在 0.2% 以下,适用于常量分析。

(二) 主要方法

根据滴定液和被测物质发生的化学反应类型的不同,滴定分析法主要分为以下四种。

1. 酸碱滴定法 以质子传递反应为基础的滴定分析法。可用酸作滴定液测定碱或碱性物质,也可用碱作滴定液测定酸或酸性物质。

2. 沉淀滴定法 以沉淀反应为基础的滴定分析法。银量法是沉淀滴定法中应用最广泛的方法,常用于测定卤化物、硫氰酸盐、银盐等物质的含量。

3. 配位滴定法 以配位反应为基础的滴定分析法。目前广泛使用氨羧配位剂(常用 EDTA)作为滴定液,可测定多种金属离子。

4. 氧化还原滴定法 以氧化还原反应为基础的滴定分析法。可直接测定具有氧化性或还原性的物质,也可以间接测定本身不具有氧化性或还原性的物质。

(三) 基本条件

滴定分析法是以化学反应为基础的分析方法,并不是所有的化学反应都能用于滴定分析,适用于滴定分析的化学反应必须具备下列条件。

1. 反应必须定量完成,反应要严格按一定的化学反应式进行,无副反应发生,反应完全的程度应达到 99.9% 以上,这是滴定分析定量计算的基础。

2. 反应必须迅速完成,滴定反应要求在瞬间完成,对于速度较慢的反应,可通过加热或加入催化剂等方法提高反应速度。

3. 被测物质中的杂质不得干扰主要反应,否则应预先将杂质除去。

4. 有适当简便的方法确定滴定终点。

(四) 主要滴定方式

1. 直接滴定法 凡能满足上述滴定分析法基本条件的化学反应,都可以用滴定液直接滴定被测物质,这类滴定方式称为直接滴定法。如用 NaOH 滴定液滴定阿司匹林,HCl 滴定液滴定药用氢氧化钠等。对于不符合上述滴定分析法基本条件的反应可采用下述几种方式进行滴定。

2. 返滴定法 当滴定液与被测物质之间反应较慢或被测物质难溶于水,或缺乏合适检测终点的方法时,则可先加入准确过量的滴定液至被测物质中,待反应定量完成后,再用另一种滴定液滴定上述剩余的滴定液,这种滴定方式称为返滴定法,也称回滴定法或剩余滴定法。如 Al^{3+} 含量的测定:

滴定前反应:$Al^{3+} + H_2Y^{2-}$(定量且过量的滴定液)$\Longrightarrow AlY^- + 2H^+$

滴定反应:H_2Y^{2-}(剩余)$+ Zn^{2+}$(滴定液)$\Longrightarrow ZnY^{2-} + 2H^+$

3. 置换滴定法 当被测组分不能与滴定液直接反应或不按确定的反应式进行(有副反应)时,无法用滴定液直接滴定被测物质,可先用适当的试剂与被测物质反应,使之定量置换出一种能被直接滴定的物质,然后再用滴定液滴定置换出的物质,这种滴定方式称为置换滴定法。如药用硫酸铜含量的测定：

滴定前反应：$2Cu^{2+}+4I^- \Longrightarrow 2CuI\downarrow$（乳白色）$+I_2$

滴定反应：$I_2+2S_2O_3^{2-}$（滴定液）$\Longrightarrow 2I^-+S_4O_6^{2-}$

4. 间接滴定法 当被测组分不能与滴定液直接反应时,可将试样通过一定的化学反应后,再用适当的滴定液滴定反应产物,这种滴定方式称为间接滴定法。

在滴定分析中,由于采用了返滴定法、置换滴定法、间接滴定法等滴定方式,从而扩大了滴定分析法的应用范围。

二、滴定液

（一）滴定液的配制

滴定液常用的配制方法有两种,即直接配制法和间接配制法。

1. 直接配制法 准确称取一定量的基准物质,溶解后定量转移至容量瓶中,稀释至刻度,摇匀。根据称取基准物质的质量和容量瓶的体积,计算出该溶液的准确浓度（通常要求保留四位有效数字）。基准物质必须符合下列条件。

（1）物质的组成应与化学式完全符合,若含结晶水,其含量也应与化学式符合,如硼砂 $Na_2B_4O_7\cdot 10H_2O$ 等。

（2）物质的纯度要高,一般要求含量不低于 99.9%。

（3）物质的性质稳定,如加热干燥时不分解,称量时不风化,不潮解,不吸收空气中的二氧化碳,不被空气氧化等。

（4）最好具有较大的摩尔质量,以减小称量误差。

常见基准物质的干燥条件及其应用,如表 4-4 所示。

表 4-4 常见基准物质的干燥条件及其应用

基准物质	化学式	干燥条件	标定对象
无水碳酸钠	Na_2CO_3	270~300℃	酸
硼砂	$Na_2B_4O_7\cdot 10H_2O$	有 NaCl、蔗糖饱和液的干燥器	酸
邻苯二甲酸氢钾	$KHC_8H_4O_4$	110~120℃	碱、高氯酸
重铬酸钾	$K_2Cr_2O_7$	140~150℃	还原剂
三氧化二砷	As_2O_3	室温、干燥器	氧化剂
草酸钠	$Na_2C_2O_4$	105~110℃	高锰酸钾
氧化锌	ZnO	900~1 000℃	EDTA
锌	Zn	室温、干燥器	EDTA
氯化钠	$NaCl$	500~600℃	硝酸银

2. 间接配制法（标定法） 许多物质不符合基准物质的条件,如 HCl、$NaOH$、$KMnO_4$、$Na_2S_2O_3$ 等,其滴定液不能用直接配制法配制。对这类物质只能采用间接配制法（标定法）配制,可先按需要

配成近似浓度的溶液,再用基准物质或另一种滴定液来确定其准确浓度。这种利用基准物质或已知准确浓度的溶液来确定滴定液浓度的操作过程称为标定。溶液的标定分为基准物质标定法和滴定液比较标定法。

(1)基准物质标定法:包括多次称量法和移液管法。①多次称量法:精密称取基准物质2~3份,分别溶于适量的纯化水中,然后用待标定的溶液滴定。根据基准物质的质量和待标定溶液所消耗的体积,计算出待标定溶液的准确浓度,取平均值作为滴定液的浓度。②移液管法:精密称取一份基准物质,溶解后定量转移到容量瓶中,稀释至刻度,摇匀。用移液管取出几份(如2~3份)该溶液,分别用待标定的滴定液滴定,最后取其平均值,作为滴定液的浓度。

(2)滴定液比较标定法:准确吸取一定体积的待标定溶液,用已知浓度的滴定液滴定,反之亦然。根据两种溶液消耗的体积及滴定液的浓度,可计算出待标定溶液的准确浓度。

(二)滴定液浓度的表示方法

1. 物质的量浓度 溶液中溶质 B 的物质的量(n_B)与溶液的体积(V)之比,称为溶质 B 的物质的量浓度。用符号 c_B 或 $c(B)$ 表示:

$$c_B = \frac{n_B}{V} \qquad\qquad 式(4-11)$$

例 4-4 称取基准物质 $AgNO_3$ 4.247 5g,用纯化水溶解后,定容于 250ml 容量瓶中,摇匀。计算该溶液的物质的量浓度。

解:
$$c_{AgNO_3} = \frac{n_{AgNO_3}}{V} = \frac{m_{AgNO_3}/M_{AgNO_3}}{V} = \frac{4.247\ 5/169.9}{250.0 \times 10^{-3}} = 0.100\ 0\,(mol/L)$$

2. 滴定度 每毫升滴定液 T 相当于被测物质 A 的质量(g 或 mg)称为滴定度,用 $T_{T/A}$ 表示。其中 T 表示滴定液的化学式,A 表示被测物质的化学式。如 $T_{HCl/NaOH} = 0.004\ 000g/ml$,表示用 HCl 滴定液滴定 NaOH 试样时,1ml HCl 滴定液恰好与 0.004 000g NaOH 完全反应。如已知滴定度,再乘以滴定中所消耗的滴定液体积,即可计算出被测物质的质量。公式表示为:

$$m_A = T_{T/A} V_T \qquad\qquad 式(4-12)$$

例 4-5 如用 $T_{HCl/NaOH} = 0.004\ 000g/ml$,HCl 滴定液滴定氢氧化钠溶液,消耗 HCl 滴定液 21.20ml,计算试样中氢氧化钠的质量。

解:
$$m_{NaOH} = T_{HCl/NaOH} V_{HCl} = 0.004\ 000 \times 21.20 = 0.084\ 80\,(g)$$

三、滴定分析计算

滴定分析法涉及一系列的计算,如滴定液的配制和标定、滴定液与被测物质间的计量关系及分析结果的计算等,分别讨论如下。

(一)滴定分析计算依据

滴定分析中,用滴定液(T)滴定被测物质(A),当反应到达化学计量点时,被测物质与滴定液的物质的量之间的关系恰好符合其化学反应式所表示的计量关系。

例如,对任一滴定反应:

$$tT \quad + \quad aA \quad \rightarrow \quad P$$

（滴定液）　（被测物质）　（生成物）

当滴定达化学计量点时,t mol T 恰好与 a mol A 完全反应,即

$$n_T : n_A = t : a$$

$$n_A = \frac{a}{t} n_T \text{ 或 } n_T = \frac{t}{a} n_A \qquad\qquad 式(4-13)$$

式中,a/t 或 t/a 为反应方程式中两物质计量数之比,n_A、n_T 分别表示 A、T 的物质的量。

(二) 滴定分析计算的基本公式

1. 物质的量浓度、体积和物质的量的关系　若被测物质是溶液,其浓度为 c_A,滴定液的浓度为 c_T,当到达化学计量点时,两种溶液消耗的体积分别为 V_T 和 V_A。根据滴定分析计算依据可得:

$$c_A V_A = \frac{a}{t} c_T V_T \qquad\qquad 式(4-14)$$

2. 物质的质量与物质的量的关系　当被测物质 A 是固体,配制成溶液被滴定至化学计量点时,消耗滴定液的体积为 V_T,则:

$$\frac{m_A}{M_A} = \frac{a}{t} c_T V_T$$

V 的单位为 L,M_A 的单位为 g/mol 时,m_A 的单位为 g。在滴定分析中,体积常以 ml 为单位。则上式可写为:

$$\frac{m_A}{M_A} = \frac{a}{t} c_T V_T \times 10^{-3} \text{ 或 } m_A = \frac{a}{t} c_T V_T M_A \times 10^{-3} \qquad 式(4-15)$$

3. 物质的量浓度与滴定度的换算　滴定度 $T_{T/A}$ 是指每毫升滴定液相当于被测物质的质量,根据公式 $m_A = \frac{a}{t} c_T V_T M_A \times 10^{-3}$ 和 $m_A = T_{T/A} V_T$,当 $V_T = 1$ml 时,得到 $T_{T/A} = m_A$,则:

$$T_{T/A} = \frac{a}{t} c_T M_A \times 10^{-3} \qquad\qquad 式(4-16)$$

4. 被测物质含量的计算　设 m_S 为样品的质量,m_A 为样品中被测组分 A 的质量,则被测组分的含量百分比 A% 为:

$$A\% = \frac{m_A}{m_S} \times 100\%$$

故

$$A\% = \frac{\frac{a}{t} c_T V_T M_A \times 10^{-3}}{m_S} \times 100\% \qquad\qquad 式(4-17a)$$

若滴定液的浓度用滴定度 $T_{T/A}$ 表示时,则:

$$A\% = \frac{T_{T/A} V_T}{m_S} \times 100\% \qquad\qquad 式(4-17b)$$

在实际滴定中,若滴定液的实际浓度与规定浓度不一致时,可用校正因素 F(实际浓度 / 规定浓度)进行校正。则上述公式(4-17b)可表示为:

$$A\% = \frac{T_{T/A} V_T F}{m_S} \times 100\% \qquad\qquad 式(4-17c)$$

若被测样品为液体,则被测组分 A 的含量常用质量浓度表示,则变为:

$$\rho_A = \frac{\frac{a}{t}c_T V_T M_A}{V_{样}} \times 100\% \qquad\qquad 式(4\text{-}17d)$$

（三）滴定分析计算实例

1. $c_A V_A = \frac{a}{t}c_T V_T$ 公式的应用　可用于计算待标定溶液的浓度，还可用于溶液稀释和增加溶液浓度的计算。

例 4-6　用 0.101 3mol/L HCl 滴定液滴定 20.00ml NaOH 溶液，终点时消耗 HCl 滴定液 19.80ml，计算 NaOH 溶液的浓度。

解：
$$NaOH + HCl \longrightarrow NaCl + H_2O \quad (a=1、t=1)$$

$$c_{NaOH} = \frac{c_{HCl}V_{HCl}}{V_{NaOH}} = \frac{0.101\ 3 \times 19.80}{20.00} = 0.100\ 3\,(mol/L)$$

2. $m_A = \frac{a}{t}c_T V_T M_A \times 10^{-3}$ 公式的应用　可用于直接法配制溶液、溶液浓度的标定等的有关计算。

例 4-7　用直接法配制 0.100 0mol/L 的 EDTA 滴定液 250.00ml，需要基准物质 $Na_2H_2Y \cdot 2H_2O$ 多少克？

解：$m_{Na_2H_2Y \cdot 2H_2O} = c_{EDTA}V_{EDTA}M_{Na_2H_2Y \cdot 2H_2O} \times 10^{-3} = 0.100\ 0 \times 250.00 \times 372.2 \times 10^{-3} = 9.305\ 0\,(g)$

例 4-8　精密称取基准物质 Na_2CO_3 0.122 5g，标定 HCl 溶液，终点时用去 HCl 溶液 22.50ml，计算 HCl 溶液的浓度。

解：
$$2HCl + Na_2CO_3 \longrightarrow 2NaCl + H_2O + CO_2\uparrow \quad (a=1、t=2)$$

$$c_{HCl} = \frac{\frac{t}{a}m_{Na_2CO_3}}{M_{Na_2CO_3}V_{HCl}} \times 10^3 = \frac{2 \times 0.122\ 5}{106.0 \times 22.50} \times 10^3 = 0.102\ 7\,(mol/L)$$

3. 物质的量浓度与滴定度的换算

例 4-9　已知 $c_{HCl} = 0.100\ 0mol/L$，计算 $T_{HCl/CaO}$。

解：
$$2HCl + CaO \longrightarrow CaCl_2 + H_2O \quad (a=1、t=2)$$

$$T_{HCl/CaO} = \frac{a}{t}c_{HCl}M_{CaO} \times 10^{-3} = \frac{1}{2} \times 0.100\ 0 \times 56.00 \times 10^{-3} = 0.002\ 800\,(g/ml)$$

4. 被测物质含量的计算

例 4-10　用 0.102 0mol/L $AgNO_3$ 滴定液滴定 0.146 6g 含 NaCl 的试样，终点时消耗 $AgNO_3$ 溶液 22.80ml，计算试样中 NaCl 的含量。

解：
$$AgNO_3 + NaCl \longrightarrow AgCl\downarrow + NaNO_3 \quad (a=1、t=1)$$

$$NaCl\% = \frac{\frac{a}{t}c_{AgNO_3}V_{AgNO_3}M_{NaCl} \times 10^{-3}}{m_S} \times 100\%$$

$$= \frac{0.102\ 0 \times 22.80 \times 58.44 \times 10^{-3}}{0.146\ 6} \times 100\% = 92.71\%$$

例 4-11　精密称取阿司匹林试样 0.400 2g，用 0.101 1mol/L NaOH 滴定液滴定，1ml 0.100 0mol/L NaOH 滴定液相当于 0.018 02g 的阿司匹林。终点时消耗 NaOH 溶液 21.02ml，计算试样中阿司匹林（$C_9H_8O_4$）的含量。

解：

$$C_9H_8O_4\% = \frac{T_{NaOH/C_9H_8O_4}V_{NaOH}F}{m_S} \times 100\% = \frac{0.018\,02 \times 21.02 \times \dfrac{0.101\,1}{0.100\,0}}{0.400\,2} \times 100\% = 95.69\%$$

点滴积累

1. 滴定分析法主要分为酸碱滴定法、沉淀滴定法、配位滴定法和氧化还原滴定法。
2. 化学计量点为理论值,滴定终点为实验测定值,两者之间不完全相符造成的分析误差为终点误差。
3. 滴定液是已知准确浓度的试剂溶液,其浓度常用的表示方法为物质的量浓度和滴定度,两种浓度表示方法可进行相互换算。
4. 滴定液的配制方法为直接配制法和间接配制法,基准物质可用直接配制法配制滴定液,否则只能用间接配制法配制;用间接配制法配制的滴定液必须进行标定,标定的方法有基准物质标定法和滴定液比较标定法。
5. 滴定分析计算依据为 $n_T : n_A = t : a$,此可推导出一系列有关滴定分析的计算公式。
6. 滴定液的浓度用滴定度 $T_{T/A}$ 表示,若滴定液的实际浓度与规定浓度不一致时,计算公式可用校正因素 F(实际浓度 / 规定浓度)进行校正。

ER 4-2

习题

ER 4-3

复习导图

目标检测

一、简答题

1. 分析下列数据的有效数字位数：①3.052；②0.026 4；③0.003 30；④60.030；⑤$6.7 \times 10^{-3}$；⑥$pK_a = 4.34$；⑦$5.02 \times 10^{-3}$；⑧30.02%；⑨0.60%；⑩0.000 2%。

2. 配制滴定液有哪两种方法？简述其操作过程。

二、计算题

1. 用 0.200 0mol/L HCl 滴定 0.414 6g 不纯的 K_2CO_3,完全中和时需用 HCl 21.10ml,样品中 K_2CO_3 的含量为多少？

2. 称取分析纯试剂 $K_2Cr_2O_7$ 14.709 0g,配成 500.00ml 溶液,试计算下列内容。
   (1)溶液的物质的量浓度。
   (2)$K_2Cr_2O_7$ 溶液对 Fe_2O_3 和 Fe_3O_4 的滴定度。

3. 称取氯化钠试样 0.125 0g,用 0.101 1mol/L $AgNO_3$ 滴定液滴定,终点时消耗 20.00ml,计算试样中 NaCl 的含量。1ml $AgNO_3$(0.100 0mol/L)滴定液相当于 0.005 844g NaCl。

三、实例分析

1. 测定某药用辅料中 Cl^- 的含量,得到下列结果:10.48%、10.37%、10.47%、10.43%、10.40%,计算测定的平均值、平均偏差、相对平均偏差、标准偏差和相对标准偏差。如果此次测定忽略系统误差,根据所得的相对平均偏差数值,请判断能否取其平均值作为最后的测定结果。

2. 分析某药物中铝的含量时,得到以下结果:33.73%、33.73%、33.74%、33.77%、33.79%、33.81%、33.81%、33.82%、33.86%,试用 G 检验法确定,当置信度为 95% 时,数据 33.86% 是否应弃去?

实训四　电子天平称量练习

【实训目的】

1. **熟悉**　电子天平的结构及其作用。
2. **学会**　正确使用电子天平;直接称量法和减量称量法的操作。

【实训原理】

目前实训室常用的称量方法主要有三种:直接称量法、固定质量称量法和减量称量法。

1. **直接称量法**　将待称物质直接放在秤盘上(秤盘上需放置称量纸等)来称量物体的质量。此法适用于称量洁净干燥的器皿(例如小烧杯)、棒状或块状的金属以及其他整块的不易潮解或不易升华的固体样品。

2. **固定质量称量法(增量法)**　先将盛放待称物质的称量纸或器皿称量去皮,逐渐加入待称物质,直到所需称量质量为止。此法适用于称取性质稳定的试样。

3. **减量称量法**　试样放在称量瓶内(不可以用称量纸),置于秤盘上称重,然后移出所需的量,再称量剩余的试样和称量瓶的质量,两次称量之差即为所需的试样质量。为了操作简便,称量时,也可以直接将装有试样的称量瓶设置质量为 0,再进行倒出操作,之后再次称量,所得是一个负值,其绝对值即为倒出试样的质量。此法适用于称取易吸水或 CO_2、在空气中不稳定的试样。

【仪器和试剂】

1. **仪器**　电子天平(万分之一)、干净纸条、称量纸、表面皿、称量瓶、小烧杯。
2. **试剂**　固体粉末试样。

【实训步骤】

1. 观察电子天平的结构　电子天平是依据电磁力平衡原理设计制造的。电子天平具有自动校正、自动去皮、质量电信号输出、超重指示和故障报警等功能,可与打印机、计算机联用,其性能稳定,操作简单,灵敏度高,使用寿命长。

定量分析常用的电子天平规格为万分之一和千分之一。电子天平的种类很多,但其主要部件有秤盘、质量显示屏、ON/OFF 键、去皮键(TAR)、水平仪、水平调节脚等。

2. 电子天平称量练习

(1)检查并调节天平水平,接通电源预热 30 分钟以上。

(2)轻按下天平 ON 键,系统自动实现自检功能。当显示器显示为 0.000 0g 后,自检完毕,即可称量。

(3)称量

1)直接称量法:关上电子天平门,轻按下去皮键(TAR),显示为零后,打开天平门,将待称物质放置于铺有称量纸的秤盘上,所得读数即被称物体质量 m(g),并进行记录。

2)固定质量称量法(增量法):将洁净并干燥的表面皿置于秤盘上,关上天平门,稍候,轻按下去皮键(TAR),显示为零后,打开天平门,在表面皿上缓慢加入待称物质,直到所需称量质量为止。当显示屏出现稳定数值,即为被称物质的质量,记录被称量物品的质量 m(g)。

3)减量称量法:①称出装有试样的称量瓶质量后,轻按下去皮键 TAR,用三层纸带将称量瓶取出,在烧杯(注意编号)上方,倾斜瓶身,用另一纸条夹取出瓶盖,用称量瓶盖轻轻敲瓶口使试样慢慢落入烧杯中,如图 4-3 所示。②当倾出的试样接近所需量(通常从体积上估计和试重得知)时,一边继续用瓶盖轻敲瓶口,一边逐渐将瓶身竖立,使黏附在瓶口上的试样落回称量瓶内,然后盖上瓶盖。把称量瓶放回天平盘,显示器显示带有"–"的质量,即为倒出试样的质量,记录第 1 份敲出试样的质量 m_1。同样方法还可以称取第 2 份、第 3 份试样的质量 m_2、m_3。③称量结束后除去称量瓶,关上天平门,轻按下天平 OFF 键,切断电源,并在记录本上登记使用情况。

图 4-3　倒出试样操作

【注意事项】

1. 称量瓶可用纸带或戴上手套拿取。套上或取出纸带时,不要碰着称量瓶口,纸带应放在清洁的地方。

2. 规定取用量为"约"若干时,系指取用量不得超过规定量的 ±10%。若倒入样品量不够时,可重复上述操作;如倒入样品超过所需数量,则只能弃去重称。

【思考题】

1. 为什么记录称量数据时电子天平两侧的门不能打开？

2. 易吸湿、在空气中不稳定的试样，应如何称量？

3. 用规格为万分之一的电子天平称量试样的质量时，数据应记录到以克为单位小数点后第几位？请解释原因。

【实训记录】

见表4-5。

表4-5 实训四的实训记录

直接称量法 /g	固定质量称量法 /g	减量称量法 /g		
m	m	m_1	m_2	m_3

实训五　滴定分析仪器的基本操作

【实训目的】

1. **熟悉**　滴定管、移液管及容量瓶的操作步骤。
2. **学会**　滴定管、移液管及容量瓶的洗涤方法；滴定的基本操作。

【实训原理】

滴定分析法是把已知准确浓度的试剂溶液（滴定液）滴加到待测物质溶液中，滴定液与待测组分按化学计量关系定量反应完全为止，根据滴加的滴定液的浓度和体积，计算待测组分浓度或含量的方法。

滴定分析法中常用的仪器很多，包括能准确量取溶液体积的玻璃仪器，如滴定管、移液管，也包括能准确配制一定浓度溶液的玻璃仪器，如容量瓶。

滴定管是滴定分析中最基本的仪器，用于准确测量滴定中所用溶液的体积。滴定管由具有准确刻度的细长玻璃管及控制开关组成。常量分析中滴定管容积一般为25ml或50ml，最小刻度为0.1ml，最小刻度可估读到小数点后第二位，读数误差一般为 ±0.01ml。滴定管分为酸式滴定管、碱式滴定管和酸碱两用滴定管（以下简称"两用滴定管"）三种，如图4-4所示。酸式滴定管下端带有玻璃活塞,可盛放酸性或氧化性溶液,不能盛碱或碱性溶液。碱式滴定管下端连接一段乳胶管,内放玻璃珠以控制溶液流出,乳胶管下端再连接一个尖嘴玻璃管,碱式滴定管用于盛放碱或碱性溶液,不能盛酸或氧化性溶液,以免腐蚀乳胶管。两用滴定管与酸式滴定管外形相似,不同点是下端的活塞是聚四氟乙烯材料,能耐酸、碱溶液腐蚀,既可以盛放酸性或氧化性溶液,也可以盛放碱性溶液,目前这种滴定管使用比较广泛。

容量瓶是用于准确配制溶液或定量稀释溶液的玻璃仪器,通常有25ml、50ml、100ml、250ml、500ml、1 000ml等多种规格。容量瓶是一种细长颈梨形的平底玻璃瓶,带有磨口塞或塑料塞。瓶颈上刻有环形标线,表示在规定温度下,当液体至标线时,液体体积恰好与瓶上注明的体积相等。

移液管是一种准确移取一定体积溶液的量器。通常有两种形状:一种移液管中部膨大,下端为细长尖嘴,又称腹式吸管,如图4-5(a)所示,常用的有5ml、10ml、25ml、50ml等规格,可用来移取特定体积的溶液;另一种移液管是管上标有刻度的直形管,称为刻度吸管或吸量管,如图4-5(b)所示,常用的有1ml、2ml、5ml、10ml等多种规格。

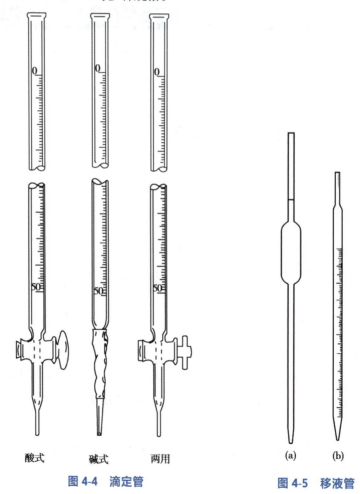

酸式	碱式	两用	(a) (b)

图 4-4　滴定管　　　　　　　　　　图 4-5　移液管

【仪器和试剂】

1. 仪器　酸式滴定管、碱式滴定管、酸碱两用滴定管、锥形瓶、移液管、容量瓶、洗耳球、洗瓶、烧杯、玻璃棒。

2. **试剂** 凡士林、0.1mol/L NaOH 溶液、0.1mol/L HCl 溶液、酚酞指示剂、甲基橙指示剂。

【实训步骤】

1. 滴定分析常用仪器的使用

（1）滴定管

1）滴定管的准备

涂凡士林：为使滴定管活塞润滑，不漏水，转动灵活，在使用前，应在活塞上涂凡士林。操作方法是：将酸式滴定管平放在操作台面上，取出活塞，用滤纸将活塞及活塞套内的水吸干，蘸取适量凡士林，用手指在活塞外周一圈涂上薄薄一层，或分别涂在活塞的粗端和活塞套的细端（切勿将活塞小孔堵塞），如图 4-6 所示。然后将活塞插入活塞套内，压紧并向同一方向旋转，直到活塞转动部分透明为止。最后用橡皮圈套住活塞末端，以防活塞脱落。

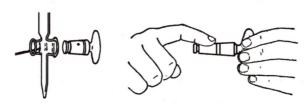

图 4-6　活塞涂凡士林

涂好凡士林的滴定管要检查是否漏水。试漏的方法是先将活塞关闭，在滴定管内装满水，擦干滴定管外部，直立放置约 2 分钟，仔细观察管尖处有无水滴滴下，活塞缝隙中是否有水渗出；然后将活塞旋转 180°，再放置约 2 分钟，观察是否有水渗出。如无渗水现象，即可使用。

碱式滴定管应选择大小合适的玻璃珠和乳胶管，并检查滴定管是否漏水，液滴是否能灵活控制。如不符合要求，应更换玻璃珠或乳胶管。

两用滴定管不需要涂抹凡士林，应旋紧活塞后检查滴定管是否漏水。如果活塞处漏水，更换垫片，再次试漏，如无渗水现象即可使用。

洗涤：滴定管的洗涤应至滴定管用水润湿时，其内壁不挂水珠。再用自来水冲洗干净，最后用少量纯化水淌洗 2~3 次。

装液：为避免滴定管中残留的水分改变滴定液的浓度，在装溶液前，先用少量该溶液洗涤 2~3 次，每次用量不超过滴定管体积的 1/5。

排气泡：滴定管装满溶液后，应检查管下端是否有气泡，如有气泡，将影响溶液体积的准确测量，必须排出。对于酸式滴定管，可将滴定管倾斜迅速转动活塞，让溶液急速下流以除去气泡。碱式滴定管，则可将乳胶管向上弯曲，用两指挤压玻璃珠，形成缝隙，让溶液从尖嘴口喷出，气泡即可除去，如图 4-7 所示，然后将液面控制在零刻度或零刻度以下。两用滴定管的排气泡方法同酸式滴定管。

2)滴定管的读数:读数时滴定管应保持垂直,管内的液面呈弯月形,读取弯月面最低处与刻度相切之点,视线与切点在同一水平线上,否则将因眼睛的位置不同而引起误差,如图 4-8 所示。

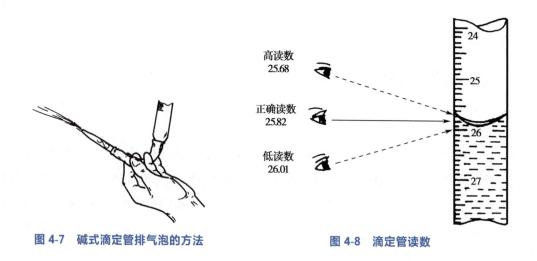

图 4-7　碱式滴定管排气泡的方法

图 4-8　滴定管读数

高读数 25.68

正确读数 25.82

低读数 26.01

深色溶液的弯月面底缘较难看清,如 $KMnO_4$、I_2 溶液等,可读取液面的最上缘。如果滴定管后壁带有白底蓝线背景,则蓝线上下两尖端相交点的刻度即为液面的读数。

在同一次实验的每次滴定中,所用溶液的体积应控制在滴定管刻度的同一部位,例如,使用 50ml 的滴定管,第一次滴定是在 0~25ml 的部位,第二次滴定时也应控制在这段部位。这样,可以抵消由于滴定管上下刻度不够准确而引起的误差。每次滴定完毕,需等 1~2 分钟,待内壁溶液完全流下再读数。每次滴定的初读数和终读数必须由同一人读取,以免两人的读数误差不同而引起误差积累。

3)滴定操作:滴定时,用左手控制滴定管,右手摇动锥形瓶。使用酸式滴定管时,左手拇指在活塞前,示指及中指在活塞后,灵活控制活塞。转动活塞时,手指微微弯曲,轻轻向里扣住,注意手心不要顶住活塞小头一端,以免顶出活塞,使溶液漏出,如图 4-9 所示。使用碱式滴定管时,左手手指挤捏玻璃珠和乳胶管,使形成一狭缝,溶液即可流出,如图 4-10 所示。滴定时注意不要移动玻璃珠,也不要摆动尖嘴,以防空气进入尖嘴。两用滴定管的操作方法同酸式滴定管。

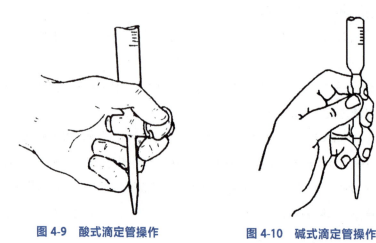

图 4-9　酸式滴定管操作

图 4-10　碱式滴定管操作

滴定时,滴定管下端应深入瓶口少许,左手控制溶液的流速,右手前三指拿住瓶颈,其余两指作辅助,向同一方向作圆周运动,随滴随摇,以使瓶内的溶液反应完全,注意不要使瓶内溶液溅出,如图 4-11 所示。滴定开始时,滴定速度可稍快,但不能使滴出液呈线状流出。临近终点时,滴定速度要放慢,每次滴加 1 滴或半滴(液滴悬而不落),同时,不断旋摇,并用少量纯化水冲洗锥形瓶内壁,将溅留在瓶壁的溶液淋下,使反应完全,直至终点。仅需半滴时,将滴定管活塞微微转动,使有半滴溶液悬于滴定管口,将锥形瓶内壁与管口接触,使溶液靠入锥形瓶中,并用少量纯化水冲下与溶液反应。使用碘量瓶时,玻璃塞应夹在右手中指与环指间。滴定在烧杯中进行时,右手用玻璃棒或磁力搅拌器不断搅拌烧杯中的溶液,左手控制滴定管。滴定结束后,滴定管内剩余的溶液不得倒回原贮备瓶中,滴定管用后应立即洗净,置于滴定架上,备用。

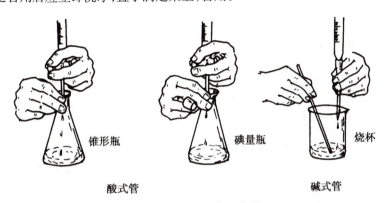

锥形瓶   碘量瓶   烧杯

酸式管   碱式管

图 4-11　滴定操作示意图

(2)容量瓶:容量瓶使用之前,首先要检查是否漏水。其方法是将容量瓶装满水,盖紧瓶塞,一手按住瓶塞,一手握住瓶底,将容量瓶倒置 1~2 分钟,观察瓶口是否有水渗出,如图 4-12 所示,如不漏水,将瓶塞转动 180° 后,再试验一次,仍不漏水,即可使用。

图 4-12　容量瓶检漏

配制溶液前先将容量瓶洗净,如果是用固体溶质配制溶液,应先将准确称量好的固体物质置于烧杯中,溶解后,再将溶液定量转移至容量瓶中。转移时,用一根玻璃棒插入容量瓶内,玻璃棒下端靠近瓶颈内壁,烧杯嘴紧靠玻璃棒,使溶液沿玻璃棒流入容量瓶中,如图 4-13 所示,溶液全部流完后,将烧杯沿玻璃棒上移,并同时直立,使附在玻璃棒与烧杯嘴之间的溶液流回烧杯中。然后用纯化水冲洗烧杯,洗液一并转入容量瓶中,重复冲洗 2~3次。当加入纯化水至容量瓶容积的 2/3 处时,旋摇容量瓶,使溶液混合均匀。当加至近标线时,要逐滴加入,直至溶液的弯月面下缘与标线相切为止。盖紧瓶塞,倒转容量瓶摇动数十次,使溶液充分混合均匀。

(3)移液管:将已洗净的移液管用少量待吸溶液润洗 2~3 次,

图 4-13　溶液转入容量瓶

以除去残留在管内的水分,操作如图4-14所示。

　　吸取溶液时,右手将移液管插入溶液中,左手拿洗耳球,先把球内空气压出,然后把球的尖端插入移液管顶口,慢慢松开洗耳球,使溶液吸入管内,如图4-15(a)所示。当液面升高到所需刻度线以上时,立即用右手示指将管口堵住,将管尖离开液面,稍松右手示指,使液面缓缓下降至弯月面下缘与所需刻度线相切,立即按紧管口。把移液管移入稍微倾斜的准备承接溶液的容器中,并同时将其垂直,使管尖与容器内壁接触,如图4-15(b)、图4-15(c)所示。松开右手示指,让管内溶液自然沿器壁全部流下,等待15秒后,取出移液管。不要将管尖残留的液体吹出,因移液管校准时,这部分液体体积未计算在内。

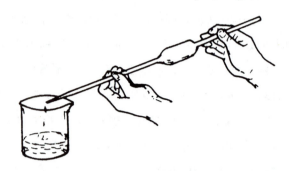

图 4-14　移液管的荡洗

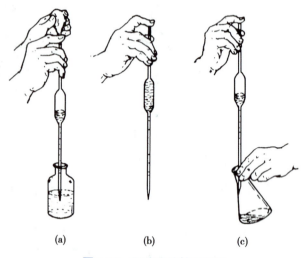

(a)　　　　　(b)　　　　　(c)

图 4-15　用移液管转移溶液

2. 滴定分析常用仪器基本操作练习

　　(1)滴定分析仪器的洗涤练习:滴定分析仪器在使用前必须洗涤干净,以其内壁被水润湿而不挂水珠为准。

　　(2)容量瓶的使用练习:试漏、洗涤、装液(以水代替)、定容、振摇。

　　(3)移液管的使用练习:洗涤、待装液润洗、吸液(用洗耳球)、调液面、放液(放入锥形瓶中)。

　　(4)酸式滴定管的基本操作练习:试漏(涂凡士林)、洗涤、装液(以水代替)、排气泡、调液面、滴定、读数。

　　(5)碱式滴定管的基本操作练习:试漏(换玻璃珠或乳胶管)、洗涤、装液(以水代替)、排气泡、调液面、滴定、读数。

　　(6)两用滴定管的基本操作练习:试漏(旋紧)、洗涤、装液(以水代替)、排气泡、调液面、滴定、读数。

3. 滴定操作练习

　　(1)0.1mol/L NaOH 溶液滴定 0.1mol/L HCl 溶液

　　1)将碱式滴定管或两用滴定管洗净,用待装 0.1mol/L NaOH 溶液润洗 2~3 次,然后装入 0.1mol/L NaOH 溶液,排出气泡,调好零点。

　　2)用移液管准确量取 25.00ml HCl 溶液于洁净的 250ml 锥形瓶中,再加 2 滴酚酞指示剂。用 0.1mol/L NaOH 溶液滴定 HCl 溶液由无色变浅红色,若半分钟不褪色即达到终点,记录 NaOH 溶液的用量。重复以上操作至少 3 次,每次消耗的 NaOH 溶液体积相差不得超过 0.04ml。

(2) 0.1mol/L HCl 溶液滴定 0.1mol/L NaOH 溶液

1）将酸式滴定管或两用滴定管洗净，用待装 0.1mol/L HCl 溶液润洗 2~3 次，然后装入 0.1mol/L HCl 溶液，排出气泡，调好零点。

2）用移液管准确量取 25.00ml NaOH 溶液于洁净的锥形瓶中，再加入 2 滴甲基橙指示剂。用 0.1mol/L HCl 溶液滴定 NaOH 溶液由黄色变为橙色，即为终点，记录 HCl 溶液用量。重复以上操作至少 3 次，每次消耗的 HCl 溶液体积相差不得超过 0.04ml。

【注意事项】

1. 滴定管、移液管和容量瓶的使用应严格按有关要求进行操作。

2. 滴定管、移液管和容量瓶是带有刻度的精密玻璃量器，不能用直火加热或放入干燥箱中烘干，也不能装热溶液，以免影响测量的准确度。

3. 容量瓶、滴定管、刻度吸管等不能刷洗。

4. 滴定仪器使用完毕，应立即洗涤干净，并放在规定的位置。

【思考题】

1. 滴定管、移液管在装入溶液前为何需用少量待装液冲洗 2~3 次？用于滴定的锥形瓶是否需要干燥，是否需用待装液洗涤？请分析原因。

2. 为什么同一次滴定中，滴定管溶液体积的初、终读数应由同一操作者读取？

【实训记录】

1. NaOH 溶液滴定 HCl 溶液消耗的体积（表 4-6）。

表 4-6　NaOH 溶液滴定 HCl 溶液消耗的体积

项目	第 1 次	第 2 次	第 3 次	第 4 次	第 5 次
V_{HCl}/ml			25.00ml		
V_{NaOH}/ml					

2. HCl 溶液滴定 NaOH 溶液消耗的体积（表 4-7）。

表 4-7　HCl 溶液滴定 NaOH 溶液消耗的体积

项目	第 1 次	第 2 次	第 3 次	第 4 次	第 5 次
V_{NaOH}/ml			25.00ml		
V_{HCl}/ml					

（袁海平）

第五章 酸碱平衡与酸碱滴定法

ER 5-1

第五章
酸碱平衡与
酸碱滴定法
（课件）

酸、碱是两类重要的物质,酸碱平衡在医学上具有非常重要的意义。酸碱平衡对于维持体液的正常渗透压力,尤其是维持体液的正常 pH 等都是必不可少的,从而保证了人体的正常生理活动。

导学情景

情景描述：

谷氨酸片是一种临床常用药,主要用于治疗肝昏迷,也是某些精神 - 神经系统疾病(如精神分裂症和癫痫小发作)治疗的辅助用药,也可用于改善儿童智力发育。谷氨酸片的主要成分谷氨酸是一种酸性氨基酸,谷氨酸的含量是药品检测的一项重要指标,含量测定主要采用酸碱滴定法。

学前导语：

在医药卫生、工农业生产等领域中酸碱平衡与酸碱滴定法非常重要,本章主要介绍酸碱平衡与酸碱滴定法的相关知识。

第一节 酸碱质子理论

ER 5-2

酸碱理论
（视频）

酸、碱这两类物质,在生产、生活及科学研究领域应用广泛。人们通过对酸碱的性质与组成、结构关系的研究,提出了一系列的酸碱理论,常见的有酸碱电离理论和酸碱质子理论。1887 年,瑞典化学家阿伦尼乌斯(Arrhenius)提出酸碱电离理论,该理论把酸碱限制在水溶液中,一些不在水溶液中进行的酸碱反应及许多化学现象,无法得到解释和说明。为此,丹麦化学家布朗斯特(J. N. Bronsted)和英国化学家劳里(T. M. Lowry)于 1923 年共同提出了酸碱质子理论。

一、酸碱的定义和共轭酸碱对

酸碱质子理论认为：凡能给出质子的物质是酸，凡能接受质子的物质是碱。酸是质子的给予体，酸给出质子后剩余的部分是碱；碱是质子的接受体，碱接受质子后即成为酸。酸碱的对应关系可表示为：

$$酸 \rightleftharpoons 质子 + 碱$$

$$HAc \rightleftharpoons H^+ + Ac^-$$

$$H_2CO_3 \rightleftharpoons H^+ + HCO_3^-$$

$$HCO_3^- \rightleftharpoons H^+ + CO_3^{2-}$$

$$NH_4^+ \rightleftharpoons H^+ + NH_3$$

酸碱质子理论扩大了酸碱的范围，酸和碱不仅可以是中性分子，也可以是阴离子或阳离子。特别需要注意的是，有些物质如 H_2O、HCO_3^- 等既可以给出质子又可以接受质子，这类既能给出质子又能接受质子的物质称为两性物质。

酸给出质子后成为碱，碱接受质子后成为酸，这种相互依存的关系称为共轭关系。化学组成上仅相差一个质子的一对酸碱称为共轭酸碱对。如 HAc 是 Ac^- 的共轭酸，Ac^- 是 HAc 的共轭碱。在一对共轭酸碱对中，共轭酸的酸性愈强，其共轭碱的碱性愈弱；反之亦然。

案例分析

维生素 C 摄入过多也能中毒

案例： 一位女性患者，胃（腹部）痛性痉挛、灼热，并伴有恶心、呕吐等症状，经检查诊断为摄入维生素 C 过多。

分析： 维生素 C，又称抗坏血酸，是一种有机酸，有四个羟基，在水中能解离出氢离子，使胃酸浓度增大，导致胃酸过多，进而影响消化过程。久而久之会加剧胃破损，导致胃溃疡、胃出血等疾病的发生。

维生素 C 是一种非常重要的营养素，但正常人每天服用维生素 C 不能超过 5g。日常生活中的蔬菜和水果所含的维生素其实已经非常丰富，可以多食蔬果以保证摄取足够的维生素 C。

二、酸碱反应的实质

酸碱质子理论认为，酸碱反应的实质是质子的转移。当酸、碱同时存在时，酸将自身的质子转移给碱，变为其共轭碱，而碱接受质子变成其共轭酸。如 HCl 与 NH_3 的反应：

$$HCl(g) + NH_3(g) \rightleftharpoons Cl^- + NH_4^+$$

在反应过程中，HCl 给出质子转变成其共轭碱 Cl^-；NH_3 接受质子转变成其共轭酸 NH_4^+。这说明酸碱反应的实质是两对共轭酸碱对之间的质子传递反应。这种质子传递反应，只是质子从一种物质传递给另一种物质。反应既可以在水溶液中进行,也可以在非水溶剂和无溶剂等条件下进行。

三、酸碱的强度

酸碱质子理论中,酸碱的强弱主要表现为酸碱在溶剂中给出或接受质子能力的大小,除与其本身性质有关外,还与溶剂的性质密切相关。

同一种物质在不同的溶剂中,由于溶剂接受或给出质子的能力不同而显示不同的酸碱性。例如 HAc 在水和液氨两种不同的溶剂中,由于氨比水接受质子的能力更强,几乎能够接受 HAc 给出的全部质子,所以,HAc 在液氨中呈强酸性,而在水中却呈弱酸性。又如 NH_3 在水中为弱碱,而在冰醋酸中则表现出强碱性,这是由于冰醋酸给出质子的能力比水强,从而可以将更多的质子转移给 NH_3。因此,比较不同物质酸碱性的强弱,应在同一溶剂中进行。

一般弱酸溶解在碱性溶剂中,酸性会有所增强;弱碱溶解在酸性溶剂中,碱性会有所增强。

点滴积累

1. 凡能给出质子的物质是酸,凡能接受质子的物质是碱。酸碱反应的实质是质子的转移。
2. 共轭酸碱对在化学组成上仅相差一个质子。
3. 酸碱的强弱除与其本身性质有关外,还与溶剂的性质密切相关。

第二节 酸碱平衡

一、水的解离和溶液的酸碱性

(一)水的解离平衡

根据酸碱质子理论,水是一种酸碱两性物质,既可以给出质子,又可以接受质子。在水分子之间同样能够发生质子的传递反应,称为水的质子自递反应。反应方程式如下:

$$H_2O + H_2O \rightleftharpoons H_3O^+ + OH^-$$

在一定温度下,上述反应达到平衡时,其平衡常数可表示为:

$$K_i = \frac{[H_3O^+][OH^-]}{[H_2O][H_2O]}$$

在纯水或稀溶液中,一般将 $[H_2O]$ 看作常数,与 K_i 合并成一个新常数 K_w。为了简便起见,用 $[H^+]$ 代表 $[H_3O^+]$,则得:

$$K_w = [H^+][OH^-] \qquad \text{式(5-1)}$$

K_w 称为水的离子积常数,简称"水的离子积"。由于水的质子自递反应是吸热反应,所以温度升高,K_w增大。在一定温度下,水中的 H^+ 和 OH^- 浓度的乘积是一个常数。实验测得在298.15K时,1L 纯水中仅有 1×10^{-7}mol 水分子解离,$[H^+]=[OH^-]=1\times10^{-7}$mol/L,故 $K_w=1.0\times10^{-14}$。

水的离子积不仅适用于纯水,也适用于所有的稀水溶液。

(二) 溶液的酸碱性

K_w 反映了水溶液中 H^+ 浓度和 OH^- 浓度之间的相互关系,即在纯水或者是其他物质的水溶液中,298.15K 时,$K_w=[H^+][OH^-]=1.0\times10^{-14}$。已知 $[H^+]$,便可计算出 $[OH^-]$。

> **课 堂 活 动**
> 计 算 298.15K 时,0.001mol/L NaOH 溶液中 H^+ 和 OH^- 的浓度。

例如,298.15K 时,某物质的水溶液中,$[H^+]=1.0\times10^{-6}$mol/L,则 $[OH^-]=1.0\times10^{-8}$mol/L。

根据溶液中 $[H^+]$ 或 $[OH^-]$ 的大小,可以将溶液分为酸性、中性和碱性溶液。

当 $[H^+]=[OH^-]=1\times10^{-7}$mol/L 时,溶液显中性。

当 $[H^+]>[OH^-]$,即 $[H^+]>1\times10^{-7}$mol/L,$[OH^-]<1\times10^{-7}$mol/L 时,溶液显酸性。

当 $[H^+]<[OH^-]$,即 $[H^+]<1\times10^{-7}$mol/L,$[OH^-]>1\times10^{-7}$mol/L 时,溶液显碱性。

对于 $[H^+]$ 或 $[OH^-]$ 很小的溶液,通常采用 pH 或 pOH 来表示溶液的酸碱性。

pH 是溶液中 $[H^+]$ 的负对数:

$$pH=-lg[H^+] \qquad 式(5-2)$$

pOH 是溶液中 $[OH^-]$ 的负对数:

$$pOH=-lg[OH^-] \qquad 式(5-3)$$

则溶液的 pH 的大小与溶液酸碱性的关系为:当 pH=7,溶液呈中性;当 pH<7,溶液呈酸性;当 pH>7,溶液呈碱性。

例如:$[H^+]=1\times10^{-7}$mol/L,则 $pH=-lg10^{-7}=7.0$;$[OH^-]=1\times10^{-10}$mol/L,则 $pOH=-lg10^{-10}=10.0$。

298.15K 时,对于同一溶液,因为 $K_w=[H^+][OH^-]=1\times10^{-14}$,两边取负对数,则可得:

$$pH+pOH=14.0 \qquad 式(5-4)$$

强酸和强碱都是强电解质,在水溶液中全部解离成离子,可根据强酸和强碱浓度求得溶液的 $[H^+]$ 或 $[OH^-]$,计算 pH 或 pOH。

例 5-1 计算 0.10mol/L NaOH 溶液的 pH。

解:NaOH 是强碱,在水溶液中完全解离。

$$[OH^-]=c_{NaOH}=0.10mol/L \qquad pOH=-lg[OH^-]=-lg0.10=1.00$$

$$pH=14-pOH=14.00-1.00=13.00$$

二、弱酸、弱碱的解离平衡

在水溶液中只有部分解离为离子的电解质称为弱电解质,弱酸、弱碱都是弱电解质。

(一) 一元弱酸、弱碱的解离平衡

弱电解质在水溶液中只有部分发生解离,其水溶液中存在着已解离的弱电解质的组分

离子和未解离的弱电解质分子。如一元弱酸醋酸在溶液中的解离:

$$HAc+H_2O \rightleftharpoons H_3O^+ + Ac^-$$

可以简写为:

$$HAc \rightleftharpoons H^+ + Ac^-$$

一方面少数的 HAc 分子在水分子的作用下解离成离子,另一方面溶液中部分 H^+ 和 Ac^- 又不断地相互吸引而重新结合成弱电解质分子。在一定温度下,当正反应速率与逆反应速率相等时,解离达到动态平衡,称为解离平衡。

解离平衡是化学平衡的一种形式,符合一般化学平衡原理。醋酸的解离平衡常数表达式为:

$$K_i = \frac{[H^+][Ac^-]}{[HAc]}$$

式中,$[H^+]$、$[Ac^-]$ 和 $[HAc]$ 分别表示平衡浓度,K_i 为解离平衡常数,简称"解离常数"。通常弱酸的解离常数用 K_a 表示,弱碱的解离常数用 K_b 表示。

同样,一元弱碱 NH_3 在水溶液中存在以下解离平衡:

$$NH_3+H_2O \rightleftharpoons NH_4^+ + OH^-$$

解离常数为:

$$K_b = \frac{[NH_4^+][OH^-]}{[NH_3]}$$

(二) 多元弱酸、弱碱的解离平衡

凡能给出两个或两个以上质子的弱酸称为多元弱酸。如 H_2CO_3、H_2S、H_3PO_4 等。多元弱酸的解离是分步进行的,每一步解离都有相应的解离常数,通常用 K_{a1}、K_{a2}、K_{a3} 等表示。例如二元弱酸 H_2CO_3 在水溶液中发生两步解离,K_{a1}、K_{a2} 分别为 H_2CO_3 的第一、第二步解离常数。

$$H_2CO_3 \rightleftharpoons H^+ + HCO_3^- \qquad K_{a1} = \frac{[H^+][HCO_3^-]}{[H_2CO_3]} = 4.30 \times 10^{-7}$$

$$HCO_3^- \rightleftharpoons H^+ + CO_3^{2-} \qquad K_{a2} = \frac{[H^+][CO_3^{2-}]}{[HCO_3^-]} = 5.61 \times 10^{-11}$$

一般多元弱酸的解离常数 K_{a1} 远远大于 K_{a2} 和 K_{a3}。因此,在多元弱酸的水溶液中,通常 H^+ 主要来源于第一步解离。

凡是能接受两个或两个以上质子的弱碱称为多元弱碱。如 Na_2S、Na_2CO_3、Na_3PO_4 等,多元弱碱的解离情况与多元弱酸类似,其解离常数通常用 K_{b1}、K_{b2}、K_{b3} 等表示。

弱酸和弱碱的解离常数与化学平衡常数一样,与温度有关,而与浓度无关。

一定温度下,$K_a(K_b)$ 为一常数,其大小能表示酸(碱)的强弱,数值越大,酸(碱)的强度越大,给出(接受)质子的能力越强。附录四列出了部分常见弱酸和弱碱在水中的解离常数。

三、解离常数与解离度的关系——稀释定律

弱电解质的解离程度也可以用解离度表示。解离度是在一定温度下,弱电解质在溶液中达到

解离平衡时,已解离的弱电解质分子数与解离前弱电解质分子总数之比。通常用 α 表示。

$$\alpha = \frac{\text{已解离的弱电解质分子数}}{\text{弱电解质分子总数}} \qquad \text{式}(5\text{-}5)$$

相同浓度的不同弱电解质,其解离度不同。电解质越弱,解离度越小。因此,解离度的大小能有效地表示电解质的相对强弱。

解离常数和解离度是两个不同的概念,可以从不同的角度表示弱电解质的相对强弱,它们既有联系又有区别,当 $c/K_i \geq 500$ 时,二者之间的关系为:

$$K_i = c\alpha^2 \quad \text{或} \quad \alpha = \sqrt{\frac{K_i}{c}} \qquad \text{式}(5\text{-}6)$$

式(5-6)被称为稀释定律,表明对某一给定的弱电解质,在一定温度下(K_i 为定值),解离度随溶液的稀释(浓度减小)而增大。

尽管解离度 α 和解离常数 $K_a (K_b)$ 都可以用来表示弱酸和弱碱的解离程度,但是,解离度随浓度的变化而变化,而解离常数则不受浓度影响,在一定温度下是一个特征常数。因此,通常用 K_a (K_b) 表示酸(碱)的强度。如实验测得 298.15K 时不同浓度的 HAc 溶液的解离常数,其数值稳定在 1.76×10^{-5},而其解离度则随浓度的不同而不同。如表 5-1 所示。

表 5-1 不同浓度醋酸溶液的解离度和解离常数 (298.15K)

HAc 溶液浓度 / $(mol \cdot L^{-1})$	解离度 α /%	解离常数 K_a
0.2	0.934	1.76×10^{-5}
0.1	1.33	1.76×10^{-5}
0.001	12.4	1.76×10^{-5}

四、共轭酸碱对的 K_a 与 K_b 的关系

在水溶液中,共轭酸碱对 HA-A^- 分别存在如下的质子传递反应平衡式:

$$HA + H_2O \rightleftharpoons A^- + H_3O^+$$

$$A^- + H_2O \rightleftharpoons HA + OH^-$$

其反应的平衡常数为:

$$K_a = \frac{[H_3O^+][A^-]}{[HA]}$$

$$K_b = \frac{[HA][OH^-]}{[A^-]}$$

将以上两式相乘,得如下关系式:

$$K_a K_b = K_w \qquad \text{式}(5\text{-}7)$$

两边同时取负对数得:

$$pK_a + pK_b = pK_w$$

以上公式表明,共轭酸碱对的 K_a 与 K_b 成反比,说明酸愈弱,其共轭碱愈强;碱愈弱,其共轭酸愈强。如果已知弱酸的 K_a,可求出其共轭碱的 K_b,反之亦然。

例 5-2 已知 298.15K 时,HAc 的 $K_a=1.76 \times 10^{-5}$,$NH_3 \cdot H_2O$ 的 $K_b=1.76 \times 10^{-5}$,分别计算 Ac^- 的 K_b 和 NH_4^+ 的 K_a。

解: Ac^- 是 HAc 的共轭碱

$$K_{Ac^-} = \frac{K_w}{K_a} = \frac{1.0 \times 10^{-14}}{1.76 \times 10^{-5}} = 5.68 \times 10^{-10}$$

NH_4^+ 是 $NH_3 \cdot H_2O$ 的共轭酸

$$K_{NH_4^+} = \frac{K_w}{K_b} = \frac{1.0 \times 10^{-14}}{1.76 \times 10^{-5}} = 5.68 \times 10^{-10}$$

五、同离子效应和盐效应

> **课 堂 活 动**
> K_a、K_b、K_w、α 分别代表的意义是什么?它们与溶液的温度、浓度是否有关?

(一)同离子效应

弱电解质的解离平衡是一种动态平衡,当外界条件发生改变时,会引起平衡的移动。如在 HAc 溶液中,存在以下解离平衡:

$$HAc \rightleftharpoons H^+ + Ac^-$$

若在上述平衡系统中加入与 HAc 含有相同离子的强电解质 NaAc,由于 NaAc 在溶液中完全解离,溶液中 Ac^- 的浓度增大,解离平衡向左移动,抑制了 HAc 的解离,使 HAc 的解离度减小。

在弱电解质溶液中,加入与弱电解质具有相同离子的强电解质时,使弱电解质的解离度减小的现象,称为同离子效应。

例如,在氨水中加入少量强电解质 NH_4Cl,溶液中 NH_4^+ 浓度增大,解离平衡向左移动,从而降低了氨水的解离度,产生同离子效应。

$$NH_3 + H_2O \rightleftharpoons OH^- + NH_4^+$$
$$NH_4Cl \rightleftharpoons Cl^- + NH_4^+$$

同离子效应可用于缓冲溶液的配制,在药物分析中也可用来控制溶液中某种离子的浓度。

(二)盐效应

在弱电解质溶液中,加入与弱电解质不含相同离子的强电解质时,使弱电解质的解离度增大的现象,称为盐效应。例如在 HAc 溶液中加入与 HAc 不含相同离子的强电解质 NaCl,由于溶液中离子总浓度增大,离子间的相互牵制作用增大,H^+ 和 Ac^- 结合生成 HAc 的速率减小,使 HAc 的解离度增大。

产生同离子效应时,必然伴随盐效应的发生,两种效应的结果是相反的,但同离子效应对解离度的影响远远超过了盐效应。因此,在讨论同离子效应时,通常忽略其伴随的盐效应。

人体 pH 对药物存在状态的影响

人体各处的体液有不同的 pH,其中胃液的 pH 约为 1.0,血液略偏碱性。口服的酸性药物通过胃部时,绝大部分以分子状态存在,易通过细胞膜被吸收,当酸性药物与碳酸氢钠同服时,胃内 pH 增高,药物解离增多,吸收减少。口服的碱性药物在胃部,主要以离子状态存在,不易通过细胞膜被吸收,因此弱碱性药物口服吸收差,常采用注射给药。

六、酸碱溶液 pH 的计算

强酸、强碱在水溶液中是完全解离的,通常可忽略水的质子自递作用,pH 可直接用其质子浓度进行计算。而弱酸、弱碱溶液由于存在其解离平衡,pH 计算则比较复杂,通常采取近似处理。

(一) 一元弱酸、弱碱溶液 pH 近似计算

在一元弱酸或弱碱水溶液中,同时存在着弱酸或弱碱本身的解离平衡及溶剂水的质子自递平衡。

设一元弱酸 HA 溶液的起始浓度为 c。通常情况下,当 $cK_a \geqslant 20K_w$ 时,可以忽略溶液中水的质子自递平衡;当 $c/K_a \geqslant 500$ 时,质子传递平衡产生的 $[H^+]$ 远小于 HA 的总浓度 c,则 $c-[H^+] \approx c$。

当满足上述条件时,可推导出计算一元弱酸溶液中 $[H^+]$ 的最简公式:

$$[H^+] = \sqrt{cK_a} \qquad \text{式(5-8)}$$

设 c 为一元弱碱溶液的起始浓度,同理,当 $cK_b \geqslant 20K_w$,$c/K_b \geqslant 500$ 时,可以推导出计算一元弱碱溶液中 $[OH^-]$ 的最简公式:

$$[OH^-] = \sqrt{cK_b} \qquad \text{式(5-9)}$$

例 5-3 计算 298.15K 时,0.10mol/L HAc 溶液的 pH(K_a=1.76 × 10⁻⁵)。

解:因 $\dfrac{c}{K_a} = \dfrac{0.10}{1.76 \times 10^{-5}} > 500$,$cK_a$=1.76 × 10⁻⁵ × 0.10=1.76 × 10⁻⁶>20K_w。

所以,可用最简公式计算:

$$[H^+] = \sqrt{cK_a} = \sqrt{1.76 \times 10^{-5} \times 0.10} = 1.33 \times 10^{-3}(\text{mol/L})$$

$$pH = -lg[H^+] = -lg1.33 \times 10^{-3} = 2.88$$

例 5-4 计算 298.15K 时,0.10mol/L NH₄Cl 溶液的 pH(NH₄⁺ 的 K_a=5.68 × 10⁻¹⁰)。

解:NH₄Cl 在水溶液中完全解离为 NH₄⁺ 和 Cl⁻,NH₄⁺ 的浓度为 0.10mol/L。

因 $\dfrac{c}{K_a} = \dfrac{0.10}{5.68 \times 10^{-10}} > 500$,$cK_a$=5.68 × 10⁻¹⁰ × 0.10>20$K_w$。

所以

$$[H^+] = \sqrt{cK_a} = \sqrt{5.68 \times 10^{-10} \times 0.10} = 7.5 \times 10^{-6}(\text{mol/L})$$

$$pH = -lg[H^+] = -lg7.5 \times 10^{-6} = 5.12$$

(二) 多元弱酸、弱碱溶液 pH 近似计算

如前所述,在多元弱酸或多元弱碱的溶液中,通常 H^+ 或 OH^- 主要来源于第一步解离。因此,一般情况下,多元弱酸或多元弱碱溶液中 $[H^+]$ 或 $[OH^-]$ 的计算,可按一元弱酸或一元弱碱进行简化处理。

多元弱酸溶液:当 $cK_{a1} \geqslant 20K_w$,$\dfrac{c}{K_{a1}} \geqslant 500$ 时:

$$[H^+] = \sqrt{cK_{a1}}$$ 式(5-10)

多元弱碱溶液:当 $cK_{b1} \geqslant 20K_w$,$\dfrac{c}{K_{b1}} \geqslant 500$ 时:

$$[OH^-] = \sqrt{cK_{b1}}$$ 式(5-11)

例 5-5 计算 298.15K 时,0.10mol/L Na_2CO_3 溶液的 pH(CO_3^{2-} 的 $K_{b1}=1.78 \times 10^{-4}$)。

解:因为 $cK_{b1} > 20K_w$,$\dfrac{c}{K_{b1}} > 500$

所以

$$[OH^-] = \sqrt{cK_{b1}} = \sqrt{1.78 \times 10^{-4} \times 0.10} = 4.2 \times 10^{-3} (mol/L)$$

$$pOH = -\lg[OH^-] = -\lg 4.2 \times 10^{-3} = 2.38$$

$$pH = 14 - 2.38 = 11.62$$

(三) 两性物质溶液 pH 近似计算

对于如 $NaHCO_3$、K_2HPO_4、NaH_2PO_4 等两性物质来说,一般进行如下近似处理。

对于 HA^-、H_2A^- 类型的两性物质,当 $cK_{a2} \geqslant 20K_w$,$\dfrac{c}{K_{a1}} > 20$ 时:

$$[H^+] = \sqrt{K_{a1}K_{a2}}$$ 式(5-12)

对于 HA^{2-} 类型的两性物质,当 $cK_{a3} \geqslant 20K_w$,$\dfrac{c}{K_{a2}} > 20$ 时:

$$[H^+] = \sqrt{K_{a2}K_{a3}}$$ 式(5-13)

例 5-6 计算 298.15K 时,0.10mol/L $NaHCO_3$ 溶液的 pH(H_2CO_3 的 $K_{a1}=4.30 \times 10^{-7}$,$K_{a2}=5.61 \times 10^{-11}$)。

解:因为

$$cK_{a2} = 0.1 \times 5.61 \times 10^{-11} > 20K_w, \quad \frac{c}{K_{a1}} = \frac{0.1}{4.30 \times 10^{-7}} > 20$$

所以

$$[H^+] = \sqrt{K_{a1}K_{a2}} = \sqrt{4.30 \times 10^{-7} \times 5.61 \times 10^{-11}} = 4.91 \times 10^{-9} (mol/L)$$

$$pH = -\lg[H^+] = -\lg 4.91 \times 10^{-9} = 8.31$$

点滴积累

1. 298.15K 时,$K_w = [H^+][OH^-] = 1.0 \times 10^{-14}$。
2. 稀释定律 $K_i = c\alpha^2$;共轭酸碱对 $K_a K_b = K_w$。
3. 同离子效应使弱电解质解离度减小,盐效应使弱电解质解离度增大。
4. 弱酸、弱碱溶液 pH 的计算,通常进行近似处理,采用最简公式计算。

第三节 缓冲溶液

溶液的酸度对生物体的生命活动具有重要意义,也是许多化学反应正常进行必须控制的条件。如许多药物的制备、分析测定、药物在生物体内发生的反应等,必须在适宜而稳定的 pH 范围内才能进行。缓冲溶液常用于控制溶液的 pH。

ER 5-3

缓冲溶液
（视频）

一、缓冲溶液和缓冲机制

（一）缓冲溶液及其组成

实验表明,在纯水或稀 NaCl 溶液中加入少量盐酸或氢氧化钠溶液,溶液的 pH 都会发生显著改变;而在 HAc 和 NaAc 混合溶液加入少量盐酸或氢氧化钠溶液,溶液的 pH 几乎不变,同样用水适当稀释时,HAc 和 NaAc 混合溶液的 pH 也几乎不变。这说明 HAc 和 NaAc 混合溶液具有抵抗外来少量强酸、强碱或适当稀释而保持 pH 几乎不变的能力。这种能抵抗外来少量强酸、强碱或适当稀释而保持其 pH 几乎不变的溶液称为缓冲溶液。缓冲溶液对强酸、强碱或适当稀释的抵抗作用称为缓冲作用。

缓冲溶液是由具有足够浓度、适当比例的共轭酸碱对的两种物质组成的。通常把组成缓冲溶液的共轭酸碱对称为缓冲对或缓冲系。一些常见的缓冲系如表 5-2 所示。

表 5-2 常见的缓冲系

缓冲系	质子传递平衡	pK_a(298.15K)
HAc-NaAc	$HAc+H_2O \rightleftharpoons Ac^-+H_3O^+$	4.75
H_2CO_3-$NaHCO_3$	$H_2CO_3+H_2O \rightleftharpoons HCO_3^-+H_3O^+$	6.35
$NaHCO_3$-Na_2CO_3	$HCO_3^-+H_2O \rightleftharpoons CO_3^{2-}+H_3O^+$	10.25
H_3PO_4-NaH_2PO_4	$H_3PO_4+H_2O \rightleftharpoons H_2PO_4^-+H_3O^+$	2.16
NaH_2PO_4-Na_2HPO_4	$H_2PO_4^-+H_2O \rightleftharpoons HPO_4^{2-}+H_3O^+$	7.21
Na_2HPO_4-Na_3PO_4	$HPO_4^{2-}+H_2O \rightleftharpoons PO_4^{3-}+H_3O^+$	12.32
NH_4Cl-NH_3	$NH_4^++H_2O \rightleftharpoons NH_3+H_3O^+$	9.25

（二）缓冲机制

缓冲溶液具有缓冲作用,本质上是平衡移动原理在酸碱解离平衡中的应用。现以 HAc-NaAc 缓冲系为例,讨论缓冲作用的原理。

在 HAc-NaAc 缓冲系中,NaAc 是强电解质,在溶液中完全解离为 Na^+ 和 Ac^-;而 HAc 是弱电解质,解离度很小,并且由于来自 NaAc 的同离子效应,抑制了 HAc 的解离,使 HAc 几乎完全以分子状态存在于溶液中。因此,在 HAc-NaAc 缓冲系中存在大量的 HAc 和 Ac^-,而且 HAc 和 Ac^- 为共轭酸碱对,在水溶液中存在如下的质子传递平衡:

$$HAc+H_2O \rightleftharpoons H_3O^++Ac^-$$

（大量）　　　　　　（大量）

当向 HAc-NaAc 缓冲系中加入少量强酸时,溶液中大量的 Ac^- 与外来的 H^+ 结合生成 HAc,使上述平衡向左移动,H^+ 浓度没有明显升高,溶液的 pH 几乎保持不变。因此,共轭碱 Ac^- 为 HAc-NaAc 缓冲溶液的抗酸成分。

当向 HAc-NaAc 缓冲系中加入少量强碱时,溶液中的 H^+ 与外来少量 OH^- 结合成 H_2O,溶液中减少的 H^+ 由大量 HAc 的解离来补充,使上述平衡向右移动。而溶液中 H^+ 浓度没有明显降低,溶液的 pH 几乎保持不变。因此,共轭酸 HAc 为 HAc-NaAc 缓冲溶液的抗碱成分。

由此可见,缓冲作用是在有足量的抗酸成分和抗碱成分共存的缓冲体系中,通过共轭酸碱对之间的质子传递平衡移动来实现的。

但必须指出,缓冲溶液的缓冲作用是有一定限度的。当加入过多的酸或碱时,使缓冲溶液中的抗酸成分或抗碱成分几乎耗尽,缓冲溶液则会失去缓冲作用,溶液的 pH 将会明显改变。

知识链接

正常人体血液 pH 的维持

正常人体血液的 pH 总是维持在 7.35~7.45,因为这个 pH 范围最适合细胞的代谢以及整个机体的生存。临床上,把人体血液 pH 低于 7.35 时称为酸中毒,pH 高于 7.45 时称为碱中毒。无论是酸中毒还是碱中毒,都会引起不良的后果,严重时甚至危及生命。

在正常人体内进行新陈代谢的过程中,几乎每一种代谢的结果都有酸产生。如有机食物被完全氧化而产生碳酸,嘌呤被氧化而产生尿酸,糖无氧酵解而产生乳酸等。这些酸从组织扩散进入血液,可使血液的酸性增强,但实际上血液的 pH 总能保持在一个恒定范围内,主要原因是血液中含有多种缓冲系,如 H_2CO_3-HCO_3^- 等,再加上肺、肾的生理调节作用,使其能够抵抗代谢过程中产生的以及随食物、药物进入人体的酸碱性物质,维持和调节血液的 pH。

二、缓冲溶液 pH 的计算

缓冲溶液由共轭酸(HA)及其共轭碱(A^-)组成,在水溶液中存在如下质子传递平衡:

$$HA + H_2O \rightleftharpoons H_3O^+ + A^-$$

HA 的质子转移平衡常数为:

$$K_a = \frac{[H_3O^+][A^-]}{[HA]}, 则 [H_3O^+] = K_a \frac{[HA]}{[A^-]}$$

等式两边各取负对数得:

$$pH = pK_a + \lg \frac{[A^-]}{[HA]} \quad 或 \quad pH = pK_a + \lg \frac{[共轭碱]}{[共轭酸]} \qquad 式(5-14)$$

式中,$[HA]$ 和 $[A^-]$ 均为平衡浓度。$\frac{[A^-]}{[HA]}$ 称为缓冲比。由于在 HA 和 A^- 缓冲体系中产生同离子效应,使 HA 解离很少,因此,$[HA]$ 和 $[A^-]$ 可以分别用初始浓度 c_{HA} 和 c_{A^-} 表示。

由计算公式可知以下内容。

（1）缓冲溶液的 pH 主要取决于弱酸的 pK_a，其次是缓冲比。

（2）温度一定时，pK_a 只与物质本身的性质有关，确定缓冲系后，缓冲溶液的 pH 将随着缓冲比的改变而变化。当缓冲比为 1 时，$pH=pK_a$。

（3）适当加水稀释缓冲溶液时，因缓冲比不变，缓冲溶液的 pH 也基本不变，即缓冲溶液具有一定的抗稀释能力。

例 5-7 将 0.10mol/L 的 HAc 溶液和 0.20mol/L 的 NaAc 溶液等体积混合配成 50ml 缓冲溶液，已知 HAc 的 $pK_a=4.75$，求此缓冲溶液的 pH。

解：

$$pH = pK_a + \lg \frac{[Ac^-]}{[HAc]} = pK_a + \lg \frac{c_{Ac^-}}{c_{HAC}} = 4.75 + \lg \frac{0.2/2}{0.1/2} = 5.05$$

例 5-8 计算由 0.10mol/L NH_4Cl 及 0.20mol/L NH_3 组成的缓冲溶液的 pH（已知 NH_3 的 $K_b = 1.76 \times 10^{-5}$）。

解：NH_4^+ 的 $K_a = \dfrac{K_w}{K_b} = \dfrac{1.0 \times 10^{-14}}{1.76 \times 10^{-5}} = 5.68 \times 10^{-10}$ $pK_a = 9.25$

$$pH = pK_a + \lg \frac{[NH_3]}{[NH_4^+]} = 9.25 + \lg \frac{0.20}{0.10} = 9.55$$

三、缓冲容量与缓冲范围

（一）缓冲容量

缓冲溶液缓冲能力的大小，常用缓冲容量来表示。缓冲容量是指能使 1L（或 1ml）缓冲溶液的 pH 改变一个单位所加一元强酸或一元强碱的物质的量（mol 或 mmol）。常用 β 表示。

> **边学边练**
> 向 20.00ml 的 HAc（0.100 0mol/L）溶液中，分别加入 0.100 0mol/L 的 NaOH 溶液 10.00ml、20.00ml、30.00ml，计算加入 NaOH 后各溶液的 pH。

$$\beta = \frac{n}{V|\Delta pH|} \qquad 式（5-15）$$

式中，n 为加入酸碱的物质的量，V 为缓冲溶液的体积，ΔpH 为 pH 变化值。

缓冲容量越大，说明缓冲溶液的缓冲能力越强。

（二）影响缓冲容量的因素

对于同一缓冲系，缓冲容量的大小取决于缓冲溶液的缓冲比和总浓度。

1. 当缓冲比（c_{A^-}/c_{HA}）一定时，缓冲溶液的总浓度（$c_{HA}+c_{A^-}$）越大，缓冲容量 β 越大；反之，缓冲容量 β 越小。

2. 在缓冲溶液总浓度一定时，缓冲比越接近于 1，缓冲容量 β 越大。当缓冲比等于 1，即 $pH=pK_a$ 时，缓冲容量 β 最大。

（三）缓冲范围

当缓冲溶液的总浓度一定时，缓冲比一般控制在 1∶10 至 10∶1 之间，即溶液的 pH 在 pK_a-1 到

pK_a+1 之间时,溶液具有较大的缓冲能力。通常把具有缓冲作用的 pH 范围,即 pH=$pK_a±1$,称为缓冲溶液的缓冲范围。例如,HAc 的 pK_a=4.75,则 HAc-NaAc 缓冲溶液的缓冲范围为 pH=3.75~5.75。不同的缓冲系,由于 pK_a 不同,其缓冲范围也不同。

四、缓冲溶液的选择与配制

在医学研究及临床医药生产的实际工作中,经常需要配制具有一定 pH 和一定缓冲能力的缓冲溶液。一般按下述原则和步骤进行。

1. 选择适当的缓冲系　选择缓冲系应考虑两个因素:①所配制的缓冲溶液的 pH 在所选缓冲系的缓冲范围($pK_a±1$)之内,并尽量接近弱酸的 pK_a,以使所配制缓冲溶液有较大的缓冲容量。例如,配制 pH 为 5.0 的缓冲溶液,可选择 HAc-NaAc 缓冲系,因为 HAc 的 pK_a=4.75。②所选缓冲系的物质应稳定、无毒、对主反应无干扰等。

2. 确定适当的缓冲溶液的总浓度　缓冲溶液的总浓度太低,缓冲容量过小;总浓度太高,会导致离子强度太大或渗透浓度过高而不适用。因此,在实际应用中,缓冲溶液的总浓度一般在0.05~0.2mol/L。

3. 计算所需缓冲系的量　选择好缓冲系后,可根据公式计算所需弱酸及其共轭碱的量或体积。为配制方便,通常使用相同浓度的弱酸及其共轭碱($c_{HA}=c_{A^-}$)。如设缓冲溶液总体积为 V,则$V=V_{HA}+V_{A^-}$。缓冲溶液的 pH 为:

$$pH = pK_a+\lg \frac{V_{A^-}}{V_{HA}} \qquad\qquad 式(5\text{-}16)$$

利用上述公式,可求得配制一定体积缓冲溶液所需的缓冲对的体积比。

例 5-9　如何配制 1 000ml,pH 为 5.10 的缓冲溶液?

解:根据 pH=5.10,查表选择 HAc-NaAc 缓冲系(pK_a=4.75)。用浓度相同的 HAc 和 NaAc 按一定体积比混合。

根据
$$pH = pK_a+\lg \frac{V_{Ac^-}}{V_{HAc}}$$

$$5.10 = 4.75+\lg \frac{V_{Ac^-}}{V_{HAc}},\ \frac{V_{Ac^-}}{V_{HAc}} =2.24$$

因为　　　　　　　　　　　$V_{HAc}+V_{Ac^-}=1\ 000ml$

所以　　　　　　V_{HAc}=309ml　　　　V_{Ac^-}=691ml

取等浓度(0.1~0.2mol/L)的 HAc 溶液 309ml 与 NaAc 溶液 691ml 混合,即得 pH 为 5.10 的缓冲溶液。

应该指出,用缓冲溶液公式计算得到的 pH 与实际测得的 pH 稍有差异,这是因为计算公式忽略了溶液中各离子、分子间的相互影响。如果实验要求严格,配制后可用 pH 计测定和校准缓冲溶液,必要时外加少量相应酸或碱使与要求的 pH 一致。

五、缓冲溶液在医药学上的应用

缓冲溶液在医药学上具有重要意义。药剂生产、药物稳定性、物质的溶解等方面通常需要选择适当的缓冲系来稳定其 pH。如葡萄糖、盐酸普鲁卡因等注射液,经过灭菌后 pH 可能发生改变,常用盐酸、枸橼酸、酒石酸、枸橼酸钠等物质的稀溶液进行调节,使 pH 维持在 4~9。药用维生素 C 溶液、滴眼剂等药物制剂的配制时,需要缓冲溶液增加药物溶液的稳定性,同时又能避免 pH 不当引起的人体局部的疼痛。对药物制剂进行药理、生理、生化实验时,都需要使用缓冲溶液。人体内各种体液通过各种缓冲系的作用保持在一定的 pH 范围内,如表 5-3 所示。只有 pH 保持稳定,人体内各种生化反应才能正常进行。

表 5-3 一些体液的 pH

体液	pH	体液	pH	体液	pH
血液	7.35~7.45	成人胃液	0.9~1.5	皮肤	4.5~6.5
胰液	7.5~8.0	婴儿胃液	5.0	脊髓液	7.3~7.5
唾液	6.35~6.85	乳汁	6.0~6.9	小肠液	7.6~8.0
泪液	6.4~7.7	细胞内液	6.5~7.1	尿液	4.8~7.5

点滴积累

1. 缓冲溶液由共轭酸碱对组成,具有缓冲作用。
2. 缓冲溶液 pH 计算公式: $pH = pK_a + \lg \dfrac{[A^-]}{[HA]}$。
3. 缓冲溶液的缓冲范围: $pH = pK_a \pm 1$。

第四节 酸碱滴定法

酸碱滴定法是以质子转移反应为基础的滴定分析法,包括在水溶液和非水溶液中进行的酸碱滴定法两大类。常用于测定酸、碱,以及能与酸碱反应的物质的含量。该方法操作简单、准确度高,属于经典分析方法,应用十分广泛。

在酸碱滴定中,由于酸碱反应一般无明显的外观变化,通常需要借助指示剂颜色的变化确定滴定终点。因此,正确选择酸碱指示剂,对于减小滴定误差、获得准确的分析结果,具有重要的意义。

一、酸碱指示剂

（一）指示剂的变色原理

酸碱指示剂一般为结构比较复杂的有机弱酸或有机弱碱,在溶液中能够部分解离,解离前后,结构发生变化,颜色也随之发生改变。

以下用弱酸型指示剂 HIn(如酚酞)为例,说明酸碱指示剂的变色原理。

$$HIn \rightleftharpoons H^+ + In^-$$

$$酸式结构 \qquad 碱式结构$$

$$酸式色 \qquad 碱式色$$

$$(酚酞)无色 \qquad (酚酞)红色$$

当溶液 pH 发生变化时,上述平衡将向不同的方向发生移动,指示剂将以不同的结构形式存在,从而呈现不同的颜色。

（二）指示剂变色范围及影响因素

1. 指示剂变色范围 对于弱酸型指示剂 HIn,在溶液中存在以下解离平衡:

$$HIn \rightleftharpoons H^+ + In^-$$

其解离常数表达式为:

$$K_{HIn} = \frac{[H^+][In^-]}{[HIn]} \quad 或 \quad [H^+] = K_{HIn}\frac{[HIn]}{[In^-]}$$

两边取负对数得:

$$pH = pK_{HIn} + \lg\frac{[In^-]}{[HIn]}$$

在一定温度下 K_{HIn} 为常数,$[In^-]$ 与 $[HIn]$ 的比值,仅取决于溶液的 pH。当溶液的 pH 发生改变时,$[In^-]$ 与 $[HIn]$ 的比值也随之改变,从而使溶液呈现不同的颜色。所以,指示剂的颜色只随溶液 pH 的变化而改变。由于人的眼睛对颜色的分辨有一定的局限性,一般当一种物质的浓度是另一种物质浓度的 10 倍或 10 倍以上时,才能够辨别出浓度较大的物质的颜色。

当 $[In^-]/[HIn] \geqslant 10$ 时,$pH \geqslant pK_{HIn}+1$,观察到碱式色。

当 $[In^-]/[HIn] \leqslant 1/10$ 时,$pH \leqslant pK_{HIn}-1$,观察到酸式色。

由此可知,只有当溶液的 pH 由 $pK_{HIn}-1$ 变化到 $pK_{HIn}+1$,人们才能观察到指示剂颜色的变化,并把指示剂这一颜色变化时的 pH 范围,即 $pH = pK_{HIn} \pm 1$,称为指示剂的理论变色范围。

当 $[In^-] = [HIn]$ 时,$[In^-]/[HIn] = 1$,即 $pH = pK_{HIn}$,此时观察到的是指示剂的酸式色与碱式色的混合色,称为指示剂的理论变色点。

不同的指示剂 pK_{HIn} 不同,因此其变色范围各不相同。由于人的眼睛对各种颜色敏感程度不同,实际观察到的指示剂变色范围与理论变色范围存在一定的差别。如甲基橙的 $pK_{HIn}=3.4$,其理论变色范围为 pH 2.4~4.4,由于人的视觉对红色比黄色更加敏感,其实际变色范围为 3.1~4.4。实际应用中,使用的均是由实验测得的指示剂的实际变色范围。常用酸碱指示剂的变色范围及颜色情况如表 5-4 所示。

表 5-4　常用酸碱指示剂(室温)

指示剂	理论变色点 (pH)	pH 变色范围	颜色		
			酸式色	过渡色	碱式色
百里酚蓝	1.7	1.2~2.8	红	橙	黄
甲基黄	3.3	2.9~4.0	红	橙	黄
甲基橙	3.4	3.1~4.4	红	橙	黄
溴酚蓝	4.1	3.1~4.6	黄	蓝紫	紫
甲基红	5.2	4.4~6.2	红	橙	黄
溴百里酚酞	7.3	6.2~7.6	黄	绿	蓝
酚酞	9.1	8.0~10.0	无	粉红	红
百里酚酞	10.0	9.4~10.6	无	淡黄	蓝

2. 影响指示剂变色范围的因素

(1)温度:温度的变化会引起酸碱指示剂解离常数 K_{HIn} 的变化,因而酸碱指示剂的变色范围也随之改变。通常情况下,滴定分析应在室温下进行。

(2)溶剂:在不同的溶剂中,酸碱指示剂的 K_{HIn} 不同,因此酸碱指示剂的变色范围会受到溶剂种类的影响。

(3)指示剂的用量:指示剂的用量要适当,如果过多或过少会使指示剂的颜色过深或过浅,导致滴定终点变色不敏锐。另外,如果指示剂本身是弱酸或弱碱,就会消耗一定量的滴定液,影响测定结果。一般在 50ml 溶液中加入 2~3 滴指示剂。

(4)滴定程序:滴定程序与指示剂的选用有关系,如果指示剂使用不当,会影响变色的敏锐性。一般情况下,指示剂的颜色变化由浅到深,或由无色变为有色为宜,这样有利于对颜色变化的观察。例如:酚酞由酸式结构变为碱式结构,颜色变化明显,易辨别;反之则变色不明显,易造成滴定过量。

(三) 混合指示剂

在某些酸碱滴定中,pH 的突跃范围很窄,使用单一的指示剂难以判断终点,此时可采用混合指示剂。

混合指示剂通常有两种配制方法,一种是在指示剂中加入一种惰性染料混合配制而成。例如,由甲基橙和靛蓝组成的混合指示剂,靛蓝颜色不随 pH 改变而变化,只作甲基橙的蓝色背景。另一种是由两种或两种以上的指示剂按一定比例混合而成,如溴甲酚绿和甲基红按 3:1 的比例组成的混合指示剂。混合指示剂利用颜色互补原理使终点颜色变化敏锐,变色范围变窄,有利于终点观察,提高测定的准确度。常用的混合指示剂如表 5-5 所示。

二、酸碱滴定类型及指示剂的选择

在酸碱滴定过程中,溶液的 pH 不断发生规律性的变化。这种变化的规律性对正确选择指示剂、准确判断滴定终点具有重要的意义。尤其是化学计量点前后 ±0.1% 的范围内溶液 pH 的变化情况,是选择指示剂的关键依据。

表 5-5　常用的混合指示剂

指示剂的组成	理论变色点（pH）	颜色		备注
		酸式色	碱式色	
0.1% 甲基橙∶0.25% 靛蓝二磺酸钠（1∶1）	4.1	紫色	黄绿	pH=4.1,灰色
0.2% 甲基红∶0.1% 溴甲酚绿（1∶3）	5.1	酒红	绿	pH=5.1,灰色
0.1% 中性红∶0.1% 亚甲蓝（1∶1）	7.0	蓝紫	绿	pH=7.0,蓝紫色
0.1% 甲基绿∶0.1% 酚酞（2∶1）	8.9	绿	紫色	pH=8.8,浅蓝 pH=9.0,紫色
0.1% 百里酚∶0.1% 酚酞（1∶1）	9.9	无色	紫色	pH=9.6,玫瑰色 pH=10.0,紫色

在酸碱滴定过程中,以所加入滴定液的体积为横坐标,以溶液的 pH 为纵坐标,绘制而成的曲线称为酸碱滴定曲线。不同类型的酸碱滴定过程中 pH 的变化特点、滴定曲线的形状及指示剂的选择都有所不同,下面分别予以讨论。

(一) 强酸（强碱）的滴定

强碱与强酸相互滴定的基本反应：$H^+ + OH^- \rightleftharpoons H_2O$。

1. 滴定曲线　以 0.100 0mol/L NaOH 滴定 20.00ml 0.100 0mol/L 的 HCl 为例,讨论滴定过程中溶液 pH 的变化规律。滴定过程分为四个阶段。

(1)滴定前：溶液的 [H^+] 等于 HCl 的初始浓度。

$$[H^+]=0.100\ 0mol/L \quad pH=1.00$$

(2)滴定开始到化学计量点前：溶液 pH 取决于剩余 HCl 的浓度。例如,滴入 NaOH 溶液 19.98ml 时,剩余 HCl 溶液的体积为 0.02ml,溶液的 pH 为：

$$[H^+]=\frac{0.100\ 0 \times 0.02}{20.00+19.98}=5.0 \times 10^{-5}(mol/L) \quad pH=4.30$$

(3)化学计量点时：NaOH 和 HCl 恰好按化学计量关系反应完全,溶液呈中性。

$$[H^+]=1.00 \times 10^{-7}mol/L \quad pH=7.00$$

(4)化学计量点后：溶液的 pH 取决于过量 NaOH 的浓度。例如,滴入 NaOH 溶液 20.02ml 时,加入过量 NaOH 溶液体积为 0.02ml,溶液的 pH 为：

$$[OH^-]=\frac{0.100\ 0 \times 0.02}{20.00+20.02}=5.0 \times 10^{-5}(mol/L) \quad pOH=4.30$$

$$pH=14.00-pOH=14.00-4.30=9.70$$

如此逐一计算滴定过程溶液的 pH,计算结果列入表 5-6。

以 NaOH 加入量为横坐标,溶液的 pH 为纵坐标作图,可以得到强碱滴定强酸的滴定曲线,如图 5-1 所示。

由表 5-6 和图 5-1 可看出以下内容。

曲线的起点是 pH=1.00。当滴定液 NaOH 溶液的加入量从 0.00ml 到 19.98ml 时,溶液 pH 从 1.00 增加到 4.30,仅改变了 3.30 个 pH 单位,pH 变化缓慢,曲线比较平坦。

表 5-6　0.100 0mol/L NaOH 滴定 20.00ml 0.100 0mol/L 的 HCl 的 pH

加入 V_{NaOH}/ml	HCl 被滴定百分数 /%	剩余 V_{HCl}/ml	过量 V_{NaOH}/ml	$[H^+]/(mol \cdot L^{-1})$	pH
0.00	0.00	20.00		1.00×10^{-1}	1.00
18.00	90.00	2.00		5.26×10^{-3}	2.28
19.80	99.00	0.20		5.02×10^{-4}	3.30
19.98	99.90	0.02		5.00×10^{-5}	4.30
20.00	100.00	0.00		1.00×10^{-7}	7.00
20.02	100.1		0.02	2.00×10^{-10}	9.70
20.20	101.0		0.20	2.01×10^{-11}	10.70
22.00	110.0		2.00	2.10×10^{-12}	11.68
40.00	200.0		20.00	2.00×10^{-13}	12.70

（19.98~20.02 对应 pH 4.30~9.70 处标注：滴定突跃范围）

当滴定液 NaOH 溶液的加入量从 19.98ml（此时,滴定液的加入量离到达化学计量点还相差 0.1%）到 20.02ml（此时,滴定液的加入量已经超过化学计量点 0.1%）时,滴定液的体积仅改变了 0.04ml（约 1 滴）,而溶液的 pH 则从 4.30 增加到 9.70,改变了 5.40 个 pH 单位,溶液由酸性突变为碱性,滴定曲线斜率增大,曲线形状出现了陡峭的一段。这种在化学计量点附近 ±0.1% 相对误差范围内溶液 pH 的突变称为滴定突跃。滴定突跃所在的 pH 范围称为滴定突跃范围。上述滴定的突跃范围为 4.30~9.70。

化学计量点 pH=7.00 时,溶液呈中性。

滴定突跃后继续加入 NaOH 溶液,溶液的 pH 变化缓慢,因此滴定曲线又变得平坦。

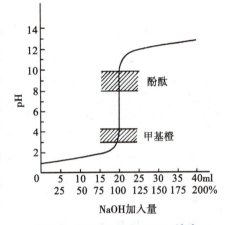

图 5-1　0.100 0mol/L NaOH 滴定 0.100 0mol/L HCl 的滴定曲线

课 堂 活 动

若用 0.100 0mol/L HCl 滴定 20.00ml 0.100 0mol/L 的 NaOH:①绘制滴定曲线,并与图 5-1 进行比较;②分别写出化学计量点的 pH 及滴定突跃范围;③选择合适的指示剂。

2. 指示剂的选择　滴定突跃范围是选择指示剂的重要依据。指示剂的选择原则是指示剂的变色范围应全部或部分处于滴定突跃范围内。因为只要在突跃范围内能发生颜色变化的指示剂,均能满足分析结果所要求的准确度,达到滴定误差不超过 0.1% 的要求。根据这一原则,以上滴定可选甲基橙、甲基红、酚酞等作为指示剂。

3. 突跃范围与酸碱浓度的关系　强酸与强碱间的滴定,其突跃范围的大小与酸碱的浓度有关。如图 5-2 所示,酸碱的浓度越大,突跃范围越大,可供选择的指示剂越多;反之亦然。如 0.01mol/L

NaOH 溶液滴定 0.01mol/L HCl 溶液,滴定突跃范围的 pH 为 5.30~8.70,可选择甲基红、酚酞指示终点,但不能选择甲基橙,否则会造成较大的误差。若用较高浓度的酸碱溶液进行滴定,虽然滴定突跃范围大,可选用的指示剂较多,但产生的滴定误差也较大。一般滴定液浓度控制在 0.1~0.5mol/L 较适宜。

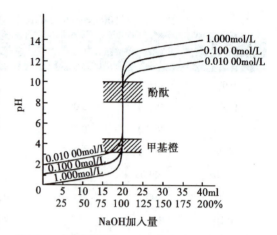

图 5-2　不同浓度的 NaOH 滴定不同浓度 HCl 的滴定曲线

(二) 一元弱酸(弱碱)的滴定

1. 滴定曲线及指示剂的选择　以 0.100 0mol/L NaOH 滴定 20.00ml 0.100 0mol/L 的 HAc 为例,说明强碱滴定弱酸过程中溶液 pH 的变化情况,滴定反应为:

$$HAc+OH^- \rightleftharpoons Ac^-+H_2O$$

滴定过程中溶液 pH 的变化,参照弱酸溶液及缓冲溶液的 pH 计算方法,所得数据列于表 5-7 中。

表 5-7　0.100 0mol/L NaOH 滴定 20.00ml 0.100 0mol/L 的 HAc 时的 pH

NaOH 加入量		剩余的 HAc		计算式	pH
%	ml	%	ml		
0	0.00	100	20.00	$[H^+]=\sqrt{K_a c_a}$	2.87
50	10.00	50	10.00	$[H^+]=K_a\dfrac{[HAc]}{[Ac^-]}$	4.75
90	18.00	10	2.00		5.71
99.0	19.80	1	0.20		6.75
99.9	19.98	0.1	0.02	$[OH^-]=\sqrt{\dfrac{K_w}{K_a}c_b}$	7.70
100	20.00	0	0.00		8.70
		过量的 NaOH			
100.1	20.02	0.1	0.02	$[OH^-]=10^{-4.3}$、$[H^+]=10^{-9.7}$	9.70
101.0	20.20	1	0.20	$[OH^-]=10^{-3.3}$、$[H^+]=10^{-10.7}$	10.70

（7.70~9.70 范围标注为"突跃范围"）

以上表的数据为依据,可绘制强碱滴定一元弱酸的滴定曲线,如图 5-3 所示。

比较图 5-1 和图 5-3,可以看出强碱滴定一元弱酸有如下特点。

(1)滴定曲线起点 pH 高,其 pH 为 2.87。因为 HAc 是弱酸,在水溶液中不能完全解离。

(2)滴定开始至化学计量点前的曲线变化复杂,溶液的组成为 HAc-NaAc 缓冲体系。因为曲线两端缓冲比超出有效范围[(1:10)~(10:1)],缓冲能力小,溶液的 pH 随 NaOH 溶液的加入变化大,曲线斜率大、形状陡;而曲线中段,由于

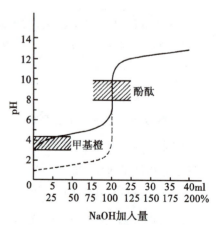

图 5-3　0.100 0mol/L NaOH 滴定 0.100 0mol/L HAc 的滴定曲线

缓冲比接近于1,缓冲能力大,曲线变化平缓。

(3)化学计量点的 pH 大于7.00,为8.70。因为在化学计量点,HAc 已全部与 NaOH 反应生成 NaAc,而 Ac⁻ 是弱碱,所以溶液呈碱性而不是中性。

(4)滴定突跃范围较小,pH 为 7.70~9.70。

根据滴定突跃范围及选择指示剂的原则,此类滴定应选择在碱性区域变色的指示剂,如酚酞、百里酚蓝等。

课 堂 活 动

若用 0.100 0mol/L HCl 滴定 20.00ml 0.100 0mol/L 的 $NH_3 \cdot H_2O$:①绘制滴定曲线,并与图 5-3 进行比较;②分别写出化学计量点的 pH 及滴定突跃范围;③选择合适的指示剂。

---

2. 影响滴定突跃范围的因素 酸碱滴定突跃的大小既与浓度有关,又与弱酸的强度有关。浓度越大,滴定突跃越大,反之越小;弱酸的解离常数 K_a 越大,酸性越强,滴定突跃越大,反之越小,如图 5-4 所示。

实验证明,只有当弱酸的 $cK_a \geqslant 10^{-8}$ 时,用强碱滴定该弱酸时才会出现明显的滴定突跃范围,才能选择合适的指示剂指示终点,该弱酸才能被强碱准确滴定。

同理,对于弱碱,只有当 $cK_b \geqslant 10^{-8}$ 时,才能用强酸进行准确滴定。

对于 $cK < 10^{-8}$ 的弱酸弱碱,可采用其他方法进行测定。

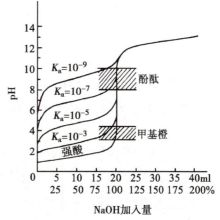

图 5-4 0.100 0mol/L NaOH 滴定 0.100 0mol/L 不同强度酸的滴定曲线

(三)多元酸(碱)的滴定

1. 多元酸的滴定 由于多元酸在水溶液中是分步解离的,因此,多元酸的滴定比较复杂。首先要判断多元酸各级解离的 H^+ 能否被直接准确滴定,其次还要判断多元酸能否被分步滴定。判断多元酸中各级解离 H^+ 能否被准确滴定和分步滴定,通常可根据以下两个条件:① $cK_{an} \geqslant 10^{-8}$,第 n 级解离 H^+ 能否被准确滴定;② $K_{an}/K_{an+1} \geqslant 10^4$,相邻两级解离的 H^+ 能分步滴定。

例如,$H_2C_2O_4$(草酸)为二元弱酸,其 $K_{a1}=5.9 \times 10^{-2}$,$K_{a2}=6.4 \times 10^{-5}$。由各级解离常数知,满足 $cK_a \geqslant 10^{-8}$,即 $H_2C_2O_4$ 中两级解离的 H^+ 均可被准确滴定,但因不能满足 $K_{a1}/K_{a2} \geqslant 10^4$,故不能进行分步滴定,两级解离的 H^+ 只能同时被滴定,产生 1 个滴定突跃。

以 0.100 0mol/L 的 NaOH 溶液滴定 20.00ml 0.100 0mol/L 的 H_3PO_4 溶液为例讨论多元酸的滴定。H_3PO_4 是多元酸,在水溶液中存在如下解离平衡:

$$H_3PO_4 \rightleftharpoons H^+ + H_2PO_4^- \quad K_{a1}=7.5 \times 10^{-3}$$

$$H_2PO_4^- \rightleftharpoons H^+ + HPO_4^{2-} \quad K_{a2}=6.3 \times 10^{-8}$$

$$HPO_4^{2-} \rightleftharpoons H^+ + PO_4^{3-} \quad K_{a3}=4.4 \times 10^{-13}$$

依据多元酸中各级解离 H⁺ 能否被准确滴定和分步滴定的条件,H_3PO_4 的前两级解离 H⁺ 能用 NaOH 溶液直接滴定,并且能分步滴定,而第三级 H⁺ 不能用 NaOH 溶液直接滴定。因此,在 NaOH 滴定 H_3PO_4 的滴定曲线上存在 2 个滴定突跃,如图 5-5 所示。

多元酸的滴定过程中,溶液 pH 的计算比较复杂。在实际工作中,通常只需计算计量点时溶液的 pH,选择在此 pH 附近变色的指示剂指示滴定终点。滴定反应如下:

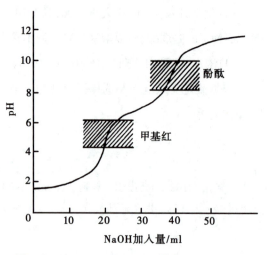

图 5-5　0.100 0mol/L NaOH 滴定 0.100 0mol/L H_3PO_4 的滴定曲线

$$H_3PO_4 + NaOH = NaH_2PO_4 + H_2O$$

$$NaH_2PO_4 + NaOH = Na_2HPO_4 + H_2O$$

第一计量点时,滴定产物为 NaH_2PO_4(两性物质),其溶液 pH 可由下式近似计算:

$$[H^+] = \sqrt{K_{a1}K_{a2}}$$

$$pH = \frac{1}{2}(pK_{a1} + pK_{a2}) = \frac{1}{2}(2.12 + 7.21) = 4.66$$

可选用甲基红作指示剂。

第二计量点时,滴定产物为 Na_2HPO_4(两性物质),其溶液 pH 可由下式近似计算:

$$[H^+] = \sqrt{K_{a2}K_{a3}}$$

$$pH = \frac{1}{2}(pK_{a2} + pK_{a3}) = \frac{1}{2}(7.21 + 12.67) = 9.94$$

可选用酚酞、百里酚酞作指示剂。

2. 多元碱的滴定　多元碱的滴定与多元酸的滴定相似。判断多元碱能否被准确滴定和分步滴定的条件为:① $cK_{bn} \geqslant 10^{-8}$,能被准确滴定;② $K_{bn}/K_{bn+1} \geqslant 10^4$,能分步滴定。

以 0.100 0mol/L HCl 滴定 20.00ml 0.100 0mol/L 的 Na_2CO_3 溶液为例讨论多元碱的滴定。

CO_3^{2-} 是二元弱碱,$K_{b1} = 1.8 \times 10^{-4}$,$K_{b2} = 2.4 \times 10^{-8}$,由于 K_{b1} 和 K_{b2} 均大于 10^{-8},且 $K_{b1}/K_{b2} \approx 1.0 \times 10^4$,因此 CO_3^{2-} 可进行分步滴定,其滴定反应式为:

$$HCl + Na_2CO_3 = NaHCO_3 + NaCl$$

$$HCl + NaHCO_3 = NaCl + H_2O + CO_2 \uparrow$$

第一化学计量点时,产物为 $NaHCO_3$(两性物质),其溶液 pH 可由下式近似计算:

$$[H^+] = \sqrt{K_{a1}K_{a2}} = \sqrt{4.3 \times 10^{-7} \times 5.61 \times 10^{-11}} = 4.91 \times 10^{-9}$$

$$pH = 8.31$$

可选酚酞作指示剂。

第二化学计量点时,产物是 H_2CO_3,其溶液 pH 可由下式近似计算:

$$[H^+] = \sqrt{cK_{a1}} = \sqrt{0.04 \times 4.3 \times 10^{-7}} = 1.31 \times 10^{-4}$$

pH=3.87

可选甲基橙作指示剂,溶液终点由黄色变为橙色。

应注意,在滴定接近第二化学计量点时,由于生成的 H_2CO_3 易形成过饱和溶液,溶液中 H^+ 浓度增大,致使滴定终点提前。因此接近终点时,应剧烈振摇溶液或将溶液煮沸以除去 CO_2,冷却至室温后再继续滴定。

三、酸碱滴定液的配制与标定

在酸碱滴定法中,最常用的滴定液是 HCl 和 NaOH 溶液,也可用 H_2SO_4、KOH 等其他强酸强碱溶液,其浓度一般为 0.1mol/L。HCl 具有挥发性,NaOH 易吸收空气中的 CO_2 和 H_2O,所以只能用间接法配制 HCl 和 NaOH 溶液。

(一) 0.1mol/L HCl 滴定液的配制和标定

1. 配制 市售浓 HCl 的密度为 1.19,质量分数为 0.37,换算成物质的量浓度为 12mol/L。

配制 1 000ml 0.1mol/L 的 HCl 溶液应取浓 HCl 的体积为:

$12 \times V = 0.1 \times 1\,000$ $V = 8.3ml$

浓 HCl 易挥发,配制时应比计算量多取些,取 9.0ml。用洁净的量筒取浓盐酸 9.0ml,置于盛有少量纯化水的试剂瓶中,再用纯化水稀释成 1 000ml,混合均匀,密塞,待标定。

2. 标定 标定 HCl 溶液常用的基准物质为无水碳酸钠或硼砂。若用无水碳酸钠标定 HCl 溶液,其反应式为:

$Na_2CO_3 + 2HCl == 2NaCl + H_2O + CO_2 \uparrow$

可选用甲基红 - 溴甲酚绿混合指示剂指示终点,根据消耗 HCl 溶液的体积与基准无水 Na_2CO_3 的称取量,计算 HCl 溶液的准确浓度。

计算公式:

$$c_{HCl} = \frac{2m_{Na_2CO_3}}{V_{HCl}M_{Na_2CO_3}} \times 10^3$$

课 堂 活 动

1. 用 Na_2CO_3 标定 HCl 溶液时,为何在近终点时需加热除去 CO_2?

2. 若用已吸收少量水的无水碳酸钠标定 HCl 溶液的浓度,所标出的浓度偏高还是偏低?

(二) 0.1mol/L NaOH 滴定液的配制和标定

1. 配制 NaOH 不但易吸潮,还易吸收空气中 CO_2 生成 Na_2CO_3,Na_2CO_3 在 NaOH 的饱和溶液中不易溶解,因此,通常将 NaOH 配成饱和溶液,贮于塑料瓶中,使 Na_2CO_3 沉于底部,取上层清液稀释成所需配制的浓度。

配制 1 000ml 0.1mol/L 的 NaOH 溶液,应取澄清饱和 NaOH 溶液(20mol/L)的体积为:

$$20 \times V = 0.1 \times 1\,000 \quad V = 5.0\text{ml}$$

一般比实际计算量多取些,取 5.6ml 澄清饱和 NaOH 溶液,加新煮沸过的冷纯化水配制成 1 000ml,摇匀密塞,待标定。

2. 标定 标定 NaOH 溶液最常用的基准物质是邻苯二甲酸氢钾。标定反应如下:

可选用酚酞作指示剂指示终点,根据消耗 NaOH 溶液的体积与基准邻苯二甲酸氢钾的称取量,计算 NaOH 溶液的准确浓度。

计算公式:

$$c_{\text{NaOH}} = \frac{m_{\text{C}_8\text{H}_5\text{O}_4\text{K}}}{V_{\text{NaOH}} M_{\text{C}_8\text{H}_5\text{O}_4\text{K}}} \times 10^3$$

四、应用示例

酸碱滴定法的应用极其广泛,许多药品(如阿司匹林、药用硼酸、药用 NaOH 及铵盐等)都可用酸碱滴定法测定。按滴定方式的不同可分为直接滴定法和间接滴定法。

1. 直接滴定法 凡 $cK_a \geqslant 10^{-8}$ 的酸性物质或 $cK_b \geqslant 10^{-8}$ 的碱性物质均可用碱或酸滴定液直接滴定。

(1)乙酰水杨酸含量的测定:乙酰水杨酸(阿司匹林)是常用的解热镇痛药,呈酸性(水溶液中 pK_a=3.49),由于其不易溶于水,可在中性乙醇溶液中用碱滴定液直接滴定,以酚酞为指示剂。滴定反应如下:

计算公式:

$$\text{C}_9\text{H}_8\text{O}_4\% = \frac{c_{\text{NaOH}} V_{\text{NaOH}} M_{\text{C}_9\text{H}_8\text{O}_4} \times 10^{-3}}{m_s} \times 100\%$$

(2)药用氢氧化钠含量的测定:NaOH 易吸收空气中的 CO_2,而形成 NaOH 和 Na_2CO_3 的混合物,如分别测定各自的含量,通常采用"双指示剂法"。

精密称取质量为 m_s 的试样,溶解后加入酚酞指示剂,用 HCl 滴定液滴定至粉红色消失,此时 Na_2CO_3 被滴定至 $NaHCO_3$,NaOH 全部被滴定,记录消耗 HCl 的体积 V_1;再加入甲基橙指示剂,继续用 HCl 滴定液滴定至橙色,这时 $NaHCO_3$ 全部生成 H_2CO_3,记录消耗 HCl 的体积 V_2。滴定过程图解如下:

根据反应原理,可得出 Na_2CO_3 消耗 HCl 滴定液的体积为 $2V_2$,而 NaOH 消耗 HCl 滴定液的体积为 (V_1-V_2)。试样中被测组分的含量计算公式为:

$$NaOH\% = \frac{c_{HCl}(V_1-V_2)M_{NaOH} \times 10^{-3}}{m_s} \times 100\%$$

$$Na_2CO_3\% = \frac{c_{HCl}2V_2\frac{M_{Na_2CO_3}}{2} \times 10^{-3}}{m_s} \times 100\%$$

案例分析

布洛芬中 2-(对异丁苯基)丙酸($C_{13}H_{18}O_2$)含量的测定

案例: 布洛芬为白色结晶性粉末,具有抗炎、镇痛、解热作用。按干燥品计算,含 2-(对异丁苯基)丙酸($C_{13}H_{18}O_2$)不得少于 98.5% 为合格品。质量检查中需进行 2-(对异丁苯基)丙酸($C_{13}H_{18}O_2$)含量的测定。

分析: 布洛芬因含羧基而显酸性,pK_a 为 5.2,可用酸碱滴定法测定其含量。

现行版《中国药典》规定:取本品约 0.5g,精密称定,加中性乙醇(对酚酞指示液显中性)50ml 溶解后,加酚酞指示液 3 滴,用氢氧化钠滴定液(0.1mol/L)滴定。每 1ml 氢氧化钠滴定液(0.1mol/L)相当于 20.63mg 的 $C_{13}H_{18}O_2$。

$$C_{13}H_{18}O_2\% = \frac{V_{NaOH}F \times 20.63 \times 10^3}{m_s} \times 100\%$$

2. 间接滴定法 有些物质的酸碱性很弱,其 $cK_a < 10^{-8}$ 或 $cK_b < 10^{-8}$,不能用碱或酸滴定液直接滴定,可以采用间接滴定法。

(1)硼酸含量的测定:硼酸(H_3BO_3)是极弱的酸(K_a=5.8 × 10^{-10}),其 $cK_a < 10^{-8}$,不能用 NaOH 滴定液直接滴定。但硼酸与多元醇如乙二醇、丙三醇、甘露醇反应,生成稳定的配合酸后,能增加酸的强度。如硼酸与丙三醇反应生成甘油硼酸,其 K_a=3 × 10^{-7},使 $cK_a \geq 10^{-8}$,可以用 NaOH 滴定液直接滴定,其化学计量点 pH=9.6,可选用酚酞为指示剂。反应如下:

甘油硼酸

计算公式:

$$H_3BO_3\% = \frac{c_{NaOH}V_{NaOH}M_{H_3BO_3} \times 10^{-3}}{m_s} \times 100\%$$

(2)铵盐中氮的测定:NH_4^+ 是弱酸(K_a=5.7 × 10^{-10}),$(NH_4)_2SO_4$、NH_4Cl 等都不能用碱滴定液直接

滴定,通常采用下列两种方法测定:①蒸馏法,在铵盐中加入过量的 NaOH,加热使 NH_3 蒸馏出来,用一定量的 HCl 滴定液吸收,过量的酸用 NaOH 滴定液返滴;②甲醛法,甲醛与铵盐生成六次甲基四胺离子,同时放出定量 H^+,其 pK_a=5.15,可用酚酞为指示剂,用 NaOH 滴定液滴定。

点滴积累

1. 酸碱指示剂的理论变色范围是 pH=pK_{HIn}±1,理论变色点 pH=pK_{HIn}。
2. 酸碱滴定中指示剂的选择以滴定突跃范围为依据。
3. 弱酸(弱碱)能够被准确滴定的条件是 $cK_a(cK_b) \geqslant 10^{-8}$。
4. 多元酸能够被准确、分步滴定的条件是 $cK_{an} \geqslant 10^{-8}$、$K_{an}/K_{an+1} \geqslant 10^4$。多元碱能够被准确、分步滴定的条件是 $cK_{bn} \geqslant 10^{-8}$、$K_{bn}/K_{bn+1} \geqslant 10^4$。
5. 酸碱滴定法中通常采用氢氧化钠和盐酸作为滴定液。

第五节　非水溶液的酸碱滴定法

酸碱滴定一般在水溶液中进行,水是最常用的溶剂,有许多优点。但水溶液中进行的酸碱滴定具有一定的局限性。例如,某些弱酸(或弱碱)在水中的溶解度太小,或者是弱酸(或弱碱)的强度太弱,可能使 $cK_a < 10^{-8}$(或 $cK_b < 10^{-8}$),因此在水溶液中不能准确滴定;强度相近的多元酸、多元碱及混合酸碱,在水溶液中也不能分别进行滴定。如果采用非水溶剂作为滴定介质,则可以有效解决上述问题。

在非水溶剂(除水以外的溶剂)中进行的酸碱滴定法称为非水溶液的酸碱滴定法。在药物分析中,非水溶液的酸碱滴定法应用非常广泛。

一、基本原理

(一) 溶剂的类型

根据酸碱质子理论,非水溶剂可以分为质子性溶剂和非质子性溶剂两大类:

1. **质子性溶剂**　这类溶剂均有一定的极性,有给出或接受质子的倾向,溶剂分子间可发生质子自递反应。包括以下三种类型。

(1)**酸性溶剂**:给出质子能力较强的一类溶剂,如甲酸、冰醋酸、乙酸酐等。酸性溶剂适用于作为滴定弱碱性物质的溶剂。

(2)**碱性溶剂**:接受质子能力较强的一类溶剂,如乙二胺、丁胺、乙醇胺等。碱性溶剂适用于作为滴定弱酸性物质的溶剂。

(3)**两性溶剂**:既易给出质子又易接受质子的一类溶剂,属于两性溶剂。如甲醇、乙醇、乙二醇等。滴定不太弱的酸或碱时,常用两性溶剂作介质。

2. 非质子性溶剂 分子中无质子转移的一类溶剂,分为非质子亲质子性溶剂和惰性溶剂两种类型。

(1)非质子亲质子性溶剂:这类溶剂本身无质子,但却有较弱的接受质子的能力。如二甲基甲酰胺等酰胺类、酮类、吡啶类等溶剂。

(2)惰性溶剂:既不给出质子,也不接受质子的一类溶剂。如苯、三氯甲烷、四氯化碳等。这类溶剂在滴定中不参与酸碱反应,只对溶质起溶解、分散和稀释溶质的作用。

以上溶剂的分类只是为了讨论方便,实际上各类溶剂之间并无严格的界限。在实际工作中为了增大样品的溶解度和滴定突跃,使终点变色敏锐,还可将质子溶剂和惰性溶剂混合使用,称为混合溶剂。如冰醋酸 - 醋酐、冰醋酸 - 苯、苯 - 甲醇等混合溶剂。

(二)溶剂的性质

1. 溶剂的酸碱性 在非水溶剂中,物质的酸碱性不仅与其本身的性质有关,还与溶剂的性质有关。同一种酸在不同的溶剂中,表现出不同的酸强度。如 HCl 在水中能将自身的质子全部转移给溶剂水,呈强酸性;如果将 HCl 溶解在冰醋酸中,由于冰醋酸接受质子的能力很弱,所以 HCl 不能将自身的质子全部转移给醋酸分子,只能发生部分转移,所以呈弱酸性。而 NH_3 在水中是弱碱,在冰醋酸中是强碱,这是冰醋酸给予质子的能力比水强的缘故。

因此,对于弱碱性物质,要使其碱性增强,应选择酸性溶剂;对于弱酸性物质,要使其酸性增强,应选择碱性溶剂。在非水溶液的酸碱滴定中,测定在水中显弱碱性的胺类,生物碱等可选择酸性溶剂(如冰醋酸),这样可以增强其碱性,使滴定突跃更明显。

2. 溶剂的解离性 常用的非水溶剂中,除惰性溶剂不能解离外,其他溶剂均有一定程度的解离。它们与水一样能发生质子自递反应。例如对于溶剂 HS,则有:

$$HS+HS \Longrightarrow H_2S^+ + S^-$$

该反应的平衡常数反映了溶剂分子间发生质子转移程度的大小,称为溶剂的自身解离常数或质子自递常数,用 K_s 表示。

$$K_s = [H_2S^+][S^-] \qquad\qquad 式(5-17)$$

对于非水溶剂,影响 K_s 大小的因素只有温度,当温度一定时,K_s 也是定值。部分溶剂的 K_s 如表 5-8 所示。

表 5-8　常见溶剂的 pK_s 及介电常数(ε)(298.15K)

溶剂	pK_s	ε
水	14.00	78.5
甲醇	16.70	31.5
乙醇	19.10	24.0
冰醋酸	14.45	6.13
醋酐	14.50	20.5
乙二胺	15.30	14.2

溶剂	pK_s	ε
乙腈	28.50	36.6
甲基异丁酮	>30	13.1
二甲基乙酰胺	—	36.7
三氯甲烷	—	4.81

解离性溶剂 K_s 的大小对滴定突跃范围有直接的影响。一般溶剂的 K_s 越小,滴定突跃范围越大,反之越小。因此在非水溶液的酸碱滴定中,在综合考虑其他条件的情况下,尽可能选用 K_s 比较小的溶剂。

课 堂 活 动

计算 298.15K 时,分别在水中和无水乙醇中用 0.100 0mol/L NaOH 滴定 20.00ml 0.100 0mol/L 的 HCl 的滴定突跃范围,并比较滴定突跃范围的大小与溶剂 K_s 大小的关系。

---

3. 溶剂的极性 溶剂的介电常数(ε)能反映溶剂极性的强弱,不同的溶剂则介电常数不同,如表 5-8 所示。极性强的溶剂,介电常数较大,反之介电常数较小。同一溶质在极性不同的溶剂中表现出不同的酸碱度。例如,水和乙醇两种溶剂碱性相当而极性不同,水($\varepsilon=78.5$)的极性强于乙醇($\varepsilon=24.0$),将冰醋酸溶解在水中的解离度比在乙醇中大,即冰醋酸在水中的酸性相对较强。通常质子性溶剂的极性较强,非质子性溶剂的极性较弱或无极性。

4. 均化效应和区分效应 实验证明 $HClO_4$、H_2SO_4、HCl 和 HNO_3 的自身酸强度是存在差别的,但在水溶液中这四种酸的酸强度几乎相等,均属强酸。这是因为水具有碱性,导致它们在水溶液中几乎全部解离生成水和质子 H_3O^+,其酸在水溶液中的强度全部被均化到 H_3O^+ 水平。这种把不同强度的酸或碱均化到相同强度水平的效应称为均化效应,具有均化效应的溶剂称为均化性溶剂,水是上述四种酸的均化性溶剂。

如果将上述四种酸溶解于冰醋酸中,由于 HAc 的酸性比水强,接受质子的能力比水弱,使得这四种酸将质子转移给 HAc,生成醋酸合质子 H_2Ac^+ 的能力有所不同,这四种酸在冰醋酸中的强度顺序是:$HClO_4>H_2SO_4>HCl>HNO_3$。这种能区分酸或碱强弱的效应称为区分效应,具有区分效应的溶剂称为区分性溶剂,冰醋酸是上述四种酸的区分性溶剂。

一般来说,碱性溶剂是酸的均化性溶剂,对于碱具有区分效应。酸性溶剂是碱的均化性溶剂,对于酸具有区分效应。在非水溶液的酸碱滴定中,往往利用溶剂的均化效应测定混合酸(碱)的总量,利用溶剂的区分效应测定混合酸(碱)中各组分的含量。

惰性溶剂没有明显的酸碱性,也不参与质子转移反应,因而没有均化效应,当各种物质溶解在惰性溶剂中时,各种物质的酸碱性得以保存,惰性溶剂是很好的区分性溶剂。

(三)溶剂的选择

非水溶液的酸碱滴定中溶剂的选择是关系到滴定成败的重要因素之一。选择溶剂应遵循如下原则。

1. 能有效增强被测物质的酸碱性 滴定弱酸性物质选择碱性溶剂,滴定弱碱性物质选择酸性溶剂。

2. 溶解性要好 应能完全溶解被测样品以及滴定产物,选择溶剂时遵循相似相溶的原则。

3. 不发生副反应 例如某些芳伯胺和芳仲胺类化合物能与醋酐发生乙酰化反应影响滴定结果,所以不能选择醋酐作为溶剂。

4. 纯度要高 非水溶剂不应含有酸性和碱性杂质。例如水分,既是酸性杂质又是碱性杂质,必须予以除去。

5. 其他 选择溶剂还应注意安全性好、价格低廉、黏度低、挥发性小、易于精制和回收等事项。

二、碱的滴定

(一) 溶剂

滴定弱碱,通常选择对碱有均化效应的酸性溶剂。冰醋酸是最常用的酸性溶剂。按国家化学试剂标准 GB/T 676—2007《化学试剂乙酸(冰醋酸)》,常用的一级或二级冰醋酸均含有少量的水分,而水分是非水溶液的酸碱滴定中的干扰杂质,且影响滴定突跃,使指示剂变色不敏锐。使用前应加入适量醋酐除去水分,反应式如下:

$$(CH_3CO)_2O+H_2O \Longrightarrow 2CH_3COOH$$

由反应式可知:醋酐与水的反应是等物质的量反应,可根据等物质的量原则,计算加入醋酐的量。

课 堂 活 动
如果要除去 1 000ml、密度为 1.05、含水量为 0.2% 的冰醋酸中的水,计算需加入密度为 1.08、含量为 97% 的醋酐体积。

(二) 滴定液

在冰醋酸中,高氯酸的酸性最强,而且有机碱的高氯酸盐易溶于有机溶剂,因此,常用高氯酸的冰醋酸溶液作为测定弱碱含量的滴定液。

1. 配制 通常市售高氯酸为含 $HClO_4$ 70%~72%、相对密度为 1.75 的溶液,其水分同样应加入醋酐除去。

测定一般样品时,醋酐量稍多不影响测定结果。若测定芳伯胺或芳仲胺时,醋酐过量会发生乙酰化反应,影响测定结果。

高氯酸与有机物接触,遇热时极易引起爆炸。因此不能将醋酐直接加到高氯酸中,应先用冰醋酸将高氯酸稀释后,在不断搅拌下,慢慢滴加醋酐。

高氯酸滴定液的配制方法:取无水冰醋酸 750ml,加入市售高氯酸 8.5ml,搅拌均匀,在室温下缓缓滴加醋酐 23ml,边加边搅拌,加完后继续搅拌均匀,放冷,加无水冰醋酸至 1 000ml,搅拌均匀,置于棕色试剂瓶内放置 24 小时,即可标定。

2. 标定 标定高氯酸滴定液,常用邻苯二甲酸氢钾作基准物质,结晶紫作指示剂。标定反应如下:

取在 105℃ 条件下干燥至恒重的基准邻苯二甲酸氢钾约 0.16g,精密称定,加无水冰醋酸 20ml 使溶解,加结晶紫指示剂 1 滴,用待标定的高氯酸滴定液缓缓滴定至蓝色,由于溶剂和指示剂要消耗一定量的滴定液,故需做空白试验,并将滴定结果用空白试验校正。

每 1ml 0.100 0mol/L 的高氯酸滴定液相当于 20.42mg 的邻苯二甲酸氢钾。根据高氯酸滴定液的消耗量与邻苯二甲酸氢钾的取用量,计算出高氯酸滴定液的浓度。

$$c_{HClO_4} = \frac{m_{C_8H_5O_4K} \times 10^3}{(V - V_{空白})_{HClO_4} \cdot M_{C_8H_5O_4K}}$$

知识链接

常见试剂的膨胀系数

水的膨胀系数较小($0.21 \times 10^{-10}/℃$),而大多数有机溶剂的膨胀系数较大,如冰醋酸的膨胀系数为 $1.1 \times 10^{-10}/℃$,其体积随温度的改变较大。所以用高氯酸的冰醋酸溶液滴定样品时和标定时的温度若有差别,则应重新标定或按下式进行浓度校正:

$$c_1 = \frac{c_0}{1 + 0.001\ 1\ (t_1 - t_0)}$$

式中,0.001 1 是醋酸的膨胀系数;t_0 为标定时的温度;t_1 为测定样品时的温度;c_0 为标定时的浓度;c_1 为测定样品时的浓度。

(三) 滴定终点的确定

非水滴定中,常用指示剂法和电势滴定法确定终点。滴定弱碱性物质时,可用的指示剂有结晶紫、喹哪啶红及 α-萘酚苯甲醇。其中最常用的是结晶紫,其酸式色为黄色,碱式色为紫色,在不同的酸度下变色较为复杂,由碱区到酸区的颜色变化为:紫、蓝、蓝绿、黄绿、黄。滴定不同强度的碱时终点颜色变化不同。滴定较强的碱,以蓝色或蓝绿色为终点;滴定较弱碱,以蓝绿或绿色为终点。对于终点的判定,最好以电势滴定法作对照,以确定终点的颜色,并做空白试验以减少滴定误差。

(四) 应用示例

主要应用于测定具有碱性基团的化合物,如胺类、氨基酸类、含氮杂环化合物、生物碱、有机碱及其盐等。现行版《中国药典》中,采用高氯酸滴定液测定弱碱性药物含量的实例很多,主要分以下几类。

1. 有机弱碱类 在水溶液中 $K_b > 10^{-10}$ 的有机弱碱,如胺类、生物碱类,可用冰醋酸作溶剂,选择适当的指示剂,用高氯酸滴定液直接滴定;在水溶液中 $K_b < 10^{-12}$ 的极弱碱,需选择一定比例的冰醋酸-醋酐的混合溶液为溶剂,加入适宜的指示剂,用高氯酸滴定液直接滴定。如咖啡因($K_b = 4.0 \times 10^{-14}$)的测定。

2. 有机酸的碱金属盐 由于有机酸的酸性较弱,其共轭碱在冰醋酸中显较强的碱性,故可用高氯酸的冰醋酸溶液滴定。如乳酸钠、苯甲酸钠、水杨酸钠及枸橼酸钠(钾)等属于此类物质。

3. 有机碱的氢卤酸盐 生物碱类药物难溶于水,且不稳定,常以氢卤酸盐的形式存在,由于氢卤酸在冰醋酸的溶液中呈较强的酸性,导致反应不能进行完全,需加 $Hg(Ac)_2$ 使之生成 HgX_2,此时生物碱以醋酸盐的形式存在,便可用 $HClO_4$ 滴定液滴定。现以盐酸麻黄碱含量的测定为例:

反应式如下:

$$2\left[\overset{}{\underset{}{\text{Ph}}}\text{--CH(OH)--CH(CH}_3)\text{--N(CH}_3)\text{H}\right]\cdot\text{HCl} + \text{Hg(Ac)}_2 === 2\left[\text{Ph--CH(OH)--CH(CH}_3)\text{--N(CH}_3)\text{H}\right]\cdot\text{HAc} + \text{HgCl}_2$$

$$\left[\text{Ph--CH(OH)--CH(CH}_3)\text{--N(CH}_3)\text{H}\right]\cdot\text{HAc} + \text{HClO}_4 === \text{Ph--CH(OH)--CH(CH}_3)\text{--}\overset{+}{\text{N}}\text{(CH}_3)\text{H}_2 + \text{ClO}_4^- + \text{HAc}$$

操作方法:精密称取盐酸麻黄碱 0.15g,加冰醋酸 10ml,加热使溶解,加醋酸汞试液 4ml,加结晶紫指示液 1 滴,立即用 0.1mol/L 高氯酸滴定液滴定至溶液显翠绿色,即为终点,做空白试验校正。1ml 0.1mol/L 高氯酸滴定液相当于 20.17mg 的盐酸麻黄碱($C_{10}H_{15}ON \cdot HCl$)。按下式计算盐酸麻黄碱的含量:

$$C_{10}H_{15}ON \cdot HCl\% = \frac{(V_{供}-V_{空})_{HClO_4}F \times 20.17 \times 10^{-3}}{m_s} \times 100\%$$

4. 有机碱的有机酸盐 在冰醋酸或冰醋酸 - 醋酐的混合溶剂中,有机碱的有机酸盐的碱性增强,因此,可用高氯酸的冰醋酸溶液滴定,以结晶紫为指示剂。如以 B 表示有机碱,HA 表示有机酸,滴定反应可用下式表示:

$$B \cdot HA + HClO_4 === B \cdot HClO_4 + HA$$

属于这类药物的有枸橼酸喷托维林、马来酸氯苯那敏及重酒石酸去甲肾上腺素等。

案例分析

盐酸金刚乙胺中 α- 甲基三环[3.3.1.13.7]癸烷 -1- 甲胺盐酸盐($C_{12}H_{21}N \cdot HCl$)含量的测定

案例:盐酸金刚乙胺为白色结晶粉末,用于合成抗病毒药物中间体。按干燥品计算,含 $C_{12}H_{21}N \cdot HCl$ 不得少于 99.0% 为合格品。质量检查中需进行 α- 甲基三环[3.3.1.13.7]癸烷 -1- 甲胺盐酸盐($C_{12}H_{21}N \cdot HCl$)含量的测定。

分析:盐酸金刚乙胺为有机碱的氢卤酸盐,加 $Hg(Ac)_2$ 处理后以醋酸盐的形式存在,可用非水溶液的酸碱滴定法测定其含量。

现行版《中国药典》规定:取本品 0.15g,精密称定,加三氯甲烷 2ml 溶解,加冰醋酸 30ml 与醋酸汞试液 7ml,加结晶紫指示液 1 滴,用高氯酸滴定液(0.1mol/L)滴定至溶液显蓝色,并将滴定结果用空白试验校正。每 1ml 高氯酸滴定液(0.1mol/L)相当于 21.58mg 的 $C_{12}H_{21}N \cdot HCl$。

$$C_{12}H_{21}N \cdot HCl\% = \frac{(V_{供}-V_{空})_{HClO_4}F \times 21.58 \times 10^{-3}}{m_s} \times 100\%$$

三、酸的滴定

在水中 $cK_a<10^{-8}$ 的弱酸,不能用碱滴定液直接滴定,若选用比水强的碱性溶剂,可以增强弱酸的酸性,增大滴定突跃。滴定不太弱的羧酸时,常用甲醇、乙醇等醇类溶剂;滴定弱酸或极弱酸,常用乙二胺、二甲基甲酰胺等碱性溶剂;混合酸的滴定用惰性溶剂甲基异丁酮为区分性溶剂,有时也用甲醇 - 苯、甲醇 - 丙酮等混合溶剂。

对于难溶于水的酸性物质,如羧酸类、酚类、巴比妥类、磺胺类和氨基酸类药物等,常用非水溶液的酸碱滴定法测定其含量。

1. 羧酸类 用二甲基甲酰胺为溶剂,以百里酚蓝为指示剂,用甲醇钠滴定液滴定。

2. 酚类 若以乙二胺为溶剂,酚可显较强的酸性,用氨基乙醇钠作滴定液可获得很明显的突跃。

3. 磺胺类 磺胺嘧啶、磺胺噻唑的酸性较强,可用甲醇 - 丙酮或甲醇 - 苯作溶剂,以百里酚蓝作为指示剂,用甲醇钠滴定液滴定。磺胺的酸性较弱,宜适用碱性较强的溶剂如丁胺或乙二胺,以偶氮紫为指示剂,用甲醇钠滴定液滴定。

点滴积累

1. 非水溶剂可以分为质子性溶剂(酸、碱、两性)和非质子性溶剂。
2. 非水溶剂性质是:具有酸碱性、解离性及均化效应与区分效应。
3. 在非水溶液的酸碱滴定法中,一般滴定弱酸性物质选择碱性溶剂,滴定弱碱性物质选择酸性溶剂。
4. 碱的非水溶液的酸碱滴定中,一般选择冰醋酸为溶剂、$HClO_4$ 为滴定液、结晶紫为指示剂。

ER 5-4

习题

ER 5-5

复习导图

目标检测

一、简答题

1. 试以 $NH_3 \cdot H_2O-NH_4Cl$ 为例,简述缓冲溶液的作用原理。

2. 何谓酸碱滴定突跃? 其影响因素有哪些? 酸碱滴定中指示剂的选择原则是什么?

3. 若用已吸收少量水的无水碳酸钠标定 HCl 溶液的浓度,分析其对标定结果有何影响,并解释原因。

4. 下列酸碱溶液能否用强酸或强碱滴定液直接进行滴定或分步滴定?

   (1) 0.1mol/L HCN。

   (2) 0.1mol/L 乙醇胺 $HOCH_2CH_2NH_2$($K_b=3.2 \times 10^{-5}$)。

   (3) 0.1mol/L 砷酸 H_3AsO_4($K_{a1}=6.3 \times 10^{-3}$,$K_{a2}=1.0 \times 10^{-7}$,$K_{a3}=3.2 \times 10^{-12}$)。

   (4) 0.1mol/L 酒石酸 $H_2C_4H_4O_6$($K_{a1}=9.1 \times 10^{-4}$,$K_{a2}=4.3 \times 10^{-5}$)。

5. 配制高氯酸的冰醋酸滴定液为什么要除去水分？除去水分的方法是什么？

二、计算题

1. 计算 0.010mol/L 的 $NH_3·H_2O$ 溶液的 pH。

2. 计算 0.20mol/L 的氯化铵溶液的 pH。

3. 计算 0.1mol/L 的 HAc 和 0.1mol/L 的 NaAc 等体积混合溶液的 pH。

三、实例分析

1. 欲配制 1.00L HAc 浓度为 1.00mol/L、pH 4.50 的缓冲溶液，需加入多少克 $NaAc·3H_2O$ 固体？

2. 用邻苯二甲酸氢钾基准物质 0.456 3g，标定 NaOH 溶液时，消耗 NaOH 溶液的体积为 22.05ml，计算 NaOH 溶液的浓度。

3. 称取混合碱试样 0.680 0g，以酚酞为指示剂，用 0.200 0mol/L 的 HCl 滴定液滴定至终点，消耗 HCl 溶液体积 V_1=26.80ml，然后加入甲基橙指示剂滴定至终点，又消耗 HCl 溶液体积 V_2=23.00ml，判断混合碱的组成，并计算各组分的含量。

实训六　缓冲溶液的配制与性质

【实训目的】

1. **掌握**　缓冲溶液配制的原理及操作技术。
2. **熟悉**　缓冲溶液的缓冲作用。
3. **学会**　刻度吸管等仪器的使用。

【实训原理】

1. 不同的缓冲溶液具有不同的缓冲范围，配制缓冲溶液时应根据所需 pH 选择合适的缓冲对，当弱酸和共轭碱的浓度相等时，可利用以下公式计算出所配制缓冲溶液的 pH：

$$pH=pK_a+lg\frac{V_{A^-}}{V_{HA}}$$

2. 缓冲溶液的缓冲能力用缓冲容量来衡量，缓冲溶液的缓冲容量越大，其缓冲能力越大。缓冲容量与总浓度及缓冲比有关，当缓冲比一定时，总浓度越大，缓冲容量越大；当总浓度一定时，缓冲比越接近1，缓冲容量越大，缓冲比等于1时，缓冲容量最大。

3. 由于缓冲溶液中抗酸和抗碱成分的存在，加入少量酸或碱其 pH 几乎不变。当加入的酸或碱的量超过缓冲溶液的缓冲能力时，将引起溶液 pH 的急剧改变，失去缓冲作用。

4. 配制一定 pH 的缓冲溶液的原则是：①选择合适的缓冲对，使其共轭酸的 pK_a 与所配缓冲溶液的 pH 相等或相近;②缓冲溶液的总浓度宜选在 0.05~0.20mol/L;③缓冲溶液的缓冲比尽可能接近于 1。

【仪器和试剂】

1. **仪器** 刻度吸管(10ml)、试管、小烧杯、胶头滴管、洗耳球。

2. **药品** 0.1mol/L Na_2HPO_4、0.1mol/L KH_2PO_4、0.1mol/L NaOH、0.1mol/L HCl、0.1mol/L NaCl、万能指示剂。

【实训步骤】

1. **缓冲溶液的配制** 取 3 个小烧杯,按(1)(2)(3)编号,然后用刻度吸管按表 5-9 中所示的量,分别吸取 0.1mol/L Na_2HPO_4 及 0.1mol/L KH_2PO_4 加入小烧杯中,混匀,并计算所配制缓冲溶液的 pH,记入实训报告中。

表 5-9 缓冲溶液的配制

小烧杯号	(1)	(2)	(3)
Na_2HPO_4/ml	9.50	10.00	1.20
KH_2PO_4/ml	0.50	10.00	8.80
pH			

2. **缓冲溶液的稀释** 取 5 支试管,编号,按表 5-10 中要求加入上述(2)号小烧杯中的缓冲溶液、纯化水、万能指示剂。把所观察到的现象记入实训报告中,并解释产生各种现象的原因。

表 5-10 缓冲溶液的稀释

试管号	加缓冲溶液(2)/ml	加纯化水/ml	加万能指示剂/滴	颜色
1	0	5	1	
2	5	0	1	
3	2.5	2.5	1	
4	1	4	1	
5	0.5	4.5	1	

3. **缓冲溶液的抗酸、抗碱作用** 取 10 支试管,按表 5-11 中所列顺序编号,分别加试样、万能指示剂,记下颜色。然后再逐滴加入酸或碱,观察颜色变化,记录各溶液颜色刚好变成红色或紫色时,加入酸或碱的滴数。把所观察到的现象记入实训报告中,并解释产生各种现象的原因。

万能指示剂配制:准确称取甲基红 65mg、百里酚蓝 25mg、酚酞 250mg、溴百里酚蓝 400mg,溶于 400ml 乙醇中,稀释后用 0.1mol/L NaOH 溶液中和为黄绿色,最后加水至 1 000ml 即可。万能指示剂的颜色与 pH 的关系如表 5-12。

表 5-11　缓冲溶液的抗酸、抗碱作用

试管号	试样	万能指示剂/滴	颜色	逐滴加酸或碱	颜色变红或紫时,加酸或碱的滴数
1	纯化水 2ml	1		HCl	
2	纯化水 2ml	1		NaOH	
3	缓冲溶液(1)2ml	1		HCl	
4	缓冲溶液(1)2ml	1		NaOH	
5	缓冲溶液(2)2ml	1		HCl	
6	缓冲溶液(2)2ml	1		NaOH	
7	缓冲溶液(3)2ml	1		HCl	
8	缓冲溶液(3)2ml	1		NaOH	
9	NaCl 溶液 2ml	1		HCl	
10	NaCl 溶液 2ml	1		NaOH	

表 5-12　万能指示剂的颜色与 pH 的关系

pH	颜色	pH	颜色
2		8	青绿
3		9	蓝
4	红	10	紫
5	橙	11	
6	黄	12	
7	黄绿	13	

【注意事项】

1. 配制的缓冲溶液应分别贴好标签以防混淆。

2. 配制溶液时选用合适的量器,每次用完玻璃棒、量筒后应清洗干净。

3. 使用指示剂应适量,不要过多;不能将 pH 试纸直接插入试剂中测定溶液 pH。

4. 实验过程中注意玻璃仪器与试剂的使用安全,规范操作。

【思考题】

1. 通过本实训总结缓冲溶液的特性及影响缓冲容量的各种因素。

2. 本实训配制的三种缓冲溶液中,哪一种缓冲能力最大? 为什么?

【实训结果】

见实训步骤中的表格。

实训七 盐酸滴定液的配制与标定

【实训目的】

1. **掌握** 盐酸滴定液的配制与标定方法。
2. **熟悉** 甲基红 - 溴甲酚绿混合指示剂的使用。
3. **学会** 正确使用滴定管、电子天平等仪器。

【实训原理】

酸碱滴定法常用的酸滴定液是盐酸。由于浓盐酸具有挥发性,不符合基准物质的条件,因此常采用间接法配制。标定盐酸常用的基准物质是无水 Na_2CO_3。由于 Na_2CO_3 易吸收空气中的 CO_2 而生成 $NaHCO_3$,而 $NaHCO_3$ 对滴定有干扰。因此,在标定前将 Na_2CO_3 置于 270~300℃ 的烘箱中加热,使生成的 $NaHCO_3$ 分解释放出 CO_2,排除 $NaHCO_3$ 的干扰。Na_2CO_3 可以看作是二元弱碱,其两级解离常数大于或近似等于 10^{-8},因此可用盐酸滴定液直接滴定。其标定反应为:

$$2HCl+Na_2CO_3 = 2NaCl+H_2O+CO_2\uparrow$$

当反应完全到达第二个化学计量点时,溶液为 H_2CO_3 溶液,显弱酸性,pH 为 3.89,可选用溴甲酚绿 - 甲基红混合指示剂指示终点。由于 H_2CO_3 溶液易形成饱和溶液,使计量点附近酸度改变较小,导致指示剂颜色变化不够敏锐。因此在反应接近终点时,应将溶液煮沸,摇动锥形瓶释放部分 CO_2,冷却后再继续滴定至终点。

按下式计算 HCl 溶液的浓度:

$$c_{HCl} = \frac{2m_{Na_2CO_3}}{V_{HCl}M_{Na_2CO_3}} \times 10^3$$

【仪器和试剂】

1. **仪器** 量筒、试剂瓶、电子天平、锥形瓶、滴定管、称量瓶。
2. **试剂** 浓 HCl(AR)、甲基红 - 溴甲酚绿混合指示剂。

【实训步骤】

1. **0.1mol/L HCl 滴定液的配制** 用洁净小量筒量取市售浓 HCl 4.5ml,倒入盛有少量纯化水的试剂瓶中,加纯化水稀释至 500ml,摇匀密塞,待标定。

2. **0.1mol/L HCl 滴定液的标定** 精密称取 3 份在 270~300℃ 条件下干燥至恒重的基准无水

Na$_2$CO$_3$ 0.11~0.13g,分别置于 250ml 锥形瓶中,加 50ml 纯化水溶解后,加甲基红 - 溴甲酚绿混合指示剂 10 滴,用待标定的 HCl 溶液滴定至溶液由绿色变紫红色,煮沸约 2 分钟,冷却至室温,继续滴定至暗紫色,即为终点。记录消耗 HCl 溶液的体积。

平行测定 3 次。

【注意事项】

1. 因 HCl 具有挥发性,只能用间接法配制。

2. 无水 Na$_2$CO$_3$ 作为基准物质标定 HCl 滴定液,使用前必须将 Na$_2$CO$_3$ 置于 270~300℃的干燥箱中烘 1 小时,再放置于干燥器中保存。

3. 无水 Na$_2$CO$_3$ 经高温烘烤后,极易吸收空气中的水分,故称量时动作要快、瓶盖一定要盖严,以防吸潮。

4. 若煮沸约 2 分钟后溶液仍然显紫红色,说明滴入盐酸液已过量,应重新进行测定。

5. 盛放基准物的 3 个锥形瓶应编号,以免混淆。

【思考题】

1. 配制 HCl 溶液时,是否要准确量取纯化水的体积? 为什么?

2. 用吸潮后的 Na$_2$CO$_3$ 标定 HCl 溶液浓度,对标定结果有什么影响?

【实训记录】

HCl 溶液的标定记录于表 5-13 中。

表 5-13　实训七的实训记录

项目	第 1 次	第 2 次	第 3 次
$m_{\text{Na}_2\text{CO}_3}$/g			
V_{HCl}/ml			
c_{HCl}/(mol/L)			
$\bar{c}_{\text{HCl}}$/(mol/L)			
$R\bar{d}$			

实训八　氢氧化钠滴定液的配制与标定

【实训目的】

1. **掌握**　氢氧化钠滴定液的配制与标定方法。
2. **熟悉**　酚酞指示剂的使用。
3. **学会**　正确使用滴定管、移液管等仪器。

【实训原理】

酸碱滴定法常用的碱滴定液是氢氧化钠。因 NaOH 易吸收空气中 CO_2 和 H_2O,不符合基准物质的条件,只能采用间接法配制。

NaOH 吸收空气中的 CO_2 生成 $NaCO_3$,在 NaOH 饱和溶液中 Na_2CO_3 不易溶解。因此,要先将 NaOH 配成饱和溶液(20mol/L),静置数日,Na_2CO_3 因溶解度小,作为不溶物下沉于溶液底部。配制时可取 NaOH 饱和溶液的上层清液进行稀释即可。

用已知浓度的 HCl 滴定液标定 NaOH 溶液,标定反应为:

$$HCl + NaOH = NaCl + H_2O$$

按下式计算 NaOH 溶液的浓度:

$$c_{NaOH} = \frac{c_{HCl}V_{HCl}}{V_{NaOH}}$$

【仪器和试剂】

1. **仪器**　量筒、试剂瓶、锥形瓶、滴定管、移液管。
2. **试剂**　饱和 NaOH 溶液、HCl 滴定液(0.1mol/L)、酚酞指示剂。

【实训步骤】

1. **0.1mol/L NaOH 滴定液的配制**　取 2.8ml 澄清饱和 NaOH 溶液,加新煮沸过的冷纯化水配制成 500ml,倒入试剂瓶中,摇匀密塞,待标定。

2. **NaOH 滴定液的标定**　准确量取 25.00ml 已标定的 HCl 滴定液(0.1mol/L),置于锥形瓶中,加入酚酞指示剂 2 滴,用待标定 NaOH 滴定液滴定至溶液恰好由无色转变为淡红色(30 秒不褪色)即为终点,记录消耗 NaOH 滴定液的体积。

平行测定 3 次。

【注意事项】

1. 因 NaOH 易吸收空气中的 CO_2 和 H_2O,只能用间接法配制。

2. 滴定前应检查橡皮管内和滴定管尖处是否有气泡,如有气泡应排出。

【思考题】

1. 为什么用 HCl 溶液滴定 NaOH 溶液时用甲基橙为指示剂,而用 NaOH 溶液滴定 HCl 溶液时却用酚酞为指示剂?

2. 配制 NaOH 溶液时,是否要准确量取纯化水的体积?为什么?

【实训记录】

NaOH 溶液的标定记录于表 5-14 中。

表 5-14 实训八的实训记录

项目	第 1 次	第 2 次	第 3 次
$c_{HCl}/(mol/L)$			
V_{NaOH}/ml			
$c_{NaOH}/(mol/L)$			
$\bar{c}_{NaOH}/(mol/L)$			
$R\bar{d}$			

实训九 食醋中总酸量的测定

【实训目的】

掌握 用酸碱滴定法测定食醋中总酸量的原理和方法;食醋中总酸量的计算方法。

【实训原理】

食醋中的主要成分是醋酸($K_a=1.8 \times 10^{-5}$),此外还含有少量的有机酸,如乳酸等,由于所含酸的 K_a 大于 10^{-8},因此,可用碱滴定液直接滴定,测出酸的总含量。总酸量常以醋酸表示。其主要反应式如下:

$$NaOH+CH_3COOH \Longrightarrow CH_3COONa+H_2O$$

由于在计量点时生成的醋酸钠使溶液呈碱性,因此可用酚酞指示剂指示终点。食醋中总酸量用每升食醋含 CH_3COOH 的克数表示。

$$\rho_{CH_3COOH}=\frac{c_{NaOH}V_{NaOH}M_{CH_3COOH}\times10^{-3}\times10^3}{V_{样}}\quad(g/L)$$

【仪器和试剂】

1. **仪器** 移液管、量瓶(100ml)、量筒、锥形瓶、滴定管(50ml)。
2. **药品** 食醋试样、酚酞指示剂、NaOH 滴定液(0.1mol/L)。

【实训步骤】

用 10ml 移液管吸取食醋一份,置于 100ml 容量瓶中,用纯化水稀释至刻度,摇匀。再用 25ml 移液管吸取上液于盛有 25ml 纯化水的锥形瓶中,加入酚酞指示剂 2 滴,用 0.1mol/L NaOH 滴定液滴至溶液呈浅红色,30 秒内不褪色为终点。记录消耗 NaOH 滴定液的体积。

平行测定 3 次。

【注意事项】

1. 3 次消耗的 NaOH 滴定液的体积相差应不超过 0.04ml。
2. 因醋酸具有挥发性,测定时应取一份滴定一份。
3. 为了减少醋酸的挥发,取样前应在容量瓶、锥形瓶中加入纯化水稀释醋酸,同时也稀释食醋的颜色,便于终点的观察。

【思考题】

1. 测定食醋中总酸量选用酚酞指示剂的依据是什么?能否用甲基橙和甲基红?
2. 醋酸可以用 NaOH 滴定液直接滴定,醋酸钠是否可用 HCl 滴定液直接测定?

【实训记录】

见表 5-15。

表 5-15　实训九的实训记录

项目	第1次	第2次	第3次
$V_{样}$/ml			
c_{NaOH}/(mol/L)			
V_{NaOH}/ml			
ρ_{CH_3COOH}/(g/L)			
ρ_{CH_3COOH} 平均值/(g/L)			
$R\bar{d}$			

实训十　药用硼砂含量的测定

【实训目的】

掌握　酸碱滴定法测定药用硼砂含量的原理和方法;药用硼砂含量的计算。

【实训原理】

硼砂具有较强的碱性,可与 HCl 滴定液发生如下反应:

$$Na_2B_4O_7 + 2HCl + 5H_2O == 2NaCl + 4H_3BO_3$$

由于在上述反应中存在硼酸 - 硼砂缓冲对,如果用 HCl 滴定液直接滴定硼砂溶液,HCl 与硼砂的反应不能进行完全,并且滴定终点的观察也受一定的影响。故现行版《中国药典》采用间接滴定法测定药用硼砂的含量。即在上述溶液中加入甘油与生成的硼酸反应,生成甘油硼酸,破坏缓冲作用,防止对终点的干扰,提高反应的完成程度。再用 NaOH 滴定液与甘油硼酸发生定量反应,根据消耗 NaOH 滴定液的量,间接计算药用硼砂的含量。

1mol $Na_2B_4O_7$ 相当于 4mol H_3BO_3,相当于 4mol 甘油硼酸,相当于 4mol NaOH。即终点时可以根据消耗的氢氧化钠滴定液的体积和浓度,间接计算硼砂的含量。

$$Na_2B_4O_7 \cdot 10H_2O\% = \frac{c_{NaOH}V_{NaOH}M_{Na_2B_4O_7 \cdot 10H_2O} \times 10^{-3}}{4m_s} \times 100\%$$

【仪器和试剂】

1. 仪器　电子天平、锥形瓶、酸式滴定管、碱式滴定管、量筒、电炉等。
2. 试剂　药用硼砂、甲基橙指示剂、HCl 滴定液(0.1mol/L)、中性甘油、NaOH 滴定液(0.1mol/L)、酚酞指示剂。

【 实训步骤 】

精密称取药用硼砂 3 份,每份质量约为 0.4g,分别置于锥形瓶中,加纯化水约 25ml 溶解,加 0.05% 甲基橙指示剂 1 滴,用 HCl 滴定液滴定,溶液由黄色变为橙红色,煮沸 2 分钟,冷却,如溶液呈黄色,继续滴定至溶液成橙红色,加中性甘油(取甘油 80ml,加水 20ml 与酚酞指示剂 1 滴,用 0.1mol/L NaOH 滴定液滴定至粉红色)80ml 与酚酞指示剂 8 滴,用 NaOH 滴定液滴定至显粉红色,记录 NaOH 滴定液的消耗体积。

平行测定 3 次。

【 注意事项 】

1. 加热后的硼砂溶液必须等到冷却至室温时才能加入指示剂。
2. 终点为粉红色,若滴至红色,会使测定结果偏高。
3. 注意排出碱式滴定管中的气泡。

【 思考题 】

1. 若硼砂保存不当,失去部分结晶水,对测定结果会有什么影响?
2. 实验中加入中性甘油的作用是什么? 如果不加会对测定结果有什么影响?

【 实训记录 】

见表 5-16。

表 5-16　实训十的实训记录

项目	第 1 次	第 2 次	第 3 次
m_S/g			
$c_{NaOH}/(mol/L)$			
V_{NaOH}/ml			
$Na_2B_4O_7 \cdot 10H_2O\%$			
$Na_2B_4O_7 \cdot 10H_2O\%$ 平均值			
$R\bar{d}$			

(黄志远)

第六章　沉淀溶解平衡与沉淀滴定法

学习目标

1. **掌握**　沉淀溶解平衡的相关概念及沉淀滴定法的测定原理。
2. **熟悉**　三种银量法(铬酸钾指示剂法、铁铵矾指示剂法及吸附指示剂法)的测定原理、滴定条件及其应用范围。
3. **了解**　沉淀反应及沉淀滴定法在药品分析领域的应用实例。

　　沉淀反应是一类重要的化学反应,而以沉淀反应为基础的滴定分析法即为沉淀滴定法,沉淀滴定法与其他滴定分析法一样,关键是正确确定计量点,并使滴定终点与计量点尽可能一致,以减少滴定误差。

导学情景

情景描述:
　　在药物生产及分析过程中常利用沉淀反应分离杂质,并进行定性、定量分析。例如,药物 $BaSO_4$、$Al(OH)_3$ 等的制备都与沉淀的生成与溶解有关,在现行版《中国药典》中许多含有卤素的药物常采用沉淀滴定法测定其含量。

学前导语:
　　温度、浓度、溶液 pH、共存离子等通过改变溶液中离子的活度或形态,影响沉淀的生成与溶解平衡。本章主要介绍沉淀的生成与溶解、沉淀滴定法的基本原理及其应用。

第一节　沉淀溶解平衡

一、溶度积原理

　　电解质依据溶解度的大小可分为易溶电解质和难溶电解质。通常把在 100g 水中溶解度小于 0.01g 的电解质称为难溶电解质。任何难溶电解质在水中会或多或少地溶解,绝对不溶的物质是不存在的,但可认为其溶解的部分是全部解离的。在难溶电解质的饱和溶液中,存在着固体与其解离的离子之间的化学平衡,称为沉淀溶解平衡。

(一)溶度积常数

难溶电解质在水中的溶解过程是一个可逆过程。例如,将难溶电解质 AgCl 放入水中,受到水分子的溶剂化作用,会有微量的 AgCl 脱离固体表面进入水中解离成 Ag^+、Cl^-,这个过程称为溶解。同时也有 Ag^+ 和 Cl^- 与固体表面接触并重新回到 AgCl 固体表面上,这个过程称为沉淀。在一定温度下,当溶解的速率与沉淀的速率相等时,体系达到动态平衡。平衡时的溶液为饱和溶液。其平衡常数表达式为:

$$K_{sp}= \left[Ag^+ \right] \left[Cl^- \right]$$

上式表明,在一定温度下,难溶电解质达到沉淀溶解平衡时,溶液中有关离子浓度幂的乘积为一常数,称为溶度积常数,简称"溶度积",用符号 K_{sp} 表示。对于 A_mB_n 型的难溶电解质,其溶液中存在以下平衡:

$$A_mB_n(s) \rightleftharpoons mA^{n+}(aq)+nB^{m-}(aq)$$

该难溶电解质的溶度积 K_{sp} 可表示为:

$$K_{sp}= \left[A^{n+} \right]^m \left[B^{m-} \right]^n \qquad\qquad 式(6-1)$$

式中,各离子浓度的单位为 mol/L。K_{sp} 值与难溶电解质的性质和温度有关,与浓度无关。一些常见难溶电解质在常温下的 K_{sp} 见附录五。

(二)溶度积与溶解度的关系

在一定温度下,一定量的饱和溶液中所溶解的溶质的量称为溶解度,用符号 s 表示。常用难溶电解质饱和溶液的物质的量浓度表示溶解度,单位是 mol/L。溶度积和溶解度均可以表示难溶电解质在水中的溶解能力大小,两者之间有一定的内在联系。在一定条件下,溶度积 K_{sp} 和溶解度 s 之间可以相互换算。

例如,已知在 25℃时,AgCl 的溶度积:

$$K_{sp,AgCl}= \left[Ag^+ \right] \left[Cl^- \right]=1.77 \times 10^{-10}$$

由于 $\left[Ag^+ \right]= \left[Cl^- \right]$,因此得到:

$$K_{sp,AgCl}= \left[Ag^+ \right]^2$$
$$c_{AgCl}= \left[Ag^+ \right] = \sqrt{K_{sp,AgCl}}$$

换算得到溶液中 AgCl 的物质的量浓度:

最终得到 AgCl 的溶解度 s 为:

$$s_{AgCl}=c_{AgCl}= \sqrt{1.77 \times 10^{-10}} = 1.33 \times 10^{-5} mol/L$$

对于溶解度为 s(mol/L)的 A_mB_n 型难溶电解质:

$$A_mB_n \rightleftharpoons mA^{n+}+nB^{m-}$$

其饱和溶液中:

$$\left[A^{n+} \right]=ms \qquad \left[B^{m-} \right]=ns$$

因此

$$K_{sp}= \left[A^{n+} \right]^m \left[B^{m-} \right]^n = (ms)^m (ns)^n = m^m \times n^n \times s^{m+n}$$

最终得到 A_mB_n 型难溶电解质溶解度 s 与 K_{sp} 的换算公式：

$$s = \sqrt[m+n]{\frac{K_{sp}}{m^m \times n^n}} \qquad 式(6\text{-}2)$$

例 6-1 在 298.15K 时，已知 Ag_2CrO_4 的溶度积为 1.12×10^{-12}，计算 Ag_2CrO_4 的溶解度。

解：根据溶解度与溶度积的换算公式，Ag_2CrO_4 的溶解度为：

$$s = \sqrt[m+n]{\frac{K_{sp}}{m^m \times n^n}} = \sqrt[3]{\frac{1.12 \times 10^{-12}}{2^2 \times 1}} = 6.54 \times 10^{-5} \text{mol/L}$$

以上计算结果表明，虽然 AgCl（AB 型）的溶度积大于 Ag_2CrO_4（A_2B 型），但 AgCl 的溶解度却小于 Ag_2CrO_4。因此，对于相同类型的难溶电解质，溶度积越小，溶解度也越小。对于不同类型的难溶电解质，不能用溶度积直接比较溶解度的相对大小，必须通过计算比较其溶解度的相对大小。

> **课 堂 活 动**
> 难溶电解质可以直接根据 K_{sp} 的大小来比较其溶解度大小吗？为什么？

（三）溶度积规则

难溶电解质的沉淀溶解平衡是一种动态的多相平衡状态。当溶液中难溶电解质离子的浓度变化时，平衡将向某一方向移动，直至重新达到平衡。在难溶电解质溶液中，有关离子浓度幂的乘积称为离子积，用符号 Q_i 表示。Q_i 的表达式和 K_{sp} 的表达式类似，但含义不同。

对于任意 A_mB_n 型难溶电解质的沉淀溶解反应：

$$A_mB_n(s) \rightleftharpoons mA^{n+}(aq) + nB^{m-}(aq)$$

$$Q_i = c_{A^{n+}}^m c_{B^{m-}}^n \qquad 式(6\text{-}3)$$

在温度一定时，某一难溶电解质 Q_i（状态不确定）的数值是不确定的，随溶液中离子浓度的改变而变化，而 K_{sp}（平衡状态下）是定值，可以认为 K_{sp} 是 Q_i 的一个特例。对于某一难溶电解质溶液，Q_i 与 K_{sp} 之间有下列三种关系。

$Q_i = K_{sp}$，溶液为饱和溶液，体系处于动态平衡，既无沉淀析出又无沉淀溶解。

$Q_i > K_{sp}$，溶液为过饱和溶液，有沉淀析出直至达到饱和（$Q_i = K_{sp}$）为止。

$Q_i < K_{sp}$，溶液为不饱和溶液，无沉淀析出，若加入难溶强电解质，则会继续溶解，直至达到平衡。

以上三条称为溶度积规则，运用此规则可以判断化学反应中沉淀生成或溶解的可能性。

二、沉淀的生成与溶解

（一）沉淀的生成

根据溶度积规则，欲使沉淀从溶液中析出，必须增大溶液中有关离子的浓度，使难溶电解质的 $Q_i > K_{sp}$，平衡向沉淀生成的方向移动，即有沉淀析出。

例 6-2 将 2.0×10^{-4}mol/L $BaCl_2$ 溶液与 6.0×10^{-4}mol/L 的 Na_2SO_4 溶液等体积混合，是否有 $BaSO_4$ 沉淀生成？（已知 $BaSO_4$ 的溶度积 $K_{sp} = 1.1 \times 10^{-10}$）

解：当两溶液等体积混合后，溶液中各离子的浓度均降低为原来的一半，即

$$c_{Ba^{2+}} = 1.0 \times 10^{-4} \, mol/L, \, c_{SO_4^{2-}} = 3.0 \times 10^{-4} \, mol/L$$

$$Q_i = c_{Ba^{2+}} \times c_{SO_4^{2-}} = 1.0 \times 10^{-4} \times 3.0 \times 10^{-4} = 3.0 \times 10^{-8}$$

$$Q_i > K_{sp,BaSO_4}$$

因此,溶液中有 $BaSO_4$ 沉淀生成。

案例分析

误食可溶性钡盐的急救措施

案例: 如果误食可溶性钡盐造成钡中毒,应尽快用 5.0% Na_2SO_4 溶液给患者洗胃。

分析: 高浓度的钡离子进入人体会对肌肉细胞产生过度刺激和兴奋作用,出现面肌及颈肌紧张,肌肉震颤和抽搐,还会出现心动过速、期前收缩、心律不齐、血压升高、血钾降低等,严重中毒可引起心室颤动,甚至心搏骤停,如抢救不及时,死亡率很高。硫酸钠溶液与钡离子反应生成不溶性的硫酸钡,生成的硫酸钡在胃肠中被洗胃机抽出。临床上治疗钡中毒,有时将硫酸钠溶液通过静脉注射或肌内注射,使其与钡离子结合成不溶性硫酸钡从肾脏排出。

(二) 沉淀的溶解

根据溶度积规则,欲使难溶电解质沉淀溶解,必须降低难溶电解质饱和溶液中有关离子的浓度,使 $Q_i < K_{sp}$,平衡向沉淀溶解的方向移动,常用的方法如下。

1. 生成弱电解质使沉淀溶解 某些难溶电解质溶解产生的阴离子可以与强酸提供的氢离子结合生成难解离的弱电解质,降低了溶液中的阴离子浓度,使 $Q_i < K_{sp}$,导致沉淀的溶解。

例如,$Mg(OH)_2$ 沉淀溶于 HCl 溶液的过程如下:

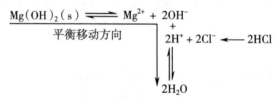

2. 生成配合物使沉淀溶解 某些难溶电解质溶解产生的阳离子可以与某些配位剂形成稳定的配合物,从而大大降低了难溶电解质的阳离子浓度,使 $Q_i < K_{sp}$,导致沉淀的溶解。

例如,AgCl 溶于氨水的过程如下:

$$
\begin{array}{c}
AgCl(s) \rightleftharpoons Ag^+ + Cl^- \\
+ \\
2NH_3 \text{(加氨水)} \\
\Updownarrow \\
[Ag(NH_3)_2]^+
\end{array}
$$

3. 氧化还原反应使沉淀溶解 加入氧化剂或还原剂,使难溶电解质溶液中的某一离子发生氧化还原反应从而降低其浓度,使 $Q_i < K_{sp}$,导致沉淀的溶解。

例如,CuS、Ag_2S 等不溶于盐酸,但溶于 HNO_3。原因是 HNO_3 可将溶液中的 S^{2-} 氧化为 S,使 S^{2-} 浓度降低,$Q_i < K_{sp}$,CuS 沉淀溶解。其反应式为:

$$3CuS(s)+8HNO_3 =\!=\!= 3Cu(NO_3)_2+4H_2O+3S\downarrow+2NO\uparrow$$

（三）沉淀的转化

在含有某种沉淀的溶液中,加入适当的试剂,可以将其转化为另一种沉淀的过程,称为沉淀的转化。例如,锅炉的锅垢里含有 $CaSO_4$ 不易去除,可以用 Na_2CO_3 溶液处理,使 $CaSO_4$ 转化为易溶于酸的 $CaCO_3$ 沉淀,达到清除锅垢的目的。

> **知识链接**
>
> #### 含氟牙膏能有效预防龋齿
>
> 人的牙齿表面有一层釉层,其主要组成为羟基磷灰石 $Ca_5(PO_4)_3OH$,是难溶性物质。口腔中残留的食物在酶的作用下,会分解产生乳酸。乳酸的酸性较强,能使羟基磷灰石溶解,使牙齿受到腐蚀,形成龋齿。人们经常使用含氟牙膏刷牙,会具有良好的保健效果。因为含氟牙膏中有 F^-,能取代羟基磷灰石中 OH^-,生成更难溶的氟磷灰石 $Ca_5(PO_4)_3F$（$K_{sp}=1.0\times10^{-60}$）,比羟基磷灰石更能抵抗酸的腐蚀作用,因而能有效保护牙齿,预防龋齿。

（四）分步沉淀

如果溶液中含有两种或两种以上的离子,都能与同一种沉淀剂反应产生沉淀,首先析出的是离子积最先达到溶度积的化合物,然后按先后顺序依次沉淀析出,这一现象称为分步沉淀。

例 6-3 在含有 I^- 和 Cl^- 且浓度均为 0.010mol/L 的混合溶液中,逐滴加入 $AgNO_3$ 溶液,已知 $K_{sp,AgI}=8.52\times10^{-17}$,$K_{sp,AgCl}=1.77\times10^{-10}$,请计算生成 AgI、AgCl 沉淀时,分别所需要 Ag^+ 的浓度,并说明 AgI 和 AgCl 沉淀生成的先后顺序。

解:$[I^-]=[Cl^-]=0.010mol/L$

AgI 开始沉淀所需 Ag^+ 的最低浓度:

$$[Ag^+]=\frac{K_{sp,AgI}}{[I^-]}=\frac{8.52\times10^{-17}}{0.01}=8.52\times10^{-15}mol/L$$

AgCl 开始沉淀所需 Ag^+ 的最低浓度:

$$[Ag^+]=\frac{K_{sp,AgCl}}{[Cl^-]}=\frac{1.77\times10^{-10}}{0.01}=1.77\times10^{-8}mol/L$$

计算结果表明,沉淀 I^- 所需的 Ag^+ 浓度比沉淀 Cl^- 所需的 Ag^+ 浓度小得多,所以 AgI 沉淀先析出。

利用分步沉淀的方法可进行混合离子分离。在矿石开采、冶炼、化工生产、废旧电池处理等领域,常利用分步沉淀处理含多种金属离子的废水,既能有效减少环境污染,又能进一步回收利用其中有价值的贵金属资源。

第二节　沉淀滴定法

以沉淀反应为基础的滴定分析法称为沉淀滴定法。虽然能形成沉淀的反应很多,但能用于沉淀滴定分析的反应并不多。用于沉淀滴定分析的反应必须具备下列条件:①沉淀物的溶解度必须很小;②沉淀反应必须迅速、定量地完成;③沉淀的吸附现象不影响滴定结果和终点的确定;④无副反应发生,反应物之间有明确的化学计量关系;⑤有适当方法指示滴定终点。

目前,应用较为广泛的是一类生成难溶性银盐的反应,适用于测定含 Cl^-、Br^-、I^-、SCN^- 及 Ag^+ 等的化合物,以及经过处理而能定量地产生这些离子的物质。这种利用生成难溶性银盐反应的沉淀滴定法称为银量法。例如:

$$Ag^+ + Cl^- \rightleftharpoons AgCl \downarrow$$

$$Ag^+ + SCN^- \rightleftharpoons AgSCN \downarrow$$

除银量法外,还有其他沉淀滴定法,但应用不广泛,故本节只讨论银量法。

一、确定终点的方法

根据确定滴定终点时所用指示剂的不同,银量法可分为铬酸钾指示剂法、铁铵矾指示剂法及吸附指示剂法三种。

(一) 铬酸钾指示剂法

以铬酸钾(K_2CrO_4)为指示剂的银量法称为铬酸钾指示剂法,又称莫尔法。

1. 测定原理　在中性或弱碱性溶液中,以铬酸钾为指示剂、硝酸银为滴定液,直接测定氯化物或溴化物的含量。例如用硝酸银滴定液测定 Cl^- 含量,其滴定过程反应式如下。

终点前: $Ag^+ + Cl^- \rightleftharpoons AgCl \downarrow$(白色)

终点时: $2Ag^+ + CrO_4^{2-} \rightleftharpoons Ag_2CrO_4 \downarrow$(砖红色)

根据分步沉淀的原理,由于 AgCl 的溶解度(1.33×10^{-5} mol/L)小于 Ag_2CrO_4 的溶解度(6.54×10^{-5} mol/L),在用 $AgNO_3$ 滴定过程中,溶液中首先析出 AgCl 白色沉淀,随着 $AgNO_3$ 溶液的不断加

入，Cl$^-$ 完全被沉淀后，稍过量的 Ag$^+$ 即与 CrO$_4^{2-}$ 反应，达到并超过 Ag$_2$CrO$_4$ 的溶度积 K_{sp} 时，即生成砖红色的 Ag$_2$CrO$_4$ 沉淀，指示滴定终点到达。

2. 滴定条件

(1) 指示剂的用量：指示剂 K$_2$CrO$_4$ 的用量直接影响测定结果的准确度。若指示剂用量过多，AgCl 还未沉淀完全时，即有砖红色的 Ag$_2$CrO$_4$ 沉淀过早生成，终点提前。若指示剂的用量太少，终点滞后，也会影响滴定的准确度。以 AgNO$_3$ 滴定液滴定 Cl$^-$ 为例，讨论指示剂合适的用量。

理论上，根据溶度积原理，在化学计量点时：

$$\left[Ag^+\right]=\left[Cl^-\right]=\sqrt{K_{sp,AgCl}}=\sqrt{1.77\times10^{-10}}=1.33\times10^{-5}mol/L$$

此时，要求恰好生成砖红色的 Ag$_2$CrO$_4$，必须满足：

$$\left[Ag^+\right]^2\left[CrO_4^{2-}\right]=K_{sp,Ag_2CrO_4}=1.12\times10^{-12}$$

则溶液中 CrO$_4^{2-}$ 的浓度为：

$$\left[CrO_4^{2-}\right]=\frac{K_{sp,Ag_2CrO_4}}{\left[Ag^+\right]^2}=\frac{1.12\times10^{-12}}{\left(1.33\times10^{-5}\right)^2}=6.33\times10^{-3}mol/L$$

由于 K$_2$CrO$_4$ 溶液本身呈黄色，如果 K$_2$CrO$_4$ 的浓度大，会影响对终点砖红色 Ag$_2$CrO$_4$ 沉淀的观察。因此实际滴定中，一般是在反应液总体积为 50~100ml 的溶液中，加入 5%（g/ml）K$_2$CrO$_4$ 指示剂 1~2ml 即可。此时，CrO$_4^{2-}$ 的浓度为 (2.6~5.2)×10^{-3}mol/L。

(2) 溶液的酸度：K$_2$CrO$_4$ 指示剂法只能在近中性或弱碱性（pH 6.5~10.5）的溶液中进行。

如果在酸性溶液中，CrO$_4^{2-}$ 转化为 Cr$_2$O$_7^{2-}$，使 CrO$_4^{2-}$ 的浓度降低，导致滴定终点推迟，甚至不能指示终点：

$$2CrO_4^{2-}+2H^+\Longleftrightarrow 2HCrO_4^-\Longleftrightarrow Cr_2O_7^{2-}+H_2O$$

如果溶液碱性太强，则析出 Ag$_2$O 沉淀，影响结果：

$$2Ag^++2OH^-\Longleftrightarrow Ag_2O\downarrow+H_2O$$

另外，滴定不能在氨碱性溶液中，因为 AgCl 和 Ag$_2$CrO$_4$ 均能与 NH$_3$ 发生配位反应生成 $\left[Ag(NH_3)_2\right]^+$ 而溶解，影响滴定准确度。若溶液中有氨存在，必须用酸中和成铵盐，且使溶液 pH 控制在 6.5~7.2 为宜。

(3) 滴定时充分剧烈振摇，使被 AgCl 或 AgBr 沉淀吸附的 Cl$^-$ 或 Br$^-$ 及时释放出来，防止终点提前而产生误差。

(4) 消除干扰离子：凡与 Ag$^+$ 能生成沉淀的阴离子，如 PO$_4^{3-}$、AsO$_4^{3-}$、CO$_3^{2-}$ 和 S^{2-} 等，与 CrO$_4^{2-}$ 能生成沉淀的阳离子，如 Ba^{2+}、Pb^{2+}、Bi^{3+} 等，应预先将其分离或用适当的方法掩蔽。在中性或弱碱性溶液中易发生水解的离子，如 Al^{3+}、Fe^{3+} 等，以及大量 Cu^{2+}、Co^{2+}、Ni^{2+} 等有色离子，均会干扰滴定，应预先分离。

3. 应用范围
本法适用于直接滴定 Cl$^-$、Br$^-$，不适用于滴定 I$^-$ 和 SCN$^-$，因为 AgI 和 AgSCN 沉淀对 I$^-$ 和 SCN$^-$ 具有强烈的吸附作用，从而产生较大的测定误差。

课堂活动
能否用直接滴定法，以铬酸钾作指示剂，用 NaCl 作滴定液滴定 Ag$^+$？请解释原因。

(二) 铁铵矾指示剂法

以铁铵矾$[NH_4Fe(SO_4)_2 \cdot 12H_2O]$为指示剂的银量法称为铁铵矾指示剂法,又称佛尔哈德法。

1. 测定原理 在酸性溶液中,以铁铵矾作为指示剂,用NH_4SCN或$KSCN$溶液作滴定液,测定可溶性银盐和卤素化合物。按滴定方式不同可分为直接滴定法和返滴定法。

(1)直接滴定法:可用于测定Ag^+。在酸性溶液中,以铁铵矾为指示剂,用NH_4SCN或$KSCN$作滴定液,直接滴定样品溶液中的Ag^+,首先生成白色的$AgSCN$沉淀,滴定反应式为:

$$Ag^+ + SCN^- \Longrightarrow AgSCN \downarrow (白色)$$

到达化学计量点时,稍微过量的SCN^-便和溶液中的Fe^{3+}发生配位反应生成红色的配合物指示终点的到达,反应式为:

$$Fe^{3+} + SCN^- \Longrightarrow [Fe(SCN)]^{2+} (红色)$$

(2)返滴定法:可用于测定卤素离子。先用准确过量的$AgNO_3$滴定液将样品溶液中的卤素离子全部沉淀,再以铁铵矾作指示剂,用NH_4SCN或$KSCN$滴定液滴定剩余的$AgNO_3$。例如测定Cl^-含量时,其滴定反应式如下。

滴定前:$Ag^+(过量、定量) + Cl^- \Longrightarrow AgCl \downarrow (白色)$

终点前:$Ag^+(剩余量) + SCN^- \Longrightarrow AgSCN \downarrow (白色)$

终点时:$Fe^{3+} + SCN^- \Longrightarrow [Fe(SCN)]^{2+} (红色)$

> **案例分析**
>
> **盐酸丙卡巴肼的含量测定**
>
> **案例:** 抗肿瘤药盐酸丙卡巴肼($C_{12}H_{19}N_3O \cdot HCl$)临床常用于治疗霍奇金病、恶性淋巴瘤、骨髓瘤、黑色素瘤、脑瘤、肺癌等,规定按干燥品计算,含$C_{12}H_{19}N_3O \cdot HCl$不得少于98.0%,否则为不合格产品。质量检查中必须进行盐酸丙卡巴肼中$C_{12}H_{19}N_3O \cdot HCl$含量的测定。
>
> **分析:** $C_{12}H_{19}N_3O \cdot HCl$在一定条件下能与$AgNO_3$溶液定量发生反应,其含量可用铁铵矾指示剂法测定。依据现行版《中国药典》规定,具体测定方法如下:取本品约0.25g,精密称定,加水50ml溶解后,加硝酸3ml,精密加硝酸银滴定液(0.1mol/L)20ml,再加邻苯二甲酸二丁酯约3ml,强力振摇后,加硫酸铁铵指示液2ml,用硫氰酸铵滴定液(0.1mol/L)滴定,并将滴定的结果用空白试验校正。每1ml硝酸银滴定液(0.1mol/L)相当于25.78mg的$C_{12}H_{19}N_3O \cdot HCl$。

---

2. 滴定条件

(1)指示剂的用量:为使终点颜色易于观察,铁铵矾指示剂的浓度应控制适当。实验证明,在反应液总体积为50~100ml的溶液中,加入10%铁铵矾指示剂2ml,终点颜色变化较为清楚。

(2)溶液的酸度:为了防止Fe^{3+}的水解,应在0.1~1mol/L HNO_3酸性溶液中进行滴定,同时也可避免PO_4^{3-}、CO_3^{2-}及S^{2-}等弱酸根离子的干扰。

(3)充分振摇:直接滴定法操作过程中,始终要充分振摇,以防止生成的$AgSCN$沉淀吸附被测Ag^+,致使滴定终点提前;使用返滴定法测定时,开始一段时间要充分振摇,防止生成的沉淀吸附Ag^+,接近终点时,要轻轻摇动,以防止沉淀转化。

(4)分离干扰离子：强氧化剂、铜盐、汞盐等能与 SCN^- 发生反应，干扰测定，应预先除去。

(5)防止沉淀转化：使用返滴定法测定 Cl^- 含量时，因 AgCl 的溶解度（$1.33 \times 10^{-5}mol/L$）大于 AgSCN 的溶解度（$1.1 \times 10^{-6}mol/L$），滴定过程中，AgCl 沉淀可能部分转化为 AgSCN 沉淀，其转化反应为：

$$AgCl + SCN^- \rightleftharpoons AgSCN \downarrow + Cl^-$$

此转化反应将使 $[Fe(SCN)]^{2+}$ 不能及时生成，造成较大的滴定误差。为避免沉淀的转化，可采取下列措施。

1）向待测溶液中加入过量的 $AgNO_3$ 滴定液后，将生成的 AgCl 沉淀滤去，并用稀 HNO_3 充分洗涤沉淀，将洗液与滤液合并，再用 NH_4SCN 滴定液滴定其中过量的 Ag^+。但这一方法需要过滤和洗涤，操作烦琐。

2）在用 NH_4SCN 滴定液回滴前，向待测溶液中加入一定量的硝基苯等有机溶剂，并剧烈振摇，使 AgCl 沉淀表面覆盖上一层有机溶剂，减少 AgCl 沉淀与溶液接触，防止转化。这一方法较简便，但硝基苯毒性较强。

在测定 Br^- 或 I^- 时，由于 AgBr 和 AgI 的溶解度都小于 AgSCN，故不会发生沉淀转化反应，所以不必洗涤沉淀或加入有机溶剂。

另外，在测定 I^- 时，应先加入过量的 $AgNO_3$ 滴定液，再加铁铵矾指示剂，以防止 Fe^{3+} 与 I^- 发生氧化还原反应析出 I_2（$2Fe^{3+} + 2I^- \rightleftharpoons 2Fe^{2+} + I_2$），造成较大的误差。

3. 应用范围 以铁铵矾作指示剂，用直接滴定方式可测定 Ag^+，用返滴定方式可测定 Cl^-、Br^-、I^-、SCN^- 等。

（三）吸附指示剂法

以吸附指示剂为指示剂的银量法称为吸附指示剂法，又称法扬斯法。以硝酸银为滴定液，用吸附指示剂确定滴定终点，可以测定卤化物和硫氰酸盐的含量。

1. 测定原理 吸附指示剂是一类有机染料，在溶液中能解离出有色离子，当被带相反电荷的胶状沉淀吸附后，发生结构的改变而引起颜色的变化，以此指示滴定终点。例如，以荧光黄为指示剂，$AgNO_3$ 滴定液测定 Cl^- 时的作用原理如下：

荧光黄是一种有机弱酸，用 HFIn 表示，在溶液中存在如下解离平衡：

$$HFIn \rightleftharpoons FIn^-（黄绿色）+ H^+ \quad pK_a = 7.00$$

卤化银为凝乳胶体沉淀，有较强的吸附能力，尤其容易优先吸附与卤化银本身组成相同的离子。在化学计量点前，溶液中 Cl^- 过量，AgCl 胶粒优先吸附 Cl^- 而形成带负电荷的 $AgCl \cdot Cl^-$ 胶粒，此时 FIn^- 不被吸附，溶液呈现 FIn^- 的黄绿色。在终点时，微过量的 $AgNO_3$ 滴定液使 AgCl 胶粒优先吸附 Ag^+，而形成带正电荷的 $AgCl \cdot Ag^+$ 胶粒，异电荷的静电作用使 $AgCl \cdot Ag^+$ 胶粒强烈吸附指示剂的 FIn^-。FIn^- 被吸附后，结构发生变化而呈现粉红色，从而指示滴定到达终点。此滴定过程反应如下。

终点前：$Ag^+ + Cl^- \rightleftharpoons AgCl \downarrow$（白色）

$AgCl + Cl^- + FIn^- \rightleftharpoons AgCl \cdot Cl^- + FIn^-$（黄绿色）

终点时：$AgCl·Ag^+ + FIn^- \rightleftharpoons AgCl·Ag^+·FIn^-$（粉红色）

2. 滴定条件

（1）加入胶体保护剂：由于吸附指示剂是因为被吸附在沉淀表面而变色，为了使沉淀保持胶状具有较大的吸附表面，终点颜色变化敏锐，常加入糊精、淀粉等高分子化合物作为胶体保护剂，防止卤化银沉淀凝聚。

（2）控制适宜酸度：吸附指示剂多为有机弱酸，而起指示剂作用的主要是其阴离子，为了使指示剂主要以阴离子形式存在，必须控制适宜的酸度，有利于指示剂的解离。不同指示剂适宜的酸度与指示剂的解离常数 K_a 的大小有关，K_a 值越大，允许的酸度越高。常用的几种吸附指示剂 pH 适用范围如表 6-1 所示。

（3）选择吸附力适当的指示剂：沉淀对指示剂的吸附能力要略小于对被测离子的吸附能力。若沉淀对指示剂离子的吸附力大于对被测离子的吸附力，终点颜色将提前出现。但沉淀对指示剂离子的吸附力也不能太弱，否则将导致终点推迟或变色不敏锐。卤化银胶体沉淀对卤素离子和几种常用吸附指示剂的吸附能力的大小次序为：$I^- >$ 二甲基二碘荧光黄 $> Br^- >$ 曙红 $> Cl^- >$ 荧光黄。

因此，测定 Cl^- 时，只能用荧光黄；测定 Br^- 时，宜选用曙红；测定 I^- 时，则用二甲基二碘荧光黄或曙红。

（4）避免在强光下进行滴定：卤化银胶体沉淀见光易分解为黑色金属银，溶液很快变黑色或灰色，影响终点的观察。

3. 应用范围　吸附指示剂法可用于 Cl^-、Br^-、I^-、SCN^-、SO_4^{2-} 等的测定。常用的吸附指示剂及其适用范围和条件如表 6-1 所示。

表 6-1　常用的吸附指示剂

指示剂名称	待测离子	滴定液	适用的 pH 范围
荧光黄	Cl^-	Ag^+	7~8
二氯荧光黄	Cl^-	Ag^+	5~8
曙红	Br^-、I^-、SCN^-	Ag^+	3~8
溴甲酚绿	SCN^-	Ag^+	4~5
甲基紫	SO_4^{2-}、Ag^+	Ba^{2+}、Cl^-	1.5~3.5
溴酚蓝	Hg_2^{2+}	Cl^-	1
二甲基二碘荧光黄	I^-	Ag^+	中性

二、滴定液

银量法中常用的滴定液为 $AgNO_3$ 和 NH_4SCN（或 KSCN）溶液。若用纯度高的基准试剂 $AgNO_3$，可直接配制滴定液并计算其浓度，若使用一般市售的硝酸银，应使用间接配制法。NH_4SCN 和 KSCN 易潮解，因此只能使用间接法配制。

> 课 堂 活 动
> 如何用吸附指示剂法测定氯化钠注射液中 NaCl 的含量？

(一) 0.1mol/L AgNO₃ 滴定液的配制和标定

1. 配制 取硝酸银 17.5g,加水适量使溶解成 1 000ml,摇匀。

2. 标定 取在 110℃干燥至恒重的基准氯化钠约 0.2g,精密称定,加水 50ml 使溶解,再加 2% 糊精溶液 5ml、碳酸钙 0.1g 与荧光黄指示液 8 滴,用待标定溶液滴定至浑浊液由黄绿色变为微红色。根据溶液的消耗量与氯化钠的取用量,按照下式计算出溶液的浓度:

$$c_{AgNO_3} = \frac{m_{NaCl}}{M_{NaCl} V_{AgNO_3}} \times 10^3$$

式中,c_{AgNO_3} 为硝酸银滴定液的浓度,mol/L;m_{NaCl} 为基准物质氯化钠的质量,g;V_{AgNO_3} 为滴定消耗硝酸银滴定液的体积,ml;M_{NaCl} 为氯化钠的摩尔质量,g/mol。

标定时选用的方法最好与样品测定法相同,以消除方法误差。如实验需要使用 0.01mol/L 硝酸银滴定液时,可取 0.1mol/L 硝酸银滴定液在临用前加水稀释制成。

3. 贮藏 置于带玻璃塞的棕色玻璃瓶中,密闭、避光保存。

(二) 0.1mol/L NH₄SCN 滴定液的配制和标定

1. 配制 取硫氰酸铵 8.0g,加水适量使溶解成 1 000ml,摇匀。

2. 标定 精密量取 0.1mol/L AgNO₃ 标准溶液 25ml,加水 50ml、硝酸 2ml 与铁铵矾指示剂 2ml,用待标定溶液滴定至显淡红棕色,经剧烈振摇不褪色即为终点,根据消耗量算出浓度即可,公式如下:

$$c_{NH_4SCN} = \frac{c_{AgNO_3} \times V_{AgNO_3}}{V_{NH_4SCN}}$$

式中,c_{NH_4SCN} 为硫氰酸铵滴定液的浓度,mol/L;V_{NH_4SCN} 为硫氰酸铵滴定液的体积,ml;c_{AgNO_3} 为硝酸银标准溶液的浓度,mol/L;V_{AgNO_3} 为滴定消耗硝酸银标准溶液的体积,ml。

配制和标定 0.1mol/L KSCN 滴定液的方法与上述方法类似。

3. 贮藏 置于试剂瓶中密闭保存。

边 学 边 练

现有用间接法配制的 0.1mol/L AgNO₃ 滴定液,运用吸附指示剂法进行标定,基准物质 NaCl 质量为 0.207 8g,滴定消耗 AgNO₃ 滴定液体积为 12.09ml,试计算 AgNO₃ 滴定液的浓度。

三、应用示例

在药物检验分析领域,银量法常用于测定无机卤化物(如氯化钠、氯化钾等)、有机卤化物(如普罗碘铵、胆茶碱、碘他拉酸等)、能与银盐形成难溶化合物的物质(如巴比妥类药物)的含量。

有机卤化物中卤素与分子结合很牢固,必须经过适当的处理使有机卤素转变为卤素离子后再用银量法测定。例如,盐酸氮芥($C_5H_{11}Cl_2N \cdot HCl$)是一种抗肿瘤药,可制成注射液,依据现行版《中国药典》的规定,在进行含量测定时,要将盐酸氮芥样品与氢氧化钾的乙醇溶液加热回流充分反应,释放出 Cl⁻,再运用铁铵矾指示剂法进行返滴定法测定。

《中国药典》还规定,碘番酸($C_{11}H_{12}I_3NO_2$)和胆影酸($C_{20}H_{14}I_6N_2O_6$)均可采用吸附指示剂法进行含量测定。

此外,银量法在水质检验、食品检验、化工生产等方面也有广泛应用。

例 6-4 准确量取生理盐水(氯化钠溶液)10.00ml,加水 40ml,再加 2% 糊精溶液 5ml、2.5% 硼砂溶液 2ml 和荧光黄指示剂 5~8 滴,用 0.103 0mol/L 的硝酸银滴定液滴定至终点,消耗滴定液 15.17ml,试计算生理盐水的质量浓度。

解:
$$\rho_{NaCl} = \frac{m_{NaCl}}{V_{NaCl}} = \frac{c_{AgNO_3} \times V_{AgNO_3} \times M_{NaCl}}{V_{NaCl}} = \frac{0.103\ 0 \times 15.17 \times 58.44}{10.00} = 9.13g/L$$

点滴积累

三种银量法的特征比较见表 6-2。

表 6-2 三种银量法的特征比较

方法	铬酸钾指示剂法（莫尔法）	铁铵矾指示剂法（佛尔哈德法）	吸附指示剂法（法扬斯法）
滴定原理	在中性或弱碱性溶液中,以铬酸钾为指示剂,以硝酸银为滴定液,直接测定氯化物或溴化物的含量	以铁铵矾溶液作为指示剂的银量法,可分为直接滴定法和返滴定法	以吸附指示剂作为指示剂的银量法
指示剂	K_2CrO_4	铁铵矾	吸附指示剂
滴定液	$AgNO_3$	NH_4SCN 或 $KSCN$	Cl^- 或 $AgNO_3$
指示剂的作用原理	沉淀反应	配位反应	物理吸附导致指示剂结构变化
滴定条件	1. 指示剂的用量 2. 中性或弱碱性 3. 充分剧烈振摇 4. 消除干扰离子	1. 指示剂的用量 2. 适宜的酸度(硝酸溶液) 3. 充分振摇 4. 分离干扰离子 5. 防止沉淀转化	1. 加入胶体保护剂 2. 有利于指示剂解离的酸度 3. 选择吸附力适当的指示剂 4. 避免强光
测定对象	Cl^-、Br^-、Ag^+ 等	用直接滴定法测定 Ag^+,用返滴定法测定 Cl^-、Br^-、I^-	Cl^-、Br^-、I^-、SCN^-、SO_4^{2-} 等

ER 6-3

习题

ER 6-4

复习导图

目标检测

一、简答题

1. 溶度积常数的意义是什么?溶解度和溶度积有何联系?

2. 为什么银量法在滴定过程中要尽量避免强光照射?

3. 以下测定中,分析结果会出现较大误差,请解释原因。

(1) 在 pH=4 或 pH=11 时,以铬酸钾指示剂法测定 Cl⁻。

(2) 用铁铵矾指示剂法测定 Cl⁻ 或 Br⁻,未加硝基苯。

(3) 用吸附指示剂法测定 Cl⁻,选用曙红为指示剂。

二、计算题

1. 称取 NaCl 样品 0.124 8g,以 K_2CrO_4 作指示剂,用 0.105 0mol/L $AgNO_3$ 滴定液滴定至终点,用去 20.08ml,计算 NaCl 样品的含量。

2. 称取 NaCl 基准试剂 0.117 0g,溶解后加入 30.00ml $AgNO_3$ 滴定液,过量的 $AgNO_3$ 需要 3.30ml NH_4SCN 滴定液滴定至终点。已知 20.00ml $AgNO_3$ 滴定液与 21.00ml NH_4SCN 滴定液能完全作用,计算 $AgNO_3$ 和 NH_4SCN 溶液的浓度各为多少。

3. 现有含 LiCl 和 NaBr 的混合物样品 0.700 0g,加入 52.00ml 0.203 0mol/L 的 $AgNO_3$ 滴定液彻底与之反应,过量的 $AgNO_3$ 以铁铵矾为指示剂,用 0.100 8mol/L NH_4SCN 滴定液滴定至终点,消耗了 NH_4SCN 滴定液 24.85ml,计算 NaBr 的含量。

三、实例分析

1. 碘解磷定($C_7H_9IN_2O$)可作为解毒药,制成注射剂,用于解救多种有机磷酸酯类杀虫剂的中毒。现行版《中国药典》规定其总碘量可运用银量法进行测定,精密称定样品约 0.5g,加水 50ml 溶解后,加稀醋酸 10ml 与曙红指示剂 10 滴,用 0.1mol/L 硝酸银滴定液滴定至溶液由玫瑰红色转变为紫红色。请解释为何使用曙红指示剂,能否用荧光黄指示剂代替?

2. 二巯丁二钠($C_4H_4Na_2O_4S_2$)为金属中毒解毒药,具有治疗铅、汞等重金属引起的急性或慢性中毒的作用。现行版《中国药典》规定其含量测定使用铁铵矾指示剂法进行返滴定,试说明测定原理和具体方法。

实训十一　生理盐水中氯化钠含量的测定

【实训目的】

1. **掌握**　铬酸钾指示剂法测定氯化钠含量的原理和方法。
2. **熟悉**　滴定分析基本操作,养成良好的实验习惯。
3. **学会**　正确记录和处理实验数据。

【实训原理】

在医药领域,氯化钠常被制成生理盐水、氯化钠注射剂,主要用于人体内电解质的补充。氯化钠分布在细胞外液中,对维持体液的渗透压和调节水分平衡起着重要作用。

本实训采用铬酸钾指示剂法,用$AgNO_3$滴定液测定生理盐水中氯化钠的含量,由于$AgCl$的溶解度小于Ag_2CrO_4的溶解度,当Cl^-被定量反应完全后,稍过量的Ag^+即与CrO_4^{2-}反应生成砖红色的Ag_2CrO_4沉淀,滴定反应如下。

终点前:$Ag^+ + Cl^- \rightleftharpoons AgCl \downarrow$(白色)

终点时:$2Ag^+ + CrO_4^{2-} \rightleftharpoons Ag_2CrO_4 \downarrow$(砖红色)

按下式计算试样中NaCl的含量:

$$\rho_{NaCl} = \frac{c_{AgNO_3} V_{AgNO_3} M_{NaCl}}{V_{生理盐水}}$$

【 仪器和试剂 】

1. **仪器** 电子分析天平、烧杯、锥形瓶、棕色容量瓶、量筒、棕色酸式滴定管。
2. **试剂** $AgNO_3$基准固体试剂、生理盐水样品、5% K_2CrO_4指示剂。

【 实训步骤 】

1. **0.1mol/L $AgNO_3$滴定液的配制** 精密称取已烘干至恒重的纯净$AgNO_3$约4.3g,置于洁净的小烧杯中,加入纯化水30ml,振摇使其溶解。定量转入250.00ml棕色容量瓶中,加纯化水稀释至标线,充分摇匀。按下式计算$AgNO_3$滴定液的浓度:

$$c_{AgNO_3} = \frac{m_{AgNO_3} \times 10^3}{M_{AgNO_3} V_{AgNO_3}}$$

如用一般市售的$AgNO_3$固体试剂配制,则需要用间接法配制后,以NaCl为基准物标定后计算浓度,标定方法最好也采用铬酸钾指示剂法。

2. **氯化钠含量的测定** 精密量取生理盐水样品10.00ml,置于250ml锥形瓶中,加纯化水40ml,再加入5% K_2CrO_4指示剂1ml,在充分振摇下用$AgNO_3$滴定液滴定到刚好能辨认出砖红色即为终点,记录消耗$AgNO_3$滴定液的体积。平行测定3次。

另取30.00ml纯化水按上述同样操作进行空白试验,计算时应扣除空白试验所消耗$AgNO_3$滴定液的体积。按下式计算试样中NaCl的含量:

$$\rho_{NaCl} = \frac{c_{AgNO_3} \times \left[V_{AgNO_3} - V_{空白} \right] \times M_{NaCl}}{10.00}$$

【 注意事项 】

1. 实训前,滴定管先用纯化水淌洗,再用少量的滴定液淌洗2~3次,防止滴定液被稀释。
2. 硝酸银见光易析出金属银,故需要保存在棕色试剂瓶中,如果贮存时间过久,应重新标定再使用。硝酸银若与有机物接触,则发生还原作用,加热颜色变黑,故勿使硝酸银与皮肤接触。

3. 实训结束后,盛装 $AgNO_3$ 溶液的滴定管应先用纯化水冲洗 2~3 次,再用自来水冲洗,以免产生 AgCl 沉淀,难以洗净。含银废液应予以回收,不能随意倒入水槽。

【思考题】

1. 滴定过程中为何要求充分振摇锥形瓶?
2. 为何进行空白试验? K_2CrO_4 溶液的用量及浓度大小对测定结果有何影响?
3. 本实训可否用荧光黄代替 K_2CrO_4 作指示剂? 为什么?

【实训记录】

见表 6-3。

表 6-3 实训十一的实训记录

项目	第 1 次	第 2 次	第 3 次
$c_{AgNO_3}/(mol/L)$			
$V_{空白}/ml$			
V_{AgNO_3}/ml			
$\rho_{NaCl}/(g/L)$			
$\overline{\rho}_{NaCl}/(g/L)$			
$R\overline{d}$			

(曾 诺)

第七章 配位平衡与配位滴定法

ER 7-1
第七章
配位平衡与
配位滴定法
（课件）

1. **掌握** 配位化合物的概念、组成、命名及类型；配位平衡的基本规律及影响因素；EDTA 的结构、性质及其与金属离子的配位特性；配位滴定法的基本原理、方法及应用。
2. **熟悉** 配位滴定的条件稳定常数及滴定条件的选择；常用的金属指示剂。
3. **了解** 配位滴定的掩蔽和解蔽作用；配位化合物在药学中的应用。

配位化合物与酸、碱、盐等简单化合物不同，其组成和结构都较为复杂，因结构中存在着配位键，故称为配位化合物，简称"配合物"。配位化合物通常由金属离子与某些中性分子或阴离子通过配位反应而生成。

配位化合物是与生命体和医药学关系非常密切的一类重要化合物。例如，人体中的血红素是铁的配合物，人体内必需的微量金属元素多以配合物的形式存在，生物体中起特殊催化作用的各种酶也几乎都以配合物的形式存在；在医药学上，有一些治疗疾病的药物也是配合物，如重金属解毒剂依地酸钙钠、抗肿瘤的铂类药物等。

配位滴定法是以配位反应为基础的滴定分析法，在药物分析、新药研发等方面有着广泛的应用。在现行版《中国药典》中许多含有金属离子的药物（如葡萄糖酸钙、葡萄糖酸锌等）常采用配位滴定法测定其含量。

情景描述：

在生产生活中需要对水质进行检测，常见的水质检测指标之一就是硬度，水的硬度是指溶解于水中的钙盐和镁盐的含量。水中的钙盐和镁盐的含量越高，表示硬度越大。硬度过高可能会导致管道结垢，影响水的口感和洗涤效果等。因此需要对水的硬度进行检测。配位滴定法是测定水硬度的经典方法。

学前导语：

配位滴定法除了可以测量水的硬度，还可测量很多药物的含量。本章主要介绍有关配合物的基本知识、配位平衡的移动、配位滴定法的原理及其应用。

第一节 配位化合物

一、配位化合物的定义

在 $CuSO_4$ 溶液中滴加氨水,生成天蓝色絮状沉淀,再继续加入过量的氨水,最终得到深蓝色的溶液。用乙醇处理后,有深蓝色的结晶析出,科学家用 X 射线对这种结晶进行分析,发现其组成为 $[Cu(NH_3)_4]SO_4$。该晶体中除 SO_4^{2-} 外,存在一种由 1 个 Cu^{2+} 和 4 个 NH_3 以配位键结合的复杂离子 $[Cu(NH_3)_4]^{2+}$,此离子具有特殊的稳定性。

$$CuSO_4+4NH_3 \rightleftharpoons [Cu(NH_3)_4]SO_4$$

$$[Cu(NH_3)_4]SO_4 \rightleftharpoons [Cu(NH_3)_4]^{2+}+SO_4^{2-}$$

由金属离子或原子与一定数目的中性分子或阴离子以配位键结合形成的复杂离子称为配离子,如 $[Cu(NH_3)_4]^{2+}$、$[Ag(CN)_2]^-$、$[HgI_4]^{2-}$ 等。若形成的是复杂分子,则称为配位分子,如 $[PtCl_2(NH_3)_2]$、$[Ni(CO)_4]$ 等。含有配离子或配位分子的化合物称为配位化合物,简称"配合物",如 $[Cu(NH_3)_4]SO_4$、$K_2[HgI_4]$、$[Ni(CO)_4]$ 等。

> **知识链接**
>
> ### 铂类抗肿瘤药
>
> 1965 年,美国科学家 Rosenberg 发现顺 - $[PtCl_2(NH_3)_2]$(简称"顺铂")能够抑制细菌的分裂,由此想到能否用于抑制癌细胞的分裂。动物实验证实了这一想法。研究表明,顺铂不仅能抑制实验动物的肿瘤,而且对人体肿瘤也一样,尤其是对人体生殖泌尿系统、头颈部以及其他软组织的恶性肿瘤有显著疗效。顺铂之所以能够抑制癌变,是由于其中的 $Pt(II)$ 能与癌细胞核中的脱氧核糖核酸(DNA)上的碱基结合,从而破坏了遗传信息的复制和转录等过程,抑制了癌细胞的分裂。1969 年,顺铂开始应用于临床,随后又有毒副作用低、疗效更高的卡铂、奥沙利铂、奈达铂、乐铂等铂类抗肿瘤药被应用于临床。目前,含铂药物联合化疗法是治疗恶性肿瘤的主要手段之一。

二、配位化合物的组成

配合物一般由内界和外界两部分组成,内界和外界之间以离子键结合。内界又称配离子,在化学式中写在方括号内,由中心原子与一定数目的中性分子或阴离子以配位键结合形成。外界是与配离子带相反电荷的其他离子,又称外界离子。有些配合物只有内界,没有外界,如配位分子 $[Pt(NH_3)_2Cl_2]$、$[Fe(CO)_5]$ 等。

现以 $[Cu(NH_3)_4]SO_4$ 为例说明配合物的组成,其组成可表示为:

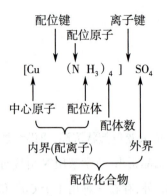

1. 中心原子 在配离子或配位分子中,接受孤对电子的阳离子或原子统称为中心原子。中心原子又称为配合物的形成体,位于内界的中心。常见的中心原子多为副族的金属离子或原子。如 $[Cu(NH_3)_4]^{2+}$ 的中心原子为 Cu^{2+},$[Fe(CO)_5]$ 的中心原子为 Fe,$[Fe(CN)_6]^{3-}$ 的中心原子为 Fe^{3+}。

2. 配位体和配位原子 配合物中与中心原子以配位键结合的中性分子或阴离子称为配位体,简称"配体"。常见的配位体如表 7-1 所示。提供配体的物质称为配位剂,如 KCN、NaOH 等。有些配位剂本身就是配体,如 NH_3、H_2O 等。配体中提供孤对电子与中心原子形成配位键的原子称为配位原子,如 H_2O 中的 O 原子、NH_3 中的 N 原子。配位原子通常是电负性较大的非金属元素的原子,如 F、Cl、Br、I、N、O、S、C 等。

表 7-1 常见的配位体

配位体名称	配位体化学式	齿数
卤离子	$:F^-$ $:Cl^-$ $:Br^-$ $:I^-$	1
氢氧根	$:OH^-$	1
氰根	$:CN^-$	1
硫氰酸根	$:SCN^-$	1
亚硝酸根	$:ONO^-$	1
氨	$:NH_3$	1
水	$H_2O:$	1
一氧化碳	$:CO$	1
一氧化氮	$NO:$	1
乙二胺	$H_2\ddot{N}CH_2CH_2\ddot{N}H_2$	2
乙二胺四乙酸	$CH_2\ddot{N}(CH_2CO\ddot{O}H)_2$ $\|$ $CH_2\ddot{N}(CH_2CO\ddot{O}H)_2$	6

根据 1 个配体中所含配位原子数目的不同,可将配体分为单齿配体和多齿配体。只含有 1 个配位原子的配体称为单齿配体,例如 NH_3、H_2O、CO、CN^-、OH^-、Cl^- 等。含有 2 个或 2 个以上配位原子的配体称为多齿配体,如乙二胺($H_2NCH_2CH_2NH_2$,简写为 en)中含 2 个配位原子,为二齿配体;乙二胺四乙酸(简称 EDTA)中含 6 个配位原子,为六齿配体。

3. 配体数和配位数 配体数指的是在配合物中与中心原子或离子直接结合的配体的总数。而配位数是指在配合物中,与中心原子结合成键的配位原子的数目,一般常见的是 2、4、6。如果配合物的配体全部是单齿配体,那么中心原子的配位数与配体数相等;如果有多齿配体,则配位数与配体数不相等。如 $K_4[Fe(CN)_6]$ 中 CN^- 是单齿配体,配位数和配体数都是 6;而 $[Cu(en)_2]^{2+}$ 中配位体 en 是二齿配体,因此 Cu^{2+} 的配位数是 4 而不是 2。若配位体有两种或两种以上,则配位数是配位原子数之和,如 $[Pt(NO_2)_2(NH_3)_4]Cl_2$ 中 Pt^{4+} 的配位数是 6。

4. 配离子的电荷 配离子的电荷等于中心原子与配位体电荷的代数和。例如,在 $[Cu(NH_3)_4]SO_4$ 中,配离子的电荷为 +2,写作 $[Cu(NH_3)_4]^{2+}$;在 $K_4[Fe(CN)_6]$ 中,配离子的电荷为 -4,写作 $[Fe(CN)_6]^{4-}$。若已知配离子和配体的电荷,也可推算出中心原子的氧化数。

由于配合物是电中性的,也可根据外界离子的电荷来确定配离子的电荷,如 $K_3[Fe(CN)_6]$ 和 $K_4[Fe(CN)_6]$ 中,配离子的电荷分别为 -3 和 -4。

案例分析

铅中毒的解毒药依地酸钙钠

案例:某男性患者因恶心、呕吐、腹痛等多种不适症状去医院就诊,经检查,被诊断为无机铅中毒,医师立即给患者静脉滴注依地酸钙钠注射液,治疗后患者的不适症状很快得到改善。

分析:依地酸钙钠为配位剂,能与多种金属离子结合成稳定的可溶性配合物,由尿液排出。依地酸钙钠主治铅、镉、锰、铬、镍、钴、铜等中毒及放射性元素镭、钚、钍、铀等中毒,尤其对无机铅中毒治疗效果更佳。本品不能螯合钙离子,故不导致人体产生低钙反应,临床上主要采用肌内注射或静脉给药。

三、配位化合物的命名

配合物的命名与一般无机化合物的命名原则相似,如下所示。

1. 配合物的命名顺序 阴离子名称在前,阳离子名称在后,命名为"某化某"、"某酸"、"氢氧化某"和"某酸某"等。

2. 配离子的命名顺序 配位体数目(中文数字表示)+配位体名称+合+中心原子名称+中心原子氧化数(罗马数字表示)。

3. 配位体的命名顺序 若有多种配体时,不同配体用圆点"·"分开。命名时,一般先无机配体,后有机配体(复杂配体写在圆括号内,以免混淆);先阴离子,后中性分子;同类配体时,按配位原子元素符号的英文字母顺序排列。

例如:

$[Ag(NH_3)_2]^+$	二氨合银(I)配离子
$[Fe(CN)_6]^{3-}$	六氰合铁(III)配离子
$[Zn(NH_3)_4]SO_4$	硫酸四氨合锌(II)
$K_3[Fe(CN)_6]$	六氰合铁(III)酸钾
$[Cu(NH_3)_4](OH)_4$	氢氧化四氨合铜(II)

$[Ni(CO)_4]$	四羰基合镍(0)
$H_2[PtCl_6]$	六氯合铂(Ⅳ)酸
$[CrCl_2(H_2O)_4]Cl$	一氯化二氯·四水合铬(Ⅲ)
$[Co(NH_3)_5(H_2O)]Cl_3$	三氯化五氨·一水合钴(Ⅲ)

对于一些常见的配离子和配合物还可用习惯名称,如 $[Cu(NH_3)_4]^{2+}$ 称铜氨配离子,$K_3[Fe(CN)_6]$ 称铁氰化钾(赤血盐),$K_4[Fe(CN)_6]$ 称亚铁氰化钾(黄血盐)等。

边 学 边 练

写出 $[Co(NH_3)_6]Cl_3$、$[HgI_4]^{2-}$、$[Pt(NH_3)_2Cl_2]$、$K_4[Fe(CN)_6]$ 的名称,并指出其内界、中心原子、配位体、配位原子、配位数。

四、配位化合物的类型

1. 简单配合物 由 1 个中心原子与若干个单齿配体所形成的配合物称为简单配合物。如 $[Cu(NH_3)_4]SO_4$、$[Ag(NH_3)_2]Cl$ 等。简单配合物中无环状结构,在溶液中通常是逐级形成和逐级解离。

2. 螯合物 由中心原子与多齿配体形成的具有环状结构的配合物称为螯合物。能形成螯合物的多齿配体称为螯合剂。如螯合剂乙二胺(en)与 Cu^{2+} 形成的 $[Cu(en)_2]^{2+}$ 的结构式为:

$$\left[\begin{array}{c} CH_2-NH_2 \\ | \\ CH_2-NH_2 \end{array} \xrightarrow{\quad} Cu \xleftarrow{\quad} \begin{array}{c} H_2N-CH_2 \\ | \\ H_2N-CH_2 \end{array}\right]^{2+}$$

目前,应用最广泛的螯合剂是乙二胺四乙酸及其二钠盐,简称 EDTA,其结构式为:

$$\begin{array}{c} HOOCH_2C \\ HOOCH_2C \end{array}\Big\rangle N-CH_2-CH_2-N\Big\langle\begin{array}{c} CH_2COOH \\ CH_2COOH \end{array}$$

EDTA 分子中的 4 个羧基中的氧原子和 2 个氨基中的氮原子都可作为配位原子与中心原子形成配位键,形成多个五元环的螯合物,因此配位能力很强。EDTA 几乎能与所有的金属离子形成稳定的螯合物,如 EDTA 与 Ca^{2+} 形成的 CaY^{2-} 的结构,如图 7-1 所示。

螯合物因为其环状结构的生成而具有特殊稳定性的作用称为螯合效应。通常螯合物中的五元环或六元环越多,其螯合效应越大,螯合物的稳定性也越强。

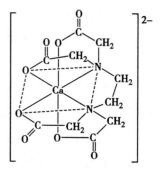

图 7-1 CaY^{2-} 的结构

知识链接

配位化学的发展

历史上记载最早的配合物是普鲁士人在寻找染料时发现的 $Fe_4[Fe(CN)_6]_3$,故称为普鲁士蓝。最早引起人们研究兴趣的是 1798 年法国化学家发现的第一个钴氨配合物 $[Co(NH_3)_6]Cl_3$。配位化学的真正发展是从 19 世纪末开始的,瑞士化学家维尔纳提出了著名的维尔纳配位学说,为配位化学的创立和发展奠定了基础。近几十年来,配位化学获得了迅速的发展,并已形成了一门内容丰富、成果丰硕的学科。在整个化学领域内,配位化学已成为不可缺少的组成部分。

点滴积累

1. 含有配离子的化合物或配位分子称为配位化合物,简称"配合物";由中心原子与多齿配体形成的具有环状结构的配合物称为螯合物。
2. 配合物一般由内界和外界两部分组成(也有一些配合物只有内界),内界和外界之间以离子键结合,内界中的中心原子与配位原子之间以配位键结合。
3. 配合物中与中心原子以配位键结合的中性分子或阴离子称为配位体,简称"配体";配体分为单齿配体和多齿配体两类。

第二节　配位平衡

一、配位化合物的稳定常数

在配合物中,配离子和外界离子间以离子键结合,在溶液中能完全解离。而在配离子中,中心原子和配体间以配位键结合,比较稳定,很难解离。因此,讨论配合物的稳定性主要是指配离子的稳定性。

如前所述,在 $[Cu(NH_3)_4]SO_4$ 溶液中加入稀 NaOH,无 $Cu(OH)_2$ 沉淀生成,但加入 Na_2S 溶液时,则有黑色的 CuS 沉淀生成,说明溶液中存在少量的 Cu^{2+}。可见,配离子的稳定性是相对的,在生成配离子的同时,也存在着配离子的解离。如 $[Cu(NH_3)_4]^{2+}$ 在溶液中存在下列配位平衡:

$$Cu^{2+}+4NH_3 \underset{解离}{\overset{配合}{\rightleftharpoons}} [Cu(NH_3)_4]^{2+}$$

上述正反应为配合反应,即生成配离子 $[Cu(NH_3)_4]^{2+}$ 的反应;逆反应为配离子的解离反应。在一定温度下,当配合反应和解离反应速率相等时,达到了配位平衡,其化学平衡常数称为配离子的稳定常数,用 $K_稳$ 表示。例如 $[Cu(NH_3)_4]^{2+}$ 的稳定常数表示为:

$$K_稳 = \frac{[Cu(NH_3)_4]^{2+}}{[Cu^{2+}][NH_3]^4}$$

$K_稳$ 用于衡量配离子的稳定性。$K_稳$ 越大,说明生成配离子的倾向越大,而离解的倾向越小,配离子越稳定。如 $[Ag(NH_3)_2]^+$ 和 $[Ag(CN)_2]^-$ 为同类型配离子,其 $K_稳$ 分别为 1.6×10^7 和 1.0×10^{21},故 $[Ag(CN)_2]^-$ 比 $[Ag(NH_3)_2]^+$ 更稳定。对于不同类型的配离子,需要通过计算方可比较其稳定性。由于 $K_稳$ 一般都有较大的数值,常用其对数值 $\lg K_稳$ 表示配离子的稳定性。

二、配位平衡的移动

与其他化学平衡一样,配位平衡也是一种动态平衡。当外界条件改变时,则平衡发生移动,直至建立新的平衡。

(一) 溶液酸度的影响

1. 酸效应的影响　根据酸碱质子理论,很多配体都是碱,当溶液中 H^+ 浓度增大时,可生成相应的共轭酸而破坏平衡,使配位平衡向着解离的方向移动,降低了配离子的稳定性。例如,在 $[Cu(NH_3)_4]^{2+}$ 溶液中:

$$[Cu(NH_3)_4]^{2+} \rightleftharpoons Cu^{2+} + 4NH_3$$

$$\underset{平衡移动方向}{} \quad \begin{array}{c} + \\ 4H^+ \\ \Updownarrow \\ 4NH_4^+ \end{array}$$

这种由于配体与 H^+ 结合而使配离子稳定性降低的作用称为<u>酸效应</u>。

显然,酸效应与溶液的 pH 以及生成的共轭酸的 pK_a 有关。溶液的 pH 越小,酸效应越强;共轭酸的 pK_a 越大,酸效应越强。

2. 水解效应的影响　配离子中的中心原子多数是过渡金属离子,在溶液中存在不同程度的水解。当溶液的 pH 增大时,则溶液中的 OH^- 可与金属离子生成难溶的氢氧化物沉淀而使平衡移动。例如,在 $[FeF_6]^{3-}$ 溶液中:

$$[FeF_6]^{3-} \rightleftharpoons Fe^{3+} + 6F^-$$

$$\underset{平衡移动方向}{} \quad \begin{array}{c} + \\ 3OH^- \\ \Updownarrow \\ Fe(OH)_3\downarrow \end{array}$$

这种由于金属离子与溶液中的 OH^- 结合而使配离子稳定性降低的作用称为<u>水解效应</u>。

溶液的酸度对配位平衡的影响较大。酸度高,酸效应明显,酸度低,水解效应为主。因此,为使配离子稳定存在,必须将溶液的酸度控制在适当的范围内,通常在保证金属离子不水解的前提下,尽可能降低溶液的酸度。

(二) 沉淀反应的影响

当配离子解离出的金属离子可与某种试剂生成沉淀时,加入该试剂可使配位平衡移动。例如,在 $[Ag(NH_3)_2]^+$ 溶液中加入 NaBr 试剂,有 AgBr 沉淀生成,配位平衡向 $[Ag(NH_3)_2]^+$ 解离的方向移动。

$$[Ag(NH_3)_2]^+ \rightleftharpoons Ag^+ + 2NH_3$$

$$\underset{平衡移动方向}{} \quad \begin{array}{c} + \\ Br^- \\ \Updownarrow \\ AgBr\downarrow \end{array}$$

相反,若在沉淀中加入合适的配位剂,可使沉淀溶解,生成更稳定的配离子。例如,在 AgBr 沉淀中加入 $Na_2S_2O_3$ 试剂,会有 $[Ag(S_2O_3)_2]^{3-}$ 生成,使 AgBr 沉淀溶解。

$$AgBr \rightleftharpoons Ag^+ + Br^-$$

$$\underset{平衡移动方向}{} \quad \begin{array}{c} + \\ 2S_2O_3^{2-} \\ \Updownarrow \\ [Ag(S_2O_3)_2]^{3-} \end{array}$$

可见,配位平衡与沉淀平衡之间可以相互转化。若配离子的稳定性差,沉淀的溶解度小,则配离子转化为沉淀。反之,若配离子稳定性高,沉淀易溶解,沉淀转化为配离子。总之反应向生成稳定性更大的物质方向移动。

(三)氧化还原反应的影响

在配位平衡体系中加入能与配体或中心原子发生氧化还原反应的试剂,会使配体或中心原子的浓度降低,导致配位平衡向配离子解离的方向移动。如$[Fe(SCN)_2]^+$溶液中加入$SnCl_2$试剂,因为Sn^{2+}与Fe^{3+}发生氧化还原反应,则$[Fe(SCN)_2]^+$发生解离。

$$2[Fe(SCN)_2]^+ + Sn^{2+} \rightleftharpoons 2Fe^{2+} + 4SCN^- + Sn^{4+}$$

点滴积累

$K_稳$越大,配合物越稳定;影响配位平衡移动的因素有溶液的酸度、沉淀反应及氧化还原反应等。

第三节　配位滴定法

配位滴定法是以配位反应为基础的滴定分析法。配位反应虽然很多,但能满足滴定分析要求的并不多。用于配位滴定的反应必须具备以下条件。

1. 反应必须定量完成,生成的配合物足够稳定,且配位比恒定。

2. 反应速度快,生成的配合物易溶于水。

3. 有适当的方法确定滴定终点。

大多数无机配位剂与金属离子逐级形成简单配合物,各级的稳定常数相近,定量关系不易确定,并且其稳定性差。因此,大多数无机配位剂不能用于滴定,而应用较多的是有机配位剂。目前最常用的配位剂是乙二胺四乙酸(简称 EDTA),通常所谓的配位滴定法,主要是指 EDTA 滴定分析法,常用于金属离子含量的测定。

一、EDTA 及其配位特性

(一)EDTA 的结构与性质

EDTA 从结构上看是一种四元酸,通常用 H_4Y 表示。由于分子中 N 原子的电负性较强,在水溶液中 2 个羧基上的 H 可转移至 N 上,形成双偶极离子。其结构式为:

$$\begin{matrix} HOOCH_2C \\ {}^-OOCH_2C \end{matrix} > \overset{+}{\underset{H}{N}} - CH_2 - CH_2 - \overset{+}{\underset{H}{N}} < \begin{matrix} CH_2COO^- \\ CH_2COOH \end{matrix}$$

在酸性较高的溶液中,H_4Y 的 2 个羧基可以再接受 H^+ 而形成 H_6Y^{2+},因此,EDTA 相当于六元

酸,在水溶液中存在六级解离平衡,可用下列简式表示:

$$H_6Y^{2+} \underset{+H^+}{\overset{-H^+}{\rightleftharpoons}} H_5Y^+ \underset{+H^+}{\overset{-H^+}{\rightleftharpoons}} H_4Y \underset{+H^+}{\overset{-H^+}{\rightleftharpoons}} H_3Y^- \underset{+H^+}{\overset{-H^+}{\rightleftharpoons}} H_2Y^{2-} \underset{+H^+}{\overset{-H^+}{\rightleftharpoons}} HY^{3-} \underset{+H^+}{\overset{-H^+}{\rightleftharpoons}} Y^{4-}$$

在水溶液中,EDTA 是以 H_6Y^{2+}、H_5Y^+、H_4Y、H_3Y^-、H_2Y^{2-}、HY^{3-}、Y^{4-} 七种型体存在,每种型体的浓度取决于溶液的 pH,如表 7-2 所示。

表 7-2 不同 pH 时 EDTA 的主要存在型体

pH	<0.90	0.90~1.60	1.60~2.0	2.0~2.67	2.67~6.16	6.16~10.26	>10.26
主要型体	H_6Y^{2+}	H_5Y^+	H_4Y	H_3Y^-	H_2Y^{2-}	HY^{3-}	Y^{4-}

EDTA 作为配位剂参加反应时,只有 Y^{4-} 才能与金属离子直接配位。因此,溶液的 pH 越高,Y^{4-} 的浓度越大,在 pH>10.26 的溶液中,EDTA 配位能力最强。

EDTA 为白色粉末状结晶,在水中溶解度很小,在室温时,每 100ml 水仅能溶解 0.02g EDTA。因此,在配位滴定中常用其二钠盐乙二胺四乙酸二钠,简写为 $Na_2H_2Y \cdot 2H_2O$,通常也称为 EDTA。$Na_2H_2Y \cdot 2H_2O$ 为白色结晶状粉末,无臭无毒,溶解度较大,室温时,每 100ml 水可溶解 11.1g $Na_2H_2Y \cdot 2H_2O$,其饱和溶液浓度约为 0.3mol/L,水溶液的 pH 约为 4.7。

(二) EDTA 与金属离子的配位特性

1. 形成 1:1 的配合物 EDTA 作为多齿配体具有很强的配位能力,几乎可与所有金属离子配位,且无论金属离子带多少电荷,一般都是以 1:1 的形式配位,其反应可简化为:

$$M+Y \rightleftharpoons MY$$

2. 形成的配合物稳定性高 EDTA 与金属离子生成的配合物是具有多个五元环的螯合物。一些常见金属离子与 EDTA 形成配合物的 $\lg K_{稳}$,如表 7-3 所示。

表 7-3 常见 EDTA 配合物的 $\lg K_{稳}$

离子	$\lg K_{稳}$	离子	$\lg K_{稳}$	离子	$\lg K_{稳}$	离子	$\lg K_{稳}$
Na^+	1.7	Mn^{2+}	13.9	Cd^{2+}	16.5	Sn^{2+}	22.1
Ag^+	7.3	Fe^{2+}	14.3	Pb^{2+}	18.0	Cr^{3+}	23.0
Ba^{2+}	7.8	Al^{3+}	16.1	Ni^{2+}	18.6	Fe^{3+}	25.1
Mg^{2+}	8.7	Co^{2+}	16.3	Cu^{2+}	18.8	Bi^{3+}	27.9
Ca^{2+}	10.7	Zn^{2+}	16.5	Hg^{2+}	21.8	Co^{3+}	36.0

3. 形成配合物的颜色 EDTA 与无色的金属离子形成的配合物无色,与有色的金属离子形成的配合物颜色加深,并且形成的配合物多数可溶于水。常见有色 EDTA 配合物,如表 7-4 所示。

表 7-4 常见有色 EDTA 配合物

配合物	颜色	配合物	颜色
NiY^{2-}	蓝绿	MnY^{2-}	紫红
CuY^{2-}	深蓝	CrY^-	蓝紫
CoY^{2-}	玫瑰红	FeY^-	黄

(三) 配位滴定的条件稳定常数

在配位滴定中,除有 EDTA 与被测金属离子进行的主反应外,还存在着由于酸度、其他配位剂

(L)和干扰离子(N)等所引起的副反应,可表示如下:

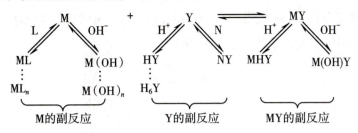

以下主要讨论酸效应和配位效应对主反应的影响。

1. 酸效应系数 当金属离子 M 与滴定剂 Y 进行主反应时,溶液中的 H^+ 也会与 Y 结合,形成 Y 的各级型体。由于这一副反应的发生,使溶液中 Y 的平衡浓度下降,导致主反应受到影响,而降低 MY 的稳定性。这种由于溶液中 H^+ 的存在,使 EDTA 参加主反应能力降低的现象称为酸效应。酸效应影响程度的大小,用酸效应系数 $\alpha_{Y(H)}$ 来衡量。

$$\alpha_{Y(H)} = \frac{[Y']}{[Y]} \qquad \text{式 (7-1)}$$

式中,[Y]表示溶液中 EDTA 的 Y^{4-} 型体的平衡浓度,[Y']表示未与 M 反应的 EDTA 各种型体的总浓度。

溶液中$[H^+]$越大,[Y]越小,$\alpha_{Y(H)}$越大;而 $\alpha_{Y(H)}$ 越大,说明酸效应对主反应进行的影响程度也越大。不同 pH 时 EDTA 的 $\lg\alpha_{Y(H)}$,如表 7-5 所示。

表 7-5 不同 pH 时 EDTA 的 $\lg\alpha_{Y(H)}$

pH	$\lg\alpha_{Y(H)}$	pH	$\lg\alpha_{Y(H)}$	pH	$\lg\alpha_{Y(H)}$	pH	$\lg\alpha_{Y(H)}$
0.0	23.64	3.5	9.48	6.4	4.06	9.5	0.83
1.0	17.13	4.0	8.44	6.5	3.92	10.0	0.45
1.5	15.55	4.5	7.50	7.0	3.32	10.5	0.20
2.0	13.79	5.0	6.45	7.5	2.78	11.0	0.07
2.5	11.11	5.4	5.69	8.0	2.26	11.5	0.02
3.0	10.63	5.5	5.51	8.5	1.77	12.0	0.01
3.4	9.71	6.0	4.65	9.0	1.29	13.0	0.00

2. 配位效应系数 由于其他配位剂 L 的存在使金属离子与 EDTA 主反应能力降低的现象称为配位效应。同样,配位效应的大小可用配位效应系数来衡量,用符号 $\alpha_{M(L)}$ 表示。

$$\alpha_{M(L)} = \frac{[M']}{[M]} \qquad \text{式 (7-2)}$$

式中,[M]表示平衡时游离金属离子浓度,[M']表示未与 Y 反应的各种金属离子总浓度。

配位效应系数 $\alpha_{M(L)}$ 越大,表明其他配位剂对主反应的干扰越严重。

此外,MY 还能与 H^+、OH^- 发生副反应,因生成的 MHY、M(OH)Y 都不稳定,一般计算时可忽略不计。

3. 配位滴定的条件稳定常数 M 与 Y 配位反应达到平衡时,平衡关系可用下式表示:

$$M+Y \rightleftharpoons MY \qquad K_{MY} = \frac{[MY]}{[M][Y]}$$

在没有副反应发生时,M 与 Y 配位反应进行的程度可用稳定常数 K_{MY} 表示,K_{MY} 越大,MY 越稳定。但在实际滴定条件下,由于受副反应的影响,在综合考虑副反应效应对主反应影响的情况下,MY 的稳定性应用条件稳定常数 K'_{MY} 描述,即

$$K'_{MY}=\frac{[MY']}{[M'][Y']}$$ 式(7-3)

由以上式子推导得:

$$\lg K'_{MY}=\lg K_{MY}+\lg \alpha_{MY}-\lg \alpha_{Y(H)}-\lg \alpha_{M(L)}$$ 式(7-4)

K'_{MY} 的大小反映了在一定条件下配合物的实际稳定性,是进行配位滴定的重要依据。

实际上,主要是酸效应和配位效应影响主反应,尤其是酸效应。如果不考虑其他副反应,只考虑酸效应对 MY 稳定性的影响,则式(7-4)简化为:

$$\lg K'_{MY}=\lg K_{MY}-\lg \alpha_{Y(H)}$$ 式(7-5)

式(7-5)表明条件稳定常数随溶液的 pH 变化而变化。

二、滴定条件的选择

> **课 堂 活 动**
> 1. 说明条件稳定常数 K'_{MY} 与稳定常数 K_{MY} 的区别。
> 2. 分别计算 pH=2.0 和 pH=5.0 时 ZnY 的 K'_{ZnY},并说明其意义。

EDTA 能与很多金属离子形成稳定的配合物,说明 EDTA 的配位能力强,但选择性差。只有控制好滴定的条件,提高配位滴定的选择性,减少或排除干扰离子的影响,才能得到准确的分析结果。以下主要从两方面讨论滴定条件的选择。

(一) 酸度的选择

1. 最高酸度(最低 pH) 在滴定分析中,一般要求滴定误差 ≤0.1%,则需要满足 $\lg c_M K'_{MY} \geq 6$。在配位滴定中,被测金属离子和 EDTA 的浓度通常为 10^{-2} 数量级,所以 $\lg K'_{MY} \geq 8$。一般将 $\lg c_M K'_{MY} \geq 6$ 或 $\lg K'_{MY} \geq 8$ 作为判断能否进行准确滴定的条件。

根据 $\lg K'_{MY}=\lg K_{MY}-\lg \alpha_{Y(H)} \geq 8$ 得:

$$\lg \alpha_{Y(H)} \leq \lg K_{MY}-8$$ 式(7-6)

由式(7-6)求得 $\lg \alpha_{Y(H)}$,从表 7-5 查出对应的 pH,即得滴定某金属离子时所允许的最高酸度,也称最低 pH。不同的金属离子与 EDTA 形成配合物的 K_{MY} 不同,从而滴定所允许的最低 pH 也不同。附录六列出了 EDTA 滴定部分金属离子的最低 pH。

2. 最低酸度(最高 pH) 当溶液酸度控制在最高酸度以下时,随着酸度的降低,酸效应逐渐减小,有利于滴定。如果酸度过低,会产生水解效应。因此配位反应不能低于酸度的某一限度,即不能低于最低酸度,也称最高 pH。配位滴定的最高 pH 可由 $M(OH)_n$ 对应的 K_{sp} 计算得出。

应控制配位滴定在最高酸度和最低酸度之间进行,此酸度范围称为配位滴定的适宜酸度范围。在配位滴定中,为了维持适宜酸度范围需加入缓冲溶液。

> **课 堂 活 动**
> 计算用 2.0×10^{-2} mol/L EDTA 溶液滴定 2.0×10^{-2} mol/L Fe^{3+} 溶液的适宜酸度范围。

(二) 掩蔽和解蔽作用

由于 EDTA 的配位能力强,样品溶液中往往有一些共存的干扰离子,若不能通过控制酸度的方法排除干扰时,可加入适当的掩蔽剂,使其与干扰离子反应,从而消除其干扰。常用的掩蔽方法有配位掩蔽法、沉淀掩蔽法和氧化还原掩蔽法。

1. 配位掩蔽法 利用配位反应消除干扰离子的方法。例如,用 EDTA 滴定水中的 Ca^{2+}、Mg^{2+} 时,Fe^{3+}、Al^{3+} 等离子的存在会产生干扰。可加入三乙醇胺与 Fe^{3+}、Al^{3+} 生成更稳定的配合物,将这些干扰离子掩蔽起来,使主反应顺利进行。配位掩蔽法是应用最为广泛的一种掩蔽法。常用配位掩蔽剂,如表 7-6 所示。

表 7-6 常用配位掩蔽剂

名称	pH 范围	被掩蔽的离子
氰化钾	>8	Co^{2+}、Ni^{2+}、Cu^{2+}、Zn^{2+}、Hg^{2+}、Cd^{2+}、Ag^+
	6	Cu^{2+}、Co^{2+}、Ni^{2+}
氟化铵	4~6	Al^{3+}、Sn^{4+}、Zr^{4+}
	10	Al^{3+}、Mg^{2+}、Cu^{2+}、Sr^{2+}、Ba^{2+}
三乙醇胺	10	Al^{3+}、Sn^{4+}、Fe^{3+}
酒石酸	1.2	Sb^{3+}、Sn^{4+}、Fe^{3+}
	2	Fe^{3+}、Sn^{4+}、Mn^{2+}
	5.5	Fe^{3+}、Al^{3+}、Sn^{4+}、Ca^{2+}
	6~7.5	Mg^{2+}、Cu^{2+}、Fe^{3+}、Al^{3+}、Mo^{4+}、Sb^{3+}
	10	Al^{3+}、Sn^{4+}
草酸	2	Sn^{4+}、Cu^{2+}
	5.5	Fe^{3+}、Fe^{2+}、Al^{3+}、Zr^{4+}

2. 沉淀掩蔽法 利用沉淀反应消除干扰离子的方法。例如,Ca^{2+}、Mg^{2+} 共存时只滴定 Ca^{2+},可加入 NaOH 使溶液 pH>12,此时 Mg^{2+} 形成 $Mg(OH)_2$ 沉淀,然后用 EDTA 直接滴定 Ca^{2+}。

3. 氧化还原掩蔽法 利用氧化还原反应消除干扰离子的方法。例如,用 EDTA 滴定 Bi^{3+} 时,溶液中若有 Fe^{3+} 会产生干扰,加入维生素 C 或盐酸羟胺可将 Fe^{3+} 还原为 Fe^{2+},从而掩蔽了 Fe^{3+} 的干扰。

采用掩蔽法对某种离子进行滴定后,再加入一种试剂,将已被掩蔽的离子重新释放出来,这种方法称为解蔽,具有解蔽作用的试剂称为解蔽剂。将掩蔽和解蔽方法联合使用,混合物不需分离可连续分别进行滴定。

三、金属指示剂

在配位滴定中,通常利用一种能与金属离子生成有色配合物的显色剂来指示滴定过程中金属离子浓度的变化,这种显色剂称为金属离子指示剂,简称"金属指示剂"。

(一) 金属指示剂的作用原理

金属指示剂多为有机染料,同时也是配位剂,能与金属离子反应,生成一种与本身颜色有显著差别的配合物,指示滴定终点。

以铬黑 T 为指示剂，在溶液 pH 为 10 时，用 EDTA（H_2Y^{2-}）滴定液滴定 Mg^{2+} 溶液为例，说明金属指示剂的变色原理。

滴定前，加入的铬黑 T（NaH_2In）与 Mg^{2+} 形成的配合物呈红色；滴定开始后，加入的 EDTA 与 Mg^{2+} 形成的配合物为无色，故溶液仍呈红色；当 EDTA 将溶液中游离的 Mg^{2+} 作用完后，由于 $MgIn^-$ 的稳定性远小于 MgY^{2-} 的稳定性，再加入的 EDTA 将夺取 $MgIn^-$ 中的 Mg^{2+}，使铬黑 T 游离出来，溶液由红色变为纯蓝色，指示终点到达，有关反应如下。

滴定前：$Mg^{2+}+HIn^{2-}$（蓝色）$\rightleftharpoons MgIn^-$（红色）$+H^+$

滴定中：$Mg^{2+}+H_2Y^{2-} \rightleftharpoons MgY^{2-}$（无色）$+2H^+$

终点时：$MgIn^-$（红色）$+H_2Y^{2-} \rightleftharpoons MgY^{2-}$（无色）$+HIn^{2-}$（蓝色）$+H^+$

从上述原理可以看出，金属指示剂应具备以下条件。

1. 金属指示剂与金属离子生成的配合物（MIn）与指示剂（In）本身颜色有明显区别。

2. MIn 要有足够的稳定性（$K'_{MIn}>10^4$），但又要比 MY 稳定性低（$K'_{MY}/K'_{MIn}>10^2$）。

3. 显色反应灵敏、迅速，有较好的变色可逆性。

4. MIn 应易溶于水。如果生成胶体溶液或沉淀，用 EDTA 滴定时，MIn 中指示剂被置换的作用缓慢，而使终点拖长，这种现象称为指示剂的僵化现象。

使用金属指示剂还应注意指示剂的封闭现象。如果滴定体系中存在的干扰离子与金属指示剂形成稳定的配合物，虽然加入过量的 EDTA，也难以将金属指示剂释放出来，从而观察不到终点颜色的变化，这种现象称为指示剂的封闭现象。可通过加入适当的掩蔽剂来消除。

（二）常用的金属指示剂

配位滴定中常用的金属指示剂有铬黑 T、二甲酚橙及钙指示剂等，其有关情况如表 7-7 所示。

表 7-7　常用金属指示剂

指示剂	pH 使用范围	颜色变化		直接滴定离子	配制方法
		In	MIn		
铬黑 T（简称 EBT）	8~11	蓝	红	Mg^{2+}、Zn^{2+}、Cd^+、Pb^{2+}、Mn^{2+}、稀土元素离子	EBT：NaCl 为 1：100（固体合剂）或 0.5% 三乙醇胺的乙醇溶液
二甲酚橙（简称 XO）	<6.3	黄	红	pH<1 ZrO^{2+}　pH 1~3 Bi^{3+}、Th^{4+}　pH 5~6 Zn^{2+}、Pb^{2+}、Cd^{2+}、Hg^{2+} 稀土元素离子	0.5% 乙醇溶液或水溶液
钙指示剂（简称 NN）	12~13	蓝	红	Ca^{2+}	NN：NaCl 为 1：100（固体合剂）

四、滴定液

（一）EDTA 滴定液的配制与标定

1. **配制**　常用其二钠盐（$Na_2H_2Y \cdot 2H_2O$）配制 EDTA 滴定液。纯的 EDTA 二钠盐可用直接法配制,但因其常含有少量的吸湿水,所以在配制前应先在80℃条件下干燥恒重。如果纯度不够,则可用间接法配制。如配制0.05mol/L的EDTA滴定液1 000ml,可称取19g Na$_2$H$_2$Y·2H$_2$O溶于300ml温纯化水中,冷却后稀释至1 000ml,混匀。

2. **标定** 可用于标定EDTA溶液的基准物质有Zn、ZnO、MgSO$_4$·2H$_2$O、CaCO$_3$等。

精密称取在800℃灼烧至恒重的基准物质ZnO约0.2g,加稀盐酸3ml使之溶解,加纯化水25ml,甲基红指示剂1滴,滴加稀氨水至溶液呈微黄色,再加纯化水25ml,NH$_3$-NH$_4$Cl缓冲溶液10ml,铬黑T指示剂少许。用待标定的EDTA滴定至溶液由红色转为蓝色即为终点。

(二) ZnSO$_4$滴定液的配制与标定

1. **配制** 用间接法配制浓度为0.05mol/L的ZnSO$_4$滴定液。称取ZnSO$_4$约8g,加稀盐酸10ml与适量纯化水溶解,稀释至1 000ml,摇匀。

2. **标定** 可用已知准确浓度的EDTA滴定液进行标定。吸取待标定的ZnSO$_4$溶液25.00ml,加甲基红指示剂1滴,滴加稀氨水至溶液呈微黄色,再加纯化水25ml、NH$_3$-NH$_4$Cl缓冲溶液10ml、铬黑T指示剂少许,用EDTA滴定液滴定至溶液由红色转为蓝色即为终点。

五、应用示例

配位滴定法有多种滴定方式,其应用非常广泛。在水质检验中,常用于测定水的硬度。在药物分析中,常用于测定含金属离子的各类药物的含量。

(一) 水的总硬度测定

水的硬度是指溶解于水中的钙盐和镁盐的含量。含量越高,表示硬度越大。水的硬度分为暂时硬度和永久硬度,两者的总和称为总硬度。

水的硬度表示方法:将水中所含Ca^{2+}、Mg^{2+}的量,折算成CaCO$_3$的质量,以每升水中所含CaCO$_3$的毫克数表示,即CaCO$_3$ mg/L。

计算公式:

$$水的总硬度(CaCO_3\,mg/L) = \frac{c_{EDTA} V_{EDTA} M_{CaCO_3}}{V_s} \times 10^3$$

在水的总硬度测定时,通常吸取一定量(50.00ml或100.00ml)的水样,加NH$_3$-NH$_4$Cl缓冲溶液调节pH约为10,铬黑T作指示剂,用EDTA滴定液滴定至溶液由红色变为纯蓝色即为终点。有关反应式为:

滴定前:Mg^{2+}+HIn^{2-} $\rightleftharpoons$ MgIn$^-$+H$^+$

终点前:Ca^{2+}+H$_2$Y^{2-} $\rightleftharpoons$ CaY^{2-}+2H$^+$

Mg^{2+}+H$_2$Y^{2-} $\rightleftharpoons$ MgY^{2-}+2H$^+$

终点时:MgIn$^-$+H$_2$Y^{2-} $\rightleftharpoons$ MgY^{2-}+HIn^{2-}+H$^+$

补锌药如何进行 $C_{12}H_{22}O_{14}Zn$ 含量测定

案例：葡萄糖酸锌（$C_{12}H_{22}O_{14}Zn$）为补锌药，主要用于治疗缺锌引起的营养不良、厌食症、异食癖、口腔溃疡、痤疮、儿童生长发育迟缓等。本品含葡萄糖酸锌（$C_{12}H_{22}O_{14}Zn$）应为 97.0%～102.0%，否则为不合格产品。质量检查中必须进行 $C_{12}H_{22}O_{14}Zn$ 含量的测定。

分析：葡萄糖酸锌能与 EDTA 滴定液定量反应，可用配位滴定法直接测定其含量。现行版《中国药典》规定：取本品约 0.7g，精密称定，加水 100ml，微温使溶解，加氨-氯化铵缓冲液（pH 10.0）5ml 与铬黑 T 指示剂少许，用乙二胺四乙酸二钠滴定液（0.05mol/L）滴定至溶液由紫红色变为纯蓝色。每 1ml 乙二胺四乙酸二钠滴定液（0.05mol/L）相当于 22.78mg $C_{12}H_{22}O_{14}Zn$。

$$C_{12}H_{22}O_{14}Zn\% = \frac{T_{EDTA/C_{12}H_{22}O_{14}Zn} V_{EDTA} F}{m_s} \times 100\%$$

（二）铝盐的测定

常用的铝盐药物有氢氧化铝、复方氢氧化铝、氢氧化铝凝胶等，现行版《中国药典》中多采用配位滴定法测定其含量。但测定铝盐含量时，由于 Al^{3+} 与 EDTA 配位反应速度较慢，并且 Al^{3+} 对指示剂产生封闭作用，因此需采用返滴法。

根据现行版《中国药典》规定，氢氧化铝凝胶中含氢氧化铝的量应为 5.50%～6.75%（g/g），操作步骤如下。

取氢氧化铝凝胶约 8g，精密称定，加稀盐酸、纯化水各 10ml，煮沸 10 分钟使其全部溶解，冷至室温。过滤，滤液转入 250ml 容量瓶中，用纯化水稀释至标线，摇匀。吸取上述溶液 25.00ml，滴加氨水至恰好刚出现白色沉淀，再滴加稀盐酸使其恰好溶解为止。加 HAc-NH₄Ac 缓冲溶液 10ml，0.05mol/L EDTA 滴定液 25.00ml，煮沸 3～5 分钟。冷至室温，适当补充蒸发的水分，加 0.2% 二甲酚橙 1ml，用 0.05mol/L ZnSO₄ 滴定液滴定至溶液黄色转变为红色为终点。

计算公式：

$$Al(OH)_3\% = \frac{(c_{EDTA}V_{EDTA} - c_{ZnSO_4}V_{ZnSO_4}) M_{Al(OH)_3} \times 10^{-3}}{m_s \times \frac{25}{250}} \times 100\%$$

1. 配位滴定法常以 EDTA 的二钠盐（$Na_2H_2Y \cdot 2H_2O$）为滴定液，可用于测定绝大多数金属离子的含量。
2. 配位滴定法必须控制在适当的 pH 条件下，并且需加适量的缓冲溶液，维持溶液的 pH 始终在允许的范围内。
3. 配位滴定法准确滴定的条件为 $\lg c_M K'_{MY} \geq 6$ 或 $\lg K'_{MY} \geq 8$。
4. 配位滴定中常用的金属指示剂有铬黑 T、二甲酚橙、钙指示剂等。金属指示剂需在一定的 pH 范围内使用。

目标检测

一、简答题

1. EDTA 与金属离子的配位反应有什么特点？

2. 为什么在红色的 $[Fe(SCN)_6]^{3-}$ 溶液中加入 EDTA 后，溶液的红色会消失？

3. 为什么 EDTA 在碱性溶液中配位能力强？

4. 举例说明金属指示剂的变色原理。

5. 简述金属指示剂必须具备的条件。

二、计算题

1. 吸取水样 100.00ml，以铬黑 T 为指示剂，用 0.010 25mol/L 的 EDTA 滴定，用去 15.02ml，求以 $CaCO_3$ mg/L 表示时水的总硬度。

2. 称取 0.100 1g 纯 $CaCO_3$ 溶解后，用容量瓶配成 100.00ml 溶液。精密吸取 25.00ml，以钙指示剂指示终点，用 EDTA 标准溶液滴定，用去 24.90ml。试计算 EDTA 溶液的物质的量浓度。

三、实例分析

1. 葡萄糖酸锌（$C_{12}H_{22}O_{14}Zn$）为补锌药，含葡萄糖酸锌（$C_{12}H_{22}O_{14}Zn$）应为 97.0%~102.0%。质量检查中必须进行 $C_{12}H_{22}O_{14}Zn$ 含量的测定。葡萄糖酸锌能与 EDTA 滴定液定量反应，可用配位滴定法直接测定其含量。测定时用铬黑 T 指示剂，并加 NH_3-NH_4Cl 缓冲溶液（pH 10.0）适量，用 EDTA 滴定液滴定至溶液由紫红色变为纯蓝色。请解释为何 EDTA 滴定法中需加一定量的缓冲溶液控制溶液的酸度。

2. 在测定自来水的总硬度时，需加 NH_3-NH_4Cl 缓冲溶液调节 pH 约为 10，铬黑 T 作指示剂，用 EDTA 滴定液滴定至溶液由红色变为纯蓝色。请解释为何使用铬黑 T 指示剂时需加入一定量 pH 约为 10 的缓冲溶液。

实训十二　水总硬度的测定

【实训目的】

1. **掌握**　配位滴定法测定金属离子含量的原理及方法；金属指示剂的应用及配位滴定过程中条件的控制。

2. **熟悉**　水的硬度的表示方法。

【实训原理】

水的硬度是指溶解于水中的钙盐和镁盐的含量,是水质的一项重要指标。水中的钙盐和镁盐的含量越高,表示硬度越大。水的硬度分为暂时硬度和永久硬度,两者的总和称为总硬度。

水的总硬度表示方法:将水中所含 Ca^{2+}、Mg^{2+} 的量,折算成 $CaCO_3$ 的质量,以每升水中所含 $CaCO_3$ 的毫克数表示,即 $CaCO_3$ mg/L。

计算公式:

$$水的总硬度(CaCO_3 mg/L) = \frac{c_{EDTA} V_{EDTA} M_{CaCO_3}}{V_s} \times 10^3$$

在水的总硬度测定时,通常吸取一定量(50.00ml 或 100.00ml)的水样,加 NH_3-NH_4Cl 缓冲溶液调节 pH 约为 10,铬黑 T 作指示剂,用 EDTA 滴定液滴定至溶液由红色变为纯蓝色即为终点,有关反应式如下。

滴定前:$Mg^{2+} + HIn^{2-} \rightleftharpoons MgIn^- + H^+$

终点前:$Ca^{2+} + H_2Y^{2-} \rightleftharpoons CaY^{2-} + 2H^+$

$Mg^{2+} + H_2Y^{2-} \rightleftharpoons MgY^{2-} + 2H^+$

终点时:$MgIn^- + H_2Y^{2-} \rightleftharpoons MgY^{2-} + HIn^{2-} + H^+$

【仪器和试剂】

1. **仪器** 电子天平(万分之一)、烧杯、量筒、容量瓶(100ml)、移液管(100ml)、锥形瓶、滴定管。

2. **试剂** 乙二胺四乙酸二钠($Na_2H_2Y \cdot 2H_2O$,AR)、NH_3-NH_4Cl 缓冲溶液(pH 10)、铬黑 T 指示剂。

【实训步骤】

1. **EDTA 滴定液的配制** 精密称取干燥的分析纯 $Na_2H_2Y \cdot 2H_2O$ 0.38~0.40g 于小烧杯中,加约30ml 纯化水,微热使之溶解,定量转移至 100ml 容量瓶中,加纯化水稀释至刻度,摇匀。按下式计算 EDTA 滴定液的浓度:

$$c_{EDTA} = \frac{m_{EDTA}}{V_{EDTA} M_{EDTA}} \times 10^3$$

2. **水的总硬度测定** 吸取水样 100.00ml 置于锥形瓶中,加 NH_3-NH_4Cl 缓冲溶液 10ml,铬黑 T 指示剂少许,用配制好的 EDTA 滴定液滴定至溶液由红色变为纯蓝色即为终点。记录所用 EDTA 滴定液的体积。

平行测定 3 次。

【注意事项】

1. 市售 $Na_2H_2Y \cdot 2H_2O$ 有粉末状和结晶型两种,粉末状的较易溶解,结晶型的在水中溶解较慢,可加热使其溶解。

2. 滴定时,因反应速度较慢,接近终点时,滴定液慢慢加入,并充分摇动。

3. 滴定时若有 Fe^{3+}、Al^{3+} 的干扰,可用三乙醇胺掩蔽,Cu^{2+}、Pb^{2+} 等重金属离子可用 KCN、Na_2S 予以掩蔽。

【思考题】

1. 在水的总硬度的测定过程中为何需加入 NH_3-NH_4Cl 缓冲溶液?
2. 若只测定水中的 Ca^{2+},应选择何种指示剂? 在什么条件下测定?

【实训记录】

见表 7-8。

表 7-8　实训十二的实训记录

项目	第 1 次	第 2 次	第 3 次
m_{EDTA}/g			
c_{EDTA}/(mol/L)			
V_s/ml			
V_{EDTA}/ml			
水的总硬度 /(mg/L)			
水的总硬度平均值 /(mg/L)			
$R\bar{d}$			

(史春婷)

第八章　氧化还原反应与氧化还原滴定法

学习目标

1. **掌握**　高锰酸钾法、碘量法、亚硝酸钠法等常用氧化还原滴定法的测定原理；滴定液的配制和确定滴定终点的方法。
2. **熟悉**　氧化还原滴定法指示剂的类型和变色原理。
3. **了解**　氧化还原滴定法的特点与分类、反应完成程度的判断依据。

氧化还原反应是一类极为重要的化学反应。这类反应在工农业生产、科学研究和日常生活中具有重要的意义，而且与医药卫生、生命活动密切相关。

导学情景

情景描述：

维生素 C 是人体不可缺少的一种重要营养物质，常存在于新鲜水果和蔬菜中。临床上采用维生素 C 片治疗维生素 C 缺乏症，其中维生素 C 含量的测定是药品检测的一项重要指标。现行版《中国药典》规定用氧化还原滴定法测定维生素 C 的含量。

学前导语：

测定维生素 C 含量用到了氧化还原滴定的原理、方法，氧化还原滴定法用途广泛。本章主要介绍有关氧化还原反应的基本知识、氧化还原滴定法的原理及其应用。

第一节　氧化还原反应

一、氧化数

在氧化还原反应中，电子的转移必然引起原子的价电子层结构发生变化，从而改变原子的带电状态。为了更好地说明元素在化合物中的电荷状态，提出了氧化数的概念（氧化值）。1970 年，国际纯粹与应用化学联合（International Union of Pure and Applied Chemistry，IUPAC）规定：氧化数是指某元素 1 个原子的形式电荷数，这个电荷数是假设化合物中成键的电子都归属电负性较大的原子而求得。

例如,在 H_2O 中,由于 O 的电负性比 H 大,O 原子和 H 原子之间的两对成键电子都归电负性较大的 O 原子所有,因此 O 的氧化数为 -2,H 的氧化数为 +1。又如在 NaCl 中,Cl 的电负性大于 Na,所以 Cl 的氧化数为 -1,Na 的氧化数为 +1。

确定元素氧化数的一般原则如下。

1. 单质中元素的氧化数为零。如 O_2,Cu、N_2 等物质中,O、Cu、N 的氧化数均为零。

2. 单原子离子中元素的氧化数等于离子的电荷数。如 Na^+ 和 Cl^- 中,Na 的氧化数为 +1,Cl 的氧化数 -1。

3. 氧在化合物中的氧化数一般为 -2,但在过氧化物(如 H_2O_2、Na_2O_2)、超氧化物(如 KO_2)及氧的氟化物(如 OF_2)中氧的氧化数分别为 -1、-0.5 和 +2;氢在化合物中氧化数一般为 +1,但在金属氢化物(如 NaH)、硼氢化物(如 B_2H_6)中氢的氧化数为 -1;氟在化合物中的氧化数皆为 -1。

4. 化合物中各元素氧化数代数和为零;多原子离子中各元素氧化数代数和等于离子所带的电荷数。

根据以上规则,可以计算出各种物质中任一元素的氧化数。

例 8-1 计算 $K_2Cr_2O_7$ 中 Cr 的氧化数。

解:设 Cr 的氧化数为 x,根据元素氧化数确定规则,可得:

$$2 \times (+1) + 2x + 7 \times (-2) = 0 \quad x = +6$$

例 8-2 计算 H_2SO_4、$S_2O_3^{2-}$、$S_4O_6^{2-}$ 中 S 的氧化数。

解:设 S 的氧化数为 x,根据元素氧化数确定规则,可得:

$$H_2SO_4 \text{ 中} \quad 2 \times (+1) + x + 4 \times (-2) = 0 \quad x = +6$$

$$S_2O_3^{2-} \text{ 中} \quad 2x + 3 \times (-2) = -2 \quad x = +2$$

$$S_4O_6^{2-} \text{ 中} \quad 4x + 6 \times (-2) = -2 \quad x = +2.5$$

二、氧化还原反应基本概念

> **课 堂 活 动**
> 1. 说明氧化数与化合价的异同。
> 2. 计算 $MnCl_2$、MnO_2、K_2MnO_4、$KMnO_4$ 中 Mn 的氧化数。

反应前后元素的氧化数发生变化的化学反应称为氧化还原反应。氧化还原反应的实质是电子的转移(电子的得失或电子对的偏移),并引起元素氧化数的变化。元素氧化数升高的过程称为氧化,元素氧化数降低的过程称为还原。在氧化还原反应中,氧化与还原这两个相反的过程总是同时发生的,且元素氧化数升高的总数与元素氧化数降低的总数相等。

(一)氧化剂和还原剂

1. 概念 在氧化还原反应中,氧化数降低的物质称为氧化剂;氧化数升高的物质称为还原剂。氧化剂使另一种物质被氧化,而本身被还原;还原剂使另一种物质被还原,而本身被氧化。例如下列反应:

$$\overset{+7}{2KMnO_4}+5\overset{-1}{H_2O_2}+3H_2SO_4 \Longrightarrow K_2SO_4+2\overset{+2}{MnSO_4}+5\overset{0}{O_2}\uparrow+8H_2O$$

（氧化剂）（还原剂）　　　　　　　　　　（还原产物）（氧化产物）

2. 常见的氧化剂和还原剂

（1）常见的氧化剂：活泼的非金属单质，如 F_2、Cl_2、Br_2、I_2、O_2 等；高价态的金属离子，如 Fe^{3+}、Cu^{2+}、Sn^{4+} 等；某些含高氧化数元素的化合物，如 $K_2Cr_2O_7$、$KMnO_4$、KIO_3、HNO_3、浓 H_2SO_4 等；某些氧化物和过氧化物，如 MnO_2、H_2O_2 等。

（2）常见的还原剂：活泼的金属单质，如 Na、Mg、Zn、Fe 等；低价态的金属离子，如 Fe^{2+}、Sn^{2+}、Cu^+ 等；某些含低氧化数元素的化合物或阴离子，如 $H_2C_2O_4$、H_2S、CO、NO_2^-、SO_3^{2-}、I^- 等。

氧化数处于最高值的元素的化合物，只能作氧化剂，如 $K_2Cr_2O_7$、$KMnO_4$ 等；氧化数处于最低值的元素的化合物，只能作还原剂，如 H_2S、CO 等；氧化数处于中间值的元素的化合物，既可作氧化剂，又可作还原剂，如 H_2O_2、H_2SO_3 等。

> **知识链接**
>
> **维生素 C 治疗缺铁性贫血**
>
> 临床上常用硫酸亚铁并辅以适量维生素 C 治疗缺铁性贫血，是因为硫酸亚铁与适量维生素 C 联合用药有助于铁剂的吸收。铁在人体中主要以 Fe^{3+} 和 Fe^{2+} 的形式存在，健康人体每千克约含 40mg 铁。Fe^{2+} 容易被人体吸收，而食物中的 Fe^{2+} 易被氧化为 Fe^{3+}，不利于铁的吸收。一方面，维生素 C 有抗氧化的作用，可以防止 Fe^{2+} 被氧化；另一方面，维生素 C 具有还原性，Fe^{3+} 具有较强的氧化性，维生素 C 可与 Fe^{3+} 发生氧化还原反应，将 Fe^{3+} 还原为易被人体吸收的 Fe^{2+}。

（二）氧化还原半反应

任何氧化还原反应都由两个半反应组成。其中，表示氧化过程的反应称为氧化反应，表示还原过程的反应称为还原反应。例如：

$$Zn+Cu^{2+} \Longrightarrow Zn^{2+}+Cu$$

可以写成如下两个半反应。

氧化反应：$Zn-2e \Longrightarrow Zn^{2+}$

还原反应：$Cu^{2+}+2e \Longrightarrow Cu$

在半反应中，氧化数较高的物质称为氧化态，用 Ox 表示。如 Zn^{2+}、Cu^{2+}。氧化数较低的物质称为还原态，用 Red 表示。如 Zn、Cu。

在半反应中，氧化态和还原态彼此依存，相互转化。把通过电子的转移而相互转化的一对物质称为氧化还原电对。氧化还原电对可用"氧化态／还原态"表示。如 Zn^{2+}/Zn、Cu^{2+}/Cu。1 个电对代表 1 个半反应，半反应可用以下通式表示：

$$氧化态+ne \Longrightarrow 还原态 \quad 或 \quad Ox+ne \Longrightarrow Red$$

每个氧化还原反应都是由两个半反应组成的。

第二节　原电池与电极电势

一、原电池

氧化还原反应的实质是电子的转移,可由以下实验证明。实验装置如图 8-1 所示。

在盛有 $ZnSO_4$ 溶液的烧杯中插入 Zn 片,在另一盛有 $CuSO_4$ 溶液的烧杯中插入 Cu 片,将两种溶液用盐桥(一个装满饱和 KCl 溶液和琼脂胶的倒置 U 形管)连接起来,再用导线连接 Zn 片和 Cu 片,并在导线中间串联一个检流计。则可以观察到检流计的指针发生偏转,这说明导线中有电流通过。这种借助氧化还原反应将化学能转变为电能的装置称为原电池。

原电池由两个电极(半电池)组成,在每个电极上分别发生一个电极反应(半电池反应)。电极上所发生的反应称为电极反应或半电池反应。

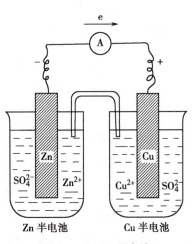

图 8-1　Cu-Zn 原电池

原电池中输出电子的电极为负极,发生氧化反应;接受电子的电极为正极,发生还原反应。两个电极反应之和即为原电池反应,如铜锌原电池。

负极(Zn 极):$Zn-2e \rightleftharpoons Zn^{2+}$ （氧化反应）

正极(Cu 极):$Cu^{2+}+2e \rightleftharpoons Cu$ （还原反应）

电池反应:$Zn+Cu^{2+} \rightleftharpoons Zn^{2+}+Cu$

原电池装置可以用原电池符号表示,如铜锌原电池可表示为:

$$(-)Zn(s) \mid ZnSO_4(c_1) \parallel CuSO_4(c_2) \mid Cu(s)(+)$$

一般把负极写在左边,正极写在右边,用双垂线"‖"表示盐桥,用单垂线"∣"表示相界面,c 为浓度(严格讲应为活度)。若电极中没有金属导体时,可选用惰性金属 Pt 或石墨作电极导体;若溶液中含有两种离子参与电极反应,可用逗号分开。例如:

$$(-)Pt \mid Sn^{2+}(c_1), Sn^{4+}(c_2) \parallel Fe^{3+}(c_3), Fe^{2+}(c_4) \mid Pt(+)$$

ER 8-2

原电池的组成(视频)

二、电极电势

（一）标准氢电极

两个电极用导线相连有电流产生，说明两个电极之间存在电势差。原电池中的电流是由于两个电极的电极电势不同而产生的。在没有电流通过的情况下，正、负两极的电极电势之差称为原电池的电动势。用 E 表示。

$$E = \varphi_+ - \varphi_-$$

式中，φ_+ 为正极的电极电势；φ_- 为负极的电极电势。

单个电极的电极电势的绝对值是无法测定的，必须通过比较求得各个电极的相对电极电势。为此需要选一个电极作为比较的标准。国际纯粹与应用化学联合会（IUPAC）建议统一用标准氢电极（SHE）作为测量电极电势的标准。

标准氢电极的结构如图 8-2 所示。将镀有一层多孔铂黑的 Pt 片浸入含有 H^+ 浓度（严格讲应为活度）为 1mol/L 的溶液中，并不断地通入压力为 101.325kPa 的纯 H_2，使铂黑电极上吸附的 H_2 达到饱和，即构成了标准氢电极。电极反应如下：

$$2H^+(aq) + 2e \Longrightarrow H_2(g)$$

并规定在 298.15K 时，标准氢电极的电极电势值为零。即：

$$\varphi^{\ominus}_{H^+/H_2} = 0.000\ 0V$$

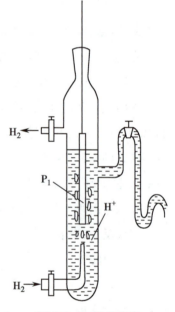

图 8-2 标准氢电极

（二）标准电极电势

电极在标准状态下的电极电势，称为该电极的标准电极电势。用 $\varphi^{\ominus}$ 表示，SI 单位为 V。所谓标准状态是指温度为 298.15K；所有液态作用物的浓度（严格讲应为活度）为 1mol/L；所有气体作用物的分压为 101.325kPa；液体或固体均为纯净物质。

如果原电池的两个电极均为标准电极，此电池即为标准电池，对应的电动势为标准电动势，用 $E^{\ominus}$ 表示。即：

$$E^{\ominus} = \varphi^{\ominus}_+ - \varphi^{\ominus}_- \qquad\qquad 式(8-1)$$

测定某电极的标准电极电势时，可在标准状态下将待测电极与标准氢电极组成原电池，通过测量原电池的电动势，即可得出该电极的标准电极电势。

如测定 Cu 电极的标准电极电势时，将标准氢电极与 Cu 电极组成原电池：

$$(-)Pt\ |\ H_2(101.325kPa)\ |\ H^+(1mol/L)\ \|\ Cu^{2+}(1mol/L)\ |\ Cu(+)$$

298.15K 时，测得 $E^{\ominus} = 0.341\ 9V$

$$E^{\ominus} = \varphi^{\ominus}_{Cu^{2+}/Cu} - \varphi^{\ominus}_{H^+/H_2} \qquad \varphi^{\ominus}_{Cu^{2+}/Cu} = 0.341\ 9V$$

又如测定 Zn 电极的标准电极电势时，将 Zn 电极与标准氢电极组成原电池，由于 Zn 比 H_2 更

易给出电子,所以 Zn 极为负极,H_2 极为正极。可组成下列原电池:

$$(-)\text{Zn} \mid \text{Zn}^{2+}(1\text{mol/L}) \parallel \text{H}^+(1\text{mol/L}) \mid \text{H}_2(101.325\text{kPa}) \mid \text{Pt}(+)$$

298.15K 时,测得 $E^\ominus = 0.761\ 8\text{V}$

$$E^\ominus = \varphi^\ominus_{\text{H}^+/\text{H}_2} - \varphi^\ominus_{\text{Zn}^{2+}/\text{Zn}} \qquad \varphi^\ominus_{\text{Zn}^{2+}/\text{Zn}} = -0.761\ 8\text{V}$$

用同样的方法可以测得其他电极的标准电极电势。附录七列出了一些常用电对在 298.15K 的标准电极电势值。

电极的标准电极电势的大小是衡量氧化剂的氧化能力或还原剂的还原能力强弱的标度。电对的 $\varphi^\ominus$ 值越大,表明电对中氧化态越容易获得电子,氧化能力越强,如 $\text{Cr}_2\text{O}_7^{2-}$、$\text{MnO}_4^-$ 等都是强的氧化剂;反之,$\varphi^\ominus$ 值越小,表明其还原态越容易失去电子,还原能力越强,如 Li、Na、K 等都是强的还原剂。

知识链接

判断氧化还原反应进行的方向

任何一个氧化还原反应,原则上都可以设计成原电池。当原电池的电动势 $E^\ominus$ 大于 0 时,电池反应将正向自发进行;反之,则逆向自发进行。

根据公式 $E^\ominus = \varphi^\ominus_+ - \varphi^\ominus_-$,只有 $\varphi^\ominus_+ > \varphi^\ominus_-$ 时,才能满足 $E^\ominus > 0$。所以,通过直接比较两电对标准电极电势的大小可判断氧化还原反应自发进行的方向。

例如查附录七得:$\varphi^\ominus_{\text{Cu}^{2+}/\text{Cu}} = 0.342\text{V}$ $\qquad \varphi^\ominus_{\text{Zn}^{2+}/\text{Zn}} = -0.762\text{V}$,可知:$\varphi^\ominus_{\text{Cu}^{2+}/\text{Cu}} > \varphi^\ominus_{\text{Zn}^{2+}/\text{Zn}}$,所以 $\text{Cu}^{2+} + \text{Zn} \rightleftharpoons \text{Cu} + \text{Zn}^{2+}$,在标准状态时能正向自发进行。

三、能斯特方程式

电极电势的大小取决于电极的本性,并受溶液的浓度、气体的分压和温度等外界因素的影响。标准电极电势是在标准状态下测定的,而对于绝大多数氧化还原反应,并非在标准状态下进行。非标准状态下的电极电势,可用能斯特(Nernst)方程式进行计算。

对于任意给定的电极反应可表示为:

$$\text{Ox} + ne \rightleftharpoons \text{Red}$$

电对的电极电势可用能斯特方程表示为:

$$\varphi = \varphi^\ominus + \frac{RT}{nF}\ln\frac{c_{\text{Ox}}}{c_{\text{Red}}} \qquad\qquad \text{式(8-2)}$$

式中,$\varphi^\ominus$ 为电对的标准电极电势;R 为气体常数,8.314J/(K·mol);F 为法拉第常数,96 487C/mol;n 为电池反应中电子的转移数;T 为热力学温度 $(t+273.15)$K;c_{Ox} 为氧化态浓度;c_{Red} 为还原态浓度。

当温度 $T = 298.15$K,将各常数值代入式(8-2),并将自然对数换算成常用对数,可简化为:

$$\varphi = \varphi^\ominus + \frac{0.059\ 2}{n}\lg\frac{c_{\text{Ox}}}{c_{\text{Red}}} \qquad\qquad \text{式(8-3)}$$

应用能斯特方程式时应注意下列问题。

1. 固体、纯液体或稀溶液中的溶剂不出现在能斯特方程式中。例如：

$$Cu^{2+}+2e \Longrightarrow Cu$$

$$\varphi_{Cu^{2+}/Cu} = \varphi^{\ominus}_{Cu^{2+}/Cu} + \frac{0.059\ 2}{2}\lg c_{Cu^{2+}}$$

2. 电极中的氧化态或还原态物质的计量数不是 1 时，则以计量数作其浓度的指数。例如：

$$Br_2+2e \Longrightarrow 2Br^-$$

$$\varphi_{Br_2/Br^-} = \varphi^{\ominus}_{Br_2/Br^-} + \frac{0.059\ 2}{2}\lg \frac{1}{c^2_{Br^-}}$$

3. 除氧化态和还原态物质外，若有 H^+ 或 OH^- 参加电极反应，也应出现在能斯特方程式中。例如：

$$MnO_4^-+8H^++5e \Longrightarrow Mn^{2+}+4H_2O$$

$$\varphi_{MnO_4^-/Mn^{2+}} = \varphi^{\ominus}_{MnO_4^-/Mn^{2+}} + \frac{0.059\ 2}{5}\lg \frac{c_{MnO_4^-}c^8_{H^+}}{c_{Mn^{2+}}}$$

4. 电极中的氧化态或还原态物质为气体时，则用其相对分压。例如：

$$Cl_2+2e \Longrightarrow 2Cl^-$$

$$\varphi_{Cl_2/Cl^-} = \varphi^{\ominus}_{Cl_2/Cl^-} + \frac{0.059\ 2}{2}\lg \frac{p_{Cl_2}}{c^2_{Cl^-}}$$

从能斯特方程式可看出，在温度一定时，改变溶液的浓度，电极电势会发生改变。若增大氧化态物质的浓度或降低还原态物质的浓度，电极电势会增大；反之，减小氧化态物质的浓度或增大还原态物质的浓度，电极电势会减小。对于有 H^+ 或 OH^- 参加的电极反应，电极电势的大小还与溶液的酸度有关。

点滴积累

1. 原电池的负极发生氧化反应，正极发生还原反应。
2. 标准电极电势可判断氧化剂的氧化能力、还原剂的还原能力、氧化还原反应自发进行的方向。
3. 能斯特方程式：$\varphi = \varphi^{\ominus} + \frac{0.059\ 2}{n}\lg \frac{c_{Ox}}{c_{Red}}$ ($T=298.15K$)

第三节　氧化还原滴定法

一、概述

氧化还原滴定法是以氧化还原反应为基础的滴定分析方法，在药品检验中有着广泛的应用。

例如,消毒防腐用的苯酚、消毒灭菌用的过氧化氢、抗菌类药物磺胺嘧啶、抗贫血药物硫酸亚铁、药物制剂中具有抗氧化作用的焦亚硫酸钠以及维生素 C 等,其含量的测定均可采用氧化还原滴定法。

(一) 氧化还原滴定法的分类

氧化还原滴定法根据所用的滴定液不同可分为如下几类。

1. 高锰酸钾法 以 $KMnO_4$ 为滴定液,在强酸性溶液中测定物质含量的方法。

2. 碘量法 利用 I_2 的氧化性或 I^- 的还原性测定物质含量的方法。

3. 亚硝酸钠法 以 $NaNO_2$ 溶液为滴定液,在酸性溶液中直接测定芳香族伯胺和芳香族仲胺类化合物含量的方法。

4. 其他氧化还原滴定法 除上述方法外还有重铬酸钾法、溴酸钾法、铈量法、高碘酸钾法、钒酸盐法等。

(二) 对氧化还原反应的要求及加快速率和抑制副反应采取的措施

氧化还原反应是基于氧化剂和还原剂之间电子转移的反应,其特点是反应机制比较复杂,反应往往分步进行;大多数反应速率较慢,且常伴有副反应发生。因此,并非所有的氧化还原反应都能应用于滴定分析,能用于滴定分析的氧化还原反应必须具备下列条件:①反应必须按化学反应式的计量关系定量完成,无副反应发生;②反应速率必须足够快;③必须有适当的方法确定化学计量点。

为加快氧化还原反应速率和抑制副反应的发生,通常采取以下措施。

1. 增大反应物浓度 根据质量作用定律,反应物浓度越大反应速率越快。增大反应物浓度不仅可以加快反应速率,而且可以使反应进行得更完全。

例如,下列反应可通过增大 I^- 的浓度加快反应速率。

$$Cr_2O_7^{2-}+6I^-+14H^+ \rightleftharpoons 2Cr^{3+}+3I_2+7H_2O$$

2. 升高溶液温度 对于大多数反应,升高温度可加快反应速率,温度每升高 10℃,反应速率一般增大到原来的 2~4 倍。

例如,在酸性溶液中,MnO_4^- 和 $C_2O_4^{2-}$ 的反应:

$$2MnO_4^-+5C_2O_4^{2-}+16H^+ \rightleftharpoons 2Mn^{2+}+10CO_2 \uparrow +8H_2O$$

在室温时此反应速率较慢,若将溶液温度升高至 65~75℃,反应速率则显著加快。

3. 使用催化剂 催化剂可大大加快反应速率,缩短反应达到平衡的时间。如上述 MnO_4^- 和 $C_2O_4^{2-}$ 的反应,Mn^{2+} 可作此反应的催化剂。但在实际操作中一般不需要另加 Mn^{2+},可利用反应中生成的 Mn^{2+} 作催化剂。由反应过程中产生的物质所引起的催化现象,称为自动催化现象。

4. 抑制副反应发生 在氧化还原反应中,常伴有副反应发生。因此,应采取措施有效抑制副反应的发生。

例如,在酸性条件下,用 MnO_4^- 滴定 Fe^{2+} 的反应:

$$MnO_4^-+5Fe^{2+}+8H^+ \rightleftharpoons Mn^{2+}+5Fe^{3+}+4H_2O$$

若用盐酸作介质,则发生如下副反应:

$$2MnO_4^-+10Cl^-+16H^+ \rightleftharpoons 2Mn^{2+}+5Cl_2 \uparrow +8H_2O$$

此副反应要消耗 MnO_4^-，为了防止这一副反应发生，应用硫酸作酸性介质。

二、指示剂

根据指示剂指示终点的原理不同，氧化还原滴定法常用的指示剂有以下几类。

1. 自身指示剂　在氧化还原滴定中，利用滴定液或被滴定组分自身的颜色变化来指示滴定终点，这类指示剂称为自身指示剂。

如 $KMnO_4$ 溶液本身显紫红色，在酸性溶液中其还原产物 Mn^{2+} 几乎无色。当用 $KMnO_4$ 在酸性溶液中滴定无色或浅色样品时，不必另加指示剂，达到化学计量点后，微过量的 $KMnO_4$ 可使溶液显浅粉红色，从而指示出滴定终点。

2. 专属指示剂　有些物质本身并不具有氧化还原性，不参与氧化还原反应，但其能与滴定液或被测物质产生特殊的颜色，从而指示滴定终点，这类指示剂称为专属指示剂或特殊指示剂。

例如，淀粉溶液能与 $I_2(I_3^-)$ 生成深蓝色吸附化合物，故可根据蓝色的出现或消失以指示终点。

3. 氧化还原指示剂　氧化还原指示剂本身是一类弱氧化剂或弱还原剂，其氧化态和还原态具有明显不同的颜色。在滴定过程中，因被氧化或被还原而发生颜色变化以指示终点。

如用 $KMnO_4$ 溶液滴定 Fe^{2+} 时，可用二苯胺磺酸钠作指示剂。二苯胺磺酸钠的氧化态呈紫红色，还原态是无色。在酸性介质中二苯胺磺酸钠以还原态存在，当用 $KMnO_4$ 溶液滴定 Fe^{2+} 到化学计量点时，稍过量的 $KMnO_4$ 溶液可把二苯胺磺酸钠由无色的还原态氧化为紫红色的氧化态，从而指示滴定终点。

> **课 堂 活 动**
> 举例说明什么是自身指示剂。

三、高锰酸钾法

ER 8-3

高锰酸钾法
（视频）

（一）基本原理

高锰酸钾法是以 $KMnO_4$ 为滴定液，在强酸性溶液中直接或间接地测定物质含量的滴定分析法。

$KMnO_4$ 是强氧化剂，其氧化能力及还原产物都与溶液的酸度有关。

在强酸性溶液中，MnO_4^- 被还原为 Mn^{2+}。

$$MnO_4^- + 8H^+ + 5e \rightleftharpoons Mn^{2+} + 4H_2O \qquad \varphi^{\ominus} = 1.51V$$

在弱酸性、中性、弱碱性溶液中，MnO_4^- 被还原为 MnO_2。

$$MnO_4^- + 2H_2O + 3e \rightleftharpoons MnO_2 \downarrow + 4OH^- \qquad \varphi^{\ominus} = 0.59V$$

在强碱性溶液中，MnO_4^- 被还原为 MnO_4^{2-}。

$$MnO_4^- + e \rightleftharpoons MnO_4^{2-} \qquad \varphi^{\ominus} = 0.56V$$

由于 $KMnO_4$ 在强酸性溶液中氧化能力最强，同时生成几乎无色的 Mn^{2+}，便于终点的观察，因此高锰酸钾法通常在强酸性溶液中进行。调节酸度以硫酸为宜，一般酸度控

> **课 堂 活 动**
> 在高锰酸钾法中，能否用盐酸或硝酸调节溶液的酸度？

制在 0.5~1mol/L。

用高锰酸钾法滴定无色或浅色溶液时，一般不需要另加指示剂，可利用 $KMnO_4$ 作自身指示剂来指示终点。

有些物质与 $KMnO_4$ 在常温下反应速率较慢，可用加热的方法或加入 Mn^{2+} 作催化剂，以加快反应速率。但在空气中易氧化或加热易分解的物质，如 Fe^{2+}、H_2O_2 等，则不能加热。

高锰酸钾法应用范围很广，可根据被测组分的性质选择不同的滴定方法。

1. **直接滴定法**　许多还原性较强的物质，如 Fe^{2+}、Sb^{2+}、H_2O_2、$C_2O_4^{2-}$、AsO_3^{3-}、NO_2^- 等均可用 $KMnO_4$ 滴定液直接滴定。

2. **返滴定法**　某些氧化性物质不能用 $KMnO_4$ 滴定液直接滴定，可采用返滴定法。如测定 MnO_2 的含量时，可在 H_2SO_4 酸性条件下，加入准确过量的 $Na_2C_2O_4$，待 MnO_2 与 $Na_2C_2O_4$ 反应完全后，再用 $KMnO_4$ 滴定液滴定剩余的 $Na_2C_2O_4$，从而求出 MnO_2 的含量。

3. **间接滴定法**　某些非氧化还原性物质，不能用直接滴定法或返滴定法进行滴定，但这些物质能与另一氧化剂或还原剂定量反应，可采用间接滴定法。如测定 Ca^{2+} 含量时，首先将 Ca^{2+} 沉淀为 CaC_2O_4，过滤后用稀 H_2SO_4 将 CaC_2O_4 溶解，然后用 $KMnO_4$ 滴定液滴定溶液中的 $C_2O_4^{2-}$，从而间接求得 Ca^{2+} 的含量。

知识链接

$KMnO_4$ 在临床及生活中的应用

$KMnO_4$ 是医药上常用的氧化剂，俗称灰锰氧、PP 粉，为紫黑色晶体，易溶于水，水溶液为紫红色。临床上常用 0.02%~0.1%$KMnO_4$ 水溶液洗涤创口、黏膜、膀胱、阴道、痔疮等，有预防感染、止痒、止痛等效用；也可作为吗啡、巴比妥类药物中毒时的洗胃剂，因其能氧化胃中残留的药物或毒物使其失效。生活中常用浓度为 0.3% 的 $KMnO_4$ 溶液对浴具、痰盂等进行灭菌消毒。用 0.01% $KMnO_4$ 水溶液浸洗水果、蔬菜 5 分钟即可达到杀菌目的。

(二)滴定液

1. **配制**　因市售 $KMnO_4$ 试剂中常含有少量的 MnO_2 和其他杂质，纯化水中也常含有微量还原性物质，故需用间接法配制 $KMnO_4$ 滴定液。即先配成近似浓度的溶液，再进行标定。

为了配制较稳定的 $KMnO_4$ 滴定液，常采取以下措施。

(1)称取 $KMnO_4$ 的质量应稍多于理论计算量。

(2)将配好的 $KMnO_4$ 溶液加热至沸腾，并保持微沸约 1 小时，然后放置 2~3 天。

(3)使用前用垂熔玻璃滤器过滤，除去溶液中的沉淀。

(4)过滤后的 $KMnO_4$ 溶液应贮存在棕色瓶中，置于阴凉、干燥处。

2. **标定**　常用 $Na_2C_2O_4$、$H_2C_2O_4 \cdot 2H_2O$ 等基准物质标定 $KMnO_4$ 溶液。

在酸性溶液中 $KMnO_4$ 与 $C_2O_4^{2-}$ 的反应如下：

$$2MnO_4^- + 5C_2O_4^{2-} + 16H^+ = 2Mn^{2+} + 10CO_2 \uparrow + 8H_2O$$

标定时应注意以下几点内容。

(1)温度:为了加快反应速率,滴定前可将溶液加热到 65~75℃,趁热滴定。低于 55℃反应速率太慢;温度超过 90℃,会使 $C_2O_4^{2-}$ 分解。

(2)酸度:在硫酸酸性溶液中进行,其浓度一般为 0.5~1.0mol/L。酸度不足,易生成 MnO_2 沉淀;酸度太高,$H_2C_2O_4$ 易分解。

(3)滴定速度:因为标定反应开始时速率较慢,所以滴定刚开始时,滴定速度也要慢。$KMnO_4$ 与 $C_2O_4^{2-}$ 反应生成 Mn^{2+} 后,因为 Mn^{2+} 有自动催化作用,反应速率明显加快,滴定速度可适当加快,但也不宜过快。

(4)终点判断:$KMnO_4$ 可作为自身指示剂,滴定至化学计量点时,微过量的 $KMnO_4$ 就可使溶液呈粉红色,若 30 秒不褪色即为终点。

注意:标定过的 $KMnO_4$ 滴定液应避光、避热且不宜长期存放;使用久置的 $KMnO_4$ 滴定液时,应将其过滤并重新标定。

课 堂 活 动
标定 $KMnO_4$ 滴定液为什么要保持一定的酸度?

(三) 应用示例

1. H_2O_2 含量的测定(直接滴定法)　在稀 H_2SO_4 溶液中,H_2O_2 能定量被 $KMnO_4$ 氧化生成 O_2 和 H_2O。因此,可用 $KMnO_4$ 滴定液直接测定 H_2O_2 的含量。反应式为:

$$2MnO_4^- + 5H_2O_2 + 6H^+ == 2Mn^{2+} + 5O_2\uparrow + 8H_2O$$

反应在室温下于 H_2SO_4 介质中进行。开始滴定时,反应速率较慢,但因 H_2O_2 不稳定,受热易分解,因此不能加热。随着反应的进行,由于生成 Mn^{2+} 的自动催化作用,反应速率逐渐加快,因而能顺利地到达滴定终点。滴定前也可加入 2 滴 $MnSO_4$ 以提高反应速率。用下式计算 H_2O_2 的含量:

$$\rho_{H_2O_2} = \frac{5c_{KMnO_4}V_{KMnO_4}M_{H_2O_2}}{2V_s}$$

2. Ca^{2+} 含量的测定(间接滴定法)　先向试样中加过量的 $Na_2C_2O_4$ 使其中的 Ca^{2+} 沉淀为 CaC_2O_4,沉淀经过滤、洗涤后用适当浓度的 H_2SO_4 溶解,然后用 $KMnO_4$ 滴定液滴定溶液中的 $H_2C_2O_4$,间接求得 Ca^{2+} 的含量。有关反应式为:

$$Ca^{2+} + C_2O_4^{2-} == CaC_2O_4\downarrow$$

$$CaC_2O_4 + 2H^+ == Ca^{2+} + H_2C_2O_4$$

$$2MnO_4^- + 5H_2C_2O_4 + 6H^+ == 2Mn^{2+} + 10CO_2\uparrow + 8H_2O$$

用下式计算 Ca^{2+} 的含量:

$$Ca^{2+}\% = \frac{\frac{5}{2}c_{KMnO_4}V_{KMnO_4}M_{Ca}\times10^{-3}}{m_s}\times100\%$$

四、碘量法

（一）基本原理

碘量法是利用 I_2 的氧化性或 I^- 的还原性进行物质含量测定的分析方法。其半电池反应为：

$$I_2 + 2e \rightleftharpoons 2I^- \qquad \varphi^\ominus = +0.534\ 5V$$

I_2 在水中溶解度很小，为增大其溶解度，通常将 I_2 溶解在 KI 溶液中，使 I_2 以 I_3^- 的形式存在。为了简便和强调化学计量关系，习惯上仍将 I_3^- 写成 I_2。

I_2 是较弱的氧化剂，可与较强的还原剂作用；而 I^- 是中等强度的还原剂，能与许多氧化剂反应生成 I_2。因此，碘量法又可分为直接碘量法和间接碘量法。

1. 直接碘量法　直接碘量法又称**碘滴定法**。是用 I_2 溶液作滴定液，在酸性、中性或弱碱性溶液中直接测定电极电势比 $\varphi^\ominus_{I_2/I^-}$ 低的还原性物质含量的分析方法。

如果溶液的 pH>9，则会发生下列副反应：

$$3I_2 + 6OH^- \rightleftharpoons IO_3^- + 5I^- + 3H_2O$$

直接碘量法的应用有一定的局限性，因为只有少数还原能力强，且不受 H^+ 浓度影响的物质才能与 I_2 发生定量反应。

2. 间接碘量法　电势高于 $\varphi^\ominus_{I_2/I^-}$ 的氧化性物质与过量的 KI 反应定量析出 I_2，可用 $Na_2S_2O_3$ 滴定液滴定，这种方法称为**置换碘量法**。电势低于 $\varphi^\ominus_{I_2/I^-}$ 的还原性物质与一定过量 I_2 滴定液作用，待反应完全后，再用 $Na_2S_2O_3$ 滴定液滴定剩余的 I_2，这种方法称为**返滴碘量法**。

置换碘量法和返滴碘量法统称为**间接碘量法**，又称为**滴定碘法**。滴定反应式为：

$$I_2 + 2S_2O_3^{2-} \rightleftharpoons 2I^- + S_4O_6^{2-}$$

上述反应需在中性或弱酸性溶液中进行。

(1) 在强酸性溶液中 $Na_2S_2O_3$ 会分解，I^- 也容易被空气中的 O_2 氧化。

$$S_2O_3^{2-} + 2H^+ \rightleftharpoons SO_2\uparrow + S\downarrow + H_2O$$

$$4I^- + 4H^+ + O_2 \rightleftharpoons 2I_2 + 2H_2O$$

(2) 在碱性溶液中 $Na_2S_2O_3$ 与 I_2 会发生如下副反应：

$$S_2O_3^{2-} + 4I_2 + 10OH^- \rightleftharpoons 2SO_4^{2-} + 8I^- + 5H_2O$$

应注意：碘量法误差主要来源是 I_2 的挥发和 I^- 在酸性溶液中被空气中的 O_2 氧化。因此，在测定时要加入过量的 KI 以增大 I_2 的溶解度；在室温下使用碘量瓶滴定；滴定前要密塞、封水和避光放置；滴定时不要剧烈摇动。

3. 指示剂　碘量法常用淀粉指示剂确定终点。淀粉遇 I_2 即显蓝色，反应灵敏且可逆性好，故可根据蓝色的出现或消失确定滴定终点。

在使用淀粉指示剂时应注意以下几个问题。

(1) 淀粉指示剂在室温及有少量 I^- 存在的弱酸性溶液中最灵敏。

（2）直链淀粉遇 I_2 显蓝色且显色反应可逆性好、敏锐。

（3）淀粉指示剂不宜久放。配制时加热时间不宜过长并应迅速冷却至室温。

（4）直接碘量法淀粉指示剂可在滴定前加入，根据蓝色的出现确定终点；间接碘量法淀粉指示剂应在近终点时加入，根据蓝色的消失确定终点。

案例分析

右旋糖酐 20 葡萄糖含量的测定

案例：右旋糖酐 20 葡萄糖注射液为无色、略带黏性的澄清液体。主要用于治疗失血、创伤、烧伤、中毒等各种原因引起的休克及预防手术后静脉血栓形成等。现行版《中国药典》规定右旋糖酐 20 葡萄糖注射液中含葡萄糖（$C_6H_{12}O_6 \cdot H_2O$）为标示量的 95.0%～105.0% 为合格品。质量检查中需进行葡萄糖含量的测定。

分析：葡萄糖分子中的醛基有还原性，能在碱性条件下被 I_2 氧化成羧基，可用间接碘量法测定其含量。

现行版《中国药典》规定：精密量取本品 2ml，置碘瓶中，精密加碘滴定液（0.05mol/L）25ml，边振摇边滴加氢氧化钠滴定液（0.1mol/L）50ml，在暗处放置 30 分钟，加稀硫酸 5ml，用硫代硫酸钠滴定液（0.1mol/L）滴定，至近终点时，加淀粉指示液 2ml，继续滴定至蓝色消失，并将滴定的结果用 0.12g（6% 规格）或 0.20g（10% 规格）的右旋糖酐 20 做空白试验校正。每 1ml 碘滴定液（0.05mol/L）相当于 9.909mg 的 $C_6H_{12}O_6 \cdot H_2O$。

（二）滴定液

1. I_2 滴定液

（1）配制：用升华法制得的纯 I_2 可直接配制滴定液。但由于 I_2 具有挥发性和腐蚀性，所以通常采用间接法配制。I_2 在水中的溶解度很小且易挥发，所以配制时先称取一定量的 I_2 和 KI（I_2：$KI=1:3$）置于研钵中加入少量水润湿研磨，待 I_2 全部溶解后加纯化水稀释到一定体积，混合均匀。将溶液贮于棕色瓶中，密塞，置于阴暗处保存。

（2）标定：常用基准物质 As_2O_3 标定 I_2 滴定液。As_2O_3 难溶于水，易溶于碱溶液生成亚砷酸盐，故可将准确称取的 As_2O_3 溶于 NaOH 溶液中，用盐酸中和过量的 NaOH，再加入 $NaHCO_3$ 调节溶液的 pH ≈ 8，以淀粉为指示剂，用待标定的 I_2 滴定液滴定至溶液由无色变为浅蓝色即为终点。其反应式为：

$$As_2O_3 + 6NaOH \Longrightarrow 2Na_3AsO_3 + 3H_2O$$

$$Na_3AsO_3 + I_2 + 2NaHCO_3 \Longrightarrow Na_3AsO_4 + 2NaI + 2CO_2 \uparrow + H_2O$$

根据 As_2O_3 的质量及消耗的 I_2 滴定液的体积，即可计算出 I_2 滴定液的准确浓度。

$$c_{I_2} = \frac{2m_{As_2O_3}}{M_{As_2O_3} V_{I_2}} \times 10^3$$

2. $Na_2S_2O_3$ 滴定液

（1）配制：硫代硫酸钠晶体（$Na_2S_2O_3 \cdot 5H_2O$）易风化、潮解，且含有少量 S、Na_2SO_4、Na_2SO_3、NaCl、Na_2CO_3 等杂质，故不能用直接法配制。$Na_2S_2O_3$ 溶液不稳定易分解，其浓度会随时间的变化而改变，其原因如下：

1）纯化水中的 CO_2 促使 $Na_2S_2O_3$ 分解：

$$Na_2S_2O_3 + CO_2 + H_2O \xrightarrow{\quad\quad} NaHCO_3 + NaHSO_3 + S\downarrow$$

2）空气中的 O_2 可氧化 $Na_2S_2O_3$，使其浓度降低：

$$2Na_2S_2O_3 + O_2 \xrightarrow{\quad\quad} 2Na_2SO_4 + 2S\downarrow$$

3）水中嗜硫菌等微生物会促使 $Na_2S_2O_3$ 分解：

$$Na_2S_2O_3 \xrightarrow{\quad\quad} Na_2SO_3 + S\downarrow$$

因此，配制 $Na_2S_2O_3$ 滴定液时，应使用新煮沸放冷的纯化水，以减少溶解在水中的 CO_2、O_2，并加入少量的 Na_2CO_3，使溶液呈微碱性，以抑制微生物的生长，防止 $Na_2S_2O_3$ 分解。将配好的 $Na_2S_2O_3$ 溶液贮于棕色瓶中，放置 7~15 天后再进行标定。

（2）标定：常用 $K_2Cr_2O_7$、KIO_3、$KBrO_3$ 等基准物质标定 $Na_2S_2O_3$ 溶液。$K_2Cr_2O_7$ 因性质稳定且易精制，最为常用。

准确称取一定量的基准 $K_2Cr_2O_7$ 于碘量瓶中，加纯化水溶解，加 H_2SO_4 酸化后，加入过量的 KI，待反应进行完全后，加纯化水稀释，用待标定的 $Na_2S_2O_3$ 滴定液滴定至近终点（浅黄绿色）时，加淀粉指示剂，继续滴定至溶液由蓝色变为亮绿色即为终点。有关反应式和计算公式如下：

$$Cr_2O_7^{2-} + 6I^- + 14H^+ \xrightarrow{\quad\quad} 2Cr^{3+} + 3I_2 + 7H_2O$$

$$I_2 + 2S_2O_3^{2-} \xrightarrow{\quad\quad} 2I^- + S_4O_6^{2-}$$

$$c_{Na_2S_2O_3} = \frac{6m_{K_2Cr_2O_7}}{V_{Na_2S_2O_3}M_{K_2Cr_2O_7}} \times 10^3$$

标定时应注意：

1）$K_2Cr_2O_7$ 与 KI 溶液反应酸度一般以 0.4mol/L 为宜。酸度过高，I^- 易被空气中的 O_2 氧化；酸度过低，反应较慢。

2）为加快反应速率，需加入过量的 KI，并用水密封碘量瓶，放置暗处 10 分钟，待反应完成后，再用待标定的 $Na_2S_2O_3$ 滴定液滴定。

3）用 $Na_2S_2O_3$ 滴定液滴定前，应将溶液稀释使酸度降低，减少空气中 O_2 对 I^- 的氧化，减少 $Na_2S_2O_3$ 的分解，减弱 Cr^{3+} 的绿色对滴定终点的影响。

4）指示剂应在近终点时加入，以防止大量 I_2 被淀粉吸附太牢，而难于很快与 $Na_2S_2O_3$ 反应，使终点滞后，标定结果偏低。

5）滴定结束，若 5 分钟内溶液返蓝，说明 $K_2Cr_2O_7$ 与 KI 的反应不完全，应重新标定；若 5 分钟后溶液返蓝，则可认为是空气中的 O_2 氧化 I^- 所致，不影响标定结果。

（三）应用示例

1. 维生素 C 含量测定　维生素 C 又名抗坏血酸，其分子结构中含有烯二醇基，具有较强的还原性，能被 I_2 定量氧化成二酮基。反应如下：

从反应式可以看出,在碱性条件下更有利于平衡向右移动,但因维生素 C 的还原性较强,在碱性溶液中更易被空气中的 O_2 氧化,所以常在醋酸酸性溶液中进行滴定。使用新煮沸的冷纯化水溶解样品,溶解后立即滴定,减少维生素 C 被空气中的 O_2 氧化的机会。操作过程中也应注意避光、避热。

用下式计算维生素 C 的含量:

$$C_6H_8O_6\% = \frac{c_{I_2} V_{I_2} M_{C_6H_8O_6} \times 10^{-3}}{m_s} \times 100\%$$

2. 焦亚硫酸钠含量测定　焦亚硫酸钠($Na_2S_2O_5$)具有较强的还原性,常用作药品制剂的抗氧剂,可用返滴定法测定其含量。先加入准确过量的 I_2 溶液,待 I_2 溶液与 $Na_2S_2O_5$ 完全反应后,再用 $Na_2S_2O_3$ 溶液回滴定剩余的 I_2,近终点时加入淀粉指示剂,继续滴定至蓝色消失,并将滴定结果用空白试验校正。其反应式和计算公式为:

$$Na_2S_2O_5 + 2I_2(过量) + 3H_2O \rightleftharpoons Na_2SO_4 + H_2SO_4 + 4HI$$

$$I_2(剩余) + 2Na_2S_2O_3 \rightleftharpoons Na_2S_4O_6 + 2NaI$$

$$Na_2S_2O_5\% = \frac{\frac{1}{4} c_{Na_2S_2O_3} (V_0 - V)_{Na_2S_2O_3} M_{Na_2S_2O_5} \times 10^{-3}}{m_s} \times 100\%$$

五、亚硝酸钠法

(一) 基本原理

亚硝酸钠法是以 $NaNO_2$ 为滴定液,在酸性溶液中测定芳伯胺和芳仲胺类化合物含量的氧化还原滴定法。

用 $NaNO_2$ 滴定液滴定芳伯胺类化合物的方法称为重氮化滴定法。其反应为:

$$Ar—NH_2 + NaNO_2 + 2HCl \rightleftharpoons [Ar—N^+ \equiv N]Cl^- + NaCl + 2H_2O$$

用 $NaNO_2$ 溶液滴定芳仲胺类化合物的方法称为亚硝基化滴定法。其反应为:

$$\frac{Ar}{R}{>}NH + NaNO_2 + HCl \rightleftharpoons \frac{Ar}{R}{>}N—NO + NaCl + H_2O$$

影响亚硝酸钠滴定法的因素如下。

1. 酸的种类和浓度　亚硝酸钠法的反应速率与酸的种类有关。在 HBr 中比在 HCl 中快,在 H_2SO_4 或 HNO_3 中较慢。因 HBr 价格较贵,故常用 HCl。酸度一般控制在 1mol/L 左右为宜。酸度过高,会引起亚硝酸分解,妨碍芳伯胺的游离;酸度不足,反应速率慢,生成的重氮盐不稳定易分解,而且容易与未反应的芳伯胺发生副反应,使测定结果偏低。

2. 滴定速度与温度　亚硝酸钠法的反应速率随温度的升高而加快,但温度升高又会促使亚硝酸的分解。实验证明,温度在 5℃ 以下测定结果较准确。如果在 30℃ 以下可采用快速滴定法,即将滴定管尖插入液面下 2/3 处,在不断搅拌下,迅速滴定至临近终点,再将管尖提出液面,继续缓慢滴定至终点。这样开始生成的 HNO_2 在剧烈搅拌下向四方扩散并立即与芳伯胺反应,来不及分解、逸失,即可作用完全。

3. 芳环上的取代基

在氨基的对位上，如果有—X、—COOH、—NO$_2$、—SO$_3$H 等吸电子基团，可使反应速率加快；有—CH$_3$、—OH、—OR 等斥电子基团，可使反应速率减慢。对于较慢的反应可加入适量的 KBr 作催化剂，以加快反应速率。

亚硝酸钠法一般采用永停滴定法确定终点（见第九章电化学分析法）。

(二) 滴定液

1. 配制　NaNO$_2$ 溶液不稳定，久置时浓度会显著下降。因此需用间接法配制。但 pH 在 10 左右，NaNO$_2$ 溶液的稳定性则很高，三个月内其浓度可保持稳定。故配制时常加入少量 Na$_2$CO$_3$ 作稳定剂。NaNO$_2$ 溶液见光易分解，应贮于棕色瓶中，密闭保存。

2. 标定　常用基准物质对氨基苯磺酸标定 NaNO$_2$ 滴定液。对氨基苯磺酸为分子内盐，在水中溶解缓慢，需加入氨试液使其溶解，再加盐酸，使其成为对氨基苯磺酸盐。标定反应和计算公式为：

$$HO_3S-\!\!\!\!\bigcirc\!\!\!\!-NH_2 + NaNO_2 + 2HCl \rightleftharpoons \left[HO_3S-\!\!\!\!\bigcirc\!\!\!\!-\overset{+}{N}\!\!\equiv\!\!N\right]Cl^- + NaCl + 2H_2O$$

$$c_{NaNO_2} = \frac{m_{C_6H_7O_3NS}}{V_{NaNO_2}M_{C_6H_7O_3NS}} \times 10^3$$

(三) 应用示例

重氮化滴定法主要用于测定芳伯胺类药物，如盐酸普鲁卡因、盐酸普鲁卡因胺、氨苯砜和磺胺类药物等；还可测定水解后生成芳伯胺类的药物，如酞磺胺噻唑、对乙酰氨基酚、非那西丁等。亚硝基化滴定法可用于测定芳仲胺类药物，如磷酸伯胺喹等。

盐酸普鲁卡因含量的测定即可用亚硝酸钠法。盐酸普鲁卡因（C$_{13}$H$_{21}$O$_2$N$_2$Cl）具有芳伯胺结构，在酸性条件下可与 NaNO$_2$ 发生重氮化反应，滴定前加入 KBr，以加快重氮化反应速率。用永停滴定法确定终点。其滴定反应和含量计算公式为：

$$H_2N-\!\!\!\!\bigcirc\!\!\!\!-COOCH_2CH_2N-(C_2H_5)_2 \cdot HCl + NaNO_2 + HCl$$

$$\rightleftharpoons Cl^-\left[N\!\!\equiv\!\!\overset{+}{N}-\!\!\!\!\bigcirc\!\!\!\!-COOCH_2CH_2N-(C_2H_5)_2\right] + NaCl + 2H_2O$$

$$C_{13}H_{21}O_2N_2Cl\% = \frac{c_{NaNO_2}V_{NaNO_2}M_{C_{13}H_{21}O_2N_2Cl}\times 10^{-3}}{m_s} \times 100\%$$

点滴积累

1. 高锰酸钾法可分为直接滴定法、返滴定法、间接滴定法。KMnO$_4$ 滴定液用间接法配制，常用基准物质 Na$_2$C$_2$O$_4$ 标定。

2. 碘量法常用淀粉作指示剂，分为直接碘量法和间接碘量法。直接碘量法 I$_2$ 为滴定液，间接碘量法 Na$_2$S$_2$O$_3$ 为滴定液。

3. 亚硝酸钠法是以 NaNO$_2$ 为滴定液，在酸性溶液中测定芳伯胺和芳仲胺类化合物含量的氧化还原滴定法。

习题

复习导图

目标检测

一、简答题

1. $K_2Cr_2O_7$、H_2S、$KMnO_4$、CO、H_2O_2、H_2SO_3 中哪些物质只能作氧化剂？哪些物质只能作还原剂？哪些物质既能作氧化剂又能作还原剂？

2. 如何判断氧化还原反应进行的方向？

3. 用 $KMnO_4$ 溶液测定 H_2O_2 含量时，能否用 HNO_3 或 HCl 控制溶液的酸度？为什么？

4. 标定 $Na_2S_2O_3$ 滴定液时，在 $K_2Cr_2O_7$ 溶液中加入过量 KI 和稀 H_2SO_4 后应怎样操作？何时加入淀粉指示剂？为什么？

5. 在亚硝酸钠法中为什么常用 HCl 控制溶液的酸度？酸度过高或过低对测定结果有何影响？

二、计算题

1. 精密吸取 H_2O_2 溶液 25.00ml，置 250.0ml 容量瓶中，加纯化水稀释至标线，混匀。从上述稀释好的溶液中精密吸出 25.00ml 于锥形瓶中，加 H_2SO_4 酸化，用 0.027 00mol/L $KMnO_4$ 滴定液滴定至终点，消耗了 $KMnO_4$ 滴定液 35.86ml。计算此样品中 H_2O_2 的含量。

2. 精密称取 0.193 6g 基准 $K_2Cr_2O_7$，加纯化水溶解后，加酸酸化，加入过量的 KI，待反应完成后，用 $Na_2S_2O_3$ 滴定液滴定至终点，消耗了 $Na_2S_2O_3$ 滴定液 33.61ml，计算 $Na_2S_2O_3$ 溶液的物质的量浓度。

3. 精密称取结晶硫酸亚铁样品 0.610 5g，加纯化水溶解后，再加 3mol/L H_2SO_4 10ml，立即用 0.020 06mol/L 的 $KMnO_4$ 滴定液滴定至终点，消耗滴定液的体积为 20.03ml。求样品中 $FeSO_4 \cdot 7H_2O$ 的含量。

三、实例分析

1. 高锰酸钾是消毒防腐药，现行版《中国药典》规定其含量测定方法是：精密称定样品约 0.8g，配制 250ml 供试品溶液。将供试品溶液置 50ml 滴定管中，调节液面至零刻度。另精密量取草酸滴定液（0.05mol/L）25ml，加硫酸溶液（1→2）5ml 与纯化水 50ml 置锥形瓶中。将滴定管中供试品溶液迅速加入约 23ml，加热至 65℃，继续滴定至溶液显粉红色（30 秒不褪色）。请解释加硫酸溶液的目的是什么，能否用盐酸溶液或硝酸溶液代替硫酸溶液？

2. 硫酸亚铁是抗贫血药，现行版《中国药典》规定其含量使用高锰酸钾法进行测定。试说明测定原理和具体方法。

3. 碘是消毒防腐药，现行版《中国药典》规定其含量测定方法是：取本品研细的粉末约 0.4g，置贮有 20% 碘化钾溶液 5ml 并称定重量的称量瓶中，精密称定，轻轻摇动，待完全溶解后，移至具塞锥形瓶中，加水稀释使成约 50ml，加稀盐酸 1ml，用硫代硫酸钠滴定液（0.1mol/L）滴定，至近终点时，加淀粉指示液 2ml，继续滴定至蓝色消失。每 1ml 硫代硫酸钠滴定液（0.1mol/L）相当于 12.69mg 的 I。请解释把样品加到 20% 碘化钾溶液的目的是什么，为什么要在近终点时加淀粉指示剂？

实训十三　高锰酸钾滴定液的配制与标定

【实训目的】

1. 掌握　高锰酸钾滴定液的配制及标定方法。
2. 熟悉　自身指示剂的作用原理,并能正确判断滴定终点。

【实训原理】

市售 $KMnO_4$ 试剂中常含有少量的 MnO_2 和其他杂质,纯化水中也常含有微量还原性物质,外界条件的改变也能促使 $KMnO_4$ 分解,故需用间接法配制 $KMnO_4$ 滴定液。

常用基准 $Na_2C_2O_4$ 标定 $KMnO_4$ 滴定液的浓度。在酸性溶液中 $KMnO_4$ 与 $C_2O_4^{2-}$ 的反应为:

$$2MnO_4^- + 5C_2O_4^{2-} + 16H^+ \rightleftharpoons 2Mn^{2+} + 10CO_2 \uparrow + 8H_2O$$

按下式计算 $KMnO_4$ 滴定液的浓度:

$$c_{KMnO_4} = \frac{2m_{Na_2C_2O_4} \times 10^3}{5M_{Na_2C_2O_4} V_{KMnO_4}}$$

$KMnO_4$ 可作为自身指示剂,滴定至化学计量点时,微过量的 $KMnO_4$ 可使溶液呈粉红色,若 30 秒不褪色即为终点。

【仪器和试剂】

1. 仪器　分析天平、称量瓶、大烧杯、量筒、棕色试剂瓶、垂熔玻璃漏斗、滤纸、锥形瓶、恒温水浴锅、滴定管。
2. 试剂　$KMnO_4$、基准 $Na_2C_2O_4$、3mol/L H_2SO_4 等。

【实训步骤】

1. 0.02mol/L $KMnO_4$ 滴定液的配制　称取 $KMnO_4$ 1.6g 置于大烧杯中,加纯化水 500ml,煮沸 15 分钟,冷却后置于棕色试剂瓶中,于暗处静置 7~14 天,用垂熔玻璃漏斗过滤,摇匀,备用。

2. 0.02mol/L $KMnO_4$ 滴定液的标定　精密称取在 105℃ 条件下干燥至恒重的基准草酸钠约 0.2g 于锥形瓶中,加入新煮沸过的冷纯化水 25ml 和 3mol/L H_2SO_4 溶液 10ml,搅拌使其溶解。从滴定管中迅速加入待标定的 $KMnO_4$ 溶液约 20ml,放在 65℃ 水浴锅中加热,待褪色后,继续滴定至溶液显淡红色且 30 秒内不褪色,即为终点。记录消耗的 $KMnO_4$ 滴定液的体积。

平行测定 3 次。

【注意事项】

1. 用基准 $Na_2C_2O_4$ 标定 $KMnO_4$ 溶液,反应速率较慢,常采用加热的方法以提高反应速率。为了防止温度过高使草酸分解,一般在水浴中加热至 65℃。

2. 高锰酸钾为深色溶液,弯月面不易看清,读数时以液面上缘为准。

3. 实验结束后,应立即用自来水将滴定管冲洗干净,避免产生 MnO_2 沉淀堵塞滴定管活塞和管尖。

【思考题】

1. 为什么用间接法配制 $KMnO_4$ 溶液需要暗处静置 7~14 天?

2. 高锰酸钾滴定液能否装在碱式滴定管中,为什么?

3. 用基准草酸钠标定 $KMnO_4$ 溶液时,酸度对滴定反应有无影响? 如果滴定前未加酸,会产生什么后果?

【实训记录】

见表 8-1。

表 8-1　实训十三的实训记录

项目	第 1 次	第 2 次	第 3 次
$m_{Na_2C_2O_4}/g$			
V_{KMnO_4}/ml			
$c_{KMnO_4}/(mol/L)$			
$\bar{c}_{KMnO_4}/(mol/L)$			
$R\bar{d}$			

实训十四　消毒液中过氧化氢含量的测定

【实训目的】

1. **掌握** $KMnO_4$ 法测定 H_2O_2 含量的方法。

2. **熟悉** 使用自身指示剂确定滴定终点。

【实训原理】

过氧化氢是医药卫生及食品行业上广泛使用的消毒剂,俗称双氧水,过氧化氢有氧化作用,可杀灭致病菌群,一般适用于伤口消毒、环境消毒和食品消毒。

在稀 H_2SO_4 溶液中,H_2O_2 能定量被 $KMnO_4$ 氧化生成 O_2 和 H_2O。因此,可用 $KMnO_4$ 滴定液直接测定 H_2O_2 的含量。其反应式为:

$$2MnO_4^- + 5H_2O_2 + 6H^+ = 2Mn^{2+} + 5O_2 \uparrow + 8H_2O$$

按下式计算 H_2O_2 的含量:

$$\rho_{H_2O_2} = \frac{5c_{KMnO_4}V_{KMnO_4}M_{H_2O_2}}{2V_s}$$

$KMnO_4$ 可作为自身指示剂,滴定至化学计量点时,微过量的 $KMnO_4$ 可使溶液呈粉红色,若 30 秒不褪色即为终点。

【仪器和试剂】

1. **仪器** 刻度吸管(10ml、1ml)、洗耳球、锥形瓶、滴定管(50ml)、洗瓶。
2. **试剂** H_2O_2 消毒液、3mol/L H_2SO_4 溶液、$KMnO_4$ 滴定液(0.02mol/L)。

【实训步骤】

用刻度吸管吸取 1.00ml H_2O_2 消毒液(H_2O_2 含量约 3%),置于盛有约 20ml 纯化水的锥形瓶中,加 3mol/L H_2SO_4 溶液 10ml,用 0.02mol/L $KMnO_4$ 滴定液滴定至微红色(30 秒内不褪色)即为终点。记录消耗的 $KMnO_4$ 滴定液的体积。

平行测定 3 次。

【注意事项】

1. 因为过氧化氢受热易挥发、易分解,所以测其含量时不能加热。

2. 终点时由于空气中含有的还原性物质能与高锰酸钾反应,而使微红色消失,因此只要 30 秒内不褪色即认为已达终点。

【思考题】

1. 用 $KMnO_4$ 滴定液测定 H_2O_2 含量时,能否用加热的方法提高反应速率？为什么？
2. 实验中如果酸度不够,会出现什么现象？

【实训记录】

见表 8-2。

表 8-2　实训十四的实训记录

项目	第 1 次	第 2 次	第 3 次
V_s/ml			
V_{KMnO_4}/ml			
$\rho_{H_2O_2}$/(g/L)			
$\overline{\rho}_{H_2O_2}$/(g/L)			
$R\overline{d}$			

实训十五　硫代硫酸钠滴定液的配制与标定

【实训目的】

1. **掌握**　碘量瓶的使用方法; $Na_2S_2O_3$ 滴定液的配制与标定方法。
2. **熟悉**　标定 $Na_2S_2O_3$ 滴定液的反应条件。
3. **学会**　用淀粉指示剂指示滴定终点。

【实训原理】

$Na_2S_2O_3 \cdot 5H_2O$ 易风化、潮解,且含有少量 S、Na_2SO_4、Na_2SO_3、NaCl、Na_2CO_3 等杂质,故不能用直接法配制滴定液。

标定 $Na_2S_2O_3$ 溶液的基准物质有 $K_2Cr_2O_7$、KIO_3、$KBrO_3$ 等,其中 $K_2Cr_2O_7$ 性质稳定且易精制,最为常用。用 $K_2Cr_2O_7$ 做基准物质,H_2SO_4 酸化,加入过量的 KI,待反应进行完全后,用待标定的 $Na_2S_2O_3$ 滴定液滴定析出的 I_2。

用淀粉作指示剂,滴定至溶液由蓝色变为亮绿色即为终点。

有关反应式如下：

$$Cr_2O_7^{2-}+6I^-+14H^+ \rule[0.5ex]{2em}{0.4pt} 2Cr^{3+}+3I_2+7H_2O$$

$$I_2+2S_2O_3^{2-} \rule[0.5ex]{2em}{0.4pt} 2I^-+S_4O_6^{2-}$$

按下式计算 $Na_2S_2O_3$ 溶液的浓度：

$$c_{Na_2S_2O_3} = \frac{6m_{K_2Cr_2O_7} \times 10^3}{M_{K_2Cr_2O_7} V_{Na_2S_2O_3}}$$

【仪器和试剂】

1. **仪器** 托盘天平、烧杯、量筒(50ml、500ml)、分析天平、称量瓶、碘量瓶、滴定管。

2. **试剂** $Na_2S_2O_3 \cdot 5H_2O$、Na_2CO_3、基准 $K_2Cr_2O_7$、20%KI 溶液、6mol/L H_2SO_4 溶液、淀粉指示剂等。

【实训步骤】

1. **0.1mol/L $Na_2S_2O_3$ 滴定液的配制** 在托盘天平上称取 $Na_2S_2O_3 \cdot 5H_2O$ 约 13g 和 Na_2CO_3 0.1g，置于烧杯中，加新煮沸冷却的纯化水溶解，转移至 500ml 量筒中，加新煮沸冷却的纯化水稀释至 500ml，混匀。贮于试剂瓶中，于暗处放置 7~15 天。

2. **0.1mol/L $Na_2S_2O_3$ 滴定液的标定** 精密称取在 120℃ 干燥至恒重的基准 $K_2Cr_2O_7$ 约 0.12g 于碘量瓶中，加新煮沸冷却的纯化水 50ml，20%KI 溶液 15ml，轻轻振摇使其全部溶解，加 6mol/L H_2SO_4 溶液 5ml，立即密封，摇匀。置暗处 10 分钟后，加纯化水 50ml 稀释，用 $Na_2S_2O_3$ 滴定液滴定至近终点(浅黄绿色)时，加 0.5% 淀粉指示剂 2ml，继续滴定至蓝色消失而呈亮绿色，即为终点。记录消耗的 $Na_2S_2O_3$ 滴定液的体积。

平行测定 3 次。

【注意事项】

1. 配制 $Na_2S_2O_3$ 滴定液时要用新煮沸冷却的纯化水溶解，以除去水中的 CO_2 和 O_2 并杀死微生物；加少量的 Na_2CO_3，使溶液呈微碱性，防止 $Na_2S_2O_3$ 的分解；放置 7~15 天，待其浓度稳定后，滤去沉淀，再标定。

2. 用 $K_2Cr_2O_7$ 标定 $Na_2S_2O_3$ 滴定液的反应，需控制酸度。酸度过高，I^- 容易被空气中的 O_2 氧化；酸度过低，反应较慢。

3. 淀粉指示剂应在临近终点时加入，否则大量的 I_2 与淀粉结合生成蓝色物质，难以很快与 $Na_2S_2O_3$ 反应，使终点延后。

4. 滴定结束，溶液放置后可能会返蓝。若 5 分钟内返蓝，说明 $K_2Cr_2O_7$ 和 KI 反应不完全，应重做实验。若 5 分钟后返蓝，是空气中 O_2 氧化所致，不影响实验结果。

5. 滴定开始要慢摇,以减少 I_2 的挥发。近终点时,要慢滴,用力旋摇,以减少淀粉对 I_2 的吸附。

【思考题】

1. 在间接碘量法中,加入过量 KI 的目的是什么?

2. 配制 $Na_2S_2O_3$ 滴定液时为什么要加少量的 Na_2CO_3?

3. 何时加入淀粉指示剂? 为什么? 终点颜色如何变化?

【实训记录】

见表 8-3。

表 8-3 实训十五的实训记录

项目	第 1 次	第 2 次	第 3 次
$m_{K_2Cr_2O_7}/g$			
$V_{Na_2S_2O_3}/ml$			
$c_{Na_2S_2O_3}/(mol/L)$			
$\overline{c}_{Na_2S_2O_3}/(mol/L)$			
$R\overline{d}$			

实训十六 维生素 C 含量的测定

【实训目的】

1. **掌握** 直接碘量法测定维生素 C 含量的原理和方法。

2. **熟悉** 滴定管和电子天平的使用。

3. **学会** 用淀粉指示剂确定滴定终点。

【实训原理】

维生素 C 分子中的烯二醇基具有较强的还原性,能被 I_2 定量地氧化成二酮基。其反应如下:

上述反应在碱性条件下更有利于向右移动,但在中性或碱性溶液中维生素 C 易被空气中的 O_2 氧化,所以,滴定常在稀 CH_3COOH 溶液中进行。

用淀粉作指示剂,滴定至溶液由无色变为蓝色即为终点。

按下式计算维生素 C 的含量:

$$C_6H_8O_6\% = \frac{c_{I_2} V_{I_2} M_{C_6H_8O_6} \times 10^{-3}}{m_s} \times 100\%$$

【仪器和试剂】

1. **仪器** 分析天平、锥形瓶、滴定管、刻度吸管(10ml)、称量瓶。
2. **试剂** 维生素 C 样品、2mol/L CH_3COOH、I_2 滴定液、淀粉指示剂。

【实训步骤】

精密称取维生素 C 样品约 0.2g,置于 250ml 锥形瓶中,加入新煮沸放冷的纯化水 100 ml 和 2mol/L CH_3COOH 溶液 10ml,使维生素 C 全部溶解。加入淀粉指示剂 1 ml,立即用约 0.05mol/L I_2 滴定液滴定至溶液呈现蓝色(30 秒内不褪色)即为终点。记录消耗的 I_2 滴定液的体积。

平行测定 3 次。

【注意事项】

1. I_2 滴定液为深色溶液,弯月面不易看清,读数时以液面上缘为准。
2. 在碱性条件下维生素 C 的还原性较强,易被空气中的 O_2 氧化,所以在醋酸酸性溶液中进行滴定。
3. 用新煮沸的冷纯化水溶解样品,溶解后立即滴定,以减少维生素 C 被空气中的 O_2 氧化的机会。
4. 操作过程中应注意避光、避热。

【思考题】

1. 为什么要用新煮沸放冷的纯化水溶解维生素 C ?
2. 测定中加稀 CH_3COOH 的目的是什么?

【实训记录】

见表 8-4。

表 8-4 实训十六的实训记录

项目	第 1 次	第 2 次	第 3 次
$m_{C_6H_8O_6}/g$			
V_{I_2}/ml			
$C_6H_8O_6\%$			
$C_6H_8O_6\%$ 平均值			
$\overline{Rd}$			

实训十七 食盐中碘含量的测定

【实训目的】

1. **掌握** 滴定管、移液管、容量瓶、碘量瓶等仪器的操作方法;测定食盐中碘含量的原理;碘量法测定食盐中碘含量的操作方法。

2. **学会** 用淀粉指示剂指示滴定终点。

【实训原理】

碘是人体必需的微量元素之一,生长发育所必需的甲状腺素的合成离不开碘的参与。为保障人民安全食用碘,国家规定食盐中加碘,且严格控制碘的加入量。加碘食盐中碘元素绝大部分是以 KIO_3 的形式存在的。食盐中所含的 KIO_3 在酸性条件下与 KI 反应,析出定量的 I_2。其反应式为:

$$IO_3^- + 5I^- + 6H^+ == 3I_2 + 3H_2O$$

以淀粉作指示剂,用 $Na_2S_2O_3$ 滴定液滴定析出的 I_2,滴定至蓝色消失即为终点。

$$I_2 + 2S_2O_3^{2-} == 2I^- + S_4O_6^{2-}$$

按下式计算食盐中 KIO_3 的含量:

$$KIO_3\% = \frac{c_{Na_2S_2O_3} V_{Na_2S_2O_3} M_{KIO_3} \times 10^{-3}}{6m_s} \times 100\%$$

【仪器和试剂】

1. **仪器** 吸量管、容量瓶、碘量瓶、量筒、电子天平、称量瓶、滴定管。

2. **试剂** $Na_2S_2O_3$ 滴定液(0.1mol/L)、食盐、6mol/L 盐酸溶液、20%KI 溶液、淀粉指示剂。

【实训步骤】

1. 精密吸取 0.1mol/L Na$_2$S$_2$O$_3$ 滴定液 5ml 于 250ml 的容量瓶中,加纯化水至标线,摇匀。即得到浓度约为 0.002mol/L Na$_2$S$_2$O$_3$ 滴定液。

2. 准确称取 15g 食盐于碘量瓶中,加 100ml 纯化水使之完全溶解,加 6mol/L 盐酸溶液 4ml、20%KI 溶液 2ml 和淀粉指示剂 2ml,摇匀,加盖置于暗处 5 分钟,然后用 0.002mol/L Na$_2$S$_2$O$_3$ 滴定液滴定至蓝色消失,即为终点,记录消耗 Na$_2$S$_2$O$_3$ 滴定液的体积。

平行测定 3 次。

【注意事项】

1. KI 溶液需要保存于棕色瓶中。
2. Na$_2$S$_2$O$_3$ 滴定溶液的稀释一定要准确,而且在移取前必须将稀释的溶液充分摇匀。
3. 需控制好 KIO$_3$ 与 KI 反应的酸度。酸度太低,反应速度慢;酸度太高则 I$^-$ 易被空气中的 O$_2$ 氧化。
4. 为防止生成的 I$_2$ 挥发,反应需在碘量瓶中进行,且需避光放置。
5. 滴定开始要慢摇,以减少 I$_2$ 的挥发。近终点时,要慢滴,用力旋摇,以减少淀粉对 I$_2$ 的吸附。

【思考题】

1. 我国食盐中添加的碘是以何种形式存在的?
2. 加碘盐为什么要忌高温蒸炒?
3. 本实验为何要控制酸度?

【实训记录】

见表 8-5。

表 8-5　实训十七的实训记录

项目	第 1 次	第 2 次	第 3 次
m_s/g			
$c_{Na_2S_2O_3}$/(mol/L)			
$V_{Na_2S_2O_3}$/ml			
KIO$_3$%			
KIO$_3$% 平均值			
$R\bar{d}$			

(李　艳)

第九章　电化学分析法

> **学习目标**
>
> 1. **掌握**　直接电势法、电势滴定法和永停滴定法的基本原理和操作技术。
> 2. **熟悉**　电化学分析法的相关概念及常用术语。
> 3. **了解**　电化学分析法在医药领域的应用。

电化学分析法是建立在物质电化学性质基础上的一类分析方法。通常将溶液作为化学电池的一个组成部分,根据被测物的电化学性质及其变化规律进行定性、定量或状态信息分析。

> **导学情景**
>
> **情景描述:**
>
> 现行版《中国药典》对部分药剂的配制和检测方法做出了明确规定。例如,盐酸普鲁卡因注射液是盐酸普鲁卡因加氯化钠适量使成等渗的灭菌水溶液,通过调节 pH 至 3.5~5.0 可保持相对稳定。根据现行版《中国药典》(通则 9203),应确定每批培养基灭菌后的 pH(冷却至 25℃左右测定),测量 pH 时须使用 pH 计。
>
> **学前导语:**
>
> 使用 pH 计测量溶液的 pH 利用了电化学分析法的原理,本章我们将学习电化学分析法中直接电势法、电势滴定法和永停滴定法的基本原理、基本实验操作和其他相关知识与技能。

第一节　概述

一、电化学分析法的特点

电化学分析法是仪器分析法的重要组成部分,与化学分析法相比,具有以下特点。

1. **灵敏度高**　被测物质的最低浓度甚至可以达到 $10^{-12} \sim 10^{-7}$ mol/L,适合痕量组分的分析。

2. **分析效率高**　电化学实训的试样用量少,仪器简单,容易操作,分析速度快,直接得到的电信号容易传递,便于实现智能化,尤其适合于化工生产中的自动控制和在线分析。

3. **应用广泛**　电化学分析法被用于多种药物的分析。例如,电势滴定法被用于聚维酮碘、盐酸金刚烷胺、硫酸特布他林、卡巴胆碱、乌洛托品、酒石酸钠等药物的含量测定,永停滴定法被用于磺胺嘧啶银、盐酸普鲁卡因胺等药物的含量测定。此外,直接电势法被用于精确测定 pH 或电极电势,而通过测量电导率推算电解质溶液浓度的原理被广泛用于环境监测、生化分析、医学诊断和制药等行业。

二、电化学分析法的分类

电化学分析法的种类很多,根据测量的电化学参数不同,电化学分析法可分为电势法、伏安法、电解法和电导法等。

电势法是利用测量原电池的电动势以求出被测物质含量的分析方法,分为直接电势法和电势滴定法两种类型。通过测量原电池的电动势直接测定待测离子浓度的方法称为直接电势法;根据滴定过程中原电池电动势的突变确定滴定终点的方法称为电势滴定法。

伏安法是以电解过程中电流 - 电压变化曲线为基础进行的分析方法。包括极谱法、溶出法和电流滴定法。永停滴定法是根据滴定过程中双铂电极的电流变化确定滴定终点的电流滴定法。

电解法是根据通电时物质在电极上发生定量作用以确定物质含量的分析方法。

电导法是通过测量溶液的导电性以确定物质含量的分析方法。

三、参比电极和指示电极

在电势法中,通常用两种不同的电极与电解质溶液构成原电池。其中电极电势随溶液中被测离子浓度的变化而改变的电极称为指示电极;电极电势不随溶液中被测离子浓度的变化而改变的电极称为参比电极。指示电极和参比电极与被测物质的溶液组成原电池,通过测定该原电池的电动势,即可确定被测离子的浓度。

(一) 参比电极

标准氢电极(SHE)是作为测量其他电极电势基准的参比电极,常称为基准电极或一级参比电极。标准氢电极装配麻烦,使用不便,一般只在校准其他电极时使用。电化学分析法中常用的参比电极是二级参比电极甘汞电极和银 - 氯化银电极。

1. 甘汞电极　甘汞电极是由汞、甘汞(Hg_2Cl_2)和 KCl 溶液组成的电极。当 KCl 溶液处于饱和状态时,甘汞电极称为饱和甘汞电极,符号为 SCE。饱和甘汞电极构造如图 9-1 所示。

电极反应: $Hg_2Cl_2 + 2e \rightleftharpoons 2Hg + 2Cl^-$

298.15K 时电极电势为: $\varphi_{甘汞} = \varphi_{甘汞}^{\ominus} - 0.059\ 21 \lg c_{Cl^-}$

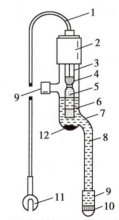

1. 导线;2. 电极帽;3. 铂丝;4. 汞;
5. 汞与甘汞糊;6. 棉絮塞;7. 外玻璃管;8. KCl 饱和溶液;9. 橡皮塞;
10. 石棉丝或素瓷芯等;11. 接头;
12. KCl 结晶。

图 9-1　饱和甘汞电极

由此可见,甘汞电极的电极电势决定于 Cl⁻ 的浓度,当 Cl⁻ 的浓度一定时,其电极电势是一个定

值。在 298.15K 时,不同浓度的 KCl 溶液的甘汞电极的电极电势分别为:

KCl 溶液浓度	0.1mol/L	1mol/L	饱和
电极电势 φ	0.333 7V	0.280 1V	0.241 2V

最常用的是饱和甘汞电极,其电势稳定,构造简单,保存和使用非常方便。

2. 银-氯化银电极(SSCE) Ag-AgCl 电极由涂镀一层 AgCl 的 Ag 丝浸入一定浓度的 KCl 溶液中组成。该电极装置简单,性能可靠,常作离子选择电极的内参比电极。其电极反应为: $AgCl+e \rightleftharpoons Ag+Cl^-$。

298.15K 时电极电势为: $\varphi_{Ag/AgCl} = \varphi^{\ominus}_{Ag/AgCl} - 0.059\ 21lgc_{Cl^-}$

同理,当 Cl^- 的浓度一定时,Ag-AgCl 电极的电极电势也是一个定值。在 298.15K 时,不同浓度的 KCl 溶液的 Ag-AgCl 电极的电极电势分别为:

KCl 溶液浓度	0.1mol/L	1mol/L	饱和
电极电势 φ	0.288 0V	0.222 3V	0.200 0V

(二) 指示电极

电势法所用的指示电极有多种,通常分为以下两大类。

1. 金属基电极 这类电极是以金属为基体的电极,共同特点是电极电势的建立基于电子转移反应。根据组成电极的材料不同,金属基电极可以分为三种:①由金属单质插入相应金属离子的盐溶液组成的电极;②由金属表面涂有相应难溶盐后插入该难溶盐的阴离子溶液中组成的电极;③由铂或金等惰性金属插入某电对溶液中组成的电极,该电极又称零类电极或氧化还原电极。前两种金属基电极通过本身得失电子而参与电极反应,零类电极本身只导电,不参与电极反应。

金属基电极和参比电极构成原电池,测得电动势,查出对应电对的标准电极电势,则可根据能斯特方程式求得待测离子的浓度。

2. 离子选择电极 离子选择电极(ISE)又称膜电极,属于电化学传感器,其电极电势的产生基于离子的交换与扩散,其核心部件是电极尖端的选择性电极膜,此电极膜对溶液中待测离子产生选择性响应,膜内外被测离子浓度不同而产生电势差。离子选择电极具有选择性好、灵敏度高等特点,是电势分析法中发展最快、应用最广的一类指示电极。离子选择电极的种类很多,本章主要介绍玻璃电极。

> **课 堂 活 动**
> 甘汞电极和铜锌原电池中的铜电极分别属于金属基电极中的哪一类电极?甘汞电极中为何常以饱和甘汞电极为参比电极?

> **点滴积累**
> 1. 电化学分析法可分为电势法、伏安法、电解法和电导法等。
> 2. 电势法使用的原电池由参比电极和指示电极组成。
> 3. 最常用的参比电极为饱和甘汞电极。
> 4. 指示电极通常分为金属基电极、离子选择电极两大类。

第二节 直接电势法

直接电势法是选择合适的参比电极和指示电极,浸入待测溶液中组成原电池,测量原电池的电动势,利用原电池的电动势与待测离子浓度之间的函数关系,直接确定待测离子浓度的方法。直接电势法可用于溶液 pH 的测定和其他离子浓度的测定。

一、溶液 pH 的测定

直接电势法测定溶液的 pH 时,常用玻璃电极作指示电极,用饱和甘汞电极作参比电极。

(一) 玻璃电极

1. 玻璃电极的构造 玻璃电极属于膜电极,符号为 GE,其构造如图 9-2 所示。

玻璃电极的下端是由特殊玻璃制成的厚度为 0.05~0.1mm 的球形玻璃薄膜,这是电极的关键部分。在玻璃薄膜内部装有一定浓度的 KCl 溶液和一定 pH 的缓冲溶液,在此溶液中插入一支 Ag-AgCl 内参比电极。因玻璃电极的内阻太高(50~100MΩ),故导线及电极引出线都要高度绝缘,并装有屏蔽罩,以免产生漏电和静电干扰。

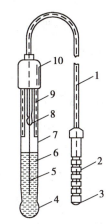

1. 绝缘屏蔽电缆;2. 高绝缘电极插头;3. 金属接头;4. 玻璃薄膜;5. 内参比电极;6. 内参比溶液;7. 外管;8. 支管圈;9. 屏蔽层;10. 塑料电极帽。

图 9-2 玻璃电极

2. 玻璃电极的原理 玻璃电极之所以能指示 H^+ 浓度的大小,是 H^+ 在膜上进行交换和扩散的结果。

298.15K 时,玻璃电极的电极电势为:

$$\varphi_{玻} = K_{玻} - 0.059\ 2\text{pH} \tag{式(9-1)}$$

从式(9-1)可以看出,玻璃电极的电极电势 $\varphi_{玻}$ 与待测溶液的 pH 呈线性关系,只要测出 $\varphi_{玻}$,即可求出溶液的 pH。

3. 玻璃电极的性能 评价玻璃电极的性能通常从电极斜率、碱差和酸差、不对称电势、使用温度等几个方面考虑。

(1)电极斜率:当溶液的 pH 改变一个单位时,引起玻璃电极电势的变化值称为电极斜率,用 S 表示:

$$S = -\frac{\Delta\varphi}{\Delta\text{pH}}$$

S 的理论值为 $\frac{2.303RT}{F}$,称为能斯特斜率。由于玻璃电极长期使用会老化,因此其实际斜率值小于理论值。298.15K 时,实际斜率若低于 52mV/pH,玻璃电极不宜再用。

（2）碱差和酸差：玻璃电极的 φ-pH 关系曲线只有在一定的 pH 范围内呈线性。如果所测溶液碱性较强，超出测量范围的最高 pH，普通玻璃电极对 Na^+ 也有响应，测得的 pH 会低于真实值，产生负误差，称为碱差。如果所测溶液酸性较强，超出测量范围的最低 pH，测得的 pH 会高于真实值，产生正误差，称为酸差。

（3）不对称电势：从理论上讲，当玻璃膜内、外两侧溶液的 H^+ 浓度相等时，膜电势应等于零。但实际上，在膜两侧总存在 1~30mV 的电势差，这一电势差称为不对称电势。不对称电势是由于制造工艺等因素使玻璃膜内外两个表面的性能不完全一致造成的。第一次使用的 pH 电极或长期停用的 pH 电极，在使用前必须充分活化一段时间（一般是 24 小时），不对称电势可降至最低且趋于恒定，同时也使玻璃膜表面充分活化，有利于对 H^+ 产生响应。

（4）使用温度：玻璃电极一般在 5~60℃ 范围内使用。温度过低或过高会导致测量误差增大且电极使用寿命下降。同时，标准溶液和被测溶液的测定温度必须相同。此外，玻璃电极不能用于含 F^- 的溶液。

（二）pH 复合电极

pH 复合电极是在玻璃电极和甘汞电极的原理上研制开发出来的新一代电极，是将玻璃电极和饱和甘汞电极组合在一起，构成单一电极体，如图 9-3 所示。pH 复合电极具有体积小、使用方便、坚固耐用、被测试样用量少、可用于狭小容器中测试等优点。将 pH 复合电极插入试样溶液中即可组成一个完整的原电池体系。pH 复合电极发展很快，目前广泛应用于溶液 pH 的测定。

（三）测定原理和方法

直接电势法测定溶液 pH 时，将玻璃电极和饱和甘汞电极（或直接使用 pH 复合电极）浸入被测溶液中组成原电池，可用下式表示：

（－）玻璃电极 | 待测溶液 | 饱和甘汞电极（+）

298.15K 时，该电池的电动势为：

$$E=\varphi_{甘汞}-\varphi_{玻}=0.241\,2-(K_{玻}-0.059\,2pH)$$

$K_{玻}$ 是玻璃电极的性质常数，将 $K_{玻}$ 和 0.241 2 合并为新的常数 K 后得到：

$$E=K+0.059\,2pH \qquad 式（9-2）$$

式（9-2）表明，原电池的电动势和溶液的 pH 呈线性关系。在 298.15K 时，溶液 pH 改变一个单位，原电池的电动势随之变化 59.2mV，故通过测定原电池的电动势即可求得溶液的 pH。

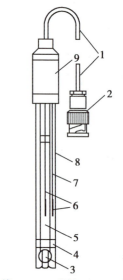

1. 导线；2. Q9 型插口；3. 玻璃球膜；4. 液体通道；5. 凝胶化电解质；6. Ag-AgCl 电极；7. 饱和 KCl 液；8. 聚酯外壳；9. 电极帽。

图 9-3　201 型塑壳 pH 复合电极

由于公式中的常数 K 很难确定，并且不同玻璃电极的不对称电势也不相同，在具体测定时常采用两次测定法，以消除玻璃电极的不对称电势和公式中的常数项 K。其测定步骤为：

先测定一标准溶液（pH_s）构成的原电池的电动势（E_s）：

$$E_s = K + 0.059\,2pH_s$$

然后再测定待测溶液（pH_x）构成的原电池的电动势（E_x）：

$$E_x = K + 0.059\,2pH_x$$

将两式相减并整理得：

$$pH_x = pH_s + \frac{E_x - E_s}{0.059\,2} \qquad\qquad 式(9\text{-}3)$$

测量时选用的标准缓冲溶液与待测溶液 pH 尽量接近，一般要求 $\Delta pH < 3$。附录十一列出了常用标准缓冲溶液在不同温度时的 pH，供选用时参考。

在实际测定中，使用 pH 计不必单独测定原电池的电动势，可通过仪器的功能切换直接读出溶液的 pH。

课 堂 活 动
影响溶液 pH 测定结果准确性的因素有哪些?

(四) pH 计

pH 计（又称为酸度计）是用来测量溶液 pH 的仪器，也可测量原电池的电动势。pH 计因测量用途和精度不同而有多种类型，其测量原理基本相同。一般由测量电池和主机两部分构成，玻璃电极、饱和甘汞电极（或直接使用 pH 复合电极）与待测溶液组成测量电池，将待测溶液的 pH 转换为电动势，主机将电动势转换为 pH 后直接显示出来。

(五) 应用

用 pH 计测定溶液的 pH 时，不受氧化剂、还原剂及其他活性物质的影响，可用于有色物质、胶体溶液或浑浊溶液 pH 的测定。并且用 pH 计测定溶液的 pH，测定前不用对待测液进行预处理，测定后不破坏、污染溶液，因此应用非常广泛。在卫生理化检验中，pH 计常被用于水质 pH 的检测；在药物分析中 pH 计被广泛应用于注射剂、滴眼液等制剂及原料药物的酸碱度检测。

知识链接

用电极检测生命体内的生理变化过程

自 1966 年弗朗德（Frant）和罗斯（Rose）用氟离子选择电极提供了氟离子的快速分析方法，迄今已有几十种测量特定离子的离子选择电极。

离子选择电极除用于测定溶液中特定离子的浓度外，还可用某些电极来检测生命体内发生的生理变化过程。例如，心电图就是将引导电极置于肢体或躯体一定部位记录心电变化的波形，从而判断心脏工作是否正常；脑电图是应用双极或单极观察头皮层的电势变化，从而了解大脑神经细胞的电活性；微型 pH 玻璃电极可用于了解肾脏内部所发生的酸碱变化过程等。

二、其他离子浓度的测定

测定其他离子浓度时，多采用离子选择电极作指示电极。在一定条件下，各类离子选择电极的膜电势与待测离子浓度的对数呈线性关系。

298.15K 时，离子选择电极的电势与溶液中特定离子浓度的线性关系为：

$$\varphi_{\text{ISE}} = K \pm \frac{0.059\,2}{n} \lg c_i \qquad\qquad \text{式 (9-4)}$$

式中，K 为常数，n 为离子所带单位电荷数，c_i 为待测离子的浓度（或活度）。所测离子为阳离子时取"+"，所测离子为阴离子时取"−"。

实际工作中常用标准比较法、标准曲线法、标准加入法等方法测定被测离子浓度。

1. 标准比较法　将离子选择电极和参比电极分别插入标准溶液和待测溶液测得原电池的电动势，根据联立方程组求得最终结果。这种方法操作步骤简单，与前面测定溶液 pH 时采用的两次测定法原理相同，但是要求标准溶液和待测溶液的测定环境非常接近而且电极响应完全符合能斯特方程式。

2. 标准曲线法　用待测离子的纯物质配制一系列不同浓度的标准溶液，在线性范围内，按照浓度从小到大的顺序分别测定标准溶液的电动势，绘制 $E\text{-}\lg c_i$ 或 $E\text{-}pc_i$ 标准曲线。然后在相同条件下测量待测溶液的电动势 E_x，在标准曲线上查出 E_x 对应待测溶液的 $\lg c_i$ 或 pc_i，或者根据函数关系式计算出 $\lg c_i$ 或 pc_i。

3. 标准加入法　取待测溶液，测定其电动势。另外取等量待测溶液，向其中准确加入少量标准溶液，然后测定其电动势。根据测量结果计算待测离子浓度 c_x。这种方法仅需一种标准溶液，操作步骤简单，适用于基质组成复杂的样品。

无论哪种方法，都要求测定过程中离子活度系数保持不变，标准溶液与待测溶液应具有接近的离子强度和溶液组成，否则会引起误差。

点滴积累

1. 测定 pH 时以饱和甘汞电极为正极、玻璃电极为负极组成原电池。
2. 测定 pH 时采用两次测定法可以消除未知常数 K 和不对称电势。
3. 测量 pH 时标准缓冲溶液与待测溶液 pH 尽量接近，一般要求 $\Delta pH < 3$。

第三节　电势滴定法

电势滴定法是依据滴定过程中原电池电动势的突变确定滴定终点的分析方法。电势滴定法不受溶液颜色、浑浊及滴定突跃不明显等限制。

一、基本原理

进行电势滴定时，在被测离子的溶液中插入合适的指示电极和参比电极组成原电池，装置如

图 9-4 所示。随着滴定液的加入,滴定液与被测离子发生化学反应,被测离子浓度不断降低,指示电极的电势也发生相应的变化。在化学计量点附近,被测离子的浓度急剧变化,使指示电极的电势发生突变,从而引起电动势的突变,指示滴定终点到达。

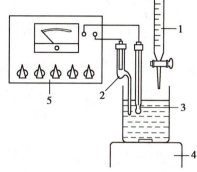

电势滴定法中,滴定终点以电信号显示,用此电信号来控制滴定系统,可以达到滴定自动化的目的,测定结果的烦琐计算可用计算机进行处理。

1. 滴定管;2. 参比电极;3. 指示电极;4. 电磁搅拌器;5. pH-mV 计。

图 9-4 电势滴定装置图

二、滴定终点的确定方法

电势滴定法确定滴定终点的方法有作图法和二级导数内插法。将盛有样品溶液的烧杯置于电磁搅拌器上,插入指示电极和参比电极,搅拌,自滴定管中分次滴入滴定液,边滴定边记录滴入滴定液的体积 V 和相应的电位计读数 E。突跃点过后仍然要继续滴加几次并记录电动势,这样有利于后面的数据处理。典型的电势滴定计量点附近的数据记录及处理见表 9-1。

表 9-1 电势滴定法计量点附近数据记录及处理

V/ml	E/mV	ΔE	ΔV	$\dfrac{\Delta E}{\Delta V}$	$\bar{V}$	$\Delta\left(\dfrac{\Delta E}{\Delta V}\right)$	$\dfrac{\Delta^2 E}{\Delta V^2}$
24.00	174						
		9	0.10	90	24.05		
24.10	183					20	200
		11	0.10	110	24.15		
24.20	194					280	2 800
		39	0.10	390	24.25		
24.30	233					440	4 400
		83	0.10	830	24.35		
24.40	316					−590	−5 900
		24	0.10	240	24.45		
24.50	340					−130	−1 300
		11	0.10	110	24.55		
24.60	351					−40	−400
		7	0.10	70	24.65		
24.70	358						

(一)作图法

1. E-V 曲线法 E-V 曲线法以滴定液体积 V 为横坐标,电势计读数 E 为纵坐标作图,得如图 9-5(a)所示的 E-V 曲线。曲线转折点(拐点)所对应的 V 值,即为滴定终点所消耗滴定液的体积。此法应用方便,但是可能造成较大误差,适用于滴定突跃明显的体系。

2. $\dfrac{\Delta E}{\Delta V}$ - $\bar{V}$曲线法 $\dfrac{\Delta E}{\Delta V}$-$\bar{V}$曲线法又称一级微商法,$\Delta E$ 和 ΔV 是相邻两次测定电动势及体积

的差值，$\overline{V}$ 是相邻两次测定滴定液体积的平均值，$\dfrac{\Delta E}{\Delta V}$ 表示滴定液单位体积变化引起电动势的变化值。以 $\dfrac{\Delta E}{\Delta V}$ 为纵坐标、$\overline{V}$ 为横坐标作图，得到如 图 9-5（b）所示的 $\dfrac{\Delta E}{\Delta V}$-$\overline{V}$ 曲线。曲线最高点所对应的 V 值，即为滴定终点所消耗滴定液的体积。

3. $\dfrac{\Delta^2 E}{\Delta V^2}$-$V$ 曲线法　$\dfrac{\Delta^2 E}{\Delta V^2}$-$V$ 曲线法又称二级微商法，$\dfrac{\Delta^2 E}{\Delta V^2}$-$V$ 表示滴定液单位体积变化引起的 $\dfrac{\Delta^2 E}{\Delta V^2}$ 的变化值。以 $\dfrac{\Delta^2 E}{\Delta V^2}$ 为纵坐标，滴定液体积 V 为横坐标作图，得到如 图 9-5（c）所示的 $\dfrac{\Delta^2 E}{\Delta V^2}$-$V$ 曲线。曲线与 $\dfrac{\Delta^2 E}{\Delta V^2}=0$ 的直线的交点所对应的 V 值，即为滴定终点所消耗滴定液的体积。

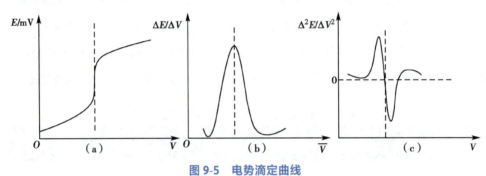

图 9-5　电势滴定曲线

注：(a)E-V 曲线;(b)$\dfrac{\Delta E}{\Delta V}$-$\overline{V}$ 曲线;(c)$\dfrac{\Delta^2 E}{\Delta V^2}$-$V$ 曲线。

（二）二级导数内插法

滴定终点时 $\dfrac{\Delta^2 E}{\Delta V^2}=0$，其对应的终点体积 V 必定在 $\dfrac{\Delta^2 E}{\Delta V^2}$ 值由正到负所对应的滴定液体积之间。利用符号相反的相邻两个二级微商值及其所对应的滴定液体积即可计算滴定终点时所消耗滴定液的体积。

> **边 学 边 练**
>
> 以 0.125 0mol/L NaOH 为滴定液，用电势滴定法测定 40.00ml 某一元弱酸 HA，根据 $\dfrac{\Delta^2 E}{\Delta V^2}$-$V$ 曲线得到滴定终点时消耗 NaOH 溶液 30.17ml，计算此弱酸的浓度。

三、电势滴定法的应用

电势滴定法在滴定分析中应用较为广泛，可用于酸碱滴定、氧化还原滴定、沉淀滴定、配位滴定等各类滴定分析中。目前，自动电势滴定仪的广泛应用，不仅使测定更为简便快速，还提高了分析的准确度和精密度。

1. **酸碱滴定**　在酸碱滴定中，通常选用 pH 玻璃电极作指示电极，饱和甘汞电极作参比电极。确定终点的方法比指示剂法灵敏，一般指示剂法要求滴定突跃范围在两个 pH 单位以上才可辨别出颜色变化，而电势滴定即使有零点几个 pH 单位变化也可确定滴定终点。此法常用于有色或浑浊溶液的测定，尤其是弱酸、弱碱、混合酸（或混合碱）的测定。

2. 氧化还原滴定　在氧化还原滴定中,一般使用铂电极或金电极为指示电极,以饱和甘汞电极为参比电极。在计量点附近,氧化态和还原态的浓度发生突变,引起电极电势突跃,以此确定滴定终点。

3. 沉淀滴定　在沉淀滴定中,应根据具体反应确定指示电极和参比电极。例如测卤素离子时,采用银电极作指示电极,饱和甘汞电极或玻璃电极为参比电极。

案例分析

苯巴比妥含量的测定

案例: 苯巴比妥为白色有光泽的结晶性粉末,是镇静催眠药、抗惊厥药,主要用于治疗焦虑、失眠、癫痫及运动障碍等。按干燥品计算 $C_{12}H_{12}N_2O_3$ 含量不得少于 98.5%,否则为不合格产品。质量检查中必须进行 $C_{12}H_{12}N_2O_3$ 含量的测定。

分析: 在一定条件下,苯巴比妥能与 $AgNO_3$ 滴定液定量地发生反应,可用 Ag 电极为指示电极,饱和甘汞电极为参比电极,用电势滴定法测定其含量。

现行版《中国药典》规定:取本品约 0.2g,精密称定,加甲醇 40ml 使溶解,再加新制的 3% 无水碳酸钠溶液 15ml,照电位滴定法(通则 0701),用硝酸银滴定液(0.1mol/L)滴定。每 1ml 硝酸银滴定液(0.1mol/L)相当于 23.22mg $C_{12}H_{12}N_2O_3$。

$$C_{12}H_{12}N_2O_3\% = \frac{T_{AgNO_3/C_{12}H_{12}N_2O_3} V_{AgNO_3} F}{m_s} \times 100\%$$

---

4. 配位滴定　配位滴定法通常用于测定金属离子浓度,如果杂质离子对所用指示剂产生封闭而找不到合适指示剂指示终点,用电势滴定法可以较好地解决这个问题。常用离子选择电极作指示电极测定相应的金属离子。

点滴积累

1. 电势滴定法是根据滴定过程中原电池电动势的突变确定滴定终点的分析方法。
2. E-V 曲线法中,曲线转折点(拐点)所对应的体积是终点消耗滴定液的体积。
3. $\frac{\Delta E}{\Delta V}-\overline{V}$ 曲线法中,曲线最高点所对应的体积是终点消耗滴定液的体积。
4. $\frac{\Delta^2 E}{\Delta V^2}-V$ 曲线法中,曲线与 $\frac{\Delta^2 E}{\Delta V^2}=0$ 的直线的交点所对应的体积是终点消耗滴定液的体积。

第四节　永停滴定法

永停滴定法是根据滴定过程中双铂电极电流的变化以确定滴定终点的电流滴定法,又称为双电流滴定法。测定时将两个相同的铂电极插入被测溶液中,在两电极间外加一低电压,并联一只电流计,然后进行滴定,通过观察滴定过程中电流计指针的变化确定滴定终点。

一、基本原理

(一) 可逆电对和不可逆电对

将两个铂电极插入溶液中与溶液中的电对组成电池,当外加一低电压时,电对的性质不同,发生的电极反应也不同。

1. 可逆电对 如 I_2/I^- 电对,I^- 在阳极能发生氧化反应,I_2 在阴极能发生还原反应,当溶液中同时含有 I_2 和 I^- 时,氧化反应与还原反应同时发生,两个电极间有电流通过,I_2/I^- 这样的电对称为可逆电对。

阳极反应: $2I^- - 2e \rightleftharpoons I_2$

阴极反应: $I_2 + 2e \rightleftharpoons 2I^-$

在滴定过程中,电流的大小由溶液中氧化型或还原型的浓度决定,当氧化型和还原型的浓度相等时,电流最大,如果二者浓度不相等,则通过的电流由氧化型和还原型中浓度小的决定。

2. 不可逆电对 如 $S_4O_6^{2-}/S_2O_3^{2-}$ 电对,$S_2O_3^{2-}$ 能在阳极发生氧化反应,$S_4O_6^{2-}$ 不能在阴极发生还原反应,即使溶液中同时含有 $S_2O_3^{2-}$ 和 $S_4O_6^{2-}$,在两个电极间也没有电流通过,由于在阳极和阴极上不能同时发生反应,所以无电流通过,$S_4O_6^{2-}/S_2O_3^{2-}$ 这样的电对称为不可逆电对。

阳极反应: $2S_2O_3^{2-} - 2e \rightleftharpoons S_4O_6^{2-}$

(二) 永停滴定法的类型

根据电极反应的不同,永停滴定法常分为下列三种类型。

1. 滴定液为不可逆电对,样品溶液为可逆电对 以 $Na_2S_2O_3$ 滴定液滴定 I_2 溶液为例。滴定反应为:

$$2S_2O_3^{2-} + I_2 \rightleftharpoons S_4O_6^{2-} + 2I^-$$

将两个铂电极插入 I_2 溶液中,外加约 15mV 的电压,用灵敏电流计测量通过两个铂电极间的电流。化学计量点前,溶液中含有 I_2/I^- 可逆电对,电流计中有电流通过。化学计量点时,$Na_2S_2O_3$ 与 I_2 完全反应,溶液中不存在可逆电对,无电流通过。化学计量点后,溶液中只有 $S_4O_6^{2-}/S_2O_3^{2-}$ 不可逆电对和 I^-,无电流通过。电流计指针在滴定过程中偏转后又静止不动时为滴定终点。如图 9-6(a)所示。

2. 滴定液为可逆电对,样品溶液为不可逆电对 以 I_2 滴定液滴定 $Na_2S_2O_3$ 溶液为例。滴定反应为:

$$2S_2O_3^{2-} + I_2 \rightleftharpoons S_4O_6^{2-} + 2I^-$$

化学计量点前,溶液中只有 $S_4O_6^{2-}/S_2O_3^{2-}$ 不可逆电对和 I^-,无电流通过。一旦到达化学计量点,并有稍过量 I_2 溶液滴入后,溶液中会产生 I_2/I^- 可逆电对,两极间有电流通过。即电流计指针在滴定过程中由静止开始偏转时为滴定终点。如图9-6(b)所示。

3. 滴定液和样品溶液均为可逆电对 以 $Ce(SO_4)_2$ 滴定液滴定 $FeSO_4$ 溶液为例。滴定反应为:

$$Ce^{4+} + Fe^{2+} \rightleftharpoons Ce^{3+} + Fe^{3+}$$

化学计量点前,溶液中有 Fe^{3+}/Fe^{2+} 可逆电对和 Ce^{4+},电流计中有电流通过。化学计量点时,溶液中只有 Ce^{3+} 和 Fe^{3+},无可逆电对存在,无电流通过。化学计量点以后,溶液中有 Ce^{4+}/Ce^{3+} 可逆电对和 Fe^{3+},又有电流通过。即电流计指针在滴定过程中偏转后回到零点,随后又开始偏转时为滴定终点。如图9-6(c)所示。

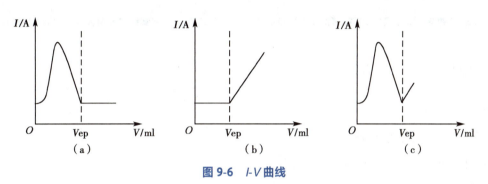

图9-6 *I-V* 曲线

注:(a)滴定液为不可逆电对,样品溶液为可逆电对;(b)滴定液为可逆电对,样品溶液为不可逆电对;
(c)滴定液和样品溶液均为可逆电对。

(三) 仪器装置

永停滴定法的仪器简单,操作简便,一般仪器装置如图9-7所示。图中 E_1 和 E_2 为两个铂电极;R_1 是 $2k\Omega$ 的线绕电阻,通过调节 R_1 可得到适当的外加电压;R_2 为 $60\sim70\Omega$ 的固定电阻;R 为电流计的分流电阻,作调节电流计的灵敏度之用;G 为灵敏电流计;B 为 $1.5V$ 干电池,作为供给外加低电压的电源。与电势滴定法一样,滴定过程中用电磁搅拌器对溶液进行搅拌。

通常只需在滴定时仔细观察电流计的指针变化情况,当指针位置突变时即为滴定终点。

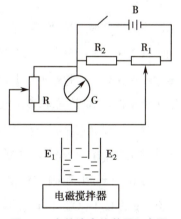

图9-7 永停滴定仪装置示意图

二、应用示例

永停滴定法确定化学计量点比指示剂法更为准确、客观,比电势滴定法更简便,因此被广泛应用于药物分析中。

例如,根据现行版《中国药典》规定,注射用盐酸普鲁卡因的含量通过永停滴定法测定。注射用盐酸普鲁卡因是白色结晶或结晶性无菌粉末,在水中易溶,在乙醇和三氯甲烷中溶解度较小,乙醚

> **课 堂 活 动**
> 与使用指示剂指示终点比较,永停滴定法有哪些优点和局限性?

中几乎不溶。其含量测定方法为：取装量差异限下的内容物，混合均匀，精密称取适量（约相当于盐酸普鲁卡因 0.6g），照永停滴定法（通则 0701），在 15~25℃，用亚硝酸钠滴定液（0.1mol/L）滴定。每 1ml 亚硝酸钠滴定液（0.1mol/L）相当于 27.28mg 的 $C_{13}H_{20}N_2O_2 \cdot HCl$。

点滴积累

1. 永停滴定法根据电解池中双铂电极电流的变化确定滴定终点。
2. 可逆电对的氧化型和还原型同时存在时，电路中才有电流通过。
3. 永停滴定法有三种类型：①滴定液为不可逆电对，样品溶液为可逆电对；②滴定液为可逆电对，样品溶液为不可逆电对；③滴定液和样品溶液均为可逆电对。

习题

复习导图

目标检测

一、简答题

1. 举例说明什么是可逆电对和不可逆电对。

2. 比较电势滴定法和永停滴定法的异同点。

3. 比较直接电势法测定氟离子的三种方法的异同点。

4. 试举例说明永停滴定法的三种类型，并分别指出滴定终点时所消耗滴定液的体积在其 *I-V* 曲线图中的位置。

二、计算题

1. 苯巴比妥含量测定时，称得本品 0.223 5g，用电势滴定法测定，终点时用去 0.095 02mol/L 硝酸银滴定液 10.01ml，已知每 1ml 0.100 0mol/L 硝酸银溶液相当于 23.22mg 的 $C_{12}H_{12}N_2O_3$，试问本品是否符合含 $C_{12}H_{12}N_2O_3$ 不得少于 98.50% 的规定。

2. 用钙离子选择电极（+）和参比电极（-）插入 0.01mol/L Ca^{2+} 标准溶液中测得电动势为 0.25V，插入某含 Ca^{2+} 试样时测得电动势为 0.27V，计算该试样中 Ca^{2+} 的浓度。

3. 磺胺嘧啶（$C_{10}H_{10}O_2N_4S$）含量测定时，称得本品 0.501 6g，用永停滴定法确定滴定终点，终点时用去 0.100 1mol/L 亚硝酸钠滴定液 12.00ml，已知每 1ml 0.100 0mol/L 亚硝酸钠溶液相当于 25.08mg 的 $C_{10}H_{10}O_2N_4S$，试计算本品中 $C_{10}H_{10}O_2N_4S$ 的含量。

三、实例分析

1. 乌洛托品属于消毒防腐药，分子式为 $C_6H_{12}N_4$，化学名称为六亚甲基四胺。现行版《中国药典》规定，药品中含 $C_6H_{12}N_4$ 不得少于 99.0%。其含量测定方法为：精密称定本品约 0.1g，加甲醇 30ml 溶解后，照电势滴定法，用高氯酸滴定液（0.1mol/L）滴定，并将滴定的结果用空白试验校正。每 1ml 高氯酸滴定液（0.1mol/L）相当于 14.02mg 的 $C_6H_{12}N_4$。

（1）本测定选用什么电极作指示电极和参比电极？

（2）为什么说电势滴定法比指示剂法更灵敏？

2. 盐酸克仑特罗是一种 β_2 肾上腺素受体激动药。分子式为 $C_{12}H_{18}Cl_2N_2O \cdot HCl$。本品为 α-〔(叔丁氨基)甲基〕-4- 氨基 -3,5- 二氯苯甲醇盐酸盐。根据现行版《中国药典》规定,按干燥品计算,含 $C_{12}H_{18}Cl_2N_2O \cdot HCl$ 不得少于 98.5%。其含量测定方法为:取本品约 0.25g,精密称定,置 100ml 烧杯中,加盐酸溶液(1 → 2)25ml 使溶解,再加水 25ml,照永停滴定法(通则 0701),用亚硝酸钠滴定液 (0.05mol/L)滴定,每 1ml 亚硝酸钠滴定液(0.05mol/L)相当于 15.68mg 的 $C_{12}H_{18}Cl_2N_2O \cdot HCl$。

(1)本测定选用什么电极?

(2)本测定在滴定过程中电流怎样变化?

实训十八　溶液 pH 的测定

【实训目的】

1. 学会　用 pH 计测定溶液 pH 的操作。
2. 理解　溶液 pH 测定原理和方法。

【实训原理】

用直接电势法测定溶液的 pH 时,以玻璃电极为指示电极,饱和甘汞电极为参比电极,将两个电极(或 pH 复合电极)插入被测溶液中组成原电池。

298.15K 时,该电池的电动势为:

$$E=K+0.059\ 2pH$$

原电池的电动势和溶液的 pH 呈线性关系。因此通过测定原电池的电动势即可求得溶液的 pH。

为了消除玻璃电极的不对称电势和公式中的常数项 K,在具体测定时常采用两次测定法。其测定步骤为:先测定一标准溶液(pH_s)构成的原电池的电动势(E_s),然后再测定待测溶液(pH_x)构成的原电池的电动势(E_x),经过计算即可得到待测溶液的 pH。

在实际测定中,使用 pH 计可不用计算而直接从仪器上读出溶液的 pH。

【仪器和试剂】

1. 仪器　pH 计、注射器、锥形瓶、滤纸、pH 试纸、pH 复合电极。
2. 试剂　0.025mol/L KH_2PO_4 和 Na_2HPO_4 标准缓冲溶液(25℃时 pH 为 6.86)、0.05mol/L 邻苯二甲酸氢钾标准缓冲溶液(25℃时 pH 为 4.00)、0.01mol/L 硼砂标准缓冲溶液(25℃时 pH 为 9.18)、葡萄糖氯化钠注射液、碳酸氢钠注射液、KCl 溶液(3mol/L)。

【实训步骤】

1. 准备工作 清点用品，pH 计插电开机预热 20 分钟，洗涤烘干锥形瓶并编号，将纯化水、缓冲溶液和待测液（注射器抽取）分别倒入锥形瓶中。滤纸分割成小块。检查电极下端是否完好，电极内部根据需要补充 KCl 溶液，熟悉 pH 计的结构。

2. 选择标准缓冲溶液 pH 试纸粗测待测溶液的 pH，根据测定结果选择标准缓冲溶液，如果呈酸性，选择 6.86 和 4.00 两种；如果呈碱性，选择 6.86 和 9.18 两种。

3. 温度校准 ①将仪器功能选择按钮调至 pH 测定状态；②取出电极，用纯化水充分清洗电极并吸干水分；③电极插入 6.86 标准缓冲溶液中，充分摇动后静置；④平衡后调节"温度"键，使 pH 计显示温度为标准缓冲溶液的温度值。

4. pH 校准 ①根据温度查阅标准缓冲溶液的 pH 校准值。②调节"定位"键，使 pH 计显示的 pH 和标准缓冲溶液在该温度下的 pH 校准值相同。③取出电极，用纯化水充分清洗电极并吸干水分。④电极插入 4.00（或 9.18）标准缓冲溶液中充分摇动，平衡后调节"斜率"键，使 pH 计显示的 pH 和标准缓冲溶液在该温度下的 pH 校准值相同。调好后，"定位"键和"斜率"键保持不动。

5. 测量待测溶液的 pH ①取出电极，用纯化水充分清洗电极并吸干水分。②电极插入待测溶液中，充分摇动，待平衡后读取被测溶液的 pH。重复测定待测溶液 3~5 次，取平均值为最终结果。

测量完毕，取出电极，用纯化水清洗。用滤纸吸干甘汞电极上的水，塞上橡皮塞后放回电极盒中，将玻璃电极浸泡在 3mol/L KCl 中。

【注意事项】

1. 玻璃电极不能在含氟较高的溶液中使用。

2. 饱和甘汞电极在使用时，要注意电极内是否充满 KCl 溶液，电极内应无气泡。必须保证饱和甘汞电极下端毛细管畅通，在使用时应将电极下端的橡皮帽取下，并拔去电极上部的小橡皮塞，让极少量的 KCl 溶液从毛细管中渗出，使测定结果更可靠。

3. 测量时选用的标准缓冲溶液与待测溶液的 pH 接近，一般要求 $\Delta pH < 3$。尽量保持溶液的温度和实验室环境温度一致。

4. 电极插入溶液中后需要充分摇动促进尽快达到平衡，用锥形瓶盛放溶液可以避免摇动过程中洒落。

5. 配制缓冲溶液要用新煮沸并冷却的纯化水，测定过程中尽量避免溶液吸收 CO_2。

【思考题】

1. 为何"定位"键要与标准缓冲溶液配合使用？其作用是什么？

2. "温度" 键具有什么作用?

3. 为什么玻璃电极不能在含氟较高的溶液中使用?

【实训记录】

见表 9-2。

表 9-2　实训十八的实训记录

待测液	pH 规定值	pH 测定值			平均值
		1	2	3	
葡萄糖氯化钠注射液	3.5~5.5				
碳酸氢钠注射液	7.5~8.5				

实训十九　磺胺嘧啶含量的测定

【实训目的】

1. **掌握**　永停滴定法的原理和操作。
2. **理解**　重氮化滴定法原理。

【实训原理】

磺胺嘧啶具有芳伯胺结构,在酸性条件下可与 $NaNO_2$ 滴定液定量反应生成重氮盐。到达化学计量点后,稍过量的亚硝酸钠在溶液中会生成 HNO_2,部分 HNO_2 分解产生 NO,与未分解的 HNO_2 组成可逆电对 HNO_2/NO。此时电路中有电流通过,电流计指针偏转指示达到终点。根据磺胺嘧啶与 $NaNO_2$ 的反应方程式进行定量计算。反应方程式为:

计算公式为:

$$C_{10}H_{10}O_2N_4S\% = \frac{c_{NaNO_2} V_{NaNO_2} M_{C_{10}H_{10}O_2N_4S} \times 10^{-3}}{m_s} \times 100\%$$

【仪器和试剂】

1. **仪器**　电子天平、锥形瓶、移液管、永停滴定仪、电磁搅拌器、铂电极、酸式滴定管等。

2. 试剂　磺胺嘧啶、6mol/L HCl、溴化钾、0.1mol/L NaNO$_2$ 滴定液。

【实训步骤】

精密称取磺胺嘧啶约 0.5g，加盐酸（6mol/L）10ml，使其溶解，再加纯化水 50ml 及溴化钾 1g，在电磁搅拌器搅拌下，用 NaNO$_2$ 滴定液迅速滴定。将滴定管尖端部分的 2/3 插入液面下，滴定至接近终点时，将滴定管尖端提出液面，用少量纯化水洗涤尖端，洗液并入溶液中，继续缓缓滴定。当装置中的电流计指针发生明显偏转不再恢复的时刻即达终点。记录消耗 NaNO$_2$ 滴定液的体积。

平行测定 3 次。

【注意事项】

1. 电极在使用前应充分浸泡和清洗。
2. 磺胺嘧啶样品用盐酸溶解后，再加纯化水和溴化钾。
3. 滴定时温度不宜超过 30℃。
4. 采用快速滴定法。

【思考题】

1. 磺胺嘧啶含量测定中，加溴化钾的作用是什么？
2. 测定磺胺嘧啶的含量为什么采用快速滴定法？

【实训记录】

见表 9-3。

表 9-3　实训十九的实训记录

项目	第 1 次	第 2 次	第 3 次
m_s/g			
V_{NaNO_2}/ml			
C$_{10}$H$_{10}$O$_2$N$_4$S%			
C$_{10}$H$_{10}$O$_2$N$_4$S% 平均值			
$\overline{Rd}$			

（张芙蓉）

第十章 紫外 - 可见分光光度法

学习目标

1. **掌握** 紫外 - 可见分光光度法的基本原理；朗伯 - 比尔定律的应用及其适用范围；紫外光谱定量、定性分析的原理和方法。
2. **熟悉** 紫外吸收光谱的定义及常用术语；紫外 - 可见分光光度计的构造及原理。
3. **了解** 电磁辐射和电磁波谱；电磁辐射及其与物质的相互作用。

根据物质发射的电磁辐射或物质与辐射的相互作用建立起来的分析方法称为光学分析法。根据物质与辐射能间作用的性质不同，将光学分析法分为光谱法和非光谱法。

当物质与辐射能作用时，物质内部发生能级跃迁，记录由能级跃迁所产生的辐射能强度随波长（或相应单位）的变化，所得的图谱称为光谱，利用物质的光谱特征进行定性、定量和结构分析的方法称为光谱分析法，简称"光谱法"。光谱法，按电磁辐射作用对象不同，分为原子光谱法和分子光谱法；按物质与辐射能间的能级跃迁方向不同，分为吸收光谱法和发射光谱法；按电磁辐射源的波长不同，分为紫外光谱法、可见光谱法和红外光谱法等。研究物质在紫外（10~400nm）- 可见光（400~760nm）区分子吸收光谱的分析方法称为紫外 - 可见吸收光谱法，也称紫外 - 可见分光光度法（UV-Vis）。本章主要介绍紫外 - 可见分光光度法。

导学情景

情景描述：

青霉素是临床治疗中常用的抗生素类药物，在其生产过程中可能引入过敏性杂质，如不加以检查控制，在使用时有可能导致患者过敏性休克，甚至造成心力衰竭，乃至死亡。因此，在青霉素的生产过程中，必须对其中杂质进行限量检查。青霉素中杂质限量检查可用紫外 - 可见分光光度法。目前，紫外 - 可见分光光度法已被广泛应用于医药、食品、化工、环境监测等领域。

学前导语：

本章主要介绍紫外 - 可见分光光度法的基本原理、所用仪器及定性定量分析方法。

第一节 概述

紫外 - 可见分光光度法(UV-Vis)具有以下特点。

1. 灵敏度高 紫外 - 可见分光光度法适用于测定微量物质,一般可以测到每毫升溶液中含有 $10^{-7}g$ 的物质。

2. 精密度和准确度较高 相对误差通常为 1%~3%。

3. 仪器设备易于掌握和推广 仪器设备简单、费用少、分析速度快,因此易于掌握和推广。

4. 选择性较好 一般可在多种组分共存的溶液中对某一物质进行测定。

5. 应用范围广 几乎所有的无机离子和许多有机化合物均可直接或间接地用紫外 - 可见分光光度法测定。因此分光光度法在工农业生产和科学研究中得到广泛应用。

一、光的特性

电磁辐射是一种以电磁波的形式在空间不需任何物质作为传播媒介的高速传播的粒子流。它既具有波动性,又具有粒子性,即波粒二象性。光是电磁辐射的一部分,其波动性表现为光按波动形式传播,并能够产生反射、折射、偏振、干涉和衍射等现象;其粒子性表现为光是具有一定质量、能量和动量的粒子流,可产生光的吸收、发射以及可以产生光电效应等。

(一)波动性

光的波动性用波长 λ、频率 ν 或波数 σ 等主要参数描述。

1. 波长(λ) 波长是光波在传播方向上具有相同振动相位的相邻两点间的直线距离(即光波传动一个周期的距离)。在紫外 - 可见光区常用纳米(nm)作单位,在红外光区常用微米(μm)表示。

2. 频率(ν) 光波的频率 ν 是指每秒钟光波的振动次数,单位用赫兹(Hz)表示。频率决定于辐射源,不随传播介质而改变。光波的频率很高,为了方便,常用波长的倒数波数 σ 代替,是指每厘米长度中光波的数目,单位是 cm^{-1}。在真空中波长、频率的相互关系为:

$$\nu = \frac{c}{\lambda} \qquad \text{式(10-1)}$$

(二)粒子性

电磁辐射是由一颗颗不连续的粒子构成的粒子流,该粒子称为光子,光子是光的最小单位。当物质吸收或发射一定波长的电磁辐射时,是以吸收或发射一颗颗量子化的光子的形式进行的。光子都有一定的能量,光的能量与频率成正比。

$$E = h\nu = h\frac{c}{\lambda} \qquad \text{式(10-2)}$$

式中,h 为普朗克常数($6.626 \times 10^{-34}J \cdot s$),$c$ 为光的传播速率($3 \times 10^8 m/s$),E 为光子的能量(电子伏特,eV)。

此关系式将光的波粒二象性有机地联系起来,从中可以得知光的波长与其能量或频率成反比关系。光的波长越短,频率或能量越高;光的波长越长,频率或能量越低。

所有的电磁辐射在本质上是完全相同的,从 γ 射线一直到无线电波,它们之间的区别仅在波长或频率不同,习惯上常用波长来表示各种不同的电磁辐射。电磁波的波长范围非常广阔,长至 1 000m,短至 10^{-12}m,把电磁辐射按波长的长短顺序排列起来就称为电磁波谱。电磁波谱各区域的名称、波长范围以及能级跃迁类型如表 10-1 所示。

表 10-1 电磁波谱

波谱区名称	波长范围	能级跃迁类型
γ 射线	0.005~0.14nm	核能级
X 射线	0.001~10nm	内层电子能级
远紫外区	10~200nm	内层电子能级
近紫外区	200~400nm	原子及分子价电子或成键电子
可见区	400~760nm	原子及分子价电子或成键电子
近红外区	0.76~2.5μm	分子振动能级
中红外区	2.5~50μm	分子振动能级
远红外区	50~1 000μm	分子转动能级
微波区	0.1~1m	电子自旋及核自旋
无线电波区	1~1 000m	电子自旋及核自旋

二、物质对光的选择性吸收

如果把不同颜色的物体放置在黑暗处,则什么颜色也看不到,可见物质呈现的颜色与光有着密切的关系,物质呈现何种颜色,与光的组成和物质本身的结构有关。从光本身来说,有些波长的光线,作用于眼睛引起了颜色的感觉,人的视觉所能感觉到的光称为可见光,波长范围在 400~760nm。人们日常所看到的日光、白炽灯光等是由各种不同颜色的光按一定的强度比例混合而成的。如果让一束白光通过棱镜,可分解为红、橙、黄、绿、青、蓝、紫七种颜色的光,这种现象称为光的色散。每种颜色的光具有一定的波长范围,如表 10-2 所示。理论上将具有同一波长的光称为单色光,包含不同波长的光称为复合光。白光就是由不同波长的光混合而成的复合光。

表 10-2 各种色光的近似波长范围

光的颜色	波长 /nm
红色	650~760
橙色	610~650
黄色	560~610
绿色	500~560
青色	480~500
蓝色	450~480
紫色	400~450

研究证明,不仅七种单色光可以混合成白光,而且把适当颜色的两种单色光按一定的强度比例混合,也可以成为白光。这两种单色光就称为互补色光。如图10-1所示,位置相对的两种色光互为互补色光,如红光和青光互补,蓝光和黄光互补等。

图 10-1　光的互补色示意图

不同物质对各种波长光的吸收程度是不相等的,物质对于不同波长的光线吸收、透过、反射、折射的程度不同而使物质呈现出不同的颜色。如果物质选择性地吸收了某些波长的光,这种物质的颜色就由它所反射或透过光的颜色来决定,即物质呈的颜色是其吸收光颜色的互补色。

当白光通过溶液时,某些波长的光被溶液吸收,而另一些波长的光则透过,溶液的颜色由透射光的波长决定。透射光与吸收光为互补色光,即溶液呈现的颜色是与其吸收光成互补色的颜色。例如白光通过 NaCl 溶液时,全部透过,所以 NaCl 溶液是无色透明的;硫酸铜溶液则吸收了白光中的黄色光而呈蓝色;高锰酸钾溶液因吸收了白光中的绿色光而呈现紫色。

> **课 堂 活 动**
> 重铬酸钾、三氯化铁溶液的吸收光是什么颜色?

> **点滴积累**
>
> 1. 根据物质发射的电磁辐射或物质与辐射的相互作用建立起来的分析方法称为光学分析法。紫外 - 可见分光光度法(UV-Vis),是研究物质在紫外(10~400nm)- 可见光(400~760nm)区分子吸收光谱的分析方法。
> 2. 由不同波长的光混合而成的光称为复合光;单一波长的光称为单色光。物质的颜色由其所反射或透过光的颜色决定,即物质呈现的颜色是与其吸收光成互补色的颜色。

第二节　基本原理

一、吸收光谱曲线

紫外 - 可见吸收光谱是由于分子中价电子的跃迁而产生的。在溶液浓度和液层厚度一定时,测定物质在不同波长下的吸光度,以波长 λ 为横坐标,吸光度 A 为纵坐标所绘制的曲线,称为吸收光谱曲线,又称吸收光谱、吸收曲线。如图10-2所示。

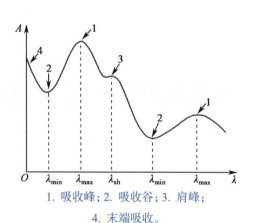

1. 吸收峰; 2. 吸收谷; 3. 肩峰;
4. 末端吸收。

图 10-2　物质的紫外 - 可见吸收光谱曲线

在吸收曲线上,吸收最大且比左右相邻都高之处称为吸收峰,吸收峰对应的波长称为最大吸收波长,用λ_{max}表示;比左右相邻都低之处称为吸收谷,吸收谷对应的波长称为最小吸收波长,用λ_{min}表示;在吸收峰旁形状像肩的小曲折称为肩峰,对应的波长用λ_{sh}表示;吸收曲线上波长最短的一端,呈现较强吸收但不成峰形的部分称为末端吸收。

不同的物质有不同的吸收峰。同一物质的吸收光谱有相同的λ_{max}、λ_{min}、λ_{sh};而且同一物质相同浓度的吸收光谱应相互重合。因此,吸收光谱上的λ_{max}、λ_{min}、λ_{sh}及整个吸收光谱的形状取决于物质的分子结构,通常情况下,选用几种不同浓度的同一溶液所测得的吸收光谱的图形是完全相似的,λ_{max}值也是固定不变的。如图10-3所示,四条曲线是四种不同浓度的$KMnO_4$溶液的吸收光谱。从图中看出,四条曲线的图形完全相似,λ_{max}值相同,这说明物质吸收不同波长光的特性,只与溶液中物质的结构有关,而与浓度无关。同一物质不同浓度的溶液,其吸光度不同。分子结构不同的物质,则吸收光谱也不相同。因此,在吸收光谱法中,可以将吸收光谱曲线作为定性、定量的依据。

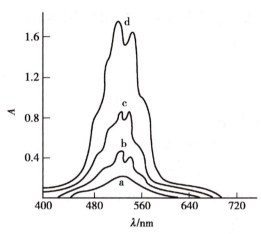

图 10-3　$KMnO_4$ 的吸收光谱曲线

如图10-3所示,$KMnO_4$溶液的λ_{max}为525nm,说明$KMnO_4$溶液对波长525nm附近的绿色光有最大吸收,而对紫色光则吸收很少,故$KMnO_4$溶液呈现绿色光的互补色——紫色。准确地说,在可见光区内,溶液显示的颜色就是其λ_{max}光的互补色。

二、光的吸收定律

光的吸收定律,即朗伯-比尔定律是分光光度法的基本定律,是吸收光谱分析法定量分析的依据。

(一) 透光率(T)与吸收度(A)

当一束平行的单色光垂直通过任何一种均匀、无散射现象的体系,如真溶液时,光的一部分被溶液吸收,一部分被器皿表面反射,其余部分透过溶液,即

$$I_0 = I_a + I_t + I_r$$

式中,I_0为入射光的强度;I_a为溶液吸收的强度;I_t为透过光的强度;I_r为反射光的强度。

分光光度法测定中,要求被测溶液与参比溶液在完全相同的条件下进行对照分析,即被测溶液与参比溶液分别置于材料和厚度完全相同的吸收池中进行测量,吸收池对光的反射基本相同,可以相互抵消,因此,上式可简化为:

$$I_0 = I_a + I_t$$

当入射光的强度一定时,透过光的强度 I_t 越大,则溶液吸收光的强度 I_a 就越小。用 $\dfrac{I_t}{I_0}$ 表示光线透过溶液的强度,其数值常用百分数表示,称为百分透光率或透光率,用 T 表示。即

$$T=\frac{I_t}{I_0}\times 100\% \qquad\qquad 式(10-3)$$

溶液的透光率越大,表示它对光的吸收越小;反之,透光率越小,表示对光的吸收程度越大。透光率的倒数反映了物质对光的吸收程度,应用时取它的对数 $\lg\dfrac{1}{T}$ 作为吸收度(吸光度),用 A 表示,即

$$A=\lg\frac{1}{T}=-\lg T=\lg\frac{I_0}{I_t} \qquad\qquad 式(10-4)$$

(二)朗伯 - 比尔定律

1. 朗伯定律　朗伯在 1760 年研究了有色溶液的液层厚度(L)与吸光度的关系,其结论是:当一束平行的单色光通过浓度一定的某一含有吸光物质的溶液时,在入射光的波长、强度、溶液的温度等条件不变的情况下,溶液对光的吸光度与溶液的液层厚度(L)成正比。其数学表达式为:

$$A=K_1 L \qquad\qquad 式(10-5)$$

2. 比尔定律　比尔在 1852 年研究了有色溶液的浓度与吸光度的关系,结论是:当一束平行的单色光通过液层厚度一定的某一含有吸光物质的溶液时,在入射光的波长、强度及溶液的温度等条件不变的情况下,溶液对光的吸光度与溶液的浓度(c)成正比。其数学表达式为:

$$A=K_2 c \qquad\qquad 式(10-6)$$

与朗伯定律不同的是,比尔定律不是对所有的吸光溶液均适用,很多因素都可导致吸光度不能严格地与溶液的浓度成正比,因为在浓度较高时,吸光物质会发生解离或聚合,影响光的吸收而产生误差。因此,比尔定律只能在一定的浓度范围和适宜的条件下才能使用。

3. 朗伯 - 比尔定律　如果同时考虑溶液的浓度 c 和液层厚度 L 对光吸收的影响,则可将朗伯定律、比尔定律合并为朗伯 - 比尔定律,即光的吸收定律。其数学表达式为:

$$A=KcL \qquad\qquad 式(10-7)$$

朗伯 - 比尔定律表明:当一束平行的单色光通过均匀、无散射现象的某一含有吸光物质的溶液时,在入射光的波长、强度、溶液温度等条件不变的情况下,溶液的吸光度与溶液的浓度和液层厚度的乘积成正比。

实验证明,朗伯 - 比尔定律不仅适用于可见光区的单色光,也适用于紫外和红外光区的单色光;不仅适用于有色溶液,也适用于无色溶液及气体和固体的非散射均匀体系。但应注意,朗伯 - 比尔定律仅适用于单色光和一定范围的低浓度溶液。

朗伯 - 比尔定律是各类分光光度法进行定量分析的理论依据。

在多组分体系中,如果各种吸光物质之间不互相影响,则朗伯 - 比尔定律仍然适用,此时体系

总的吸光度是各组分吸光度之和,即各组分在同一波长下的吸光度具有加和性。例如,溶液中同时存在有吸光物质 a、b、c⋯⋯,则体系总的吸光度为:

$$A_总 = A_a + A_b + A_c + \cdots$$
$$= K_a c_a L_a + K_b c_b L_b + K_c c_c L_c + \cdots \qquad \text{式}(10\text{-}8)$$

利用此性质可进行多组分的测定。

(三) 吸光系数

朗伯 - 比尔定律中的常数 K 称为吸光系数,其物理意义是吸光物质在单位浓度及单位厚度时的吸光度。它表示了物质对光的吸收能力,与物质的性质、入射光的波长及温度等因素有关。吸光系数越大,吸光物质对此波长光的吸收程度越大,测定的灵敏度越高。在一定条件(单色光波长、溶剂、温度等)下,吸光系数是物质的特征性常数之一,可作为定性鉴别的重要依据。

吸光系数随溶液浓度所用单位不同有两种表示方法。

1. 摩尔吸光系数 当溶液浓度 c 的单位用 mol/L 表示,液层厚度 L 的单位用 cm 表示时,K 称为摩尔吸光系数,用 ε 表示,单位为 L/(mol·cm)。

2. 百分吸光系数 在化合物组分不明的情况下,物质的分子量无从知晓,摩尔浓度无法确定,无法使用摩尔吸光系数时,常采用百分吸光系数。百分吸光系数又称比吸光系数,是指浓度为 1g/100ml,液层厚度为 1cm 时的吸光度,用 $E_{1cm}^{1\%}$ 表示,单位为 ml/(g·cm)。

$E_{1cm}^{1\%}$ 与 ε 间的关系为:

$$\varepsilon = \frac{M}{10} E_{1cm}^{1\%} \qquad \text{式}(10\text{-}9)$$

式中,M 为吸光物质的摩尔质量。

摩尔吸光系数 ε 或百分吸光系数 $E_{1cm}^{1\%}$ 不能直接测得,需用已知准确浓度的稀溶液测得吸光度换算而得到。

例 10-1 维生素 D_2 在 264nm 处有最大吸收,其摩尔质量为 396.66g/mol。设用纯品配制 100ml 含维生素 D_2 1.05mg 的溶液,用 1cm 的吸收池,在 264nm 处测得吸光度为 0.48,试求其 ε 和 $E_{1cm}^{1\%}$。

解:
$$E_{1cm}^{1\%} = \frac{A}{cL} = \frac{0.48}{1.05 \times 10^{-3} \times 1} = 457.14 \text{ml/(g·cm)}$$

$$\varepsilon = \frac{M}{10} E_{1cm}^{1\%} = \frac{396.66}{10} \times 457.14 = 18\,133 \text{L/(mol·cm)}$$

例 10-2 有一浓度为 10μg/ml 的 Fe^{2+} 溶液,以邻二氮菲显色后,在波长 510nm 处,用厚度为 2cm 的吸收池,测得吸光度 A 为 0.380,计算透光率 T、百分吸光系数 $E_{1cm}^{1\%}$ 和摩尔吸光系数 ε。

解:
$$T = 10^{-A} = 10^{-0.380} = 0.417$$

$$E_{1cm}^{1\%} = \frac{A}{cL} = \frac{0.380}{2.0 \times 1.0 \times 10^{-3}} = 190 \text{ml/(g·cm)}$$

$$\varepsilon = E_{1cm}^{1\%} \times \frac{M}{10} = 190 \times \frac{56}{10} = 1\,064 \text{L/(mol·cm)}$$

三、偏离吸收定律的主要因素

根据朗伯-比尔定律,以吸光度A对浓度c作图时,应得到一条通过坐标原点的直线。但在实际测量中,常常遇到偏离线性关系的现象,即曲线向下或向上发生弯曲,产生负偏离或正偏离,这种情况称为偏离朗伯-比尔定律。如图10-4所示。若在曲线弯曲部分进行定量分析,将会引起较大的误差。

偏离朗伯-比尔定律的现象是多方面原因引起的,主要由以下原因造成。

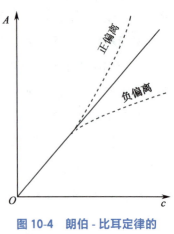

图10-4 朗伯-比耳定律的偏离情况

(一) 光学因素

1. 非单色光的影响 理论上,朗伯-比尔定律只适用于单色光,但在实际工作中纯粹的单色光是难以得到的,目前用各种方法得到的入射光并非纯的单色光,而是波长范围较窄的复合光,由于吸光物质对不同波长光的吸收能力不同,导致对朗伯-比尔定律的偏离。在所使用的波长范围内,吸光物质的吸收能力变化越大,这种偏离就越显著。

2. 其他光学因素 非平行入射光、反射、散射等也会引起对朗伯-比尔定律的偏离。

(二) 化学因素

1. 溶液浓度过高引起的偏离 朗伯-比尔定律只适用于稀溶液,当溶液浓度较高时,吸光物质的分子或离子间的平均距离减小,从而改变物质对光的吸收能力,即改变物质的摩尔吸光系数。浓度增加,相互作用增强,导致在高浓度范围内摩尔吸光系数不恒定而使吸光度与浓度之间的线性关系被破坏。

2. 介质不均匀引起的偏离 朗伯-比尔定律要求含有吸光物质的溶液是均匀的。如果被测溶液不均匀,是胶体溶液、乳浊液或悬浮液时,当入射光通过溶液后,除一部分被吸收外,还有一部分因散射现象而损失,使实测吸光度增加而造成偏离。

3. 化学变化所引起的偏离 吸光物质常因浓度或其他因素变化而产生解离、缔合、溶剂化、配合物组成改变及形成新的化合物或在光照射下发生互变异构等,使吸光物质的存在形式发生改变,从而影响物质对光的吸收能力,导致对比尔定律的偏离。

(三) 仪器因素

仪器光源不稳定、实验条件的偶然变动、吸收池厚度不一致等问题,都会给测定带来一定的误差,导致对朗伯 - 比尔定律的偏离。

> **点滴积累**
>
> 1. 吸光度(A)与透光率(T)的关系：$A = \lg \dfrac{1}{T}$
> 2. 朗伯 - 比尔定律($A=KcL$)是分光光度法进行定量分析的依据。
> 3. 吸光系数常用摩尔吸光系数 ε 和百分吸光系数 $E_{1cm}^{1\%}$ 表示。
> 4. A-λ 吸收光谱曲线是进行定性分析的依据。

第三节　紫外 - 可见分光光度计

　　紫外 - 可见分光光度计是在紫外 - 可见光区选择任意波长的光测定溶液吸光度或透光率的仪器。紫外 - 可见分光光度计型号很多,价格、质量悬殊,但其基本原理、组成部件相似,一般构造如下。

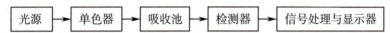

　　光源用来提供可覆盖广泛波长的复合光,复合光经过单色器转变为单色光,待测溶液放在吸收池中,当单色光通过时,一部分光被吸收,一部分光透过溶液照射到检测器上,检测器把接收到的光信号转换成电信号,经信号处理系统后在显示器上读出相应的吸光度或透光率等数值。

一、主要部件

(一) 光源

　　光源是提供入射光的装置,其作用是发射一定强度的光。分光光度计对光源的要求是能发射足够强度而且稳定的连续光谱,发光面积小,稳定性好,使用寿命长。紫外 - 可见光区常用的光源有以下两类。

　　1. 钨灯或卤钨灯　钨灯是固体炽热发光,又称白炽灯,是最常用的可见光源,其可用波长范围为 320~2 500nm,通常使用 360~800nm 的光。在可见光区,该灯的能量输出约随工作电压的四次方而变化,受电压影响较大。为了使光源稳定,必须严格控制光源电压。卤钨灯是在钨灯内填充卤元素的低压蒸气,减少钨原子的蒸发,发光效率高,使用寿命长。目前,分光光度计多已采用碘钨灯作为可见光区光源。

　　2. 氘灯或氢灯　是气体放电发光,为最常用的紫外光源,可发射 150~400nm 的紫外连续光谱。氘灯的发光强度和使用寿命是氢灯的 3~5 倍,故现在紫外分光光度计多用氘灯作为紫外光区的光源。气体放电发光需先激发,所以为了控制光源强度稳定不变,需配用稳流电源。

(二) 单色器

紫外 - 可见分光光度计的单色器通常置于吸收池之前,它的作用是将光源发射的复合光变成所需波长的单色光。单色器由狭缝、准直镜及色散元件等组成。来自光源并聚焦于进光狭缝的光,经准直镜变成平行光,投射于色散元件上,色散元件使各种不同波长的平行光有不同的投射方向(或偏转角度),形成按波长顺序排列的光谱。再经过准直镜将色散后的平行光经聚焦元件聚焦于出光狭缝上。转动色散元件的方位,可使所需波长的光从出光狭缝射出。

单色器最重要的部件是色散元件,色散元件的作用是使各种不同波长的混合光分解成单色光,其性能直接影响仪器的工作波长范围和单色光纯度。常用的色散元件有棱镜和光栅,早期的仪器大多用棱镜,近年来大多用光栅。

光栅是根据光的衍射原理,使光发生色散而产生一系列光谱的色散元件,是一种在高度抛光的玻璃或金属表面上刻有大量等宽、等间距的平行条痕的光学元件。紫外 - 可见光区用的光栅一般每毫米刻有约 1 200 条条痕。它是利用复合光通过条痕狭缝反射后,产生衍射和干涉作用,使不同波长的光有不同的投射方向而起到色散作用。光栅的分辨率较高,应用的波长范围广,色散和波长读数都是线性的。

狭缝为光的进出口,包括进光狭缝和出光狭缝。进光狭缝起着限制杂散光进入的作用;出光狭缝的作用是将选定波长的光射出单色器。狭缝是影响仪器分辨率的重要元件,狭缝的宽度直接影响分光质量。狭缝过宽,单色光不纯,将使吸光度值发生变化;狭缝太窄,通过光的强度也越小,将降低灵敏度。所以测定时狭缝宽度要适当,一般以减小狭缝宽度时溶液的吸光度不再改变为适宜的狭缝宽度。

(三) 吸收池

吸收池是盛放样品溶液和参比溶液的容器,又称比色皿或比色杯。吸收池必须选择在测定波长范围内无吸收的材质制成,常用的有玻璃和石英两种,玻璃吸收池只适用于可见光区,石英吸收池适用于紫外光区和可见光区。吸收池的光径可在 0.1~10cm 之间,其中以 1cm 光径吸收池最为常用。盛参比溶液和样品溶液的吸收池应匹配,即有相同的厚度和透光性。在盛同一溶液时 ΔT 应小于 0.5%。在测定吸光系数或利用吸光系数进行定量时,要求吸收池有准确的厚度(光程),或使用同一只吸收池。吸收池的光滑面易损蚀,应注意保护。

(四) 检测器

检测器是一种光电换能器,是将接收到的光信息转变成电信息的部件。常用的有光电管和光电倍增管,后者较前者更灵敏,它具有响应速度快、放大倍数高、频率响应范围广的优点,特别适用于检测较弱的辐射。近年来使用的光多道检测器具有快速扫描的特点。

(五) 信号处理与显示器

信号处理与显示器的作用是将检测器检测到的电信号经过放大以某种方式将测量结果显示出来。显示器常用的有电表指示、数字显示、荧光屏显示、曲线扫描及结果打印等。显示方式主要有透光率、吸光度、浓度及吸光系数等。高性能仪器带有数据站,可进行多功能操作。既可以用于仪器自动控制,实现自动分析;又可用于记录样品的吸收曲线,进行数据处理。

二、分光光度计的类型

紫外 - 可见分光光度计按其光学系统大致可分为单光束、双光束、双波长、光多道二极管阵列检测分光光度计以及光导纤维探头式分光光度计等几种。

(一)单光束分光光度计

单光束分光光度计以氘灯或氢灯为紫外光源,钨灯为可见光源,棱镜或光栅为色散元件,光电管或光电倍增管为检测器。其特点是结构简单,价格较便宜。单光束分光光度计要求光源和检测器的供电电压有高稳定性,测定结果受光源强度波动的影响较大,往往给定量分析带来较大的误差,但单光束仪器只有一束单色光,光路简单,能量损失小,适用于物质的定量分析,可用于吸光系数的测定。

(二)双光束分光光度计

双光束分光光度计是目前应用较为普遍的一种分光光度计。从单色器发射出来的单色光,用斩光器将它分成两束光,分别通过参比溶液和样品溶液后,再用一个同步的扇面镜将两束光交替地投射于光电倍增管,使光电倍增管产生一个交变脉冲信号,经比较放大后,由显示器显示出透光率、吸光度、浓度或进行波长扫描,记录吸收光谱。

双光束分光光度计的两束光几乎同时通过参比溶液和样品溶液,因此可以消除光源强度的变化以及检测系统波动的影响,测量准确度高。双光束型仪器一般都采用自动记录仪直接扫描出组分的吸收光谱,既可直接读数,又可扫描图谱。测量中不需移动吸收池,可在随意改变波长的同时记录吸光度。双光束分光光度计操作简单,测量快速,自动化程度高。

(三)双波长分光光度计

双波长分光光度计具有两个并列的单色器,光源发出的光分成两束,分别进入各自的单色器,获得两束可任意调节波长的单色光,然后交替照射同一吸收池,到达同一检测器,测得在两个波长处的吸光度差值 ΔA,利用 ΔA 与浓度的正比关系测定被测组分的含量。双波长分光光度计的特点是不需要参比溶液,只用一个样品溶液,可以消除参比溶液和样品溶液组成不一致和吸收池不匹配带来的误差,提高了测定的准确度。仪器可以固定一个单色光波长作参比,用另一个单色光扫描,得到吸光度差值的光谱;也可固定两束单色光的波长差扫描,得到一阶导数光谱。

双波长分光光度计主要用于干扰组分、浑浊样品和混合组分的测定。

(四)光多道二极管阵列检测分光光度计

光多道二极管阵列检测分光光度计是一种具有全新光路系统的仪器,具有光谱响应宽、数字化扫描准确、性能稳定等优点。由光源发出经聚光镜聚焦的复合光通过吸收池,再聚焦于单色器的进光狭缝上,透过光经全息光栅色散并投射到二极管阵列检测器上。由于全部波长同时被检测,而且光二极管的响应很快,一般可在 1/10 秒的极短时间内获得 190~820nm 范围的全光光谱,故此类仪器已成为追踪化学反应、进行科学研究的重要工具。

（五）光导纤维探头式分光光度计

光导纤维探头式分光光度计的探头是由两根相互隔离的光导纤维组成,钨灯发射的光由其中一根光纤传导至样品溶液,再经镀铝反射镜反射后,由另一根光纤传导,通过干涉滤光片后,由光敏器件接收为电信号。此类仪器不需吸收池,直接将探头插入样品溶液中,在原位进行测定,简单、快速。

三、测量条件的选择

（一）入射波长的选择

为了使测定结果有较高的灵敏度和准确度,应选择被测成分吸收最大,干扰成分吸收最小的波长作为测定波长,若无干扰,应选择被测成分最大吸收波长(λ_{max})作为入射光,这称为"最大吸收原则"。选用λ_{max}的光进行分析,能够减少或消除由非单色光引起的对朗伯-比尔定律的偏离,得到最大的测量灵敏度。

当有干扰物质存在,或最强吸收峰的峰形比较尖锐时,不能选择被测物质的最大吸收波长λ_{max}作为入射光,此时可选用吸收较低、峰形稍平坦的次强峰或肩峰进行测定,根据"吸收最大、干扰最小"的原则来选择。例如测定$KMnO_4$时如有$K_2Cr_2O_7$存在,通常不是选择$\lambda_{max}=525nm$作为入射光,而是选择$\lambda=545nm$作为测定波长,因为在此波长下进行测定,$K_2Cr_2O_7$不再有干扰。

（二）吸光度范围的选择

在分光光度法中,仪器误差主要是透光率测量误差,称为光度误差。为减小光度误差,应控制适当的吸光度读数范围,可通过控制溶液的浓度或选择不同厚度的吸收池来达到目的。一般应控制被测溶液和标准溶液的吸光度值在0.20~0.80,透光率在15%~65%,在此范围内,仪器的测量误差较小,测定结果的准确度较高。

（三）参比溶液的选择

参比溶液也叫空白溶液,是用来调节仪器零点的。作为测量的相对标准,以消除溶液中其他成分以及吸收池或试剂对光的吸收或反射带来的误差;消除显色后溶液中其他有色物质的干扰。参比溶液的组成可根据试样溶液的性质而定,其选择的基本原则是参比溶液的吸收能扣除非待测组分的吸收。合理地选择参比溶液对提高分析结果的准确度起着重要的作用。

常用的参比溶液如表10-3所示,可根据具体情况进行选择。

表 10-3　参比溶液的选择

参比溶液	适应情况	操作方法	可消除影响
纯化水	试液、溶剂、显色剂均无色	用纯化水调零	吸收池+杂散光
溶剂空白	溶剂有色,其他无色	用溶剂调零	吸收池+杂散光+溶剂
试剂空白	显色剂有色,其他无色	不加试样,其他均加	吸收池+杂散光+显色剂
试液空白	试液含干扰离子有色,其他无色	不加显色剂,其他均加	吸收池+杂散光+干扰离子
试样空白	试液含干扰离子有色,显色剂有色	掩蔽试液中的被测物,其他均加	吸收池+杂散光+显色剂+干扰离子

点滴积累

1. 紫外 - 可见分光光度计一般由光源、单色器、吸收池、检测器、信号处理与显示器等部件组成。
2. 测量条件的选择包括入射波长的选择、吸光度范围的选择、参比溶液的选择。

第四节　定性和定量分析方法

　　紫外 - 可见分光光度法在药学领域中主要用于有机化合物的分析。有些有机药物分子中含有在紫外 - 可见光区能产生吸收的基团，因而能显示吸收光谱。不同的化合物有不同的吸收光谱。利用吸收光谱的特征可以进行药品和制剂的定性分析、纯物质的鉴定及杂质的检测；有时还可与红外吸收光谱、质谱、核磁共振谱一起用于解析物质的分子结构。利用光的吸收定律可以对物质进行定量分析。

　　溶剂种类及溶液的酸碱度等条件以及单色光的纯度都对吸收光谱的形状与特征数据有影响。所以在定性、定量分析中，应控制溶液的测定条件和选定有足够纯度的单色光的仪器进行测试。

一、定性分析方法

　　利用紫外 - 可见吸收光谱对物质进行定性分析时，主要是根据光谱上的一些特征吸收，包括最大吸收波长、吸收光谱形状、吸收峰数目、各吸收峰的波长位置、肩峰、吸光系数及吸光度比等，这些数据称为物质的特征性常数，特别是最大吸收波长和吸光系数是鉴定物质最常用的参数。鉴定时将样品与标准品的特征性常数进行严格的对照比较，根据二者的一致性，可做初步定性分析。结构完全相同的物质吸收光谱应完全相同，但吸收光谱完全相同的物质却不一定是同一物质。因为，有机分子的主要官能团相同的两种物质可产生相类似的吸收光谱，所以必须再进一步确证才能得出较为肯定的结论。通常可用以下几种方法进行定性分析。

(一) 比较吸收光谱的一致性

　　如前所述：若两个化合物相同，其吸收光谱应完全一致。利用这一特性，鉴别时，将样品与标准品用同一溶剂配制成相同浓度的溶液，在同一条件下，分别测定它们的吸收光谱，核对其一致性。若没有标准品，也可利用文献所载的标准图谱进行对照比较，只有在吸收光谱完全一致的情况下，才可初步认为是同一种物质。但为了进一步确证，还需用其他光谱法证实后，才能得出较为肯定的结论。若吸收光谱有差异，则样品与标准品并非同一物质。

　　例如，三种甾体激素醋酸泼尼松、醋酸氢化可的松、醋酸可的松有几乎完全相同的λ_{max}

$(240nm)$、$E_{1cm}^{1\%}(390)$、$\varepsilon(1.57\times10^4)$，如图 10-5 所示，可看出它们的吸收曲线有某些差别，据此可以鉴别。

用紫外吸收光谱进行定性分析时，由于曲线的形状变化不多，在成千上万种有机化合物中，不相同的化合物可以有很类似甚至几乎相同的吸收光谱，所以在得到相同的吸收光谱时，应考虑有并非同一物质的可能性。而在两种纯化合物的吸收光谱有明显差别时，可以肯定不是同一种物质。

（二）比较吸收光谱特征性常数的一致性

λ_{max} 和峰值吸光系数 $E_{1cm}^{1\%}$ 或 ε_{max} 是最常用于定性鉴别的吸收光谱的特征性常数，这是因为峰值吸光系数大，测定灵敏度高，且吸收峰处与相邻波长处吸光系数值的变化较小，测量吸光度时受波长变动影响较小，可减少误差。若一个化合物有几个吸收峰，并存在谷和肩峰，应该同时作为鉴定依据，从而显示光谱特征的全面性。

已知吸收光谱是由分子中的发色基团所决定的，若两种不同的化合物有相同的发色基团，可有相同的 λ_{max} 值，使定性困难，但是它们的 $E_{1cm}^{1\%}$ 和 ε_{max} 常有明显差异，因此在比较 λ_{max} 的同时，再比较 $E_{1cm}^{1\%}$ 和 ε_{max} 则可加以区分。

例如，丙酸睾酮和甲睾酮在无水乙醇中的最大吸收波长 λ_{max} 相同，都是 240nm，但在该波长处的 $E_{1cm}^{1\%}$ 不同，前者为 460，后者为 540，据此可加以区别。

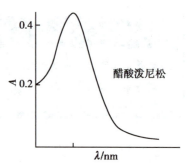
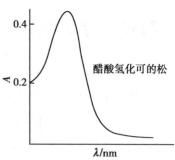
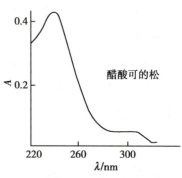

图 10-5 三种甾体激素的紫外吸收光谱

知识链接

紫外吸收光谱在有机化合物结构分析中的应用

1. 推断官能团 如某化合物在 220~800nm 范围内无吸收（$\varepsilon<1$），它可能是脂肪族饱和碳氢化合物、胺、腈、醇、醚、羧酸、氯代烃和氟代烃，不含直链或环状共轭体系，没有醛、酮等基团。如果在 210~250nm 有吸收带，可能含有两个共轭单位；在 260~300nm 有强吸收带，可能含有 3~5 个共轭单位；250~300nm 有弱吸收带表示有羰基存在；在 250~300nm 有中等强度吸收带，而且含有振动结构，表示有苯环存在；如果化合物有颜色，分子中含有的共轭生色团一般在 5 个以上。

2. 推断异构体 利用紫外吸收光谱还可推断异构体的主要存在形式。例如可利用双键的位置不同推断异构体的结构。

（三）比较吸光度（或吸光系数）比值的一致性

如果物质的吸收峰较多，可取在几个吸收峰处的吸光度或吸光系数的比值作为鉴别的依据，由于是同一浓度的溶液和同一厚度的吸收池，其吸光度比值也就是吸光系数的比值可消除浓度和厚度的影响。如果被鉴定物质的吸收峰和标准品相同,且吸收峰处的吸光度或吸光系数的比值又在规定的范围内,则可认为样品与标准品分子结构基本相同。

例如,维生素 B_{12} 的吸收光谱有三个吸收峰,分别在 278nm、361nm、550nm 波长处。现行版《中国药典》规定用下列比值进行鉴定:

$$\frac{A_{361}}{A_{278}}=1.70\sim1.88 \qquad \frac{A_{361}}{A_{550}}=3.15\sim3.45$$

若样品吸收峰与标准品相同,吸光度或吸光系数的比值也在上述范围之内,则可认为样品即为维生素 B_{12}。

二、纯度检查

化合物的纯度检查包括杂质检查和杂质限量检查。

(一) 杂质检查

在药物分析中,经常利用紫外 - 可见吸收光谱进行杂质检查,一般有以下两种情况。

1. 如果化合物在一定的波长范围内没有明显的吸收,而所含杂质有较强的吸收,那么含有少量杂质就可用光谱检查出来。例如,乙醇中可能含有杂质苯,苯在 256nm 处有吸收峰,而乙醇在此波长处无吸收,只需测定相应范围内的吸收光谱,若在 256nm 附近光谱平坦,表明不存在苯杂质;反之,若在 256nm 附近出现吸收峰,说明样品中存在杂质苯。乙醇中含苯量低达 0.001% 或 10ppm,也能从光谱中检查出来。

2. 若化合物本身有较强的吸收峰,而所含杂质在此波长处无吸收峰或吸收很弱,杂质的存在将使化合物的吸光系数值降低;若杂质在此吸收峰处有比化合物更强的吸收,则将使吸光系数值增大,并使化合物的吸收光谱变形。

(二) 杂质限量检查

药品中的杂质,常需规定一个允许其存在的最大量,即杂质限量。通常可利用紫外 - 可见分光光度法对杂质的限量进行控制。一般用两种方式表示杂质限量。

1. 以某波长的吸光度值表示 例如,肾上腺素在合成过程中有一中间体肾上腺酮,当它还原成肾上腺素时,反应不够完全而带入产品中,成为杂质,影响肾上腺素的疗效。因此,肾上腺酮的量必须规定在某一限量之下。在 0.05mol/L HCl 溶液中肾上腺素与肾上腺酮的紫外吸收光谱明显不同,如图 10-6 所示,在 310nm 处,肾上腺酮有吸收峰,而肾上腺素没有吸收。可利用 λ_{max}=310nm 检测肾上腺酮的混入量。该法是将肾上腺素样品,用 0.05mol/L HCl 溶液制成每 1ml 含 2mg 的溶液,在 1cm 吸收池中,于 310nm 处测其吸光

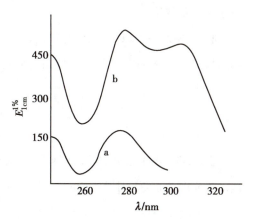

图 10-6 肾上腺素(a)与
肾上腺酮(b)的紫外吸收光谱

度 A 值。规定 A 值不得超过 0.05，以肾上腺酮的 $E_{1cm}^{1\%}$ 值（435）计算，相当于肾上腺酮不超过 0.06%。

2. 用峰谷吸光度的比值表示　例如有机磷中毒的解毒剂碘解磷定中有很多杂质，如顺式异构体、中间体等。碘解磷定 λ_{max} 为 294nm，λ_{min} 为 262nm。在吸收峰 294nm 处这些杂质几乎没有吸收，但在 262nm 处有一些吸收，因此可利用碘解磷定的峰谷吸光度比值作为杂质限量的检查指标。已知纯品碘解磷定的 $A_{294}/A_{262}=3.39$，如果含有杂质，则在 262nm 处吸光度增加，使峰谷吸光度之比小于 3.39。为了限制杂质的含量，可规定一个峰谷吸光度的最小允许值。一般规定比值不小于 3.0。

案例分析

青霉素杂质限量检查

案例：青霉素是临床治疗中常用的抗生素类药物，在其生产过程中如果引入过敏性杂质，在使用时有可能导致患者过敏性休克，甚至会出现呼吸困难、意识丧失等，若不及时抢救，可能危及生命。因此，在青霉素的生产过程中，必须对其中杂质进行限量检查。

分析：现行版《中国药典》对青霉素钠的杂质限量规定如下。

吸光度的检查：取本品，精密称定，加水溶解并定量稀释制成每 1ml 中约含 1.80mg 的溶液，照紫外 - 可见分光光度法，在 280nm 与 325nm 波长处测定，吸光度均不得大于 0.10；在 264nm 波长处有最大吸收，吸光度应为 0.80~0.88。

在 264nm 处规定吸光度值是控制青霉素钠的含量；在 280nm 与 325nm 处规定吸收度值是控制降解产物杂质限量。

三、定量分析方法

紫外 - 可见分光光度法定量分析的理论依据是朗伯 - 比尔定律。定量方法分单组分和多组分的含量测定。本章主要介绍微量单组分的定量方法。

根据比尔定律，物质在一定波长处的吸光度与浓度之间有线性关系。因此，只要选择合适的波长测量溶液的吸光度，即可求出浓度。

（一）吸光系数法

吸光系数是物质的特征性常数。只要测量条件例如溶液浓度、单色光纯度等不会引起比尔定律的偏离，即可根据吸光度求出样品的浓度。定量时吸光系数常用 $E_{1cm}^{1\%}$ 表示，其数值可从相关手册或文献中查到。

$$c = \frac{A}{E_{1cm}^{1\%} L}$$

式（10-10）

例 10-3　维生素 B_{12} 的水溶液在 361nm 处的 $E_{1cm}^{1\%}$ 为 207，现将其盛于 2cm 的吸收池中，测得溶液的吸光度是 0.621，计算溶液的浓度。

解：

$$c = \frac{A}{E_{1cm}^{1\%} L} = \frac{0.621}{207 \times 2} = 0.0015 \text{（g/100ml）}$$

在实际工作中,常将样品的吸光度换算为吸光系数,用样品溶液的吸光系数与标准品的吸光系数之比计算被测组分的含量。

边学边练

精密称取维生素 C 0.05g,溶于 100ml 的 0.01mol/L 硫酸溶液中,再准确量取此溶液 2.0ml 稀释至 100.0ml,取此溶液盛于 1cm 的吸收池中,在 λ_{max}=254nm 处测得 A 值为 0.551,求维生素 C 的百分含量。($E_{1cm}^{1\%}$ 254nm=560)

(二) 标准对照法

标准对照法简称"对照法",又称比较法。在测定时,按照各品种项下规定的方法,在相同条件下配制样品溶液和标准品溶液,在规定波长处测其吸光度 $A_{样}$ 和 $A_{标}$,根据朗伯-比尔定律:

$$A_{样} = \varepsilon_{样}\, c_{样}\, L_{样}$$

$$A_{标} = \varepsilon_{标}\, c_{标}\, L_{标}$$

因为是同种物质,在同一波长下,用同一厚度的吸收池在同一台仪器上进行测量,所以吸光系数相同,即 $\varepsilon_{样}=\varepsilon_{标}$;液层厚度相同,即 $L_{样}=L_{标}$。因此:

$$\frac{A_{样}}{A_{标}} = \frac{c_{样}}{c_{标}}$$

$$c_{样} = \frac{A_{样}}{A_{标}} \times c_{标} \qquad\qquad\qquad 式(10\text{-}11)$$

然后根据样品的质量和稀释倍数计算样品的含量。

标准对照法比较简单,但误差较大,只有在测定的浓度区间内溶液完全遵守朗伯-比尔定律,并且标准品溶液浓度和样品溶液浓度很接近时,才能得到较为准确的结果。

(三) 标准曲线法

标准曲线法又称工作曲线法、校正曲线法,是紫外-可见分光光度法中最经典的方法。测定时,先取与被测物质含有相同组分的标准品,配制成一系列不同浓度的标准溶液,以不含被测组分的空白溶液作参比,在被测组分的最大吸收波长处,测定标准系列的吸光度,以浓度为横坐标,相应的吸光度为纵坐标绘制 A-c 曲线,如图 10-7 所示。然后在完全相同的条件下测量样品溶液的吸光度,从标准曲线上查出与此吸光度相对应的样品溶液的浓度。

从理论上说,当溶液对光的吸收服从朗伯-比尔定律时,所绘制的 A-c 曲线是一条通过原点的直线。但在实际测定中,常常出现标准曲线在高浓度端发生弯曲的现象,即溶液偏离了朗伯-比尔定律,其主要原因是单色光不纯、溶液的浓度过高和吸光物质性质不稳定。

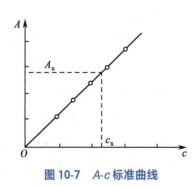

图 10-7 A-c 标准曲线

知识链接

微量多组分的定量方法

当溶液中有两种或多种组分共存时,可根据各组分吸收光谱相互重叠的程度考虑测定方法。最简单的情况是各组分的吸收峰所在波长处,其他组分没有吸收,两组分互不干扰,可按单组分的测量方法分别在最大吸收波长处测定。

在混合物测定中,遇到更多的情况是各组分的吸收光谱相互重叠,互相干扰,这种复杂情况需根据测定要求和光谱状态,选择合适的方法加以解决。线性方程组法和双波长法是最常用的微量多组分的定量方法,除此之外还有导数分光光度法、示差分光光度法、系数倍率法等。

标准曲线法对仪器的要求不高,是一种简单易行的方法。此法在大量样品分析时显得尤其方便,在测定条件固定的情况下,标准曲线可以反复使用。但仪器搬动或经维修后应重新校正波长;更换新仪器、试剂重新配制、测定时温度改变较大等情况发生时,标准曲线必须重新绘制。

点滴积累

1. 紫外-可见分光光度法进行定性分析的方法主要有三种:比较吸收光谱的一致性、比较吸收光谱特征性常数的一致性、比较吸光度(或吸光系数)比值的一致性。
2. 化合物的纯度检查包括杂质检查和杂质限量检查。
3. 单组分的定量分析方法有吸光系数法、标准对照法以及标准曲线法。

习题

复习导图

目标检测

一、简答题

1. 紫外-可见分光光度法的特点有哪些?

2. 什么是单色光?什么是复合光?决定溶液颜色的主要因素是什么?

3. 简述朗伯-比尔定律及其应用条件。

4. 什么是吸收光谱曲线?决定吸收光谱曲线形状的主要因素是什么?

5. 在紫外-可见分光光度法中,误差的来源有几个方面?如何减免误差?

二、计算题

1. 将 0.1mg 的 Fe^{3+} 在酸性溶液中用 KSCN 显色稀释至 500ml,盛于 1cm 的吸收池中,在波长 480nm 处测得吸光度为 0.240,计算摩尔吸光系数和百分吸光系数。

2. 精密称取 $KMnO_4$ 样品和 $KMnO_4$ 纯品各 0.150 0g,分别溶于纯化水中并稀释至 1 000ml。再各取 10ml 用纯化水稀释至 50ml,摇匀,用 1cm 的吸收池,在 525nm 处,测得样品溶液和标准溶液的吸光度分别为 0.310 和 0.325。求样品中 $KMnO_4$ 的含量。

3. 精密称取维生素 B_{12} 样品 25.0mg,用水配成 100ml 溶液。精密吸取 10.00ml,置于 100ml 容量瓶中,加水至刻度。取此溶液在 1cm 的吸收池中,于 361nm($E_{1cm}^{1\%}$=207)处测定吸光度为 0.507,求维生素 B_{12} 的百分含量。

三、实例分析

1. 某患者有黏膜出血症状,经医师诊断给予维生素 K_1 进行治疗。维生素 K_1 为肝内合成凝血酶原的必需物质,当其缺乏时可造成凝血障碍。当血液中凝血酶原缺乏时,血液的凝固就会出现迟缓,此时,补充适量的维生素 K_1 可促使肝脏合成凝血酶原,起到止血的作用。

   对维生素 K_1 的定性鉴别可以采用紫外 - 可见分光光度法,紫外 - 可见分光光度法进行定性分析的方法有哪些? 现行版《中国药典》是如何对维生素 K_1 进行定性鉴别的?

2. 左旋多巴为拟多巴胺类抗帕金森病药,可用紫外 - 可见分光光度法测定左旋多巴的含量。根据现行版《中国药典》,其测定方法为:取左旋多巴供试品 10 片,精密称定,研细,精密称取片粉适量(约相当于左旋多巴 30mg),置于 100ml 量瓶中,加盐酸溶液(9 → 1 000)适量,振摇使左旋多巴溶解,用盐酸溶液(9 → 1 000)稀释至 100ml,摇匀,滤过。精密量取续滤液 10ml,置另一 100ml 量瓶中,再用盐酸溶液(9 → 1 000)稀释至刻度,摇匀即得左旋多巴供试品溶液。取供试品溶液,在 280nm 波长处测定吸光度,按左旋多巴($C_9H_{11}NO_4$)的吸收系数($E_{1cm}^{1\%}$)为 141 计算含量,含左旋多巴应为标示量的 95.0%~105.0%。

   紫外 - 可见分光光度法进行定量分析的方法有哪些? 现行版《中国药典》中采用的上述方法是哪种方法?

3. 近年来人们对乳制品的需求越来越大,乳制品市场竞争越来越激烈,乳品企业对产品的质量也越来越重视,特别加强了对奶牛生长环境的各种因素(如水源、饲料添加剂)可能带来的硝酸盐及亚硝酸盐的检测。硝酸盐及亚硝酸盐在一定条件下,会降低血液的载氧能力,导致高铁血红蛋白血症,亚硝酸盐甚至会诱发消化系统癌变。硝酸盐及亚硝酸盐是乳制品中强制性卫生检验指标。《食品安全国家标准 食品中亚硝酸盐与硝酸盐的测定》(GB 5009.33—2016)中采用分光光度法测定硝酸盐及亚硝酸盐。

   硝酸盐及亚硝酸盐本身在紫外 - 可见光区没有吸收,如何采用紫外 - 可见分光光度法测定?

实训二十　高锰酸钾含量的测定

高锰酸钾含量的测定(动画)

【实训目的】

1. **掌握**　测绘标准曲线的方法及应用;紫外 - 可见分光光度法测定物质含量的方法。

2. **熟悉**　吸收光谱曲线的绘制方法并能找出最大吸收波长。

3. **学会**　紫外 - 可见分光光度计的正确使用方法。

【实训原理】

紫外 - 可见分光光度法定量分析的理论依据是朗伯 - 比尔定律。根据比尔定律,物质在一定波长处的吸光度与浓度之间有线性关系。因此,只要选择合适的波长测量溶液的吸光度,即可求出浓度。

定量分析的方法分为吸光系数法、标准对照法和标准曲线法。

标准曲线法是紫外 - 可见分光光度法中最经典的方法。测定时,先取与被测物质含有相同组分的标准品,配制成一系列不同浓度的标准溶液,以不含被测组分的空白溶液作参比,在被测组分的最大吸收波长处,测定标准系列的吸光度,以浓度为横坐标,相应的吸光度为纵坐标绘制 A-c 曲线,然后在完全相同的条件下测量样品溶液的吸光度,从标准曲线上查出与此吸光度相对应的样品溶液的浓度。

【仪器和试剂】

1. 仪器 分析天平、称量瓶、小烧杯、容量瓶(100ml,50ml)、吸量管(10ml)、洗耳球、紫外 - 可见分光光度计、比色管(25ml)。

2. 试剂 $KMnO_4$。

【实训步骤】

1. 标准溶液的配制 精密称取基准物质 $KMnO_4$ 0.012 5g,置小烧杯中,溶解后定量转入 100ml 容量瓶中,用纯化水稀释至刻度线,摇匀,此 $KMnO_4$ 溶液的浓度为 0.125mg/ml。

2. 吸收曲线的绘制 精密吸取上述 $KMnO_4$ 溶液 20.00ml 置于 50ml 容量瓶中,用纯化水稀释至刻度线,摇匀。将此溶液与空白液(纯化水)分别盛于 1cm 厚的吸收池中,并将其放在分光光度计的吸收池架上,调节透光率为 100% 后,再进行测量。设定波长从 420nm 开始到 700nm,每隔 5nm 测量一次吸光度,绘制吸收光谱曲线并找出最大吸收波长。

3. 标准曲线的绘制 取 6 支 25ml 的比色管,编号为 1~6 号,分别精密加入 $KMnO_4$ 标准液体积为 0.00、1.00、2.00、3.00、4.00 和 5.00ml,用纯化水稀释至刻度线,摇匀。以 1 号为空白液,在测得的最大吸收波长处,依次测定 2~6 号标准系列溶液的吸光度 A,绘制标准曲线。标准系列溶液的浓度依次为每 1ml 含 $KMnO_4$ 0.0、5.0、10.0、15.0、20.0 和 25.0μg。

4. 样品的测定 用 1 支 25ml 的比色管,加样品液 5ml(约含 $KMnO_4$ 0.5mg),用纯化水稀释至刻度线,摇匀。在与标准系列溶液完全相同的测定条件下,测量稀释后样品液的吸光度 A,从标准曲线上查出对应的稀释后样品液的浓度。稀释前样品液的浓度为:稀释后样品液浓度 × 稀释倍数。

【注意事项】

1. 仪器应安放在干燥、远离震源的房间，安置在坚固平稳的工作台上，不要经常搬动。

2. 使用的石英吸收池必须洁净。用于盛装样品、参比溶液的吸收池，当装入同一溶剂时，在规定波长处测定吸收池的透光率，如透光率相差在 ±0.3% 以下者可配对使用，否则必须加以校正。

3. 取吸收池时，手指拿毛玻璃面的两侧。盛放溶液以池体积的 4/5 为度，使用挥发性溶液时应加盖，透光面要用擦镜纸由上而下擦拭干净，检视应无残留溶剂，为防止溶剂挥发后溶质残留在池子的透光面，可先用蘸有空白溶剂的擦镜纸擦拭，然后再用干擦镜纸擦拭干净。吸收池放入样品室时应注意每次放入方向相同。使用后用溶剂及水冲洗干净，晾干防尘保存，吸收池如污染不易洗净时可用硫酸和发烟硝酸(3:1)(V/V)混合液稍加浸泡后，洗净备用。如用铬酸钾清洁液清洗时，吸收池不宜在清洁液中长时间浸泡，否则清洁液中的铬酸钾结晶会损坏吸收池的光学表面，并应用水充分冲洗，以防铬酸钾吸附于吸收池表面。

【思考题】

1. 最大吸收波长的位置与浓度是否有关？为什么定量分析时波长一般应选择在最大吸收波长处？

2. 吸收曲线与标准曲线有何区别？

3. 为什么绘制标准曲线和测定样品应在相同条件下进行？

【实训记录】

最大吸收波长：$\lambda_{max}=$

稀释后样品液浓度（μg/ml）：$c=$

实训二十一　维生素 B_{12} 注射液含量的测定

【实训目的】

1. **掌握**　用吸光系数法进行定量测定的原理和方法。

2. **熟悉**　分光光度计的使用。

【实训原理】

吸光系数是物质的特征性常数。只要溶液浓度、单色光纯度等测量条件不会引起比尔定律的偏离,即可测量样品溶液的吸光度,在已知吸收池厚度和吸光系数的情况下根据朗伯-比尔定律求出样品的浓度c,也可计算样品的含量。

定量时吸光系数常用$E_{1cm}^{1\%}$表示,其数值可从相关手册或文献中查到。

$$c = \frac{A}{E_{1cm}^{1\%}L}$$

维生素B_{12}是一种含钴的卟啉类化合物,具有很强的促进红细胞发育成熟作用,可治疗贫血等疾病。其注射液为粉红色至红色的澄明液体。维生素B_{12}在吸收光谱曲线上有三个吸收峰:278nm、361nm、550nm,其中在361nm的吸收峰干扰因素少,吸收又强,所以现行版《中国药典》规定以361nm波长处的吸光系数$E_{1cm}^{1\%}$(207)来计算维生素B_{12}的含量。在361nm波长处测量样品的吸光度。据下式计算样品吸光系数($E_{1cm}^{1\%}$)。

$$E_{1cm}^{1\%} = \frac{A}{cL}$$

实测吸光系数($E_{1cm}^{1\%}$)与规定数值207之百分比,即为供试品的百分含量。维生素B_{12}($C_{63}H_{88}CoN_{14}O_{14}P$)的正常含量应为标示量的90.0%~110.0%。

【仪器和试剂】

1. **仪器** 吸量管、容量瓶、小烧杯、洗耳球、紫外-可见分光光度计。
2. **试剂** 维生素B_{12}注射液。

【实训步骤】

精密量取维生素B_{12}注射液适量,加水定量稀释成1ml约含维生素B_{12}25μg的溶液,在361nm波长处,用1cm厚的比色皿,以纯化水作空白液,测定维生素B_{12}的吸光度,按$C_{63}H_{88}CoN_{14}O_{14}P$的吸光系数$E_{1cm}^{1\%}$为207计算维生素$B_{12}$的含量。

【注意事项】

1. 测定之前应先检查其吸收峰是否在361nm±1nm左右,用实际找出的吸收峰进行测定。
2. 采用吸光系数法测定之前,应对仪器进行校正。
3. 本实验在操作过程中应避光。

4. 维生素 B$_{12}$ 注射液有不同的规格,稀释倍数根据实际含量而定。

【思考题】

1. 吸光系数法的适用范围是什么?

2. 现行版《中国药典》规定,维生素 B$_{12}$(C$_{63}$H$_{88}$CoN$_{14}$O$_{14}$P)注射液的正常含量应为标示量的 90.0%~110.0%,据此判断实验结果是否符合要求。

【实训记录】

吸光度: $A=$

(黄月君)

第十一章　液相色谱法

学习目标

1. **掌握**　色谱法的基本概念和色谱分离原理；吸附色谱法、分配色谱法、离子交换色谱法、凝胶色谱法的分离机制及应用范围；R_f、R_s 值的计算。
2. **熟悉**　色谱法分类及各类方法的特点；固定相和流动相的选择原则及操作方法；定性分析方法。
3. **了解**　色谱过程；定量分析方法。

　　色谱法又称"层析法"，是一种依据物质的物理化学性质的不同而进行分离分析的方法，其分析原理是利用不同物质的物理化学性质差异在两相中具有不同分配系数进行分离分析。随着气相色谱和高效液相色谱的发展与完善，超临界色谱等新的分离方法的不断涌现，特别是多谱联用技术的日趋成熟，色谱法已经成为在生产、科研中分离和分析混合物的重要方法之一。

导学情景

情景描述：
　　我国科学家屠呦呦采用色谱法成功从青蒿中分离出具有抗疟疾作用的成分青蒿素，该成分能有效降低疟疾患者的病死率，挽救了全球特别是发展中国家数百万人的生命，屠呦呦因此获得了 2015 年诺贝尔生理学或医学奖，成为中国首位获该奖项的科学家。

学前导语：
　　液相色谱法设备简单、操作方便、分析速度快，在许多领域有着广泛的应用。本章主要介绍经典液相色谱法中柱色谱法、薄层色谱法和纸色谱法的基本原理、操作方法及应用。

第一节　概述

　　液相色谱法（liquid chromatography，LC）是以液体为流动相的色谱方法。液相色谱法具有设备简单、操作方便、分析速度快等特点，常用于药物分离、定性鉴别和含量测定，在化学研究、药物研究、临床、食品、环境化学等领域有着广泛应用。

一、色谱法的产生与发展

色谱法创始于 20 世纪初。1903 年,俄国植物学家茨维特(Tsweet)将用石油醚提取后的植物色素溶液从顶端倒入装有碳酸钙的玻璃柱中,然后用石油醚由上而下冲洗,由于植物色素提取液中各成分的理化性质不同,结果在柱的不同部位呈现出与光谱相似的不同的色带,1906 年,一篇发表在德国《植物学》杂志上的论文将这种现象命名为色谱。玻璃柱内的填充物碳酸钙称为固定相,洗脱剂石油醚称为流动相。其后色谱法不仅用于有色物质的分离,还大量用于无色物质的分离。色谱法一词被沿用至今。

20 世纪,色谱法迅速发展。20 世纪 30 年代与 40 年代相继出现了薄层色谱法(thin-layer chromatography,TLC)和纸色谱法(paper chromatography,PC),与原有的柱色谱法(column chromatography,CC)统称为经典液相色谱法,使色谱法成为一门分离技术。1941 年,马丁(Martin)和辛格(Synge)提出以气体代替液体作为流动相的可能性,其后二人又发明了在蒸气饱和环境下进行的纸色谱法。1952 年,马丁和詹姆斯(James)提出用气体作为流动相进行色谱分离,他们采用硅藻土吸附的硅酮油作为固定相,氮气作为流动相分离了若干种小分子挥发性有机酸。1956 年,范第姆特(van Deemter)等提出速率理论,定量描述分离效率与流速的关系,并将其应用于气相色谱。20 世纪 60 年代,为了分离蛋白质、核酸等不易气化的大分子物质,气相色谱的理论和方法被重新引入经典液相色谱。20 世纪 70 年代,高效液相色谱法的推出克服了气相色谱不能直接用于分析难挥发、对热不稳定及高分子样品的缺点,扩大了色谱法的应用范围。20 世纪 80 年代初期,出现了超临界流体色谱法(supercritical fluid chromatography,SFC),它兼有气相色谱法(gas chromatogram,GC)与高效液相色谱法(high performance liquid chromatography,HPLC)的优点。后期毛细管电泳法(capillary electrophoresis,CEC)飞速发展,兼有 GC 和 HPLC 的优点。20 世纪 90 年代,相继出现了气相色谱 - 质谱联用仪、气相色谱 - 傅里叶变换红外光谱联用仪、液相色谱 - 质谱联用仪以及液相色谱 - 核磁共振联用仪。现代色谱分析的理论和技术日臻完善,已成为对复杂体系中组成进行分离分析的重要手段。

> **知识链接**
>
> ### 色谱法研究获诺贝尔奖的科学家
>
> 1937 年 P. Karrer、1938 年 R. Khun 以及 1939 年 L. Ruzicka,这三位科学家分别利用色谱法成功分离得到了维生素 A 和维生素 B_2 以及一系列的多烯类化合物,都获得了诺贝尔化学奖。
>
> 1949 年,瑞典科学家 Tiselins 因为电泳和吸附分析的研究而获诺贝尔奖。
>
> 1952 年,英国科学家 Martin 和 Synge 因发展了分配色谱而获诺贝尔奖。
>
> 2015 年,中国科学家屠呦呦因利用色谱法成功从青蒿中分离出药物青蒿素而获诺贝尔生理学或医学奖。

二、色谱法的分类

色谱法发展至今已有多种方法,可从不同的角度进行分类。

(一) 按流动相和固定相所处的物态分类

1. **液相色谱法**　流动相为液体的色谱法。根据固定相的状态分类,又可分为液 - 固色谱法(liquid-solid chromatography,LSC)和液 - 液色谱法(liquid-liquid chromatography,LLC)。

2. **气相色谱法**　流动相为气体的色谱法。若根据固定相的状态分类,又可分为气 - 固色谱法(gas-solid chromatography,GSC)和气 - 液色谱法(gas-liquid chromatography,GLC)。

3. **超临界流体色谱法**　以超临界流体作为流动相的一种色谱法。所谓超临界流体是介于气体和液体之间的一些物质,是既不是气体也不是液体的物质。

(二) 按操作形式分类

1. **柱色谱法**　是将固定相装于柱管内构成色谱柱,色谱过程在色谱柱内进行的色谱方法。包括气相色谱法、高效液相色谱法和超临界流体色谱法。据色谱柱的粗细又可分为填充柱色谱法和毛细管柱色谱法。

2. **薄层色谱法**　是将固定相涂铺在平板上形成薄层,点样后,用流动相(展开剂)展开使混合物分离的方法。

3. **纸色谱法**　用滤纸作载体,一般以滤纸上吸附的水为固定相,点样后,用流动相(展开剂)展开使混合物相互分离的方法。

(三) 按色谱过程的分离机制分类

1. **吸附色谱法**　利用吸附剂表面或吸附剂的某些基团对不同组分吸附性能的差异进行物质分离分析的方法。

2. **分配色谱法**　利用不同组分在互不相溶的两相中的分配系数(或溶解度)差异进行物质分离分析的方法。

3. **离子交换色谱法**　固定相为离子交换树脂。利用离子交换树脂对溶液中不同离子的交换能力的差异进行物质分离分析的方法。

4. **凝胶色谱法**　又称分子空间排阻色谱法或分子尺寸排阻色谱法,固定相为凝胶。利用凝胶对不同分子大小组分具有不同的阻滞差异进行物质分离分析的方法。

此外,还有其他分离机制的色谱方法。如毛细管电泳法、手性色谱法、分子印迹色谱法等。色谱法的各种分类方法不是绝对的、孤立的,而是相互渗透的、兼容的。

三、色谱法的基本原理

(一) 色谱过程

色谱操作的基本条件是具备相对运动的两相,即一相是固定不动的固定相,另一相是携带试样向前移动的流动相。色谱过程是物质在相对运动的两相间达到分配平衡的过程。现以吸附色谱法分离顺式偶氮苯与反式偶氮苯为例来说明色谱过程。将适量的含有顺式和反式偶氮苯的石油醚提取液加到以氧化铝为固定相的色谱柱中,如图 11-1(a) 所示,两组分都被吸附在柱上端的吸附剂上,然后用含 20% 乙醚的石油醚为流动相进行洗脱,在洗脱剂的洗脱过程中,组分不断从吸附剂上解吸下来,遇到新的吸附剂而又被吸附,随着洗脱剂不断地向前移行,两组分在色谱柱中不断地进行着"吸附、解吸附、再吸附、再解吸附……"的过程,在吸附剂表面上存在着吸附 - 解吸附的平衡。由于两组分存在的微小差异,逐渐积累成了大的差异,其结果是两组分彼此分离,在柱中形成两个色带,如图 11-1(b) 所示,继续用流动相进行洗脱,两组分依次流出色谱柱,如图 11-1(c) 所示,从而使各组分得到分离。

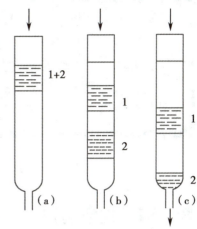

图 11-1　吸附柱色谱洗脱示意图

在上述实验中,"相"是指一个均匀体系,相与相之间都有一定的界面分开。固定相是固定在一定支撑物上的相,可以是固体,也可以是附着在某种载体上的液体。流动相是色谱分离中的流动部分,是与固定相互不相溶的液体或气体。当流动相携带样品流经固定相时,由于样品中各组分的理化性质不同而达到分离、分析的目的。

（二）分配系数

色谱过程的实质是被分离物质的组分在相对运动的两相间,不断进行分配平衡的过程。每次达到分配平衡时,各组分被分离的程度,可用分配系数 K 表示。

> **课 堂 活 动**
> 色谱法分离顺式偶氮苯与反式偶氮苯的实验过程中,固定相和流动相分别是什么?

$$K=\frac{组分在固定相中的浓度(c_s)}{组分在流动相中的浓度(c_m)} \qquad 式(11\text{-}1)$$

分配系数 K 是指在一定的温度和压力下,达到分配平衡时,某组分在两相间的浓度(或溶解度)之比。分配系数与分离组分、固定相、流动相的性质有关。

分配系数 K 在色谱分离原理不同时,含义也不相同。在分配色谱中,K 为分配平衡常数;在吸附色谱中,K 为吸附平衡常数;在离子交换色谱中,K 为交换系数;在凝胶色谱中,K 为渗透系数。

（三）保留时间

某一组分由进样开始到色谱峰顶点的时间间隔,称为该组分的保留时间,用符号 t_R 表示。

（四）分配系数与保留时间的关系

不同组分有不同的分配系数。K 值越大,平衡时该组分在固定相中的浓度越大,移动速度越慢,t_R 越长,即后流出色谱柱;K 值越小,平衡时该组分在固定相中的浓度越小,移动速度越快,t_R 越短,即先流出色谱柱。由此可见,混合物中各组分在两相间的分配系数不同时,就能实现差速迁移,分配系数相差越大,越容易分离。

1. 色谱法是利用不同物质在两相中具有不同分配系数进行分离分析的方法,两相分别指流动相和固定相。

2. 分配系数 $K=\dfrac{\text{组分在固定相中的浓度}(c_s)}{\text{组分在流动相中的浓度}(c_m)}$

3. 混合物中各组分的分配系数 K 值相差越大,各组分越易分离。

第二节　柱色谱法

柱色谱法(column chromatography,CC)按分离机制可分为吸附柱色谱法、分配柱色谱法、离子交换柱色谱法、凝胶柱色谱法和聚酰胺色谱法。

一、液-固吸附柱色谱法

(一)原理

液-固吸附柱色谱法是以固体吸附剂为固定相,以液体溶剂为流动相,利用吸附剂对不同组分的吸附能力的差异而进行物质分离的方法。分离时,样品中的组分分子与流动相分子竞争占据吸附剂表面活性中心,在一定条件下,这种竞争吸附达到平衡。吸附平衡常数用 K 表示:

$$K=\frac{c_s}{c_m} \qquad\qquad 式(11\text{-}2)$$

K 越大,组分的吸附能力越强,则在吸附状态(吸附表面)时间越长,即 t_R 越大,保留时间越长。

K 与温度、吸附剂的吸附能力、组分的性质及流动相的性质有关。

(二)吸附剂

常用的吸附剂有氧化铝、硅胶、聚酰胺和大孔吸附树脂等。吸附剂是一些多孔性微粒物质,应具有较大的吸附表面和吸附中心;与样品、溶剂和洗脱剂均不发生化学反应;不能被溶剂或洗脱剂溶解;粒度均匀,且有一定的粒度。

1. 氧化铝　色谱用氧化铝按制备方法不同分为酸性、碱性和中性三种,以中性氧化铝应用最多。

酸性氧化铝(pH 4.0~5.0)适用于分离酸性和中性化合物,如氨基酸、有机酸等。

碱性氧化铝(pH 9.0~10.0)适用于分离碱性或中性化合物,如生物碱等。

中性氧化铝(pH 7.5)适用于分离酸性、中性和碱性化合物,如生物碱、挥发油、萜类、甾体,以及在酸、碱中不稳定的酯、苷类等化合物;另外,凡是酸性、碱性氧化铝能分离的化合物,中性氧化铝均适用。

吸附剂的吸附能力常用活性级数来表示。吸附剂的活性与含水量有关,如表11-1所示。吸附活性的强弱用活性级数(Ⅰ～Ⅴ)表示。含水量越低,活性级数越小,活性越高,吸附能力越强。

表 11-1　氧化铝、硅胶的含水量与活性的关系

硅胶含水量 /%	氧化铝含水 /%	活性级数	活性
0	0	Ⅰ	高
5	3	Ⅱ	
15	6	Ⅲ	
25	10	Ⅳ	
38	15	Ⅴ	低

在适当的温度下加热,可除去氧化铝中的水分使其吸附能力增强,这一过程称为活化;反之,加入一定量的水分可使其活性降低,称为脱活。

2. 硅胶　常用 $SiO_2 \cdot xH_2O$ 表示。具有多孔性硅氧—Si—O—Si—交联结构,其微粒表面有许多硅醇基—Si—OH 能与极性化合物或不饱和化合物形成氢键,是硅胶的吸附活性中心。

色谱用硅胶具有微酸性,适用于分离酸性或中性物质,如有机酸、氨基酸、萜类等。硅胶的吸附能力比氧化铝稍弱,是常见的吸附剂。

3. 聚酰胺　是一类由酰胺聚合而成的高分子化合物。由于分子中的酰胺基与化合物形成氢键的能力不同,吸附能力也不相同,从而使各类化合物得以分离。

聚酰胺难溶于水和一般有机溶剂,易溶于浓盐酸、酚、甲酸等。主要用于酚类、酸类、硝基类等化合物的分离,在天然药物有效成分的分离中应用广泛。

4. 大孔吸附树脂　是一种不含交换基团并具有大孔网状结构的高分子化合物。主要通过氢键或范德华力而吸附被分离物质。主要用于水溶性化合物的分离和提纯,多用于皂苷及其他苷类化合物的分离。

此外,硅藻土、硅酸镁、活性炭、天然纤维素等也可作为吸附剂。

(三)流动相

流动相具有洗脱作用,其洗脱能力决定于流动相占据吸附剂表面活性中心的能力。极性较强的流动相分子占据吸附剂表面活性中心的能力强,具有较强的洗脱作用,反之洗脱作用弱。因此,为了使样品中吸附能力稍有差异的各组分分离,需同时考虑被分离物质的性质、吸附剂的活性和流动相的极性三方面因素。

1. 被分离物质的结构与性质　被分离物质的结构不同,其极性也不同,在吸附剂表面的被吸附力也各不同。极性大的物质易被吸附剂较强地吸附,需要极性较大的流动相才能洗脱。

常见化合物的极性由小到大的顺序是:烷烃<烯烃<醚<硝基化合物<酯类<酮类<醛类<硫醇<胺类<酰胺<醇类<酚类<羧酸类。

知识链接

化合物极性大小判断原则

1. 常见的取代基极性大小比较为羧基（—COOH）>酚羟基（Ar—OH）>醇羟基（—OH）>酰胺基（—NH—COCH）>氨基（—NH）>巯基（—SH—）>醛基（—CHO）>酮基（—CO—）>酯基（—COOR）>硝基（—NO）>醚基（ C—O—C ）>烯基（—CH=CH—）>烷基（—CH）。

2. 化合物极性大小判断原则

(1) 分子中极性基团越多,极性越大。

(2) 分子中双键、共轭双键越多,极性越大。

(3) 同系物中,分子量越小,极性越大。

(4) 在同一母核中,不能形成分子内氢键的化合物比能形成分子内氢键的化合物极性大。

---

2. 吸附剂的选择 分离极性小的物质,一般选择吸附活性大的吸附剂,以免组分流出太快,难以分离。分离极性强的组分,选用吸附活性小的吸附剂,以免吸附过牢,不易洗脱。

3. 流动相的选择 根据"相似相溶"原理进行选择。通常分离极性较小的物质,选择极性较小的洗脱剂;分离极性较大的物质,选择极性较大的洗脱剂。

常用的流动相洗脱剂极性由小到大的顺序是:石油醚<环己烷<四氯化碳<苯<甲苯<乙醚<三氯甲烷<乙酸乙酯<正丁醇<丙酮<乙醇<甲醇<水<乙酸。

总之,在选择色谱分离条件时,需综合考虑被分离物质、吸附剂和流动相三方面的因素。一般的原则是若分离极性较大的组分,应选用吸附活性较小的吸附剂和极性较大的流动相;若分离极性较小的组分,应选用吸附活性较大的吸附剂和极性较小的流动相。选择规律如图11-2所示。

图 11-2 被测物质的极性、吸附剂活性和流动相极性之间的关系

在实际应用时,更多的是通过实验来寻找最合适的分离条件;为得到极性适当的流动相,可采用混合溶剂作流动相。

(四) 操作方法

1. 装柱 根据被分离组分的性质、量的多少以及分离要求选择合适的洁净色谱柱[直径与长度比一般为(1:20)~(1:10)]。柱的下端垫少许脱脂棉或玻璃棉,在上面最好加 5mm 左右洗过且干燥的砂子后再装柱。柱装得要均匀,不能有缝隙或气泡,以免影响分离效果。装柱的方法有如下两种。

(1)干法装柱:选用80~120目活化后的吸附剂经过玻璃漏斗不间断地倒入柱内,边装边轻轻敲打色谱柱,使其填充均匀,并在吸附剂顶端加少许脱脂棉。然后沿管壁滴加洗脱剂,使吸附剂湿润。

(2)湿法装柱:将一定量的吸附剂与适当的洗脱剂调成浆状,然后慢慢地倒入柱内,不能有气泡产生。从顶端再加入一定量的洗脱剂,使其保持一定液面。待吸附剂自由沉降而填实,在柱顶端上加少许脱脂棉。湿法装柱效果较好,是目前经常使用的方法。

2. 加样 将样品溶液缓慢加到柱的顶部,加样完毕,打开柱子下端活塞,使溶液缓缓流下至液面与吸附剂顶面平齐,然后用少量洗脱剂冲洗盛装样品溶液的容器2~3次,一并轻轻加入色谱柱内。

3. 洗脱 洗脱剂可以是单一溶剂或混合溶剂。在洗脱过程中应不断加入洗脱剂,保持色谱柱顶端有一定高度的液面,控制好洗脱剂的流速。若流速过快,则柱中不易达到吸附平衡,影响分离效果。随着洗脱的进行,各组分被吸附和解吸附的能力不同而逐渐被分离,先后流出色谱柱。可采用分段定量的方法收集洗脱液,对其进行定性分析,将同一组分的洗脱液合并,即可对单一组分进行定量分析。

二、液 - 液分配柱色谱法

(一) 原理

分配色谱法是利用样品中各组分在两相间分配系数不同而实现分离的方法。液 - 液分配柱色谱法的固定相和流动相都是液体,固定相的液体吸附在载体(支持剂)的表面而被固定。当流动相携带样品流经固定相时,各组分在互不相溶的两种液体中不断进行溶解、萃取,再溶解、再萃取,即连续萃取。因各组分分配系数略有差异,经过无数次萃取之后相互得到分离。

分配色谱有正相色谱和反相色谱。当固定相的极性大于流动相的极性时,称为正相色谱;当固定相的极性小于流动相的极性时,称为反相色谱。

(二) 载体和固定相

载体又称担体,是一种惰性物质。在分配色谱中起支撑固定相的作用,吸附着大量的固定相液体。常用的载体有硅胶、多孔硅藻土、纤维素以及微孔聚乙烯小球等。

正相色谱的固定相常用水、酸等强极性溶剂,反相色谱的固定相为石蜡油等非极性或弱极性液体。

(三) 流动相

正相色谱流动相极性小于固定相,常用的流动相有石油醚、醇类、酮类、酯类或其混合物。反相色谱常用的流动相有水、稀醇等极性溶剂。

(四) 操作方法

1. 装柱 分配色谱装柱的要求与吸附柱色谱基本相似。不同的是在装柱前将固定相液体与载体充分混合后再装柱。为防止流动相流经色谱柱时将固定相破坏,将两种溶剂加到分液漏斗中用力振摇,使两种溶剂互相饱和,待静止分层后,再分别取出使用。

2. 加样与洗脱 分配色谱的加样方法有三种:①将被分离样品配成浓溶液,用吸管沿着管壁轻轻加到含有固定相载体的上端,然后用洗脱剂洗脱;②样品溶液先用少量含有固定相的载体吸收,待溶剂挥发后,加到色谱柱上,然后用洗脱剂洗脱;③用一块比色谱柱直径略小的滤纸吸附样品溶液,待溶剂挥发以后,放在色谱柱载体表面,然后用洗脱剂洗脱。

洗脱剂的收集和处理与吸附柱色谱相同。

三、离子交换柱色谱法

(一) 基本原理

离子交换色谱法(ion exchange chromatography,IEC)是利用被分离组分对离子交换树脂的交换能力的差异而达到分离和提纯的色谱方法。

离子交换反应为:

$$R^-B^+ + A^+ \Longrightarrow R^-A^+ + B^+$$

选择性系数 $K_{A/B}$ 与分配系数的关系表示如下:

$$K_{A/B} = \frac{[A^+]_s[B^+]_m}{[B^+]_s[A^+]_m} = \frac{[A^+]_s/[A^+]_m}{[B^+]_s/[B^+]_m} = \frac{K_A}{K_B} \qquad 式(11\text{-}3)$$

式中,$[A^+]_s$、$[B^+]_s$ 分别代表树脂(固定相)中 A^+、B^+ 的浓度;$[A^+]_m$、$[B^+]_m$ 分别代表流动相中 A^+、B^+ 浓度。由此可见,混合物中各离子的分配(交换)系数不同,仍是离子交换色谱法中各离子进行分离的先决条件。

(二) 固定相

离子交换柱色谱常以离子交换树脂作为固定相。当流动相携带被分离的离子型化合物溶液通过离子交换柱时,样品中的各种离子被交换树脂交换吸附,从而实现分离。当用洗脱剂洗脱时,与离子交换树脂亲和力大的离子在柱中移动速度慢,保留时间长;与树脂亲和力小的离子在柱中移动速度快,保留时间短,因此达到相互分离的目的。

1. 离子交换树脂的分类 离子交换树脂是一类高分子多元酸或多元碱的聚合物,具有网状结构的稳定骨架,与酸、碱及某些有机溶剂都不起作用,对热也比较稳定。在其网状结构的骨架上有许多可以与溶液中的离子起交换作用的活性基团。根据活性基团的不同,离子交换树脂可分为阳离子交换树脂和阴离子交换树脂两类。

(1)阳离子交换树脂:这类树脂的活性交换基团为酸性,其阳离子可被溶液中的阳离子交换。

常用苯乙烯和二乙烯苯聚合成球形网状结构的聚苯乙烯型离子交换树脂,其中二乙烯苯是交联剂。经浓硫酸磺化后得到聚苯乙烯型—SO_3H 阳离子树脂和一系列—COOH、—OH 阳离子交换树脂,根据交换基团的酸性强弱,阳离子交换树脂可分为强酸性(如磺酸型)和弱酸性(如羧酸型、酚型等)两种类型。

现以强酸性磺酸型离子变换树脂为例说明其交换原理,交换反应为:

$$R\text{-}SO_3^-H^+ + Na^+Cl^- \Longleftrightarrow R\text{-}SO_3^-Na^+ + H^+Cl^-$$

(2)阴离子交换树脂:在聚苯乙烯的母体上引入可解离的碱性基团,如—N^+R_3、—NR_2、—NHR、—NH_2 等,则成为阴离子交换树脂,用 NaOH 溶液转型后,则成为—OH 型阴离子交换树脂。其交换反应为:

$$RN^+(CH_3)_3OH^- + X^- \Longleftrightarrow RN^+(CH_3)_3X^- + OH^-$$

阴离子交换树脂不如阳离子交换树脂稳定。

2. 离子交换树脂的性能

(1)交联度:离子交换树脂中聚合时加入交联剂的含量称为交联度,常以质量百分比表示。交联度大,形成网状结构紧密,网眼小,选择性高。但交联度也不宜过大,否则会使交换容量降低。一般选 8% 交联度的阳离子交换树脂或 4% 交联度的阴离子交换树脂为宜。

(2)交换容量:理论交换容量是指每克干树脂中所含有的酸性或碱性活性基团的数目。实际交换容量是指在实验条件下,每克干树脂真正参加交换的活性基团的数目。表示离子交换树脂的交换能力,单位为 mmol/g。一般树脂的交换容量为 1~10mmol/g。

离子交换柱色谱法的流动相多数为一定 pH 和离子强度的缓冲溶液。

四、凝胶柱色谱法

凝胶柱色谱法是利用被分离组分分子的大小或渗透系数的大小进行分离的方法,又称分子尺寸排阻柱色谱法或分子空间排阻柱色谱法,被广泛应用于天然药物化学和生物化学的研究及水溶性高分子化合物如蛋白制剂等的分析。

(一) 固定相

凝胶柱色谱法的固定相为多孔性凝胶,常用的有葡聚糖凝胶和聚丙烯酰胺凝胶。选择凝胶时应使试样的相对分子质量落入凝胶的相对分子质量范围中。某高分子化合物的相对分子质量达到某一数值后就不能渗透进入凝胶的任何空穴,此数值称为凝胶的排斥极限;若小于某一数值后则能进入凝胶的所有空穴,则该数值称为该凝胶的全渗透点;将排斥极限与全渗透点之间的相对分子质量范围,称为凝胶的相对分子质量范围。

(二) 流动相

凝胶柱色谱法的流动相应满足如下条件:能溶解试样,并能使凝胶润湿;黏度低且不与试样或凝胶发生反应,否则会影响分子扩散。

各组分在流经凝胶表面时,由于小分子能完全渗透进入凝胶内部孔穴而被滞留,中等分子可以部分进入较大的一些孔穴,大分子则完全不能进入孔穴而只能沿凝胶颗粒之间的空隙随流动相流动。所以样品中各组分按大分子、中等大小的分子、小分子的先后顺序流出色谱柱,从而得以分离。

薄层色谱法
（视频）

点滴积累

1. 液-固吸附柱色谱法的固定相常用氧化铝、硅胶、聚酰胺和大孔吸附树脂,流动相根据"相似相溶"原则进行选择。
2. 液-液分配柱色谱法的固定相由吸附着大量固定相液体的载体组成,常用的正相色谱中流动相多用石油醚、醇类、酮类、酯类或其混合物。
3. 离子交换柱色谱法的固定相是离子交换树脂,流动相为一定 pH 和离子强度的缓冲溶液。
4. 凝胶柱色谱法的固定相为多孔性凝胶,水溶性试样流动相选择水溶液。

第三节 薄层色谱法

薄层色谱法(TLC)和纸色谱法(PC)与柱色谱法不同,因其在平面上进行分离,因此,又被称为平面色谱法。薄层色谱法在药物分析上应用广泛,现已成为一种极有价值的物质分离分析方法,可作为柱色谱选择条件的预备方法。

一、基本原理

薄层色谱法按分离原理可分为吸附薄层、分配薄层、离子交换薄层和凝胶薄层,其中应用最为广泛的是吸附薄层色谱法。

(一) 分离原理

吸附薄层色谱法是将固定相吸附剂均匀地涂铺在光洁的玻璃板、塑料板或金属板上,厚度一般为 0.25~0.5mm,各组分在此薄层上进行色谱分离的方法。若样品中含有 A、B 两个组分的溶液分别点在薄层板的一端,在密闭容器中用适当的溶剂(展开剂)展开,吸附系数大的组分在薄层板上的迁移速度慢,而吸附系数小的组分在薄层板上的迁移速度快,经过一段时间后被完全分离,在薄层板上形成两个斑点。

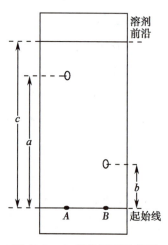
图 11-3 R_f 值的测量示意图

(二) 比移值与相对比移值

1. **比移值 R_f** 样品展开后各组分斑点在薄板上的位置可用比移值 R_f 来表示,如图 11-3 所示。R_f 的表达式为:

$$R_f = \frac{原点到斑点中心的距离}{原点到溶剂前沿的距离}$$

式(11-4)

上述 A、B 两个组分的样品溶液经展开后,R_f 值分别为:

$$R_{f(A)} = \frac{a}{c} \qquad R_{f(B)} = \frac{b}{c}$$

当色谱条件一定时,组分的 R_f 为一常数,利用 R_f 可以对物质进行定性鉴别。但影响 R_f 的因素很多,主要有流动相和固定相的种类和性质、展开剂的组成、展开时的温度、展开剂的饱和程度以及薄层板的性能等。要提高 R_f 的重现性,必须严格控制色谱条件。R_f 值在 0~1。R_f 与分配系数 K 有关,K 越小,R_f 越大,反之亦然。组分之间的分配系数相差越大,R_f 相差也越大,越易分离。

2. 相对比移值 R_s 由于 R_f 受许多因素的影响,定性分析时常采用相对比移值 R_s 代替 R_f,可用于消除一些实验过程中的系统误差,使定性结果更可靠。相对比移值是指样品中某组分移动的距离与对照品移动距离之比。R_s 的表达式为:

$$R_s = \frac{\text{原点到样品组分斑点中心的距离}}{\text{原点到对照品斑点中心的距离}} \qquad \text{式(11-5)}$$

测定 R_s 时对照品可以另外加入,也可用样品中某一已知组分。$R_s=1$,表示样品与对照品一致。

边 学 边 练

已知样品 A 和对照品 B 经过薄层色谱展开后,A 样品斑点中心到原点 9.0cm,B 对照品斑点中心到原点 6.0cm,溶剂前沿到原点的距离 12cm,试分析以下内容。

(1)A、B 两物质的 R_f 值为多少?

(2)A、B 两物质的 R_s 值为多少?

二、吸附剂的选择

吸附薄层色谱中所用的吸附剂和吸附柱色谱中所用的吸附剂基本相似。但在薄层色谱中要求吸附剂的颗粒更细。颗粒太大,展开速度快,展开后斑点宽,分离效果差;颗粒太小,展开速度慢,容易产生拖尾现象。吸附剂颗粒的大小可用筛子单位面积的孔数(目数)表示。

硅胶、氧化铝、硅藻土、聚酰胺等都可作薄层色谱的吸附剂。

三、展开剂的选择

薄层色谱中展开剂的选择原则和柱色谱中洗脱剂的选择原则相似,都遵循"相似相溶"的原则。分离极性大的组分时,选用活性低的薄层板,选用极性大的展开剂展开,反之亦然。

在薄层色谱中,常根据被分离组分的极性,首先选用单一溶剂展开,再根据分离效果考虑改变展开剂的极性或改用混合展开剂。例如物质 A 用苯展开时,若 R_f 太小,则可在苯中加入适量极性大的溶剂(如乙醇),不断地调整苯和乙醇的比例,直至获得满意的 R_f 为止;若 R_f 太大,可在苯中加入适量极性小的溶剂(如石油醚)以降低展开剂的极性,使 R_f 值符合要求。

一般各斑点的 R_f 要求在 0.2~0.8 之间,不同组分的 R_f 之间应相差 0.05 以上,否则容易造成斑点重叠。

四、操作方法

(一)铺板

将吸附剂或载体涂铺于薄板上成为厚度一致的薄层的过程称为铺板或制板。常采用玻璃板涂铺固定相,玻璃板的大小根据操作需要而定,使用前应洗涤干净,烘干备用。

薄板有两种:不加黏合剂的软板和加黏合剂的硬板。

软板采用干法铺板,如图 11-4 所示。是将吸附剂用玻璃棒从玻璃板一端推移至另一端(套上乳胶管或塑料环)。干法铺板具有简单、快速、展开速度快等特点,但分离效果较差。

硬板采用湿法铺板,此方法是在吸附剂中加入黏合剂,与吸附剂调成糊状物进行铺板。黏合剂的作用是使薄层固定在玻璃板上。

常用的黏合剂有羧甲基纤维素钠(CMC-Na)和煅石膏(G)等。

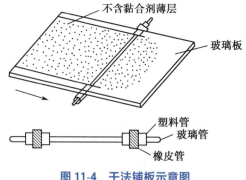

图 11-4 干法铺板示意图

CMC-Na 常配成 0.5%~1% 的溶液使用,煅石膏(G)常配成 5%~15% 的溶液使用。羧甲基纤维素钠作黏合剂制成的硬板,机械性能强,但不耐腐蚀性。煅石膏(G)作黏合剂制成的硬板,机械性能较差,易脱落,但耐腐蚀,可用浓硫酸试液显色。

铺板方法有倾注法、平铺法和机械涂铺法。

(1)倾注法:取适量调制好的吸附剂糊状物,倾倒在玻璃板上,轻轻振动玻璃板使薄层均匀,放在平台上晾干,然后置于烘箱内加热活化。

(2)平铺法:又称刮板法,将玻璃板置于平台上,然后用两条稍厚的玻璃做框边,框边高出中间玻璃板的厚度即薄层的厚度。将调制均匀的糊状吸附剂倾倒在玻璃板的一端,再用一块边缘平整的玻璃片或塑料板,从吸附剂的一端刮向另一端,轻轻振动薄板,晾干,如图 11-5 所示,然后置于烘箱内加热活化。

(3)机械涂铺法:用涂铺器制板,操作简单,板的厚度可按需要调节,制得的薄板厚度一致,质量高、分离效果好,是目前应用广泛的制板方法,适用于定量分析。

硅胶板应在105~110℃活化0.5~1小时,冷却后保存于干燥器中备用。

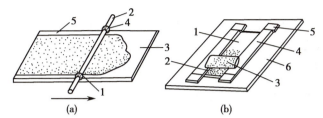

(a)1. 调节薄层厚度的塑料环(厚度0.3~1.0mm);2. 均匀直径的玻璃棒;
3. 玻璃板;4. 防止玻璃滑动的环;5. 薄层吸附剂。
(b)1. 涂层用的玻璃板;2. 薄层糊浆;3. 推刮薄层用的玻璃片或刀片;
4. 调节涂层厚度的薄玻璃板;5. 垫薄玻璃用的长玻璃;6. 台面玻璃。

图 11-5　湿法铺板示意图

(二) 点样

取制好的薄层板,在距薄板的一端1.5~2cm处用铅笔轻轻画一条起始线,在线的中间画一"×"号标记点样位置,然后用内径为0.5mm的管口平整的毛细管或微量注射器点样。

将1~2μl的样品溶液点在已做好标记的起始线上(点样点称为原点),点样后原点直径不超过2~3mm。为避免薄层板在空气中吸湿而降低活性,可用电吹风机吹干,然后立即将薄层板放入色谱缸内展开。

(三) 展开

薄层色谱法的展开方式有上行法展开、下行法展开、近水平展开、径向展开、双向展开、多次展开等。根据薄层板的形状、大小、性质选用不同的展开方式和色谱缸,如上行展开是在直立型展开槽中进行,近水平(15°~30°)展开是在长方形展开槽内进行。展开方式,如图11-6所示。

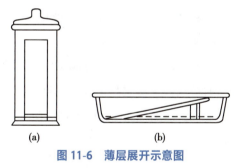

展开时应注意:①色谱缸的密封性能要好,使色谱缸中展开剂蒸气维持为饱和状态不变;②在展开前,色谱缸空间应为展开剂蒸气饱和,以防止中间部分的R_f比边缘部分R_f小的现象,即边缘效应的产生。

图 11-6　薄层展开示意图
注:(a)上行单向展开;(b)近水平展开。

一般情况下,当展开剂展开到薄板约3/4处,取出薄板,做好溶剂前沿标记,软板在空气中晾干,硬板可用电热吹干或烘箱中烘干。

(四) 显色

对于有色物质的分离,展开后直接观察斑点颜色,测算R_f值。对于有荧光及少数具有紫外吸收的物质,可在紫外线灯下观察有无暗斑或荧光斑点,并画出斑点位置,记录其颜色、强弱,再进行定性或定量分析。具有紫外吸收的物质也可采用荧光薄层板检测,根据被测物质吸收紫外光产生各种颜色的暗斑确定其组分的位置。对于既无色又无紫外吸收的物质,可采用显色剂显色。

如何鉴别丹参

案例：近年来，老年性心脑血管疾病发病率明显上升。临床常用丹参治疗冠心病，取得满意疗效。丹参作为目前广泛应用于临床各科的中药，越来越被关注，目前市场伪品较多，学会如何鉴别丹参很重要。

分析：现行版《中国药典》一部规定采用薄层色谱法来鉴别丹参。

具体方法：配制丹参供试品溶液、丹参对照药材溶液和丹参酮 II_A 对照品溶液，照薄层色谱法实验，吸取上述三种溶液各 5μl，分别点于同一硅胶 G 薄层板上，以氯甲烷 - 甲苯 - 乙酸乙酯 - 甲醇 - 甲酸（6∶4∶8∶1∶4）为展开剂展开，取出，晾干。供试品色谱与对照药材色谱和对照品色谱相应的位置上，分别显现相同的暗红色斑点。

（五）定性与定量分析

1. 定性分析　依据在一定的色谱条件下，相同物质的 R_f 值或 R_s 值相同。当薄层板上斑点位置确定后，便可测算出组分的 R_f 值。将该 R_f 值与文献记载的 R_f 值相比较即可进行各组分定性鉴定。因为，影响 R_f 值的因素较多，所以，常采用相对比移值 R_s 进行定性鉴别。

2. 定量分析　薄层色谱法的定量分析方法包括目视定量法、洗脱定量法和薄层扫描法。

（1）目视定量法：将对照品配成已知浓度的标准系列溶液，将标准溶液和样品溶液点在同一薄层板上，展开、显色后，以目视法直接比较样品斑点与对照品斑点的颜色深浅或面积大小，进而判断样品中待测组分的近似含量。

（2）洗脱定量法：将样品和对照品在同一块薄层板上展开后，从薄层板上将样品和吸附剂一起刮下，用溶剂将斑点中的组分洗脱下来，再用适当方法如紫外分光光度法、荧光分光光度法等进行定量测定。

（3）薄层扫描法：选用一定波长、强度的光束照射到薄层板被分离组分的斑点上，用仪器进行扫描后，求出色斑中组分的含量。

薄层扫描仪是为适应薄层色谱的要求而专门对斑点进行扫描的一种分光光度计。较为常用的是双波长薄层扫描仪。它可直接测量薄层板上斑点的光密度和荧光强度。测量荧光强度不仅选择性好，而且灵敏度高。测量方式可同时采用反射和透射两种方法，其中反射法应用较多。

中药色谱鉴别

中药制剂成分复杂，含有多种化学成分如生物碱、黄酮类、皂苷类等。不同成分有不同的化学结构和性质，色谱法可通过选择合适的固定相、流动相及分离条件，将这些复杂成分有效分离和鉴别。

薄层色谱法被广泛用于中药制剂的鉴别及应用，如中药材人参、大青叶和甘草的薄层鉴别；中成药三黄片中盐酸小檗碱和葛根芩连片中黄芩的鉴别等。

五、应用示例

薄层色谱法在物质的分离鉴定与提纯方面具有广泛的应用。在药学领域,多用于中药制剂的定性鉴定、药品的杂质检测和纯度控制以及天然药物有效成分的含量测定与分离。

(一) 物质的分离鉴定

1. 氧氟沙星的鉴别 氧氟沙星为光谱抗生素,可用于治疗呼吸道感染、胃肠道感染、泌尿道及皮肤软组织感染。现行版《中国药典》二部采用薄层色谱法对氧氟沙星进行鉴别。具体方法:取本品与氧氟沙星对照品适量,分别加适量 0.1mol/L 盐酸溶液(每 5mg 氧氟沙星加 0.1mol/L 盐酸溶液 1ml)使其溶解,用乙醇稀释制成每 1ml 中约含 1mg 的溶液,分别作为供试品溶液和对照品溶液;另取氧氟沙星对照品与环丙沙星对照品各适量,加 0.1mol/L 盐酸溶液适量(每 5mg 氧氟沙星加 0.1mol/L 盐酸溶液 1ml)使其溶解,用乙醇稀释制成每 1ml 中约含氧氟沙星 1mg 与环丙沙星 1mg 的溶液,作为系统适用性溶液。

吸取上述三种溶液各 2μl,分别点于同一硅胶 GF_{254} 薄层板上,以乙酸乙酯 - 甲醇 - 浓氨溶液(5:6:2)为展开剂,展开,取出,晾干,置于紫外线灯(254nm 或 365nm)下检视。系统适用性溶液应显两个完全分离的斑点,供试品溶液所显主斑点的位置和颜色应与对照品溶液主斑点的位置和颜色相同。

2. 洋金花注射剂中有效成分的提纯 中药洋金花注射剂中,起麻醉作用的有效成分是东莨菪碱,但不同批号效果不稳定。现行版《中国药典》一部采用薄层色谱法对其鉴别。色谱条件选择,吸附剂为中性氧化铝 II / III 级;展开剂为二甲苯 - 丙酮 - 无水乙醇 - 二乙胺(50:40:10:0.6);显色剂为改良碘化铋钾(甲)、碘 - 碘化钾(乙),临用前,取甲、乙试剂各 5ml 混合后加冰醋酸 20ml,再加纯化水 60ml,混合即得。经薄层鉴定,发现只含一个斑点(东莨菪碱)的效果好。若有两个斑点,说明还有莨菪碱存在,故副作用大,效果也减弱。以薄层色谱法探索得到了东莨菪碱的最佳提取分离条件,即用氨水碱化,以三氯甲烷提取四次效果好。

(二) 药品的杂质检查

组氨酸中的其他氨基酸的检查,现行版《中国药典》二部采用薄层色谱法。具体方法:取本品加水溶解并稀释制成每 1ml 中约含 10mg 的溶液,作为供试品溶液;精密量取供试品溶液 1ml,置 200ml 量瓶中,用水稀释至刻度,摇匀,作为对照溶液;另取组氨酸对照品与脯氨酸对照品各适量,置同一量瓶中,加水溶解并稀释制成每 1ml 中各约含 0.4mg 的溶液,作为系统适用性溶液。吸取上述 3 种溶液各 5μl,分别点于同一硅胶 G 薄层板上,以正丙醇 - 浓氨水(67:33)为展开剂,展开,晾干,喷以茚三酮的丙酮溶液,在 80℃加热至斑点出现,立即检视。对照溶液应显一个清晰的斑点,系统适用性溶液应显两个完全分离的斑点;供试品溶液如显杂质斑点,其颜色与对照溶液的主斑点比较不得更深(0.5%)。

点滴积累

1. 吸附薄层色谱法分离原理是利用吸附剂对不同组分吸附能力的差异进行分离,吸附系数大的组分在薄层板上的迁移速度慢,反之吸附系数小的组分迁移速度快。
2. 薄层色谱法的操作步骤有铺板、点样、展开、显色及定性分析与定量分析。

ER 11-3
纸色谱法
(视频)

第四节　纸色谱法

纸色谱法(PC)是以滤纸为载体的色谱法。此方法仪器简单,操作方便,所需样品量少,分离效能高,样品分离后各组分的定性、定量都比较方便,因此在药学领域的应用十分广泛。

一、基本原理

纸色谱法依据分离原理属于分配色谱法。其分离原理与液 - 液分配柱色谱法相似,都是利用样品中各组分在两相互不相溶的溶剂间分配系数不同实现分离的方法。

纸色谱法以滤纸为载体,滤纸纤维上吸附的水为固定相,展开剂是与水互不相溶的有机溶剂。在实际应用中,也选用与水相溶的溶剂作展开剂。

纸色谱法的固定相除水以外,也可以用吸留在滤纸上的其他物质,如各种缓冲溶液。以水为固定相的纸色谱称为正相色谱,用于分离极性物质,在其他条件一定时,被分离组分的极性越大,组分 R_f 越小,反之亦然。分离非极性物质,采用反相色谱法进行分离。反相纸色谱的固定相是极性很小的有机溶剂,水或极性有机溶剂作展开剂。

二、影响 R_f 值的因素

(一)色谱条件的影响

1. 展开剂的极性　展开剂的极性是由其组分决定的,直接影响组分移动的速度,进而影响 R_f 值,例如,展开剂的极性增强,亲水性极性物质的 R_f 值增大;反之 R_f 值较小。另外与薄层色谱相似,展开前应在充满展开剂蒸气的色谱缸内饱和,避免 R_f 值改变。

2. 展开时的温度　温度对溶解度有显著影响,因此直接影响 R_f 值,此外,滤纸的质量也显著影响 R_f 值,为了获得 R_f 值良好的重现性,应保持恒定的色谱条件。

(二)物质化学结构的影响

纸色谱属于分配色谱,其固定相为纸上吸附的水。被分离组分极性强的化合物,在水中的溶解度越大,其在水中的分配系数越大,R_f值越小,反之亦然。例如,同属六碳糖的葡萄糖、鼠李糖、洋地黄毒糖,因为这三种糖所含的羟基数目不同,所以其极性不同,含羟基数目越多,极性越强。三种的糖极性大小顺序为葡萄糖>鼠李糖>洋地黄毒糖;在相同的纸色谱条件下,其比移值由小到大的顺序为 $R_{f(葡萄糖)} < R_{f(鼠李糖)} < R_{f(洋地黄毒糖)}$。

三、操作方法

(一) 点样

取滤纸条一张,在距纸一端 2~3cm 处点样,点样后用红外灯或电吹风机迅速干燥。其他与薄层色谱法相似。

(二) 展开

选择展开剂主要根据样品组分在两相中的溶解度,即分配系数来考虑。被测组分用该展开剂展开后,R_f 应在 0.05~0.85 之间。分离两个以上组分时,其 R_f 相差至少要大于 0.05。常用的展开剂有用水饱和的正丁醇、正戊醇、酚等。展开剂预先要用水饱和,否则展开过程中会把固定相中的水夺去。

(三) 斑点的定位

纸色谱法的斑点定位方法与薄层色谱法相似,如果某些组分不显示斑点,可根据被分离物质的性质,喷洒合适的显色剂显色,如氨基酸可喷洒茚三酮显色剂。但不能使用带有腐蚀性的显色剂,如浓硫酸等。

(四) 定性与定量分析

纸色谱定性方法与薄层色谱法完全相同,都是依据 R_f 值鉴定物质。但是影响 R_f 值的因素较多,而使 R_f 值不易重现,因此常将样品与对照品同时在同一滤纸上平行展开,进行比较。或测量斑点的 R_s 值后进行定性。

纸色谱常用下列方法进行定量分析。

(1) 目测法:将标准系列溶液和样品溶液同时点在一张滤纸上,展开和显色后,经过目视比较,求出样品的近似含量。

(2) 剪洗法:先将确定部位的色斑剪下,经溶剂浸泡、洗脱,然后用比色法或分光光度法定量。

(3) 光密度测定法:用色谱斑点扫描仪直接测定斑点的光密度称为光密度法。可直接测定斑点颜色浓度,将样品与标准品比较即可计算含量。

点滴积累

纸色谱法是以滤纸作为载体的色谱法,固定相为滤纸上吸附的水,流动相为有机溶剂或与水相溶的溶剂。纸色谱法的操作步骤有滤纸的选择、点样、展开、斑点的定位及定性与定量分析。

习题

复习导图

目标检测

一、简答题

1. 吸附色谱与分配色谱有何异同点？

2. 说明吸附色谱法中被分离组分、吸附剂和流动相三者之间的关系如何。

3. 离子交换树脂分为几类，各有什么特点？什么是交联度和交换容量？

4. 何为正相色谱、反相色谱，各适用于分离哪些物质？

5. 在同一薄层色谱中，已知混合物中 A、B、C 三组分的分配系数分别为 440、480、520，问 A、B、C 三组分的 R_f 如何？

二、计算题

1. 某样品采用纸色谱法展开后，原点距斑点中心的距离 7.5cm，原点距溶剂前沿的距离 13.0cm。求其 R_f。

2. 在同一薄层板上将某样品和标准品展开后，原点距样品斑点中心的距离 8.5cm，原点距标准品斑点中心的距离 7.0cm，原点距溶剂前沿的距离 15cm，试求样品及标准品的 R_f 和 R_s。

三、实例分析

1. 诺氟沙星，别名氟哌酸，分子式为 $C_{16}H_{18}FN_3O_3$。现行版《中国药典》二部采用薄层色谱法对诺氟沙星进行鉴别。按干燥品计算，含 $C_{16}H_{18}FN_3O_3$ 应为 98.5%~102.0%。其含量测定方法为：取诺氟沙星对照品溶液适量，加三氯甲烷 - 甲醇（1：1）制成每 1ml 中含 2.5mg 的溶液。用硅胶 G 薄层板，以三氯甲烷 - 甲醇 - 浓氨溶液（15：10：3）为展开剂。测定法：吸取供试品溶液与对照品溶液各 10μl，分别点于同一薄层板上，展开，晾干，置紫外光灯（365nm）下检视。

   （1）薄层板有哪些类型？煅石膏（G）板及羧甲基纤维素钠（CMC-Na）板有何区别？

   （2）各类基本类型色谱的分离原理有何异同？

2. 异烟肼是一种抗结核药，又名 4- 吡啶甲酰肼、异烟酸肼，分子式为 $C_6H_7N_3O$，为白色结晶性粉末。现行版《中国药典》二部采用薄层色谱法对游离肼进行检查，方法为：取本品适量，加溶剂溶解并定量稀释制成每 1ml 中约含 0.1g 的供试品溶液。取硫酸肼对照品适量，加溶剂溶解并定量稀释制成每 1ml 中约含 80μg（相当于游离肼 20μg）的溶液。取异烟肼与硫酸肼各适量，加溶剂溶解并稀释制成每 1ml 中分别含异烟肼 0.1g 与硫酸肼 80μg 的混合溶液。采用硅胶 G 薄层板，以异丙醇 - 丙酮（3：2）为展开剂。

   系统适用性溶液所显游离肼与异烟肼的斑点应完全分离，游离肼的 R_f 值约为 0.75，异烟肼的 R_f 值约为 0.56。

   （1）在吸附薄层色谱中展开剂如何选择？

   （2）影响 R_f 的因素有哪些？

实训二十二　几种混合磺胺类药物的薄层色谱

【实训目的】

1. **掌握**　薄层色谱法的操作方法；薄层色谱硬板的制备。
2. **熟悉**　薄层色谱法分离鉴定混合试样的原理。

【实训原理】

　　磺胺嘧啶、磺胺甲嘧啶和磺胺二甲嘧啶是常用的磺胺类药物，这3种药物的极性存在一定差异，即彼此之间相差1个甲基。可利用吸附薄层色谱法将它们加以分离。

　　吸附薄层色谱法的固定相为硅胶，展开剂为三氯甲烷-甲醇-水，利用硅胶对样品中各组分的吸附能力不同，从而达到混合磺胺类药物的彼此分离的目的。极性小的组分 R_f 值大，容易被展开；极性大的组分被吸附得牢固，R_f 值小，则不容易被展开。斑点定位后即可进行定性鉴别，计算：

$$R_f = \frac{原点到斑点中心的距离}{原点到溶剂前沿的距离}$$

【实训仪器】

1. **仪器**　烧杯、乳钵、玻璃板（5cm×10cm）、烘箱、毛细管、色谱缸、显色用喷雾剂、电吹风机、直尺。
2. **试剂**　CMC-Na、薄层色谱用硅胶H（200~400目）、0.1%磺胺嘧啶、磺胺甲嘧啶、磺胺二甲嘧啶对照品溶液（甲醇配制）、展开剂三氯甲烷-甲醇-水（32∶8∶5）、2%对二甲氨基苯甲醛的1mol/L盐酸溶液（显色剂）。

【实训步骤】

　　1. **薄层板的硬板的制备**　称取CMC-Na 0.75g放置于100ml水中，加热溶解，静置1周澄清，备用。取5g硅胶H置于乳钵中，加入约15ml CMC-Na上清液，缓慢研磨，待其均匀并去除气泡后，等量倾倒在3块洁净的玻璃板上，用手轻轻振动玻璃板，使糊状物均匀分布。将板在室温下放置于水平台上，干燥。后于105~110℃烘箱活化约1小时，取出制备好的硅胶硬板，放入干燥器中备用。

　　2. **点样**　用铅笔在距硬板一端1.5cm处轻轻画一条起始线，起始线中间画"×"作为原点。用微量注射器或毛细管分别将0.1%磺胺嘧啶、磺胺甲嘧啶、磺胺二甲嘧啶的样品溶液和对照品溶液点于相应位置，使它们的间距大于1cm。

3. **展开** 将点样板放入盛有展开剂的密闭色谱缸内,展开剂浸没下端的高度低于0.5cm,饱和10分钟,然后近水平展开。展开到板的3/4高度后取出,用铅笔在溶剂前沿画一条前沿线,晾干。

4. **显色与检视** 用喷雾器均匀地将显色剂喷洒在薄层板上,随后可见斑点,记录斑点的颜色。

5. **定性** 用铅笔轻轻框出各斑点,并点出斑点中心,用直尺量出原点到各斑点中心的距离、原点到溶剂前沿的距离,计算各种磺胺类药物的 R_f 值,通过比较试样与对照品的 R_f 值进行定性分析。

【注意事项】

1. 制备硬板时,硅胶和CMC-Na溶液置于乳钵后必须朝同一方向均匀研磨。
2. 涂铺糊状物时要均匀,厚度一致,并除去气泡。
3. 点样时,对照品和试样点样用的毛细管不能混用,不能损坏薄层表面。
4. 展开剂必须提前倒入色谱缸,使蒸气达到饱和。
5. 展开时,色谱缸必须密闭,避免因缸内蒸气未饱和而影响分离效果。
6. 展开结束后,应立刻标记溶剂前沿的位置。
7. 均匀喷雾,避免局部过浓。

【思考题】

1. 为什么硬板在室温干燥后,还要置于110℃烘箱活化?
2. 活化后的薄层板为什么要贮存于干燥器内?
3. 在色谱过程中,如何避免边缘效应的产生?

【实训记录】

1. 填表11-2。

表 11-2 实训二十二的实训记录

	对照品溶液			样品溶液		
	磺胺嘧啶	磺胺甲噻啶	磺胺二甲嘧啶	斑点 A	斑点 B	斑点 C
原点到斑点中心的距离 /cm						
原点到溶剂前沿的距离 /cm						
R_f 值						
结论	—	—	—			

2. **数据处理过程**

$R_{f(磺胺嘧啶)} =$

$R_{f(磺胺甲嘧啶)} =$

$R_{f(磺胺二甲嘧啶)}=$

$R_{f(A)}=$

$R_{f(B)}=$

$R_{f(C)}=$

实训二十三　几种氨基酸的纸色谱

【实训目的】

1. **掌握**　纸色谱法的操作技术；测定和计算 R_f。
2. **熟悉**　纸色谱法分离氨基酸的原理。

【实训原理】

纸色谱法属于分配色谱法，是利用各组分在互不相溶的溶剂间分配系数不同从而实现分离的方法。

纸色谱法的载体为滤纸，固定相为滤纸纤维上吸附的水或其他物质，如各种缓冲溶液。由于3种氨基酸的结构不同，在展开剂中的溶解度也不同，当其他条件相同时，极性越大的氨基酸，R_f 值越小，极性越小的氨基酸，R_f 值越大。计算组分的 R_f 值即可进行定性分析。

$$R_f = \frac{原点到斑点中心的距离}{原点到溶剂前沿的距离}$$

【实训仪器】

1. **仪器**　色谱缸或大试管、色谱滤纸（17cm×1.5cm）、毛细管、显色用喷雾器、烘箱。
2. **试剂**　正丁醇：乙酸：水（4:1:5）、氨基酸的甲醇混合溶液、0.2% 的茚三酮醋酸丙酮溶液（0.2g 茚三酮、40ml 醋酸、60ml 丙酮）。

【实训步骤】

1. **配液**　取配比为 4:1:5 的正丁醇：乙酸：水混合溶液 20ml 展开剂置于色谱缸或大试管中。
2. **准备**　滤纸（17cm×1.5cm）一张，距离一端 2cm 处用铅笔画一条起始线，在起始线的中点做一标记"×"，以备点样时作为原点。

3. **点样**　毛细管吸取几种氨基酸的混合液,在原点处轻轻点样(不超过 2~3 次),点样后原点扩散直径不能超过 2~3mm。待干后,将滤纸悬挂于盛有正丁醇:乙酸:水(4:1:5)的混合液的色谱缸或大试管中,饱和 10 分钟。

4. **展开**　有样品的一端浸入展开剂约 1cm 处(勿使样品浸入展开剂),上行展开,当展开剂扩散到距离纸顶端 2cm 处时,取出滤纸条,用铅笔在展开剂前沿画一条前沿线,晾干。

5. **显色**　将 0.2% 茚三酮试液用显色用喷雾器均匀地喷到滤纸条上,置于烘箱(60~80℃)中烘 10 分钟左右取出,即可看见各种氨基酸斑点(也可用电吹风机加热显色)。

6. **定性**　测量并计算斑点的 R_f 值,做出定性结论。

【注意事项】

1. 色谱滤纸应平整、干净、边缘整齐。

2. 点样次数由样品液的浓度而定。重复点样,必须要等前次样点干后方可再次点样,以防原点扩散。

3. 展开剂必须事先倒入色谱缸或大试管,使其蒸气达到饱和。

【思考题】

1. 展开时为什么勿使样品浸入展开剂?
2. 为什么展开剂必须事先倒入色谱缸或大试管?

【实训记录】

见表 11-3。

表 11-3　实训二十三的实训记录

	斑点 A	斑点 B	斑点 C
原点至斑点中心的距离 /cm			
原点至溶剂前沿的距离 /cm			
R_f			
结果	$R_{f(甘氨酸)}$	$R_{f(色氨酸)}$	$R_{f(亮氨酸)}$

注:$R_{f(甘氨酸)标准}$=0.30;$R_{f(色氨酸)标准}$=0.64;$R_{f(亮氨酸)标准}$=0.79。

(姜 斌)

第十二章　气相色谱法

学习目标

1. **掌握**　气相色谱法的样品制备、进样、分离、检测等操作方法。
2. **熟悉**　常用气相色谱法的应用及其在医药领域中的作用和意义。
3. **了解**　气相色谱法的基本原理和仪器结构。

用气体作流动相的色谱法称为气相色谱法（gas chromatography，GC）。气相色谱法可用于分离、鉴别和定量测定挥发性化合物，广泛应用于石油化工、环境科学、医药卫生、生命科学、国防工业、天体气相研究等领域。在药物分析中，气相色谱法已成为原料药和制剂的含量测定、杂质检查、药物的纯化与制备、中草药成分分析等方面不可缺少的分离分析手段。

导学情境

情景描述：

藿香正气水由苍术、陈皮、广藿香等10味中药组成，具有解表祛暑、理气和中之功效，用于治疗外感风寒、脘腹胀痛、呕吐、泄泻等症，是夏季必备良药，为现行版《中国药典》一部收载品种。藿香正气水中乙醇含量的检测是一项重要指标，其测定首选气相色谱法。

学前导语：

气相色谱法灵敏度高、分析速度快且分离效能高，故作为测量藿香正气水中乙醇含量的首选方法。本章介绍气相色谱法的基本原理、所用仪器及其应用。

第一节　概述

一、气相色谱法的分类及特点

（一）气相色谱法的分类

1. **按固定相的物态分类**　分为气 - 固色谱法、气 - 液色谱法。

2. **按色谱柱管径大小、固定相填充方式的不同分类**　分为填充柱色谱法、毛细管柱色谱法。

3. **按色谱原理分类**　分为吸附色谱法、分配色谱法。气 - 固色谱法属于吸附色谱法；气 - 液色谱法属于分配色谱法。其中最常用的是气 - 液色谱法。

(二)气相色谱法的特点

1. 分离效能高 在气相色谱法中,一般可以选用不同的固定相,同时柱阻力较小,可用细而长的分离柱,所以分离效能高。

2. 分析速度快 由于气态试样的传递速度快,试样中各组分在两相间建立平衡所需时间短。另外,用气体作流动相比用液体作流动相的柱阻力小得多。因此,气相色谱分析时间一般用几十分钟,甚至几秒即可完成。

3. 灵敏度高 由于使用了高灵敏度的检测器,检测限量可达 10^{-13} g,适用于微量和痕量物质分析。

4. 样品用量少。

5. 应用范围广 据统计,能用气相色谱法直接分析的有机物约占全部有机物的20%。

知识链接

气相色谱检测器发展史

1952 年,James 和 Martin 提出气相色谱法,同时也发明了第一台气相色谱检测器。这是一个接在填充柱出口的滴定装置,用来检测脂肪酸的分离。1958 年,Gloay 首次提出毛细管色谱柱(峰),同年,Mcwillian 和 Harley 同时发明了氢火焰离子化检测器(flame ionization detector,FID),20 世纪 60 年代和 70 年代,随着对痕量分析的要求增高,陆续出现了一些高灵敏度、高选择性的检测器,如电子捕获检测器(electron capture detector,ECD)、火焰光度检测器(flame photometric detector,FPD)等。20 世纪 80 年代,由于弹性石英毛细管柱的快速广泛应用,特别是计算机和软件的发展,上述检测器的灵敏度和稳定性均有很大提高,另外,快速和全二维等快速分离技术的迅猛发展,促使快速气相色谱法检测方法逐渐成熟。

二、气相色谱仪的基本组成及工作流程

气相色谱仪是实现气相色谱分离分析的装置,一般由五部分组成,如图 12-1 所示。

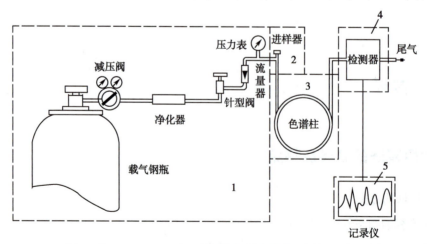

1. 载气系统;2. 进样系统;3. 分离系统;4. 检测系统;5. 记录系统。

图 12-1 气相色谱仪示意图

1. **载气系统**　包括气源、气体净化器、气体流速控制和测量装置。
2. **进样系统**　包括进样器、气化室和控温装置。
3. **分离系统**　包括色谱柱、柱箱。分离系统是气相色谱仪的心脏部分。
4. **检测系统**　包括检测器、控温装置。
5. **记录系统**　包括放大器、记录仪或数据处理装置。

在气相色谱法中,载气是用来载送试样的气体,如氮气、氦气、氢气等。气相色谱法进行色谱分离分析的工作流程,如图 12-1 所示。载气从高压钢瓶输出后,经减压、稳压、稳流和净化处理,流经气化室,将气态试样带入色谱柱,分离后的组分随载气依次流出色谱柱,进入检测器,检测器将载气中各组分浓度或质量的变化转换为强弱不同的电信号,放大后得到色谱流出曲线,经色谱工作站进行数据处理和分析。

> **点滴积累**
>
> 1. 气相色谱法是以气体作流动相的高效分离方法。
> 2. 气相色谱仪包括五大系统,主要用于易挥发性物质的分离与检测。

第二节　基本原理

一、基本概念

(一)色谱流出曲线

试样中各组分经色谱柱分离后,随流动相依次流出色谱柱进入检测器,检测器的响应信号强度随时间变化的曲线称为色谱流出曲线,又称色谱图,如图 12-2 所示。

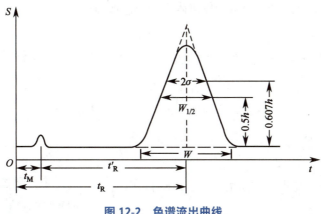

图 12-2　色谱流出曲线

1. 基线 在操作条件下,没有组分进入检测器时的流出曲线称为基线。稳定的基线是一条平行于横坐标的直线,基线反映检测系统的噪声随时间的变化情况。

2. 色谱峰 当样品中的组分随流动相进入检测器时,检测器的响应信号大小随时间变化所形成的峰形曲线称为色谱峰。如图 12-2 所示,峰的起点和终点的连接直线称为峰底。

在色谱流出曲线上,一个组分的色谱峰可用峰位(用保留值表示)、峰高或峰面积及色谱峰的区域宽度等三项参数描述,分别可作为定性、定量及衡量柱效的依据。

3. 峰面积和峰高 峰面积或峰高的大小与每个组分在被测试样中的含量有关,是色谱法进行定量分析的主要依据。

(1)峰面积:峰与峰底之间的面积,用 A 表示。

(2)峰高:色谱峰最高点到峰底的垂直距离,用 h 表示。

4. 区域宽度 包括峰宽、半峰宽和标准偏差。用于衡量色谱柱效能。

(1)峰宽:色谱峰两侧拐点处的切线在基线上截取的距离,用 W 表示。

(2)半峰宽:色谱峰高一半处的峰宽,用 $W_{1/2}$ 表示。

(3)标准偏差:0.607 倍峰高处峰宽的一半,用 σ 表示。

W、$W_{1/2}$ 和 σ 表示正态分布色谱峰不同峰高处的区域宽度,是衡量色谱柱效能的 3 种指标,其中 $W_{1/2}$ 值最容易测量,常用 $W_{1/2}$ 评价柱效。W、$W_{1/2}$ 和 σ 之间存在以下数学关系:

$$W=4\sigma \quad 或 \quad W=1.699W_{1/2} \tag{式(12-1)}$$

$$W_{1/2}=2.355\sigma \tag{式(12-2)}$$

(二)保留值

1. 保留时间 组分从进样到色谱峰顶点所用的时间,用 t_R 表示。

2. 保留体积 组分从进样到出现信号最大值所通过流动相的体积,用 V_R 表示。

$$V_R=t_R F_c \tag{式(12-3)}$$

式中,F_c 为载气流速,单位为 ml/min。

3. 死时间 不被固定相滞留组分的保留时间,用 t_M 或 t_0 表示,t_M 反映流动相通过色谱柱所需要的时间。

4. 死体积 不被固定相滞留组分的保留体积,用 V_M 或 V_0 表示。

$$V_M=t_M F_c \tag{式(12-4)}$$

5. 调整保留时间 指组分的保留时间与死时间之差,用 t'_R 表示。t'_R 是固定相滞留组分的时间。

$$t'_R=t_R-t_M \tag{式(12-5)}$$

6. 调整保留体积 组分的保留体积与死体积之差,用 V'_R 表示。

$$V'_R=V_R-V_M=t'_R F_c \tag{式(12-6)}$$

(三)分配系数比

1. 容量因子 在一定温度和压力下,组分在两相间达到分配平衡时的质量比。

> **课堂活动**
> 说出色谱法用于定性、定量及衡量柱效的参数。

$$k = \frac{m_s}{m_m} = \frac{c_s V_s}{c_m V_m} = K \frac{V_s}{V_m} \qquad \text{式 (12-7)}$$

式中，K、V_s、V_m 分别为分配系数、固定相体积和流动相体积。

2. 分配系数比 分配系数比是指混合物中相邻两组分的分配系数或容量因子或调整保留值之比。

$$\alpha = \frac{K_2}{K_1} = \frac{k_2}{k_1} = \frac{t'_{R_2}}{t'_{R_1}} \qquad \text{式 (12-8)}$$

由上式可知，两组分通过色谱柱后能够分离，其保留时间必然不同。因此，容量因子或分配系数不等是混合试样分离的前提条件。

3. 分离度 气相色谱的分离效果，可直接体现在色谱峰的峰间距离和峰宽上，只有相邻两个色谱峰的距离较大、峰宽较窄时，两个组分才能得到良好的分离效果。综合考虑峰间距离和峰宽两方面的因素，常用分离度作为色谱柱的总分离效能指标。分离度 R 可按下式计算：

$$R = \frac{t_{R_2} - t_{R_1}}{(W_1 + W_2)/2} = \frac{2(t_{R_2} - t_{R_1})}{W_1 + W_2} \qquad \text{式 (12-9)}$$

式中，t_{R_1}、t_{R_2} 分别为组分 1、2 的保留时间；W_1、W_2 分别为组分 1、2 色谱峰的峰宽。

当 $R=1$ 时，两峰的分离程度达到 98%；当 $R=1.5$ 时，两峰完全分开，分离程度达到 99.7%。定量分析时，常以 $R=1.5$ 作为相邻两组分色谱峰完全分离的标志。

> **课 堂 活 动**
> 定量分析时，分离度对气相色谱法中色谱峰的分离有何意义？

二、基本理论

试样在色谱柱中的分离过程可用塔板理论和速率理论来讨论。

(一) 塔板理论

1941 年，马丁（Martin）和辛格（Synge）提出塔板理论。塔板理论把气相色谱柱比拟为一个分馏塔，设想柱内存在许多块塔板，各组分在每块塔板的气相和液相之间进行分配。由于流动相（气相）在不断地移动，而固定相保持不动，经过多次分配平衡后，分配系数小的组分先流出色谱柱，分配系数大的后流出。由于色谱柱的塔板数相当多，因而即使待测组分间的分配系数只有微小的差别，也可获得很好的分离效果。

根据塔板理论基本假设，色谱柱的柱效可用理论塔板数和理论塔板高度来衡量，由塔板理论可以导出塔板数和峰宽的关系：

$$n = 5.54 \left(\frac{t_R}{W_{1/2}} \right)^2 = 16 \left(\frac{t_R}{W} \right)^2 \qquad \text{式 (12-10)}$$

理论塔板高度（H）可由色谱柱长（L）和理论塔板数（n）来计算：

$$H = \frac{L}{n} \qquad \text{式 (12-11)}$$

在实际应用中,常用扣除 t_M 后的有效塔板数 n_{eff} 和有效塔板高度 H_{eff} 来代表色谱柱的柱效率指标:

$$n_{eff} = 5.54 \left(\frac{t'_R}{W_{1/2}}\right)^2 = 16 \left(\frac{t'_R}{W}\right)^2 \qquad \text{式(12-12)}$$

色谱柱有效塔板数越大,有效塔板高度越小,对组分的分离越有利。

(二) 速率理论

1956 年,荷兰学者范第姆特(van Deemter)等在塔板理论基础上,研究了影响塔板高度的因素,提出了描述色谱柱分离过程中,复杂因素使色谱峰变宽而致柱效降低的关系,即范第姆特方程式:

$$H = A + \frac{B}{u} + Cu \qquad \text{式(12-13)}$$

式中,A、B、C 为常数,其中 A 为涡流扩散项、B/u 为纵向扩散项、Cu 为传质阻力项;u 为流动相的线速度。当 u 一定时,只有 A、B、C 三个常数越小,塔板高度 H 才越小,色谱峰越尖锐,柱效越高。

1. 涡流扩散项(A) 在填充色谱柱中,当组分随流动相向柱口流动时,流动相由于受到固定相颗粒的阻碍,不断改变流动方向,从而使同组分的分子经过不同长度的途径流出色谱柱,引起色谱峰的扩展,即涡流扩散。因此,操作中可以通过选择具有适当粒度,且粒度均匀的填料,将固定相尽量填充均匀,从而有效地减少涡流扩散,提高柱效。对于空心毛细管柱,涡流扩散项为零。

2. 纵向扩散项(B/u) 色谱过程中,待测组分是以"塞式"被流动相带入色谱柱,在"塞子"前后存在浓度梯度,从而使运动着的分子产生纵向扩散,色谱峰变宽。为了缩短组分分子在载气中的停留时间,可采用较高的载气流速、选择分子量大的载气(如 N_2),以减小纵向扩散,增加柱效。此外,组分在载气中的扩散也受柱温和柱压的影响。

3. 传质阻力项(Cu) 样品混合物被载气带入色谱柱后,组分在两相间溶解、扩散、平衡及转移的整个过程称为传质过程。影响传质过程进行的阻力称为传质阻力。降低固定相液膜厚度,并增加组分在固定相中的扩散系数,可以减少传质阻力,提高柱效。

点滴积累

1. 色谱流出曲线上,一个组分的色谱峰可用峰位、峰高或峰面积及色谱峰的区域宽度等参数描述,分别作为定性、定量及衡量柱效的依据。
2. 气相色谱法的基本理论是塔板理论和速率理论。

第三节　色谱柱和检测器

一、色谱柱

色谱柱是色谱仪的核心部分,根据色谱柱管径大小、固定相填充方式的不同,气相色谱柱通常可分为填充柱和毛细管柱两大类。填充柱常用的管材是不锈钢、铜镀镍、玻璃或聚四氟乙烯，可供使用的固定相种类繁多，可解决各种分离分析问题。毛细管色谱柱常用的管材是熔融石英或不锈钢，柱内没有填充固体颗粒物，固定液被直接涂渍在柱管的内壁上。

（一）气 - 液色谱填充柱

气 - 液色谱填充柱的固定相是涂渍在载体上的固定液，故分固定液和载体两部分，液体固定相因具有较高选择性而受到普遍重视。

1. 固定液的要求　固定液一般都是高沸点液体，在操作温度下为液态，室温时为固态或液态。对固定液的要求为：①选择性高；②热稳定性好；③对样品中各组分有足够的溶解能力；④蒸气压低；⑤对载体有湿润性。

2. 固定液的选择　固定液的选择遵循"相似相溶"原则。

3. 载体　气 - 液色谱法中所用载体分为硅藻土型和非硅藻土型。硅藻土型载体是由天然硅藻土煅烧等处理后获得的具有一定粒度的多孔性颗粒。按照制造方法不同分为红色载体和白色载体，红色载体常与非极性固定液配合使用，用于分析非极性或弱极性物质。白色载体常与极性固定液配合使用，用于分析极性物质。非硅藻土型载体常用的有聚四氟乙烯、有机玻璃微球、高分子多孔微球等，这类载体常用于极性样品和强腐蚀性物质的分析，但由于表面非浸润性，所以柱效较低。

值得注意的是，载体在使用过程中，需要通过酸洗法、碱洗法或硅烷化法进行钝化，以除去或降低载体表面的吸附性能，防止色谱峰的拖尾现象。

> **课 堂 活 动**
> 试述"相似相溶"原理应用于固定液选择的合理性。

（二）气 - 固色谱填充柱

固体固定相一般是表面具有一定活性的固体颗粒，如硅胶、氧化铝、石墨化碳黑、分子筛、高分子多孔微球及化学键合相等都可作为气 - 固色谱填充柱的固定相。它们共同的特点是具有一定的吸附活性。

（三）毛细管色谱柱

毛细管气相色谱法是利用高分离效能的毛细管柱来分离复杂组分的气相色谱法。1957年，戈雷用一根长1m、内径0.8mm、内涂固定液的柱子进行实验，从而发明了一种效能极高的色谱柱，这标志着毛细管气相色谱法的诞生。

毛细管柱分为开管型毛细管柱和填充型毛细管柱，开管型毛细管柱主要有两种：一种是涂壁毛细管柱（wall coated open tubular，WCOT），是将固定液直接涂在毛细管内壁而制成的；另一种是载体涂层毛细管柱（support coated open tubular，SCOT）。载体涂层毛细管柱应用最为广泛，与一般填充柱相比较，具有以下特点。

1. 柱效高　理论塔板数可高达10^6，适用于复杂混合物样品的分析。

2. 柱渗透性好　毛细管柱通常是开口柱或空心柱。由于是空心，对载气的阻力小，故可用高载气流速进行快速分析。

3. 柱容量小　由于固定液含量只有几十毫克，进样量小。

4. 定量重现性差　由于进样量小,实现定量重现难。因此,毛细管柱多用于分离与定性。

二、检测器

检测系统主要指检测器,检测器的作用是将流出色谱柱的各组分的浓度(或质量)转变成相应的电信号(电压、电流等)。电信号经放大器放大后经色谱工作站处理得出分析结果。

(一) 检测器的分类

根据检测原理不同,可将检测器分为浓度型检测器和质量型检测器两大类。浓度型检测器测量载气中组分浓度的瞬间变化,即检测器的响应值与组分在载气中的浓度成正比,例如热导检测器、电子捕获检测器等。质量型检测器测量载气中组分进入检测器的质量流速的变化,即检测器的响应值与单位时间内某组分的进入检测器的质量成正比,如氢火焰离子化检测器、火焰光度检测器等。

(二) 检测器的性能指标

一个性能优良的检测器,要求其灵敏度高、稳定性好、线性范围宽、噪声低、漂移小、死体积小、响应迅速。

1. 噪声和漂移　在无样品通过检测器时,由仪器本身及工作条件等偶然因素引起的基线起伏波动称为噪声。噪声的大小用噪声带(峰 - 峰值)的宽度来衡量。基线随时间朝某一方向缓慢变化称为漂移,通常用一小时内基线水平的变化来表示。

2. 灵敏度　又称响应值或应答值。它是指单位物质的含量(质量或浓度)通过检测器时产生的信号变化率。浓度型检测器用 S_c 表示,质量型检测器用 S_m 表示。

3. 检测限　又称敏感度。信号被放大器放大时,使灵敏度增加,但噪声也同时放大,弱信号难以辨认。因此评价检测器性能不能只看灵敏度,还要考虑噪声的大小。检测限综合灵敏度与噪声来评价检测器的性能。其定义为某组分峰高为噪声的两倍时,单位时间内载气引入检测器中该组分的质量(或浓度)。

(三) 常用的检测器

1. 热导检测器　热导检测器(thermal conductivity detector,TCD)是利用被测组分与载气的热导率不同,检测组分的浓度变化。其特点是:结构简单、稳定性好、线性范围宽、测定范围广,且样品不被破坏,易与其他仪器联用;但灵敏度较低、噪声较大。

2. 电子捕获检测器　电子捕获检测器(electron capture detector,ECD)利用电负性物质捕获电子的能力,通过测定电子流进行检测的浓度型检测器。具有选择性高、灵敏度高的特点。现已广泛用于分析含有卤素、硫、磷、氮、氧等元素的化合物以及金属有机化合物、金属螯合物等。

3. 氢火焰离子化检测器　氢火焰离子化检测器(flame ionization detector,FID)利用样品组分在氢火焰的作用下,燃烧而变成离子,并在电场作用下形成离子流(电流),通过测定离子流强度进行检测的检测器。其特点是:灵敏度高、噪声小、死体积小、线性范围宽,但一般只能测定有机物,检测时样品被破坏。

4. 火焰光度检测器　火焰光度检测器(flame photometric detector,FPD)是对含硫、含磷化合物具有高选择性和高灵敏度的检测器，又称硫磷检测器。火焰光度检测器与氢火焰离子化检测器联用，可以同时测定硫、磷和含碳有机物。

三、分离条件的选择

(一) 色谱柱的选择

根据不同的分析试样和分析要求可选择填充柱和毛细管柱。填充柱容量大，毛细管柱分离效能高，难分离的试样常选择毛细管柱，在保证分离的条件下应采用尽可能短的色谱柱。

(二) 载气及其流速的选择

根据范第姆特方程，载气及其流速对柱效和分析时间有明显的影响，通过计算可得到一个最佳的载气流速，此时塔板高度最小，柱效最高。研究表明，当载气流速较小时，纵向扩散是色谱峰扩张的主要因素，此时应采用分子量较大的载气，如氮气；当载气流速较大时，传质阻抗为主要因素，则宜采用分子量较小的载气，如氢气或氦气。但在实际工作中，为缩短分析时间，常使载气流速稍高于最佳载气流速。当然，选择载气时还要考虑不同检测器的适应性。

(三) 柱温的选择

柱温是一个重要的操作变量，直接影响分离效能和分析时间。提高柱温可缩短分析时间；降低柱温可使色谱柱选择性增大，有利于组分的分离和稳定性的提高。但是，柱温过高，会使固定液挥发或流失，柱寿命缩短；柱温过低，液相传质阻抗增强，导致色谱峰扩张甚至发生拖尾现象。因此，选择柱温的基本原则是：在使最难分离的组分有较好分离度的前提下，尽量采取低柱温，并应以保留时间适宜且色谱峰不拖尾为度。

(四) 进样条件的选择

1. 进样速度　进样速度要快，一般在很短时间(1秒)内完成进样，否则，样品原始宽度增大，使色谱峰扩张甚至变形。

2. 进样量　进样量应控制在峰面积或峰高与进样量呈线性关系的范围内。对于填充柱，液体进样量一般小于5μl，气体进样量为0.1~1ml。

3. 气化温度　气化温度取决于样品的挥发性、稳定性、沸点及进样量。适当提高气化温度对样品的分离及定量有利。一般可高于柱温30~50℃。

点滴积累

1. 气相色谱法常用填充柱和毛细管色谱柱。
2. 气相色谱法常用热导检测器和氢火焰离子化检测器。
3. 气相色谱法分离条件的选择主要包括色谱柱、载气及其流速、柱温、进样条件等的选择。

第四节　定性与定量分析方法

一、定性分析方法

色谱法定性分析的目的是确定每个色谱峰代表的是何种物质。

(一) 根据色谱保留值进行定性分析

1. 利用保留时间定性　在相同的色谱条件下,将标准品与样品分别进样,两者保留时间相同,可能为同一物质。

2. 利用相对保留值定性　相对保留值是任一组分(i)与标准物(s)的调整保留值之比,用r_{is}表示:

$$r_{is} = \frac{t'_{R_i}}{t'_{R_s}} = \frac{V'_{R_i}}{V'_{R_s}} = \frac{k_i}{k_s}$$　　　　式(12-14)

相对保留值只与组分性质、柱温和固定相性质有关。因此,依据色谱手册或文献收载的实验条件和标准物进行实验,然后将测得的相对保留值与手册或文献提供的相对保留值对比,完成对色谱的定性判断。

3. 利用峰高增量定性　若样品复杂,流出峰距离太近或操作条件不易控制,可将已知物加到样品中,混合进样,若被测组分峰高增加了,则可能含有该物质。

(二) 利用联用仪器进行定性分析

由于色谱法定性有其局限性,目前更多的是采用色谱与质谱、红外光谱等联用进行组分的结构鉴定,如气相色谱 - 质谱联用(GC-MS)和气相色谱 - 傅里叶变换红外光谱联用(GC-FTIR)最为成功。

二、定量分析方法

(一) 定量校正因子

在一定的操作条件下,被测组分的质量(m_i)与检测器产生的响应信号(A_i)成正比。即:

$$m_i = f'_i A_i$$　　　　式(12-15)

式中,f'_i为绝对校正因子。

在气相色谱分析中,由于同一检测器对不同物质具有不同的响应值,若用峰面积进行定性分析,需引入相对校正因子f_i:

$$f_i = \frac{f'_i}{f'_s}$$　　　　式(12-16)

式中,f'_i、f'_s分别为组分 i 和标准物 s 的绝对校正因子。按照被测组分使用的计量单位不同,相对校正因子可分为相对质量校正因子、相对摩尔校正因子和相对体积校正因子。其中最常用的是相对质量校正因子。

(二)定量方法

1. 归一化法　归一化法要求:①所有组分都能从色谱柱中流出,并被检测器检出,且在线性范围内。②能测出或查出所有组分的相对校正因子。各组分含量计算公式为:

$$c_i\% = \frac{f_i A_i}{\sum f_i A_i} \times 100\% \qquad \text{式(12-17)}$$

式中,$c_i\%$、f_i、A_i分别代表样品中被测组分的百分含量、相对质量校正因子和色谱峰面积。

归一化法的特点是操作简便、分析结果准确;操作条件变化对分析结果影响较小,定量分析结果与进样量无关;适用于分析多组分试样中各组分的含量。

2. 外标法　先将被测组分的纯物质配制一系列浓度的标准溶液,取同量进行色谱分析,作出峰面积或峰高对浓度的标准曲线。然后,在相同条件下,对相同量的样品进行色谱分析,由所得的样品峰面积或峰高从标准曲线上查出组分的含量。

如果标准曲线通过原点,可用外标一点法(单点校正法)定量。即用一种浓度的某组分标准溶液,同量进样多次,测得峰面积平均值。然后,取样品溶液在相同条件下进行色谱分析,测得峰面积,按下式计算含量:

$$c_i = \frac{A_i c_s}{A_s} \qquad \text{式(12-18)}$$

式中,c_i、A_i分别代表样品溶液中被测组分的浓度及峰面积。c_s、A_s分别代表标准溶液的浓度和峰面积。

外标法操作简单、计算方便。但此法要求进样量准确、实验条件稳定。现行版《中国药典》规定,可用外标(一点)法测定药品中某杂质或主要成分的含量。

3. 内标法　将一种纯物质(内标物)作为标准物加到待测样品中,进行色谱定量的方法称为内标法。按下式计算含量:

$$c_i\% = \frac{f_i A_i}{f_s A_s} \times \frac{m_s}{m} \times 100\% \qquad \text{式(12-19)}$$

式中,m代表样品的质量;m_s代表加入内标物的质量;f_i、A_i分别代表被测组分的相对质量校正因子和峰面积;f_s、A_s分别代表加入内标物的相对质量校正因子和峰面积。

内标法的优点是测定的结果较准确,由于通过测量内标物及被测组分的峰面积的相对值来进行计算,因而在一定程度上消除了操作条件等的变化所引起的误差,适用于复杂试样及微量组分的定量分析。内标法的缺点是每次均需准确计量试样和内标物的量,有时不易找到合适的内标物。

4. 内标对比法　将被测组分的纯物质配制成标准溶液,再取一定量的标准溶液加入定量的内标物;将内标物按相同量加到同体积的样品溶液中。将两种溶液分别进样相同体积。按下式计算含量:

$$(c_i\%)_{样品} = \frac{(A_i/A_s)_{样品}(c_i\%)_{标准}}{(A_i/A_s)_{标准}} \qquad \text{式(12-20)}$$

在校正因子未知的情况下可采用此法。现行版《中国药典》规定，可用此法测定药品中某个杂质或主成分的含量。对于正常峰，可用峰高 h 代替峰面积 A 计算含量。

三、色谱系统适用性试验

现行版《中国药典》规定，在应用气相色谱法或高效液相色谱法进行定性、定量分析前，需按各品种项下要求对仪器进行适用性试验，即用规定的对照品对仪器进行试验与调整，使其达到规定的要求。适用性试验包括分析状态下色谱柱的最小理论塔板数、分离度、重复性和拖尾因子。

1. 色谱柱的理论塔板数（n）　在选定条件下，注入样品溶液或各品种项下规定的内标物溶液，记录色谱图。测出样品主要成分或内标物的保留时间和半峰宽，计算色谱柱的理论塔板数。如果测得的理论塔板数低于各品种项下规定的最小理论塔板数，应改变色谱柱的某些条件（如柱长、载体性能、色谱柱充填的优劣等），使理论塔板数达到要求。

2. 分离度（R）　为保证定量分析的准确性，要求定量峰与其他峰或内标峰之间有较好的分离度。除另有规定外，分离度应大于 1.5。

3. 重复性　取各品种项下的对照溶液，连续进样 5 次，除另有规定外，其峰面积测量值的相对标准偏差应小于 2.0%。也可按各品种校正因子测定项下，配制相当于 80%、100% 和 120% 的对照品溶液，加入规定量的内标溶液，配成 3 种不同浓度的溶液，分别进样 3 次，计算平均校正因子，其相对标准偏差也应小于 2.0%。

4. 拖尾因子（T）　为保证测量精度，在采用峰高法测量时，应检查待测峰的拖尾因子是否符合各品种项下的规定；或不同浓度进样的校正因子误差是否符合要求。除另有规定外，T 应在 0.95~1.05。

四、应用示例

气相色谱法在药学领域中应用十分广泛，包括药物的含量测定、杂质检查及微量水分和有机溶剂残留量的测定、中药挥发性成分测定以及体内药物代谢分析等方面。

例 12-1　无水乙醇中微量水分的测定（内标法）

样品配制：准确量取被检无水乙醇 100ml，称重 79.37g。用减重法加入无水甲醇（内标物）约 0.25g，精确称定为 0.257 2g，混匀待用。

色谱条件：色谱柱为上试 401 有机载体（或 GDX-203）。柱长为 2m，柱温为 120℃，气化室温为 160℃，TCD 检测器，H_2 作载气，流速为 40~50ml/min。实验所得图谱如图 12-3 所示。

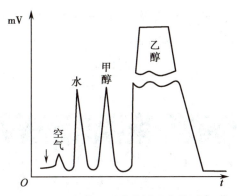

图 12-3　无水乙醇中的微量水分测定

注：保留时间空气为 22 秒；水为 59 秒；甲醇(内标物)为 92 秒。

测得数据：水，$h=4.60$cm，$W_{1/2}=0.13$cm；甲醇，$h=4.30$cm，$W_{1/2}=0.187$cm。

解：(1)质量百分含量(W/W)

1)用以峰面积表示的相对质量校正因子 $f_{H_2O}=0.55$、$f_{甲醇}=0.58$，计算：

$$H_2O\% = \frac{1.065\times4.60\times0.13\times0.55}{1.065\times4.30\times0.187\times0.58}\times\frac{0.257\,2}{79.37}\times100\% = 0.23\%$$

2)用以峰高表示的相对质量校正因子 $f_{H_2O}=0.224$、$f_{甲醇}=0.340$，计算：

$$H_2O\% = \frac{4.60\times0.224}{4.30\times0.340}\times\frac{0.257\,2}{79.37}\times100\% = 0.23\%$$

(2)体积百分含量(W/V)

$$H_2O\% = \frac{4.60\times0.224}{4.30\times0.340}\times\frac{0.257\,2}{100}\times100\% = 0.18\%$$

案例分析

案例：冰片，又名片脑、龙脑香、冰片脑、梅冰等。由樟科植物樟的新鲜枝叶经水蒸气蒸馏并重结晶而得，亦有用松节油经一系列化学方法工艺而得。冰片具有开窍醒神、清热消肿、止痛等功效。试分析，如何用气相色谱法测定冰片中龙脑(合成龙脑)的含量。

分析：以聚乙二醇 2000 为固定相，涂布浓度为 10%，柱温为 140℃，理论塔板数按龙脑峰计算不低于 2 000。取龙脑对照品适量，精密称定，加乙酸乙酯制成每 1ml 含 5mg 的溶液，即得对照品溶液。取本品细粉约 50mg，精密称定，置 10ml 量瓶中，加乙酸乙酯溶解并稀释至刻度，摇匀，即得供试品溶液。分别精密吸取对照品溶液与供试品溶液各 1μl，注入气相色谱仪，测定峰面积定量。本品含龙脑不得少于 55.0%。

例 12-2　曼陀罗酊剂含醇量的测定(内标对比法)

对照品溶液的配制：准确量取无水乙醇 5ml，丙醇(内标物)5ml，置 100ml 容量瓶中，加水稀释至刻度。

样品溶液的配制：准确量取样品 10ml，丙醇(内标物)5ml，置 100ml 容量瓶中，加水稀释至刻度。

测峰高比平均值:将对照溶液与样品溶液分别进样 3 次,每次 2μl。色谱条件与上例相似。测得它们的峰高比平均值分别为 13.3/6.1 和 11.4/6.3。

解:
$$CH_3CH_2OH\% = \frac{11.4/6.3}{(13.3/6.1)\times 10}\times 5.00 = 41.5\%\,(V/V)$$

点滴积累

1. 气相色谱法常利用保留值和联用仪器进行定性分析。
2. 气相色谱法的定量分析方法有归一化法、外标法、内标法和内标对比法等。

习题

复习导图

目标检测

一、简答题

1. 一个组分的色谱峰可用哪些参数描述?这些参数各有何意义?
2. 为什么可用分离度 R 作为色谱柱的总分离效能指标?
3. 在气相色谱分析中,柱温的选择主要考虑哪些因素?
4. 气相色谱分析的保留值是何含义?

二、计算题

1. 已知某色谱峰保留时间 t_R 为 220 秒,溶剂峰保留时间 t_M 为 14 秒,色谱峰半峰宽为 2mm,记录纸走纸速度为 10mm/min,色谱柱长 2m,求此色谱柱总有效塔板数。
2. 分析某废水中有机组分,取水样 500ml 以有机溶剂分次萃取,最后定容至 25.00ml 供色谱分析用。今进样 5μl 测得峰高为 75.0mm,标准液峰高 69.0mm,标准液浓度 20mg/L,试求水样中被测组分的含量(mg/L)。

三、实例分析

1. 藿香正气水为酊剂,由苍术、陈皮、广藿香等 10 味药组成,制备过程中所用溶剂为乙醇。由于制剂中乙醇含量的高低对于制剂中有效成分的含量、所含杂质的类型和数量以及制剂的稳定性等都有影响,所以现行版《中国药典》规定该类制剂需做乙醇含量检查。请问,测定藿香正气水中的乙醇含量应该采用什么检测方法,为什么?
2. 小儿广朴止泻口服液由广藿香、厚朴、苍术、茯苓、陈皮等药材经提取加工制得,能祛湿止泻、和中运脾,用于治疗湿困脾土所致的小儿泄泻。广藿香为该药方中的君药,其含量测定对控制本品质量有一定意义。鉴于广藿香药材含挥发油,广藿香醇(又名百秋李醇)为其挥发油中重要及特征成分。在样品检测过程中,已知广藿香醇和溶剂峰相邻,且两峰较小峰的峰高 h 为 61mm,两峰交点到基线的垂直距离 h_M 为 25mm,试求两峰的峰高分离度 R_h。

实训二十四　藿香正气水中乙醇含量的测定

【实训目的】

1. **掌握**　气相色谱法测定药品中乙醇含量的方法。
2. **熟悉**　气相色谱定量分析操作方法。
3. **了解**　气相色谱法在药物含量测定中的应用。

【实训原理】

藿香正气水为酊剂,由苍术、陈皮、广藿香等 10 味药组成,制备过程中所用溶剂为乙醇。由于制剂中乙醇含量的高低对于制剂中有效成分的含量、所含杂质的类型和数量以及制剂的稳定性等都有影响,所以《中国药典》规定该类制剂需做乙醇含量检查。

乙醇具有挥发性,现行版《中国药典》采用气相色谱法测定各种制剂在 20℃时乙醇（C_2H_5OH）的含量（%,ml/ml）。因中药制剂中所有组分并非能全部出峰,故采用内标法定量。色谱条件为:填充柱或毛细管柱,以直径为 0.25~0.18mm 的二乙烯苯 - 乙基乙烯苯型高分子多孔小球作为载体,柱温为 120~150℃,氮气为流动相,检测器为氢火焰离子化检测器。

【仪器和试剂】

1. **仪器**　5ml 移液管、100ml 容量瓶、气相色谱仪、微量注射器。
2. **试剂**　无水乙醇、正丙醇（AR）、藿香正气水（市售品）、超纯水。

【实训步骤】

1. 标准溶液的制备　精密量取恒温至 20℃的无水乙醇和正丙醇各 5ml,加水稀释成 100ml,混匀,即得。

2. 供试品溶液的制备　精密量取恒温至 20℃的藿香正气水 10ml 和正丙醇 5ml,加水稀释成 100ml,混匀,即得。

3. 测定法

(1)校正因子的测定:取标准溶液 2μl,连续注样 3 次,记录对照品无水乙醇和内标物质正丙醇的峰面积,按下式计算校正因子:

$$校正因子(f) = \frac{A_s/c_s}{A_R/c_R}$$

式中,A_s 为内标物质正丙醇的峰面积;A_R 为对照品无水乙醇的峰面积;c_s 为内标物质正丙醇的浓度；c_R 为对照品无水乙醇的浓度。

取 3 次计算的平均值作为结果。

(2)供试品溶液的测定：取供试品溶液 2μl，连续注样 3 次，记录供试品中待测组分乙醇和内标物质正丙醇的峰面积，按下式计算含量：

$$含量(c_x) = f \times \frac{A_x}{A_R/c_R}$$

式中，A_x 为供试品溶液峰面积；c_x 为供试品的浓度。

取 3 次计算的平均值作为结果。霍香正气水乙醇含量应为 40%~50%。

【注意事项】

1. 在不含内标物质的供试品溶液的色谱图中，与内标物质峰相应的位置处不得出现杂质峰。

2. 标准溶液和供试品溶液各连续 3 次注样，所得各次校正因子和乙醇含量与其相应的平均值的相对偏差，均不得大于 1.5%，否则应重新测定。

3. 采用毛细管气相色谱法测定时，若出现峰形变差等不符合要求的情况时，可适当升高柱温进行充分的柱老化后再进行测定。

【思考题】

1. 内标物应符合哪些条件？
2. 实训过程中可能引入误差的机会有哪些？

【实训记录】

见表 12-1。

表 12-1　实训二十四的实训记录

项目名称		霍香正气水中乙醇含量的测定		
取样体积 /ml		V'_x		V'_s
			测定次数	
		1	2	3
各组峰面积	A'_x			
	A'_s			
C₂H₅OH%				
C₂H₅OH% 平均值				
$\bar{Rd}$				
现行版《中国药典》规定值		40%~50%		
结论				

（狄庆锋）

第十三章　高效液相色谱法

ER 13-1

第十三章
高效液相色
谱法（课件）

学习目标

1. **掌握**　高效液相色谱法的基本原理；流动相、固定相的选择以及洗脱方式；高效液相色谱法的类型。
2. **熟悉**　高效液相色谱仪的基本组成及工作流程；定性定量分析方法。
3. **了解**　高效液相色谱法的分类及特点。

高效液相色谱法（high performance liquid chromatography，HPLC）是在 20 世纪 60 年代末发展起来的，以经典液相色谱为基础，引入了气相色谱的理论与实验方法，流动相改为高压输送，采用新型高效固定相及高灵敏度检测器的现代液相色谱法。

导学情景

情景描述：
　　黄曲霉毒素具有诱导突变、抑制免疫和致癌作用，对于人类健康有着严重的危害。虫草发酵药物所使用的某些原料可能被黄曲霉毒素污染，发酵过程的高温高湿环境也易造成黄曲霉毒素污染。因此，为了控制产品质量，保证用药安全，应制订虫草发酵药物的黄曲霉毒素检查项。高效液相色谱法可以测定虫草发酵粉中黄曲霉毒素的残留量，亦可作为原料药的黄曲霉毒素筛查方法。

学前导语：
　　本章主要介绍高效液相色谱法的基本原理、主要类型、仪器组成及定性和定量方法。

第一节　概述

　　高效液相色谱法具有分离效率高、选择性好、分析速度快、灵敏度高、流动相可选择范围宽、色谱柱可反复使用、流出组分容易收集、操作自动化和应用范围广的特点。

　　高效液相色谱法的分类方法与经典液相色谱法相同，按固定相的聚集状态可分为液 - 液色谱及液 - 固色谱两大类，按分离机制可分为分配色谱法、吸附色谱法、离子交换色谱法和凝胶色谱法四种主要类型。

三聚氰胺的定量测定

在婴幼儿奶粉中添加三聚氰胺的事件发生后,国家质量监督检验检疫总局、国家标准化管理委员会批准发布了《原料乳与乳制品中三聚氰胺检测方法》(GB/T 22388—2008)国家标准。该标准规定了三聚氰胺的检测方法及检测定量限,规定了高效液相色谱法、气相色谱 - 质谱联用法、液相色谱 - 质谱 / 质谱法三种方法为三聚氰胺的检测方法,规定了检测定量限分别为 2mg/kg、0.05mg/kg 和 0.01mg/kg。该标准适用于原料乳、乳制品以及含乳制品中三聚氰胺的定量测定。

一、高效液相色谱法与经典液相色谱法比较

与经典液相色谱法比较,高效液相色谱法具有以下优点。

1. 高速　HPLC 采用高压输液设备,流速大大增加,分析速度极快,只需数分钟;而经典方法完成一次分析需要数小时。

2. 高效　HPLC 的填充物颗粒极细且规则,固定相涂渍均匀,传质阻力小,因而柱效很高,可以在数分钟内完成数百种物质的分离。

3. 高灵敏度　HPLC 的检测器灵敏度极高,例如紫外检测器最小检测限 $10^{-9}g$,荧光检测器最小检测限 $10^{-12}g$。

高效液相色谱法与经典液相(柱)色谱法的比较如表 13-1 所示。

表 13-1　高效液相色谱法与经典液相(柱)色谱法的比较

项目	高效液相色谱法	经典液相(柱)色谱法
色谱柱:柱长 /cm	10~25	10~200
柱内径 /mm	2~10	10~50
固定相粒度:粒径 /m	5~50	75~600
筛孔 / 目	300~2 500	30~200
色谱柱入口压力 /MPa	2~20	0.001~0.1
色谱柱柱效:理论塔板数	2 000~50 000	2~50
进样量 /g	10^{-6}~10^{-2}	1~10
分析时间 /h	0.05~1.0	1~20

二、高效液相色谱法与气相色谱法比较

与气相色谱法比较,高效液相色谱法具有以下优点。

1. 应用范围广　GC 分析只限于气体和低沸点的稳定化合物;HPLC 可以分析高沸点、高分子量的稳定或不稳定化合物。

2. 分离效率高 在高效液相色谱法中,有两个相与组分分子发生相互作用,而且还可以选用不同比例的两种或两种以上的液体作流动相,从而增大组分分离的选择性。而气相色谱法中,载气作为流动相主要起携带样品的作用,组分的分离主要由固定相完成,因此,高效液相色谱法的分离效率高于气相色谱法。

3. 试样制备简单 高效液相色谱法试样制备简单,试样经色谱分离后不被破坏,易收集。

高效液相色谱法已被广泛应用于各种药物及制剂的分析测定,尤其是在生物样品、中药等复杂体系的成分分离、分析中发挥着极其重要的作用。随着与质谱、核磁共振波谱等联用技术的发展,高效液相色谱法的应用将更加广泛。

点滴积累

1. 高效液相色谱法与经典液相色谱法比较,具有高速、高效、高灵敏度等优点。
2. 高效液相色谱法与气相色谱法比较,具有应用范围广、分离效率高、试样制备简单等优点。

第二节 高效液相色谱仪

高效液相色谱仪主要包括输液系统、进样系统、分离系统、检测系统和数据记录及处理系统。如图 13-1 所示。

一、输液系统

输液系统由贮液器、高压输液泵、过滤器、梯度洗脱装置和压力脉动阻滞器等组成。

1. 高压输液泵 高压输液泵是高效液相色谱仪中关键部件之一,其作用是将流动相在高压下连续不断地送入色谱系统,保证流动相能正常工作。

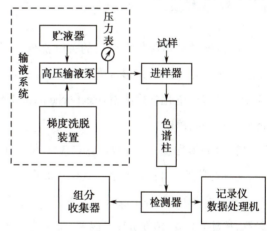

图 13-1 高效液相色谱仪结构示意图

2. 梯度洗脱装置 按多元流动相的加压与混合方式,可分为高压梯度洗脱与低压梯度两种洗脱装置。高压梯度洗脱是由两个输液泵分别各吸入一种溶剂,加压后再混合,混合比由两个泵的速度决定。低压梯度洗脱是用比例阀将多种溶剂按比例混合后,再由输液泵加压输送至色谱柱。低压梯度仪器便宜,且易实施多元梯度洗脱,但重复性不如高压梯度洗脱装置好。现代高效液相色谱仪,均由微型计算机控制,可以指定任意形状(阶梯形、直线、曲线)的洗脱曲线进行多样灵活的梯度洗脱。

二、进样系统

进样系统是将被分析试样导入色谱柱的装置,主要由进样器构成,安装在色谱柱的入口处。进样器通常有隔膜进样器及高压进样阀两种,其中高压进样阀应用更广泛,目前常用的是六通阀进样器,其结构及原理与气相色谱中所介绍的相同。六通阀进样器进样具有进样量准确、重复性好等优点。

三、分离系统

分离系统包括色谱柱、连接管、恒温器等。其中色谱柱是高效液相色谱仪的最重要部件之一,对色谱柱的要求是分离效率高,柱容量大,分析速度快。色谱柱的使用和维护非常重要,应注意以下几点:①一般色谱柱不能反冲,除非特别注明时才可以反冲以除去留在柱头上的杂质;②避免压力和温度的急剧变化和机械振荡;③正确使用流动相,尤其要注意 pH 的影响,避免破坏固定相;④为了保护色谱柱,可以在柱前安装一个预柱,预柱内所填固定相与色谱柱相同,预柱可以防止流动相的 pH、温度、复杂样品等因素对色谱柱的损坏;⑤色谱柱在使用结束时应用纯溶剂冲洗,清除柱内的样品和杂质,在保存色谱柱时应将柱内充满甲醇或乙腈,拧紧柱塞。

四、检测系统

检测器是高效液相色谱仪的关键部件,应具有高灵敏度、低噪声、线性范围宽、重复性好、适应性广等特点。以下介绍常用的紫外检测器(ultraviolet detector,UVD)、荧光检测器(fluorescence detector,FLD)、电化学检测器(electrochemical detector,ECD)和示差折光检测器(differential refractive index detector,RID)。

1. 紫外检测器 紫外检测器(UVD)是液相色谱使用最广泛的检测器,当检测波长包括可见光时,又称为紫外 - 可见检测器。其工作原理是基于朗伯 - 比尔定律,仪器输出信号与被测组分浓度成正比,用于检测对特定波长的紫外光(或可见光)有选择性吸收的待测组分。紫外检测器灵敏度较高,检测限可达 10^{-9}g/ml;受温度、流量的变化影响小,能用于梯度洗脱操作;线性范围宽,不破坏样品,可用于制备色谱;应用范围广,可用于多类有机物的检测。紫外检测器可分为固定波长型、可变波长型和光电二极管阵列型三种类型。

2. 荧光检测器 荧光检测器(FLD)适用于能产生荧光的化合物及通过衍生技术生成荧光衍生物的检测。其检测原理是:具有某种特殊结构的化合物受紫外光激发后,能发射出比激发光波长更长的荧光,其荧光强度与荧光物质的浓度呈线性关系,通过测定荧光强度来进行定量分析。许多生化物质包括某些代谢产物、药物、氨基酸、胺类、维生素、甾体化合物都可用荧光检测器检测。某些不发光的物质可通过化学衍生技术生成荧光衍生物,再进行荧光检测。

3. 电化学检测器　电化学检测器（ECD）是一种选择性检测器，依据组分在氧化还原过程中产生的电流或电压变化对样品进行检测。因此，电化学检测器只适用于测定氧化活性和还原活性物质，测定的灵敏度较高，检测限可达 10^{-9} g/ml，已在生化、医学、食品、环境分析中获得广泛应用。

4. 示差折光检测器　示差折光检测器（RID）是一种通用检测器，依据不同性质的溶液对光具有不同折射率对组分进行检测，测得的折光率差值与被测组分浓度成正比。只要物质的折射率不同，原则上均可用示差折光检测器进行检测，但检测灵敏度较低，不能用于梯度洗脱。

五、数据记录及处理系统

高效液相色谱仪数据记录及处理系统由计算机和相应的色谱软件或色谱工作站构成。计算机主要用于采集、处理和分析色谱数据；色谱软件及程序可以控制仪器的各个部件。目前广泛使用的色谱工作站功能非常强大，除能自动采集、分析和储存数据外，还能在分析过程中实现全系统的自动化控制。

点滴积累

1. 高效液相色谱仪主要包括输液系统、进样系统、分离系统、检测系统和数据记录及处理系统。
2. 高效液相色谱仪的检测器主要有以下几种：紫外检测器、荧光检测器、电化学检测器和示差折光检测器。

第三节　高效液相色谱法中的速率理论

高效液相色谱法是在气相色谱的理论基础上发展起来的，因此气相色谱法所用的术语、基本理论、定性定量方法等都适用于高效液相色谱法。与气相色谱法不同的是高效液相色谱法的流动相为液体，气相色谱法的流动相为气体，由于气体与液体的性质不同，因而在应用基本理论时，必须考虑方法本身的特点。按照速率理论，这种影响分为柱内因素和柱外因素两类。

一、柱内展宽

柱内展宽是由色谱柱内各种因素所引起的色谱峰扩展，可依据范第姆特方程 $H=A+B/u+Cu$ 进行讨论。

1. 涡流扩散项（A）　其含义与气相色谱法完全相同，指组分分子在色谱柱中运动路径不同而引起的色谱峰扩展。但是，由于高效液相色谱法中使用的固定相颗粒直径更小，且采取匀浆法装柱,因此,涡流扩散项比气相色谱法更低。

2. 纵向扩散项(B/u)　指组分分子自身的运动所产生的纵向扩散而引起的色谱峰扩展。扩展的大小与组分分子在流动相中的扩散系数成正比,与流动相的线速率(u)成反比。在液相色谱法中液体的扩散系数小,因此,当流动相的线速率大于 0.5cm/s 时,纵向扩散对色谱峰扩展的影响可以忽略。

3. 传质阻力项(Cu)　指组分分子在两相间的传质过程不能瞬间达到平衡所引起的色谱峰扩展。高效液相色谱法中,传质阻力项包括:固定相传质阻力项、流动相传质阻力项和滞留流动相中的传质阻力项。

在高效液相色谱法中,由于纵向扩散项可以忽略不计,故高效液相色谱法的速率方程可简写为:

$$H=A+Cu \hspace{4cm} 式(13\text{-}1)$$

因为高效液相色谱法中的涡流扩散项较小,所以影响柱效的主要因素是传质阻力项。保证固定相装填的均匀性,减小粒度,可以加快传质速度,提高柱效。选用低黏度流动相,适当升高柱温,增大扩散系数,可以减小传质阻力,也使柱效提高。但是各种因素又是相互联系、相互制约的,实际应用时应综合考虑。

二、柱外展宽

因色谱柱外各种因素引起的色谱峰展宽被称为柱外展宽,主要包括进样系统、连接管路、接头、检测器等色谱柱之外的各种因素。

为减小柱外展宽,应尽可能减小柱外死空间,即减小除柱子本身外从进样器到检测池之间的死体积,例如可使用"零死体积接头"连接各部件。

点滴积累

1. 高效液相色谱法的理论依据是速率理论。
2. 高效液相色谱法中,对色谱过程产生的影响分为柱内因素和柱外因素。

第四节　高效液相色谱法的主要类型

高效液相色谱法根据分离原理不同可分为液 - 固吸附色谱法、液 - 液分配色谱法、化学键合相色谱法、离子交换色谱法、分子排阻色谱法等。以下主要介绍液 - 固吸附色谱法和化学键合相色谱法。

一、液 - 固吸附色谱法

液 - 固吸附色谱法是利用固定相对不同组分的吸附能力的差别而实现分离的分析方法。

(一) 固定相

液 - 固吸附色谱法的固定相多是具有吸附活性的吸附剂,常用的有硅胶、氧化铝、氧化镁、硅酸镁、高分子多孔微球及分子筛等,其中硅胶应用最广泛。此外高分子多孔微球在药物和生化方面的应用也日益增多。

1. 硅胶 常制备成表孔硅胶、无定形全多孔硅胶、球形全多孔硅胶及堆积硅珠等类型。如图 13-2 所示。

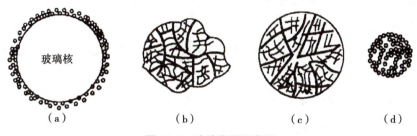

图 13-2　硅胶类型示意图

注:(a)表孔硅胶;(b)无定形全多孔硅胶;(c)球形全多孔硅胶;(d)堆积硅珠。

(1)表孔硅胶:因粒度大、柱容量小,现已很少应用。

(2)全多孔硅胶:具有表面积大、柱容量大、孔径深、传质阻力大等特点。分无定形全多孔硅胶(代号 YWG)和球形全多孔硅胶(代号 YQG)。无定形全多孔硅胶的粒径一般为 5~10μm,柱效高。球形全多孔硅胶的粒径一般为 3~10μm,除具有无定形全多孔硅胶的优点外,还具有涡流扩散项小和渗透性好等优点。

(3)堆积硅珠:是由二氧化硅溶胶加凝结剂聚结而成(代号 YQG),粒径一般为 3~5μm。具有传质阻力小、柱容量大等特点,是一种较为理想的高效填料。

2. 高分子多孔微球 也称有机胶(代号 YSG),具有选择性好、峰形好等特点,广泛应用于芳烃、杂环化合物、解热镇痛药、脂溶性维生素、甾体、芳胺、酚、酯、醛、醚等物质的分析,还可以分离分子量较小的高分子化合物。有机胶的表面为芳烃官能团,流动相为极性溶剂,相当于反相洗脱。

目前较常使用的是粒径为 5~10μm 的全多孔硅胶。在选择硅胶固定相时,应主要考虑硅胶的比表面积、平均孔径和含水量。一般分析分子量较大的样品时应选择大孔硅胶。另外,为保证分离的重复性,硅胶的含水量必须保持恒定。

(二) 流动相

在液 - 固吸附色谱法中,流动相的选择原则与经典液相色谱法基本相同。为了选择适宜的溶剂强度,保持溶剂的低黏度和提高分离的选择性,常采用二元或多元组合的混合溶剂系统作流动相。可通过实验,找到适宜溶剂强度的溶剂系统。

二、化学键合相色谱法

化学键合相色谱法是由液 - 液分配色谱法发展起来的,现已逐渐取代液 - 液分配色谱法。它是将有机固定液键合在载体表面而生成化学键合固定相,适用于分离几乎所有类型的化合物,是应用最为广泛的色谱法。

(一)化学键合相的类型

化学键合固定相的形成必须具备两个条件:一是载体表面应有某种活性基团(如硅胶表面的硅醇基);二是固定液应有能与载体表面发生化学反应的官能团。固定液的官能团不同,所生成的键合相的类型不同,主要有两种类型。

1. 酯化型($\equiv$ Si—O—C $\equiv$)键合相 醇与硅胶表面的硅醇基直接进行酯化反应,生成具有 $\equiv$ Si—O—C $\equiv$ 键的固定相。

这是应用最早的固定相。这类固定相的缺点是易水解、醇解,热稳定性差,因此只适用于极性小的流动相,分离极性化合物。

2. 硅烷化型($\equiv$ Si—O—Si—C $\equiv$)键合相 氯硅烷与硅胶表面的硅醇基进行硅烷化反应,生成具有 $\equiv$ Si—O—Si—C $\equiv$ 键的固定相。

这类键合相具有良好的热稳定性和化学稳定性,不易吸水,能在 70℃ 以下、pH 2~8 的条件下正常工作。由于发生键合反应的氯硅烷含十八个碳原子,所以该固定相又称为十八烷基键合相,简称 ODS 或 C_{18}。

(二)化学键合相色谱法的分类

根据键合固定相与流动相之间相对极性的强弱,键合相色谱法分为正相键合相色谱法和反相键合相色谱法。

1. 正相键合相色谱法 流动相的极性小于固定相的极性时,该系统称为正相键合相色谱法,简称正相色谱法。采用极性键合相为固定相,如极性较大的氨基、氰基、二羟基等键合在硅胶的表面。以非极性或弱极性溶剂作流动相,常采用烷烃加适量极性调节剂,如正己烷 - 甲醇。该法适合于分析溶于有机溶剂的极性至中等极性的分子型化合物。正相色谱法主要是依据组分的极性差别来实现分离,待测组分洗脱出柱顺序与其极性大小有关,极性小的组分先洗脱出柱,极性大的组分后洗脱出柱。流动相的极性增大,洗脱能力增强,组分的保留时间(t_R)减小,反之,组分的保留时间(t_R)增大。

2. 反相键合相色谱法 流动相的极性大于固定相的极性时,该系统称为反相键合相色谱法,简称反相色谱法。采用非极性键合相为固定相,如十八烷基硅烷(ODS 或 C_{18})、辛烷基硅烷(C_8)等化学键合相。流动相以水作为基础溶剂,再加入一定量与水互溶的极性调节剂,如甲醇 - 水、乙腈 - 水等。该法适合于分析非极性至中等极性的化合物。其中最典型的色谱系统是以十八烷基硅烷键合硅胶作固定相,以甲醇 - 水(或乙腈 - 水)作流动相。

反相色谱法待测组分的洗脱出柱顺序与正相色谱法相反,即样品中极性大的组分先洗脱出柱,极性小的组分后洗脱出柱。流动相的极性增大,洗脱能力减弱,组分的保留时间(t_R)增大,反之,组分的保留时间(t_R)减小。反相色谱法具有以下特点。

(1)柱子使用寿命较长:由于反相色谱化学键为 $\equiv$ Si—O—Si—C $\equiv$ 键,该键结合牢固,热稳定性好,耐各种溶剂冲洗。因此柱子固定相不易流失,使用寿命大大延长。

(2)流动相可灵活选择:流动相多以水作基本溶剂,然后再适当加入能与水互溶的有机溶剂,可使流动相的极性灵活多变,这对更换溶剂或梯度洗脱非常方便。

(3)应用范围特别广泛:反相色谱法既可分离非极性至中等极性的各类分子型化合物,又可分离有机酸、碱、盐等离子型化合物。

课 堂 活 动
正相色谱法和反相色谱法的区别是什么,各适合分析哪类物质?

三、流动相的要求及洗脱方式

(一) 流动相的要求

高效液相色谱流动相的作用与气相色谱流动相的作用不同。在气相色谱法中,流动相为化学惰性气体,可供选择的流动相(载气)只有 N_2、H_2、He 和 Ar 等气体,且其性质差别不大,对固定相和样品的影响很小。而在液相色谱法中,流动相有两方面的作用:一方面是携带样品;另一方面是给样品提供一个在两相中进行分配的场所,使混合物顺利地实现分离。流动相可供选择的种类很多,如水、有机溶剂、缓冲溶液等。流动相可以是单一溶剂,也可以是混合溶剂。分离度的好坏、分析速度的快慢在很大程度上取决于流动相的种类和配比,因此流动相的选择十分重要。

1. 流动相的基本要求 ①与固定相不互溶,也不发生化学反应;②对试样有适宜的溶解度;③纯度高,黏度小;④与所用检测器相匹配,例如用紫外检测器时,不能选用在检测波长有紫外吸收的溶剂。

2. 流动相的处理和贮存 流动相在使用前要经过一定的处理,以满足分析的需要。

(1)纯化:为满足检测器的要求,获得重复性好的数据,流动相在使用前必须经过 $0.45\mu m$ 滤膜过滤,以除去溶剂中的微小机械杂质,防止输液管道和进样阀堵塞。

(2)脱气:流动相中常溶解有一些气体,会给检测过程带来不良影响,使用前必须进行脱气处理。溶剂若没有充分脱气,气体在输液过程中进入泵体,会妨碍柱塞和单向阀的正常工作。这将导致输液不准,脉流及压力波动,影响组分保留时间和峰面积的重现性。气体如果进入检测器,则会引起光吸收和电信号的变化,造成基线波动及漂移,出现有规律、不正常的尖峰或平顶大峰。使用荧光检测器时,溶解氧会导致荧光淬灭,本底荧光的淬灭会造成基线漂移,样品荧光的淬灭会影响结果及测定的重现性。溶解的气体还可能引起 pH 的变化。

流动相溶剂脱气的方法有抽真空脱气法、加热回流脱气法、超声波振荡脱气法等。多组分的流动相,通常采用超声波振荡脱气 15~20 分钟。

(3)贮存:流动相最好现配现用,一般贮存于玻璃、不锈钢或氟塑料容器内。必须密闭贮存,防止流动相蒸发以及空气中的氧气、二氧化碳溶入流动相。

(二) 洗脱方式

1. 恒定组成溶剂洗脱　最常用的洗脱方式是采用恒定组成及配比的溶剂洗脱。但对于成分复杂的样品,往往难以获得理想的分离效果。

2. 梯度洗脱　在同一个分析周期中,按一定程序不断改变流动相的配比。在梯度洗脱过程中,由于使用多种溶剂混合,因此要求所用溶剂互溶性好、纯度高,以保证重现性好。混合溶剂的黏度往往随流动相组成的变化而变化,因此在梯度洗脱过程中应防止压力超出输液泵或色谱柱的最大承受压力。每次梯度洗脱结束后,必须对色谱柱进行再生处理,使其恢复到初始状态。

梯度洗脱法在分离复杂样品时,获得了广泛的应用,其优点是:①缩短分析周期;②提高分离效能;③改善色谱峰形;④增加灵敏度。梯度洗脱法的缺点是有时易引起基线漂移。

梯度洗脱可以由一台高压泵,通过比例调节阀,将两种或多种不同极性的溶剂按一定的比例抽入高压泵中混合,然后送入色谱柱,这种方式称为高压梯度或内梯度;也可以利用两台高压输液泵,将两种不同极性的溶剂按一定的比例送入梯度混合室,混合后进入色谱柱,这种方式称为低压梯度或外梯度。

> **点滴积累**
>
> 1. 化学键合相色谱法分为正相键合相色谱法和反相键合相色谱法。
> 2. 流动相的洗脱方式有恒定组成溶剂洗脱和梯度洗脱。

第五节　高效液相色谱分析方法

高效液相色谱法的应用范围远比气相色谱法广泛。被分析样品不受沸点、热稳定性、相对分子量大小,以及有机物或无机物的限制,只要能制成溶液即可进行分析。高效液相色谱法由于具有高选择性、高灵敏度等特点,现已成为医药研究的重要工具,主要用于各种有机混合物的分离分析。

案例分析

甲硝唑片含量测定

案例:甲硝唑属硝基咪唑类药物,具有抗滴虫、阿米巴、毛囊虫以及厌氧菌等多种用途,主要用于治疗厌氧菌感染。其中,甲硝唑片是甲硝唑类药物的常见剂型之一。现行版《中国药典》规定,甲硝唑片中甲硝唑的含量不得低于标示量的 93.0%~107.0%。甲硝唑片中的甲硝唑含量可采用高效液相色谱法测定。

分析:色谱条件与系统适应性试验。用十八烷基硅烷键合硅胶为填充剂;以甲醇 - 水(20:80)为流动相;

检测波长为 320nm。理论板数按甲硝唑峰计算不低于 2 000。

按外标法以峰面积计算。

取本品 20 片,研细,精密称取约 0.25g,置于 50ml 量瓶中,加适量 50% 甲醇溶解,用 50% 甲醇稀释至刻度,摇匀,滤过,精密量取续滤液 5ml,置于 100ml 瓶中,用流动相稀释至刻度,摇匀,作为供试品溶液,精密量取 10μl,注入液相色谱仪,记录色谱图;另取甲硝唑对照品适量,如法配制 1ml 中约含 0.25mg 的溶液,同法测定。

一、定性分析方法

高效液相色谱法的定性分析方法可分为色谱鉴定法及非色谱鉴定法两类。

1. 色谱鉴定法　此法是利用纯物质和样品的保留时间或相对保留时间相互对照,进行定性分析的方法(可参阅气相色谱法)。

2. 非色谱鉴定法　非色谱鉴定法常用的有化学鉴定法和两谱联用鉴定法。

(1)化学鉴定法:此法是利用专属性化学反应对分离后收集的组分定性。由于用高效液相色谱法收集组分相对容易,因此该法较为实用。

(2)两谱联用鉴定法:此法是将高效液相色谱仪与光谱仪(或质谱仪)用界面连接,形成一个完整的仪器,实现在线检测。联用后的仪器称为色谱 - 光谱联用仪,如 HPLC-DAD、HPLC-MS 等。色谱 - 光谱联用仪能给出样品的色谱图,并能快速给出每个色谱峰的光谱(或质谱)图,能同时获得定性、定量信息,是分析、鉴定成分复杂样品最重要的手段。

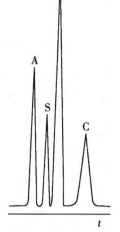

A. 阿司匹林;S. 对乙酰氨基酚;P. 非那西丁;C. 咖啡因。

图 13-3　APC 片含量分析色谱图

二、定量分析方法

高效液相色谱法的定量分析方法与气相色谱法相同,常用的有外标法及内标法。

例如,复方解热镇痛片(APC)的含量测定。色谱条件:ϕ2mm × 500mm 柱;固定相:YGS-13;流动相:乙醇 -H_2O(24:1),含 1/500 三乙醇胺;流速:1ml/min;检测波长:UV-273nm。样品:APC 片粉碎后用定量的乙醇密塞浸泡 10~20 分钟,注射上清液。用内标法定量,如图 13-3 所示。

超临界流体色谱法和超临界流体萃取

超临界流体色谱法(supercritical fluid chromatography,SFC)是以超临界流体作为流动相的色谱方法。超临界流体是当一种流体的温度和压力同时比其临界温度(T_c)和临界压力(P_c)高时的流体。用超临界流体作流动相的色谱过程,既可分析气相色谱法不适宜分析的高沸点、低挥发性试样,又比高效液相色谱法有更快的分析速率和柱效率。

超临界流体萃取（supercritical fluid extraction，SFE）是用超临界流体作为溶剂进行萃取的一项技术，具有降低能耗、减少污染的特点，现已成为分析化学中一种新的试样制备手段。超临界流体萃取不仅能取代现有的溶剂萃取法，而且能与各种色谱方法直接联用。超临界流体萃取联用技术包括 SFE-HPLC、SFE-MS、SFE-GC 和 SFE-SFC 等。SFE-GC 是应用最为广泛的联用技术之一。

三、分离方法的选择

在高效液相色谱分离过程中，选择合适的分离方法对于得到准确、可重复的结果至关重要。

（一）分离选择原则

1. 根据化学性质　对于化学性质相近的化合物，要选择具有不同物化性质的高效色谱分离方法，如极性物质采用反相色谱分离、非极性物质采用正相色谱分离、具有官能团的化合物可以采用离子交换色谱分离。此外，在高效液相色谱分离过程中，需要注意分离剂与样品的相容性，避免对样品造成影响。

2. 根据分子量　分子量越小的化合物，分子扩散速率越快，利于分离，此时较为适合采用反相液相色谱分离。分子量大、分子活力较小的化合物，采用正相液相色谱分离技术，可以更好地实现分离和纯化。

3. 根据结构异构体　含有结构异构体的化合物需要选择能分离出它们之间差异的高效色谱分离方法。例如，立体异构体可以采用手性反相液相色谱分离，卤代苯酚的同系列化合物可以通过环境友好型的凝胶渗透色谱法来分离。

（二）环境因素

1. pH　不同的化合物在不同 pH 以及溶剂中的某些成分中的分离效果差异较大，需要在保证其稳定性的前提下进行 pH 的控制。

2. 温度　在分离的过程中，温度对高效液相色谱法分离的选择也有很大的影响。一般来说，室温下高效液相色谱法分离有很好的效果，但是有些实验需要对温度进行特殊控制。

（三）现有技术手段

随着科技的日益发展，高效液相色谱仪的分离技术也在不断更新换代，可以通过以下几个方面进行选择。

1. 柱子类型　如动态壁涂层柱、芯片技术、超临界流体技术等。

2. 分离模式　如普通相分离、反相分离、离子交换、手性分离等。

3. 连接方式　如在线或离线固相萃取、在线或离线前处理、联用质谱等。

因此，选择合适的高效色谱分离方法，需要综合考虑以上因素，制订相应的实验方案，并根据样品数量及对样品提纯的要求合理选择色谱柱、流动相和检测条件。

四、应用示例

例 13-1 外标法测定青蒿素的含量

精密称取 0.026 40g 青蒿素,置于 25.00ml 量瓶中,超声 30 分钟使药物溶解,放冷,加甲醇稀释至刻度,摇匀,经滤膜滤过,精密量取续滤液 20μl 注入液相色谱仪,记录色谱图。峰面积的平均值为 4 506 136。另精密称取青蒿素对照品适量,用甲醇溶解并定量稀释制成每毫升中含 1.06mg 的溶液,同法测定,峰面积平均值为 4 562 645。计算测定的青蒿素的含量(若工作曲线好并通过原点,可不必绘制标准曲线,采用单点校正法测定)。

解:$c_{对照} = 1.06\text{mg/ml}$ $A_{对照} = 4\ 562\ 645$ $A_{样品} = 4\ 506\ 136$

$$\frac{c_{样品}}{c_{对照}} = \frac{A_{样品}}{A_{对照}} \Rightarrow c_{样品} = \frac{A_{样品}}{A_{对照}} \times c_{对照} \qquad m_{样品} = c_{样品} \times V_{样品}$$

$$\omega = \frac{m_{样品}}{m} \times 100\% = \frac{\dfrac{A_{样品}}{A_{对照}} \times c_{对照} \times V_{样品}}{m} \times 100\% = \frac{\dfrac{4\ 506\ 136}{4\ 562\ 645} \times 1.06 \times 25.00}{0.026\ 40 \times 10^3} \times 100\% = 99.1\%$$

例 13-2 高效液相色谱法测定样品中甲酸、乙酸、丙酸的含量。采用环己酮为内标物,称取样品 1.132g,加入环己酮 0.203 8g,混合均匀后进样 2.00μl,测得其校正因子和峰面积如表 13-2 所示,试计算各组分的含量。

表 13-2　校正因子和峰面积

项目	环己酮	甲酸	乙酸	丙酸
$f_{i,s}$	1.00	0.261	0.562	0.938
A	128	10.5	69.3	30.4

解:由

$$\omega_i = \frac{m_i}{m} \times 100\% = \frac{m_s}{m} \cdot \frac{f_i A_i}{f_s A_s} \times 100\% \ 得$$

$$\omega_{甲酸} = \frac{m_{环己酮}}{m} \cdot \frac{f_{甲酸} A_{甲酸}}{f_{环己酮} A_{环己酮}} \times 100\% = \frac{0.203\ 8}{1.132} \times \frac{0.261 \times 10.5}{1.00 \times 128} \times 100\% = 0.39\%$$

$$\omega_{乙酸} = \frac{m_{环己酮}}{m} \cdot \frac{f_{乙酸} A_{乙酸}}{f_{环己酮} A_{环己酮}} \times 100\% = \frac{0.203\ 8}{1.132} \times \frac{0.562 \times 69.3}{1.00 \times 128} \times 100\% = 5.48\%$$

$$\omega_{丙酸} = \frac{m_{环己酮}}{m} \cdot \frac{f_{丙酸} A_{丙酸}}{f_{环己酮} A_{环己酮}} \times 100\% = \frac{0.203\ 8}{1.132} \times \frac{0.938 \times 30.4}{1.00 \times 128} \times 100\% = 4.01\%$$

> **点滴积累**
>
> 1. 高效液相色谱法的定性方法分为色谱鉴定法及非色谱鉴定法两类。
> 2. 高效液相色谱法常用的定量方法有外标法及内标法。
> 3. 在高效液相色谱分离过程中应选择合适的分离方法。

习题

复习导图

目标检测

一、简答题

1. 在高效液相色谱中,为什么要对流动相进行脱气,常用的脱气方法有哪些?

2. 简述影响 HPLC 色谱峰展宽的主要因素及其改善方法。

3. 什么是化学键合固定相色谱法?该方法具有哪些优点?

4. 什么是梯度洗脱?梯度洗脱具有哪些优点?

二、计算题

1. 某一含药根碱、黄连碱和小檗碱的生物样品,以 HPLC 法测其含量。测得三个色谱峰面积分别为 $2.67cm^2$、$3.26cm^2$ 和 $3.45cm^2$,现准确称取等质量的药根碱、黄连碱和小檗碱对照品与样品同方法配成溶液后,在相同色谱条件下进样,得三个色谱峰面积分别为 $3.00cm^2$、$2.86cm^2$ 和 $4.20cm^2$,计算样品中三组分的相对含量。

2. 准确称取样品 0.100g,加入内标物 0.100g,测得待测物 A 及内标物的峰面积分别为 51 430、84 153。已知待测物和内标物的相对校正因子分别是 0.80、1.00。计算组分 A 的百分含量。

三、实例分析

1. 某 3 岁儿童因鼻炎复发,服用阿莫西林克拉维酸钾干混悬剂,其规格为 0.228 5g(每包含阿莫西林 0.2g 和克拉维酸钾 28.5mg)。现行版《中国药典》采用高效液相色谱法测定其含量,如何进行测定?

2. 恶性胸腔积液是肿瘤晚期的常见并发症,用卡铂注射液可取得较好的疗效。对卡铂的定性鉴定可以采用高效液相色谱法,如何进行鉴定?

实训二十五　阿莫西林含量的测定

【实训目的】

1. **掌握**　高效液相色谱定量分析方法中的外标法。

2. **熟悉**　高效液相色谱仪的使用技术。

3. **了解**　高效液相色谱法在药物含量测定中的应用。

【实训原理】

阿莫西林为 β- 内酰胺类抗生素,现行版《中国药典》规定,其标示量的百分含量不得少于 95%。它的分子结构中有羟苯基取代,有紫外吸收的特征,可用紫外检测器检测。

外标法作为定量分析的依据。计算公式如下：

$$C_{16}H_{19}N_3O_5S\% = \dfrac{c_{对照} \times \dfrac{A_{样品}}{A_{对照}} \times V}{m_s} \times 100\%$$

式中，$c_{对照}$：对照品溶液的浓度；$A_{对照}$：对照品峰面积；$A_{样品}$：样品峰面积；V：初配体积（50ml）；m_s：样品质量。

【仪器和试剂】

1. **仪器** 分析天平、容量瓶、高效液相色谱仪、二极管阵列检测器和 C_{18} 色谱柱。

2. **试剂** 阿莫西林原料药、阿莫西林对照品、乙腈（色谱纯）、磷酸二氢钾、氢氧化钾、甲醇（色谱纯）。

【实训步骤】

1. 选择色谱条件

(1) 色谱柱：C_{18} 柱（长 250nm，内径 4.6mm，填料粒径 5μm）。

(2) 流动相：以 0.05mol/L 磷酸二氢钾溶液（用 2mol/L 氢氧化钾溶液调节 pH 至 5.0）- 乙腈（97.5∶2.5）为流动相，可根据实验结果适当调整乙腈的比例。

(3) 流速：1.0ml/min。

(4) 柱温：30℃。

(5) 检测波长：254nm。

2. 溶液的配制

(1) 供试品溶液的制备：取本品适量（约相当于阿莫西林 25mg，按 $C_{16}H_{19}N_3O_5S$ 计），精密称定，置于 50ml 的容量瓶中，加流动相溶液并定量稀释至刻度线，摇匀，作为供试品溶液，备用。

(2) 对照品溶液的制备：取阿莫西林对照品适量（约相当于阿莫西林 25mg，按 $C_{16}H_{19}N_3O_5S$ 计），精密称定，加流动相溶解并定量稀释至刻度线，制成每 1ml 中约含阿莫西林（按 $C_{16}H_{19}N_3O_5S$ 计）0.5mg 的对照品溶液，备用。

3. 测定方法

(1) 仪器操作步骤：①开机。②按要求装好流动相，设置流动体积，检查溶剂托盘上的溶剂是否足量，按上述色谱柱条件的要求设置流动相比例，逐渐将流速增大至 1.0ml/min，设置色谱柱温为 30℃，进样量为 20μl。③平衡色谱柱温约 30 分钟，监视基线，待压力线和信号线平整，准备实验。④将配制好的供试品溶液、对照品溶液依次注入高效液相色谱仪，在完全相同的色谱条件下，进行色谱分析，测定色谱峰面积。重复测定 3 次。⑤所有样品分析结束后，关闭检测器，更改流动相为甲醇 - 水（10∶90）冲洗 30 分钟，再用纯甲醇冲洗 60 分钟，关机。

(2)计算含量。

【注意事项】

1. 所用溶剂必须符合色谱法试剂使用条件。

2. 流动相需经过滤、脱气后方可使用。

3. 进样前,分别将手柄置于"进样"及"载样"位置,用流动相冲洗六通阀。

4. 如果使用 $10\mu l$ 定量管,则应注入约 $50\mu l$ 的进样溶液;如定量管为 $20\mu l$,则用微量注射器准确吸取约 $100\mu l$ 溶液注入进样器。

5. 本实验以对照品溶液峰面积 A 的相对标准偏差来表示定量重复性,RSD $\leqslant 2\%$ 认为合格。如不合格,试分析其原因。

【思考题】

1. 高效液相色谱法的系统适用性试验包括哪些?测定方法包括哪些?

2. 简述高效液相色谱仪的主要部件和性能。

3. 外标法和内标法相比有哪些优缺点?

【实训记录】

见表 13-3。

表 13-3　实训二十五的实训记录

项目	第 1 次	第 2 次	第 3 次
$A_{对照}$			
$A_{样品}$			
$C_{16}H_{19}N_3O_5S\%$			
$C_{16}H_{19}N_3O_5S\%$ 平均值			
RSD			

(冯寅寅)

第十四章 其他仪器分析法简介

学习目标

1. **掌握** 红外分光光度法、原子吸收分光光度法、荧光分析法和质谱法的基本原理；定性、定量分析方法。
2. **熟悉** 红外分光光度计、原子吸收分光光度计、荧光分析仪和质谱仪的结构组成；分析条件选择及相关谱图的解析方法。
3. **了解** 红外分光光度法、原子吸收分光光度法、荧光分析法和质谱法的特点和发展概况。

除前面介绍的电化学分析法、紫外 - 可见分光光度法、色谱法外，仪器分析法还包括红外分光光度法（infrared spectrophotometry，IR）、原子吸收分光光度法（atomic absorption spectrophotometry，AAS）、荧光分析法（fluorescence analysis，FLA）、核磁共振波谱法（nuclear magnetic resonance spectroscopy，NMR spectroscopy）、质谱法（mass spectrometry，MS）等分析方法。随着现代科学技术的飞速发展，更新型的方法也纷纷涌现，如高效毛细管电泳法、各种色谱质谱联用技术等，以上这些仪器分析方法已经成为现代分析化学研究的主要方向。

导学情景

情景描述：

近十多年来，由于纳米级精密机械的研究、分子层次的化学研究、基因层次的生物学研究、特种功能材料的研究和网络技术的推广使用，分析仪器及其应用发展发生了很多变化，分析测试对象发生了战略转移，测试技术难度明显增大，涉及的专业面越来越广，要求分析仪器越来越朝着联用技术方向发展。

学前导语：

本章主要介绍红外分光光度法、原子吸收分光光度法、荧光分析法和质谱法的基本原理、所用仪器及应用。

第一节 红外分光光度法

利用物质对红外线的吸收而进行分析的方法称为红外分光光度法，又称红外吸收光谱法（简称

"红外光谱"),可用符号"IR"表示。

在电磁波谱中,波长位于0.76~1 000µm范围内的电磁辐射称为红外光区。通常将红外光区划分为三个区域,0.76~2.5µm为近红外区,2.5~50µm为中红外区,50~1 000µm为远红外区。其中,中红外区是研究及应用最多的区域。

红外光谱图常用$T\%$-σ或$T\%$-λ曲线表示,以百分透光率$T\%$为纵坐标,表示吸收峰的强度。以波长λ(µm)或波数σ(cm^{-1})为横坐标,表示吸收峰的位置。目前,红外光谱图最常采用的是等距绘制的$T\%$-σ曲线,其吸收曲线上的吸收峰多而尖锐,谱图比紫外吸收光谱复杂得多。如图14-1苯的红外吸收光谱图所示。

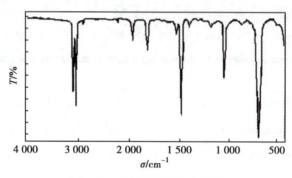

图14-1 苯的红外吸收光谱图

理论上每一个化合物都有其特征的红外光谱,红外分光光度法主要是利用红外光谱吸收峰的位置、强度及形状,来推断化合物的结构,同时也可用于化合物的定量分析。

一、基本原理

红外分光光度法主要研究化合物的结构与红外光谱间的关系。红外光谱图可由吸收峰的位置(λ_{max}或σ_{max})和吸收峰的强度(ε)进行描述。

(一)红外光谱的产生

1. 分子振动与红外吸收 组成分子的原子有三种不同的运动方式,即平动、转动和振动。实验证明,只有偶极矩变化不等于零的振动,才会产生红外吸收峰,这类振动称为红外活性振动。分子振动时,分子中的原子以平衡点为中心,以非常小的振幅做周期性振动,称为简谐振动。双原子分子是简谐振动中一个最简单的例子,如图14-2。

由经典力学胡克(Hooke)定律可导出基本振动频率计算公式:

$$\sigma = 1\ 302\sqrt{\frac{K}{\mu}} \qquad \text{式(14-1)}$$

$$\mu = \frac{m_1 \times m_2}{m_1 + m_2} \qquad \text{式(14-2)}$$

式中,K为化学键力常数,是两原子由平衡位置伸长单位长度时的恢复力(单位为N/cm),化学键力常数K大,表明化学键强度大,单键、双键和三键的键力常数K不同;μ为两个成键原子的折合质量，m_1 和 m_2 是两个原子的原子质量。

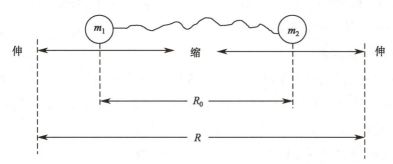

R_0：平衡时两原子间的距离；R：振动过程中某瞬间的距离。

图 14-2 双原子分子振动

例如：C—H 键：$\mu = \dfrac{12 \times 1}{12+1} = 0.923$，$\sigma = 1\,302\sqrt{\dfrac{5}{0.923}} = 3\,030(\text{cm}^{-1})$（已知单键的化学键力常数 K 为 5N/cm），而实验证明大多数有机化合物中 C—H 键，吸收峰出现在 $3\,000\text{cm}^{-1}$ 左右，计算值与其基本一致。

不同的物质分子结构不同，化学键力常数和原子质量各不相同，分子振动频率各不相同，振动所吸收的红外辐射频率也不相同。化学键越牢固，原子质量越小，振动频率越高。因此，不同分子形成自身特征的红外吸收光谱，这是红外吸收光谱用于定性鉴定和结构分析的基础。

2. 红外光谱产生的条件 分子中的原子以平衡点为中心，做周期性的相对运动，称之为振动。红外光谱是由分子振动和转动能级的跃迁而产生的，但分子不是任意吸收某一频率的电磁辐射都可产生振动 - 转动能级的跃迁。分子吸收红外线而产生红外光谱，必须满足以下两个条件。

（1）红外辐射的能量恰好等于分子振动 - 转动能级跃迁所需的能量，即红外光的频率要与分子振动 - 转动频率匹配。

（2）分子在振动过程中，必须有偶极矩的变化。分子的偶极矩是分子中正、负电荷的大小与正、负电荷中心的距离的乘积。

分子中原子在平衡位置不断振动的过程中，正、负电荷的大小不变，而正、负电荷中心的距离则呈现周期性变化，从而引起偶极矩呈现周期性变化。红外吸收是由于振动过程中偶极矩的变化和交变电磁场（红外辐射）相互作用的结果。只有在振动过程中偶极矩发生变化的振动，才能吸收能量相当的红外辐射，而在红外光谱上方可观测到吸收峰，能引起偶极矩发生变化的振动称为红外活性振动；反之，不能引起偶极矩发生变化的振动称为非红外活性振动。另外，振动频率相同的不同振动形式吸收峰重叠（只能产生一个吸收峰），这种现象称为简并。

3. 振动形式 双原子分子只有一种振动形式，即沿着键轴方向作相对伸缩振动。对于多原子分子，随着原子数目增加，其振动形式变得复杂，但基本上可分为两类。

（1）伸缩振动：指原子沿着键轴方向周期性伸长和缩短，键长发生变化而键角不变的振动，用 ν 表示。可按其对称性的不同分为对称伸缩振动和不对称伸缩振动。对称伸缩振动指振动时各个键同时伸长或同时缩短，用 ν_s 表示。不对称伸缩振动指振动时有的键伸长，有的键缩短，用 ν_{as} 表示。

一般来说,同一基团不对称伸缩振动频率比对称伸缩振动频率要高一些。由于伸缩振动吸收的能量高,同一基团伸缩振动的吸收峰常出现在高波数,周围环境改变对其影响不大。

(2)弯曲振动:指基团键角发生周期性变化而键长不变的振动,用 δ 表示。这类振动可分为面内弯曲振动和面外弯曲振动。

面内弯曲振动指振动方向位于键角平面内的振动,用 β 表示,此类振动可分为剪式振动(δ)和面内摇摆振动(ρ)。面外弯曲振动指垂直于键角平面的弯曲振动,用 γ 表示。此类振动可分为面外摇摆振动(ω)和扭曲振动(τ)。

更多原子的分子则存在更多振动形式,存在更多振动能级,但实际上红外吸收光谱图吸收峰数目往往少于振动方式数目,其原因是非红外活性振动、简并现象的存在及仪器性能的限制。

(二)红外吸收峰的类型

1. **基频峰**　分子吸收一定频率的红外线,振动能级由基态跃迁至第一振动激发态时所产生的吸收峰称为基频峰。基频峰的强度一般比较大,其峰位置的规律性也比较强,所以在红外光谱图上最容易识别,为红外吸收光谱中最重要的一类吸收峰。

2. **泛频峰**　分子的振动能级由基态跃迁至第二、第三振动激发态等高能级时所产生的吸收峰称为倍频峰。此外,还有两个或多个振动类型组合而成的合频峰、差频峰。倍频峰、合频峰和差频峰统称为泛频峰。泛频峰多数为弱峰,在谱图上一般不易辨认。泛频峰的存在,使红外光谱变得复杂,但却增加了红外光谱的特征性。例如,取代苯的泛频峰出现在 2 000~1 667cm^{-1} 的区间,主要是苯环上碳氢面外弯曲振动的倍频峰,代表其取代基类型,对于确定苯环上的取代基位置有特别的意义。

3. **特征峰**　凡能鉴别官能团存在并具有较高强度的吸收峰称为特征吸收峰,简称"特征峰",特征峰频率称特征频率。例如,在 1 850~1 650cm^{-1} 区间出现的最强的吸收峰,一般是羰基的伸缩振动($\nu_{C=O}$)峰,可用其鉴定化合物结构中存在的羰基,$\nu_{C=O}$峰称为特征峰。

4. **相关峰**　由于一种官能团有多种振动方式,每一种振动方式从理论上讲都有相应的吸收峰,习惯上把同一基团出现的相互依存又能相互佐证的吸收峰称为相关吸收峰,简称"相关峰"。例如,亚甲基的相关峰有 ν_s=2 850cm^{-1}、ν_{as}=2 925cm^{-1}、δ=1 465cm^{-1}、ρ=720~790cm^{-1}。由一组相关峰来确定某基团的存在是解析红外吸收光谱的一项重要原则。

(三)红外吸收峰的峰位及影响因素

吸收峰的位置简称"峰位",一般以振动能级跃迁时所吸收红外线的 λ_{max}、σ_{max} 或 ν_{max} 表示。即使同一种基团的同一种振动形式,因处于不同的分子和不同的化学环境中,其振动频率有所不同,所产生的吸收峰的峰位也不同,但其大体位置可相对稳定地出现在某一段区间内。因此,某一段区间内有无吸收带,可用来鉴别某些化学键或基团是否存在。

基团吸收峰的峰位主要取决于化学键力常数和成键原子质量,但基团峰位还会受到分子中其他结构(特别是邻近基团)等内部因素的影响和测量环境等外部因素的影响。同一物质在不同条件下,基团峰位和吸收强度会发生一定程度的变化,这对于解析红外吸收光谱和推断分子结构尤其重要。

1. 内部因素

(1) 诱导效应：基团连的取代基电负性不同，通过静电诱导效应使分子电子云发生变化，改变化学键力常数，使吸收峰位移。取代基电负性大，吸收峰向高波数位移；反之，则向低波数位移。

(2) 共轭效应：共轭效应使共轭体系电子云密度趋于平均化，键长平均化，双键伸长，单键缩短，结果使双键吸收峰向低波数位移，单键吸收峰向高波数位移。

(3) 氢键效应：氢键可使形成氢键基团的吸收峰明显地向低波数方向位移。羰基与羟基或羟基与羟基之间很容易形成氢键，使吸收峰向低波数移动，同时吸收强度增加，峰形变宽。在羧酸、醇、酚的红外吸收光谱中，氢键效应经常发生。

由于分子内氢键效应引起的吸收峰位的移动不受浓度的影响，而分子间氢键效应引起的吸收峰位的移动受浓度的影响较大，因此可以判断是分子间氢键还是分子内氢键。另外，空间效应、杂化效应、互变异构等内部因素也对峰位有影响。

2. 外部因素

(1) 物质的聚集状态：同一物质，聚集状态不同，其吸收峰频率也不同。如丙酮在液态时，$v_{C=O}$ 为 1 715cm^{-1}，气态时 $v_{C=O}$ 则为 1 738cm^{-1}；羧酸液态时 $v_{C=O}$ 为 1 760cm^{-1}，气态时 $v_{C=O}$ 则为 1 780cm^{-1}。

(2) 溶剂的影响：极性基团的伸缩振动频率通常随溶剂极性的增加而降低，这是因为极性基团与极性溶剂之间可形成氢键，形成氢键的能力越强，振动频率降低越多。因此，通常在非极性溶剂中测量红外光谱。

基于以上因素，在查阅标准红外图谱时，应注意试样状态、制样方法和测量条件的不同。

(四) 红外吸收峰的强度及影响因素

红外吸收光谱中吸收峰的相对强度称为吸收峰的强度，简称"峰强"。吸收峰强度可用摩尔吸光系数 ε 表示，为了便于比较吸收峰的强弱，一般大致划分为以下五个等级。

极强峰 (vs)	强峰 (s)	中强峰 (m)	弱峰 (w)	极弱峰 (vw)
$\varepsilon > 100$	$20 < \varepsilon < 100$	$10 < \varepsilon < 20$	$1 < \varepsilon < 10$	$\varepsilon < 1$

一般极性越大的分子、基团、化学键，分子振动时偶极矩变化则越大，吸收峰越强；分子结构对称性越高，振动中分子偶极矩变化越小，吸收峰强度越弱，完全对称时，偶极矩无变化，无吸收。所以，极性较强的基团，如 C=O、C—O、C—X、O—H、N—H 等，吸收谱带较强；极性较弱的基团，如 C—H、C=C、C—C、N≡N 等，吸收谱带较弱；非极性分子，如 H_2、Cl_2 等，没有红外吸收。此外，尖锐吸收峰用 sh 表示，宽吸收峰用 b 表示，强度可变吸收峰用 v 表示。

(五) 红外吸收光谱的重要区域

红外光谱按官能团所对应的吸收峰，在中红外吸收光谱上，有不同的区域划分，一般分为特征区和指纹区两大区域。

1. 特征区

波数在 4 000~1 250cm^{-1} 的区间称为特征频率区，简称"特征区"。该吸收谱带比较稀疏，容易辨认，通过在该区域内查找特征峰，常用于鉴定官能团的存在与否，又称为官能团区。此区间主要包含：

(1) X—H 伸缩振动区 (4 000~2 500cm^{-1})：X 代表 C、O、N 等原子，指 O—H、N—H、C—H 等的伸缩振动。如 O—H 伸缩振动位于 3 650~3 200cm^{-1}，在非极性溶剂中，浓度较小 (稀溶液) 时，峰形尖锐，强吸收；当浓度较大时，发生缔合作用，峰形较宽，用以确定醇、酚、酸。

(2) 双键伸缩振动区 (2 500~1 250cm^{-1})：该区主要包括 C=C、C=O、C=N、N=O 等的伸缩振动，苯环的骨架振动，以及芳香族化合物的倍频谱带。如 C=O 伸缩振动位于 1 900~1 600cm^{-1}，是红外光谱上最强的吸收峰，是判断羰基化合物是否存在的主要依据。

(3) 三键和累积双键区 (2 500~2 000cm^{-1})：主要包括 C≡C、C≡N 等的伸缩振动和 C=C=C、C=C=O 等累积双键的不对称伸缩振动。该区吸收峰很少，很容易判断。

2. 指纹区　波数在 1 250~400cm^{-1} 的区间称为指纹区，在该区域内吸收峰密集、复杂多变，反映了分子内部的细微结构，犹如人的指纹一般，故称为指纹区。主要是 C—H、N—H、O—H 弯曲振动，C—O、C—N、C—X (卤素) 等伸缩振动，以及 C—C 单键骨架振动等产生。指纹区在光谱解析中的作用：首先可以旁证化合物中存在哪些基团，因为指纹区的许多吸收峰为特征吸收峰的相关峰；其次可用于确定化合物的细微结构。

二、红外分光光度计

红外分光光度计是利用被测物质对不同波长的红外线的吸收光谱特征进行定性和定量分析的仪器。目前使用的红外分光光度计主要有两种：一是光栅型红外分光光度计；二是傅里叶变换红外分光光度计。

(一) 光栅型红外分光光度计

1. 主要部件　光栅型红外分光光度计的结构与紫外 - 可见分光光度计相似，主要是由光源、吸收池、单色器、检测器、信号处理与显示器五部分组成，但各部件材料、性能和顺序与紫外分光光度计不同。

(1) 光源：能够发射高强度的连续红外光的部件，常用红外光源有能斯特灯和硅碳棒两种，使用波数范围均为 5 000~400cm^{-1}。

(2) 吸收池：常采用不吸收但可透过红外光的 KBr、NaOH 等结晶体材料制成窗片。根据试样的状态不同，可分为气体池和液体池两种。气体池主要用于气体及易挥发液体试样的分析；液体池主要用于常温下不易挥发液体试样及固体试样的分析，有可拆卸式、固定式和可变层厚等样式，可根据待分析试样的性质与需要选择。

(3) 单色器：将通过试样池和参比池后的复合光分解为单色光，由色散元件、准直镜和狭缝构成。色散元件多采用反射光栅。

(4) 检测器：其作用是将接收到的红外光转变成电信号，有高真空热电偶检测器、热释电检测器和气体检测器等。高真空热电偶检测器是用半导体热电材料制成的，利用不同导体构成回路时的温差电现象，将温差转变为电位差的装置，将热电材料装在高真空的玻璃管中，可以保证热电偶的高灵敏度及减少热传导的损失，是最常用的检测器。

(5)信号处理与显示器:为确保绘图的快捷与准确,红外分光光度计配有微处理机或小型计算机,能自动完成对各种参数的处理、记录及吸收光谱图的绘制等。

2. 工作原理　光栅型红外分光光度计的工作原理如图 14-3 所示,光源发出的连续红外光被分为能量相同的两束,一束通过参比池,另一束通过试样池。两束光经由扇形斩光器周期性地切割后交替性地进入单色器和检测器。未进样时,两束光的强度相等,信号无变化,仪表指示为零。进样后,试样池光路有吸收,致使两束光的辐射强度发生变化,在检测器上产生与两束光强度差成正比的交流信号,再经放大器放大,由记录仪记录试样吸收情况的变化。同时,光栅也按一定速度运动,使到达检测器上的红外入射光的波数也随之改变。由于记录笔与光栅同步移动,故记录笔在波数扫描过程中可绘制出光吸收强度随波数变化而变化的红外光谱图。

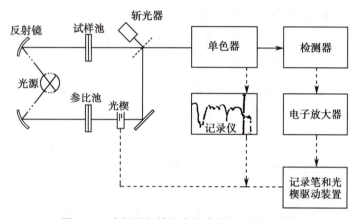

图 14-3　光栅型红外分光光度计的工作原理图

(二) 傅里叶变换红外分光光度计

1. 主要部件　傅里叶变换红外分光光度计也由五部分组成,但与光栅型红外分光光度计稍有不同。

(1)光源:与光栅型红外分光光度计基本相同。

(2)干涉仪(相当于单色器):干涉仪是傅里叶变换红外分光光度计的核心部件,经典的迈克尔逊干涉仪由定镜、动镜、光束分裂器等部分组成。

(3)吸收池(又称样品室):与光栅型红外分光光度计基本相同。

(4)检测器:目前多使用热电型和光电导型检测器。热电型检测器价格低廉,室温下即可使用,且波长特性曲线平坦。光电导型检测器的灵敏度比热电型高一个数量级,响应速度快,适用于快速扫描测量和色谱 - 红外光谱联用。

(5)计算机和记录系统:计算机可以控制仪器操作;获取干涉图数据后进行傅里叶转换,并最终得到红外光谱图。

2. 工作原理　傅里叶变换红外分光光度计工作原理如图 14-4 所示,与光栅型红外分光光度计的主要区别在于干涉仪不需要分光系统,经干涉仪调制后的干涉光通过试样后即携带了试样的信息,信息经检测器转化成电信号,再经傅里叶变换处理,最终得到红外吸收光谱图。

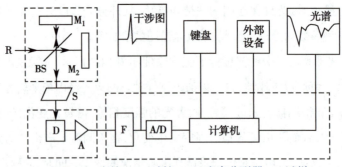

R：光源；M_1：定镜；M_2：动镜；BS：光束分裂器；S：试样；

D：检测器；A：放大器；F：滤光器；A/D：转换器。

图 14-4　傅里叶变换红外分光光度计工作原理图

3. 特点　傅里叶变换红外分光光度计的特点如下。

(1)扫描速度极快：在整个扫描时间内同时测定所有频率的信息，一般只要 1 秒左右。因此，可用于测定不稳定物质的红外光谱，且可与色谱仪联用。

(2)分辨率高：分辨率可达 $0.01cm^{-1}$，而光栅型红外分光光度计分辨率只有 $0.2cm^{-1}$。

(3)灵敏度高：不用狭缝和单色器，反射镜面大，故能量损失小，到达检测器的能量大，检出限可达 $10^{-12}\sim10^{-9}g$，可用于痕量分析。

此外，还有光谱范围宽($10\,000\sim10cm^{-1}$)、测量精度高(重复性可达 0.1%)、杂散光干扰小、试样不受因红外聚焦而产生的热效应影响等优点。

傅里叶变换红外分光光度计是许多国家药典绘制药品红外吸收光谱的指定仪器。

(三) 试样的制备方法

利用红外分光光度计可测定气体、液体及固体试样。一般要求试样纯度大于 98%，否则应进行分离提纯；此外试样中不应含水分。试样不同，制备方法不同。

1. 液体试样　制备方法主要分为液体池法、夹片法及涂片法。

(1)液体池法：低沸点易挥发的试样需注入封闭的液体吸收池内测定，但需要选用在测定波段内无强吸收的溶剂，最常用的溶剂有 CCl_4、CS_2 等。

(2)夹片法及涂片法：对于挥发性弱的液体试样，可采用夹片法，即将液体试样滴在一片 KBr 窗片上，用另一片 KBr 窗片夹住后测定。对于黏度大的液体试样，可采用涂片法，即将液体试样直接涂在一片 KBr 窗片上测定。

2. 固体试样　制备方法主要分为压片法、糊膏法和薄膜法。

(1)压片法：压片法是测定固体试样最常用的方法。将试样和 KBr 粉末置入玛瑙研钵中研匀，装入压片模具中制备 KBr 样片。同时制备 KBr 空白片作参比。为防吸潮，整个操作应在红外灯下进行。要求 KBr 为光谱纯，粒度约为 200 目，且为干燥品。试样在 KBr 固体分散介质中的比例量为(1∶100)~(2∶100)。若测定试样为盐酸盐，应采用 KCl 固体分散介质压片。

(2)糊膏法：将干燥处理后的试样研细，与液体石蜡或全氟代烃等折射率相近的液体介质混合，调成糊状，夹在两块空白 KBr 片中测定。此法不适用于测定饱和烷烃。

(3)薄膜法：可将试样直接加热熔融后涂制或压制成膜；也可将试样溶解在低沸点的易挥发溶剂中，涂在盐片上，待溶剂挥发后成膜。膜的厚度为 0.01~0.1mm，此法主要用于测定能够成膜的高分子化合物，优点是光谱既不受溶剂影响也不受分散介质影响。

3. **气体试样**　气态试样可灌入气体槽内进行测定。先将气体槽内抽成真空，再将试样注入。气体槽的主体是玻璃筒，两端粘有红外透光的 NaCl 或 KBr 窗片，红外光从窗片透过。

知识链接

红外光谱常用的测定方法

1. **透射法**　透射法是通过采集透过供试品前后的红外吸收光强度变化得到红外吸收光谱的测定方法。

2. **衰减全反射法**　衰减全反射（attenuated total reflection，ATR）法是红外光以一定的入射角度照射试样表面，经过多次反射得到的试样反射红外吸收光谱的测定方法，适用于塑料产品、粒料及橡胶产品，也可以测定液体试样，将液体试样直接涂在晶体反射面上进行测定即可。

3. **显微红外法**　除另有规定外，用切片器将试样切成厚度小于 50μm 的薄片，置于显微红外仪上观察试样横截面，选择每层材料，通常以透射法采集光谱。此法适用于膜、袋、硬片等试样。

三、应用

红外分光光度法应用广泛，不仅可用于已知化合物定性鉴定和未知化合物结构分析，还可用于定量分析和化学反应机制研究等。

（一）定性鉴定和结构分析

有机化合物的红外光谱具有非常强的特征性，其吸收峰的数目、位置、形状及强度都随化合物的不同而各不相同。因此，红外分光光度法是对物质进行定性鉴别和结构分析的主要手段之一。

1. **已知化合物定性鉴定**　在药物分析中，各国药典均将红外分光光度法列为药物的常用鉴别方法。药物的红外鉴别常用以下两种方法。

(1)与对照品比较法：在相同条件下，分别测定并比较试样与对照品的吸收光谱，如果谱图完全相同，试样与对照品为同一化合物；如果谱图不相同或峰位不一致，则说明两者不是同一化合物或试样有杂质。

(2)与标准谱图对比法：在标准谱图的测定条件下，测定试样的红外光谱图，然后与标准谱图比较，如完全一致，且其他物理常数（熔点、沸点、比旋光度等）、元素分析结果也一致，则可确证为同一化合物。如莨菪烷类原料药和青蒿素类原料药在《中国药典》中均采用红外光谱的方法进行鉴别，要求所得的红外吸收图谱应与标准图谱一致。另外，许多配置电脑的红外分光光度计都存有大量的标准图谱，电脑可根据试样谱图，直接检索出与试样谱图最接近的标准谱图，供定性鉴定参考。

2. **未知化合物结构分析**　利用红外分光光度法对未知化合物进行结构分析，一般步骤如下。

(1)试样的纯化：通过各种分离手段，如分馏、萃取、重结晶、色谱等提纯试样，去加以干燥，得到干燥的纯物质。

(2)了解试样的来源、性质及其他实验资料：根据试样元素分析和质谱推测出分子式，计算不饱和度，推断分子中可能含有的官能团。此外，熔点、沸点、折光率及旋光度等也可作为分析的旁证。

不饱和度的计算公式：

$$U = 1 + n_4 + \frac{n_3 - n_1}{2}$$
式(14-3)

式中，n_1、n_3、n_4分别为一价、三价和四价元素的原子数目。

$U=0$ 时，可能是链状烷烃或其不含双键的衍生物。

$U=1$ 时，可能含有一个双键或脂环。

$U=2$ 时，可能含有两个双键或脂环，或只含有一个三键。

$U \geq 4$ 时，可能含有一个苯环。

因此，根据化合物的分子式计算出不饱和度，可初步判断有机化合物的类型。

> **课 堂 活 动**
> 计算药用辅料三氯叔丁醇($C_4H_7Cl_3O$)、L-苹果酸($C_4H_6O_5$)的不饱和度 U。

(3)光谱的测定：根据试样性质和仪器，选择合适的制样方法、试验条件，测定红外吸收光谱图。

(4)谱图解析：首先，解析红外光谱一般按照"先特征，后指纹；先最强峰，后次强峰；先粗查，后细找；先否定，后肯定"的原则进行。同时把握解析红外光谱的三要素：峰位、峰强及峰形。要先识别峰位，再看峰强，最后分析峰形，三者缺一不可。例如 $v_{C=O}$ 强峰一般在 1 870~1 540cm^{-1} 区间，若在此区间出现一个强度弱的吸收峰，并不能肯定试样结构中一定含有单独的羰基，而可能是某个含有羰基的其他物质。

其次，用一组相关峰确认一个官能团，防止片面利用某个特征峰确认官能团而出现"误诊"。例如谱图中在 (2 962 ± 10) cm^{-1}、(1 450 ± 20) cm^{-1}、(2 872 ± 10) cm^{-1}、1 380~1 370cm^{-1} 处同时都出现吸收峰时，才能断定待测结构中含有甲基。若特征频率区内未发现特征吸收峰，则可否定相应官能团的存在。

再次，采用已知物对照法和查对标准光谱法，进一步确认未知物的结构。

最后，新发现待定结构的未知物结构的确定，需要配合紫外-可见分光光度法、质谱、核磁共振等方法进行综合分析判断。

(二) 定量分析

紫外-可见分光光度法定量分析的原理和方法，也适用于红外光谱的定量分析。红外光谱中有许多谱带可供选择，不用分离可直接进行含量测定。另外，红外光谱定量分析可不受试样状态的限制。

但由于红外光谱复杂，红外吸收谱带较窄，光的散射现象和吸收谱带重叠严重，实验条件严格，定量分析灵敏性和准确性均低于紫外-可见分光光度法。因此，红外分光光度法在定量分析中的应用，远不如紫外-可见分光光度法广泛，一般只在特殊情况下使用。例如，混合物中待测组分与其他组分在物理和化学性质上极其相似，特别是同分异构体，紫外光谱图几乎相同，但红外光谱的指纹区差别很大,可用红外光谱进行定量分析。

点滴积累

1. 波长 2.5~50μm 的中红外光区是红外光谱研究的主要区域,常采用 $T\%$-σ 曲线表示红外光谱图。

2. 红外光谱的产生原因是分子的振动和转动能级的跃迁,分子振动频率大小取决于化学键的强度和原子质量。化学键越牢固,原子质量越小,振动频率越高。

3. 常用的红外分光光度计有光栅型和傅里叶变换型两大类,可测定气体、液体及固体试样,但灵敏度、分辨率和适用范围不同。

4. 红外光谱解析原则一般是"先特征,后指纹;先最强峰,后次强峰;先粗查,后细找;先否定,后肯定"。红外光谱解析三要素是峰位、峰强及峰形。先识别峰位,再看峰强,最后分析峰形。

第二节 原子吸收分光光度法

原子吸收分光光度法(AAS)是基于试样蒸气中待测元素的基态原子对特征谱线的吸收作用而进行定量分析的方法,又称为原子吸收光谱法。与紫外-可见分光光度法同属于吸收光谱法,但两者所测物质的状态不同,使用的光源亦不同。原子吸收分光光度法是气态原子对光的吸收,属于原子吸收光谱,谱图很窄呈线状,使用的是锐线光源;紫外-可见分光光度法是溶液中分子或离子对光的吸收,属于分子吸收光谱,谱图较宽呈带状,使用的是连续光源。

原子吸收分光光度法已成为痕量元素分析的主要方法之一,具有以下特点。

1. 灵敏度高,检出限低 火焰原子吸收法的检出限为 10^{-10}~10^{-8}g/ml,非火焰原子吸收检出限为 10^{-14}~10^{-12}g/ml。

2. 简便、快速、准确度高 一般相对误差在 1%~3%。

3. 选择性好,应用范围广 每种元素都有其特定的吸收谱线,大多数情况下共存元素不产生干扰,能够测定的元素可达到 70 多种。

一、基本原理

(一)原子吸收曲线

1. 共振线 通常情况下,原子处于能量最低、最稳定的状态称为基态(E_0)。当受外界能量(如光能)作用而被激发时,基态原子最外层的电子可跃迁到能量较高的不同能级,较高能量的状态称为激发态(E_j)。每种元素的原子只有一种基态和一系列确定能级的激发态,每种元素的原子只能在特定的能级间跃迁。当外层电子从基态跃迁到激发态所产生的吸收谱线称为共振吸收线。它再跃迁回基态时,所发射出同样频率的谱线,该谱线称为共振发射线。共振吸收线和共振发射线均简称

"共振线"。

2. 分析线　因为不同元素的原子结构和外层电子排布各不相同,所以其共振线也各不相同,各有特征,共振线为元素的特征谱线。由于从基态到第一激发态(E_1)的跃迁所需能量最低,最易发生,产生的谱线强度也最强。因此,对于大多数元素来说,共振线就是元素的灵敏线。由于原子吸收光谱是利用待测元素的原子蒸气吸收光源辐射的共振线进行分析,所以共振线又称分析线。

(二)原子吸收值与原子浓度的关系

原子吸收光谱法是利用待测元素原子蒸气中基态原子对该元素的共振线的吸收进行测定的,由试样中的被测元素产生一定浓度的基态原子是原子吸收分析中的关键因素。但在原子化过程中,待测元素由分子解离成原子,不可能全部是基态原子,其中还有一部分为激发态原子,甚至进一步解离成离子。为了提高分析的灵敏度和准确性,基态原子数在原子总数中占的比例越高越好。在原子吸收测定的温度条件下,原子蒸气中的基态原子数 N_0 近似等于原子总数 N。

理论证明,谱线的积分吸收值(吸收线轮廓所包括的整个面积)与原子蒸气中待测元素的基态原子数成正比。如果可以测量积分吸收值,即可求出元素原子的含量。但要准确测定谱线宽度仅为 10^{-3}nm 的积分吸收,需要分辨率很高的色散元件,这是很难达到的。

1955 年,澳大利亚科学家 Walsh 提出,采用发射线半宽度比吸收线的半宽度小得多的锐线光源,并且两谱线的中心频率一致时,可用峰值吸收代替积分吸收。吸收线中心频率 v_0 处的吸收系数 k_0 为峰值吸收系数,简称"峰值吸收"。在温度不太高的稳定火焰条件下(低于 3 000℃),峰值吸收系数与火焰中被测元素的原子数成正比。

对于原子吸收值的测量是以一定光强度 I_0 的单色光通过原子蒸气,然后测出被吸收后的光强度 I,此吸收过程服从朗伯-比尔定律,表示为:

$$A = \lg \frac{I_0}{I} = KNL \qquad \text{式(14-4)}$$

式中,K、N、L 分别表示吸收系数、自由原子总数(基态原子数)和吸收层厚度。

当实验条件一定时,试样中被测组分浓度 c 与蒸气原子总数 N 成正比,蒸气厚度 L 一定,吸光度可表示为:

$$A = K'c \qquad \text{式(14-5)}$$

式(14-5)表明,在一定实验条件下,峰值吸收测量的吸光度与待测元素的浓度呈线性关系,这是原子吸收分光光度法定量分析的依据。

二、原子吸收分光光度计

原子吸收分光光度计与普通的紫外-可见分光光度计的结构基本相同,只是用空心阴极灯锐线光源代替了连续光源,用原子化器代替了吸收池。

(一)仪器主要部件

1. 光源　其功能是发射被测元素基态原子所吸收的特征共振线。对光源的基本要求是:辐射光的波长半宽度要明显小于吸收线的半宽度,辐射光强度足够大,稳定性好,使用寿命长。目前使用最广泛的是空心阴极灯。

(1)空心阴极灯:是一种低压气体放电管,由一个带有石英窗的玻璃管、一个阳极(钨、钛或锆棒)和一个空心圆柱形阴极(由待测元素的金属或合金构成)组成,管内充入低压惰性气体。此种空心阴极灯中元素在阴极可多次激发和溅射,激发效率高,谱线强度大,电流增大,发射强度增大。缺点是使用不便,测一种元素换一个灯。

(2)多元素空心阴极灯:是将多种金属粉末按一定比例混合压制,作为阴极。阴极内含有多个不同元素(最多可达7种),能同时辐射出多个共振线,可在同一个灯上同时测定几种元素。缺点是发射强度弱、灵敏度小、干扰大。

2. 原子化器 主要功能是提供能量,将试样中的待测元素转化为气态的基态原子。原子化器应具有较高的原子化效率,有较好的稳定性和重现性,记忆效应小,噪声低且简单易操作。使试样原子化的方法主要有火焰原子化器、石墨炉原子化器、氢化物发生原子化器和冷蒸气发生原子化器四种,此处仅介绍主要的两种。

(1)火焰原子化器:火焰原子化器是利用化学火焰的能量将被测元素原子化的一种装置,主要包括雾化器、雾化室和燃烧器。雾化器的作用是使试液雾化,其性能对测定精密度、灵敏度和化学干扰等都有影响,因此,要求雾化器喷雾稳定、雾滴微细均匀和雾化效率高,但试样利用率较低。试液雾化后进入预混合室(雾化室),与燃气(如乙炔、丙烷等)在室内充分混合均匀,最低的雾滴进入燃烧器。燃烧器的作用是产生火焰,将被测物质分解为基态原子。火焰原子化器的优点是操作简单、重现性好、精密度高、应用范围广;缺点是原子化效率低限制了灵敏度,且只能用液体进样。

(2)石墨炉原子化器:石墨炉原子化器是利用电能加热盛放试样的石墨容器,使之达到高温,以实现试样的蒸发和原子化。其优点是原子化效率高,灵敏度高,化学干扰少,试样用量少,液体和固体均可直接进样;缺点是化学干扰较多,背景强,测量的重现性差,设备复杂,分析成本较高。

3. 单色器 其作用是将被测元素的共振吸收线和邻近谱线分开。单色器置于原子化器的后面,防止原子化器内发射的干扰辐射进入检测器。单色器由入射狭缝和出射狭缝、反射镜和色散元件组成。单色器中的关键部件是色散元件,因锐线光源的谱线比较简单,故对单色器的分辨率要求不高,现多用光栅。

4. 检测系统 将单色器发射的光信号转换成电信号后进行测量,主要由检测器、放大器、对数变换器和显示装置组成。

(二)仪器主要类型

1. 单光束原子吸收分光光度计 其优点是结构简单,价廉,共振线在传播途中损失较少,有较高的灵敏度;缺点是易受光源强度变化影响,灯预热时间长,分析速度慢。

2. 双光束原子吸收分光光度计 其优点是一束光通过火焰,一束光不通过火焰直接经单色器,可消除光源强度变化及检测器灵敏度变动的影响;缺点是不能消除火焰不稳定和背景吸收的影响,且价格较贵。

3. 双波道或多波道原子吸收分光光度计 这是使用两种或多种空心阴极灯,使光辐射同时通过原子蒸气而被吸收,然后再分别引到不同分光系统和检测系统,测定各元素的吸光度值的仪器。该仪器准确度高,采用内标法,可同时测定两种以上元素,但装置复杂,价格昂贵。

石墨炉原子吸收法测定铜的含量(视频)

三、应用

(一)分析条件的选择

1. 分析线的选择 通常选择待测元素最灵敏的共振线作为分析线,但并不是任何情况下都选择共振线。例如 As、Se、Hg 等的共振线在远紫外光区,该区域火焰吸收强烈,不宜选用共振线作为分析线。在选择分析线时,首先扫描空心阴极灯的发射光谱,然后喷入试样溶液,观察谱线的吸收和干扰情况,一般选用不受干扰且吸收最强的谱线作为分析线。

2. 狭缝宽度的选择 适宜狭缝宽度可由实验确定。将试样喷入火焰,调节狭缝宽度,测定不同狭缝宽度时的吸光度,达到一定宽度后,吸光度趋于稳定,进一步增加狭缝宽度,当其他谱线或非吸收透过狭缝时,吸光度立即减小。不引起吸光度减小的最大狭缝宽度,就是最适宜的狭缝宽度。

3. 原子化条件的选择 对于火焰原子化法,火焰的种类和助燃比的选择是很重要的。当燃气和助燃气选好后,可通过下述方法选择助燃比:固定助燃气流量,改变燃气流量,测量标准溶液在不同助燃比时的吸光度,绘制吸光度 - 助燃比关系曲线,以确定最佳助燃比。

4. 试样量的选择 火焰原子化法在一定范围内,喷入的试样量增加,原子吸光度增大,但在超过一定量后,由于试样不能完全有效地原子化及试液的冷却效应会使吸光度不再增大甚至有所下降,因此在保持一定的火焰条件下,测定吸光度随喷入试样量的增加达到最大吸光度时的喷雾量,即为适宜的试样量。石墨炉原子化一般固体取样 0.1~10mg,液体取样量为 1~50μl,主要依据石墨管容器的容积大小而定。

(二)定量方法

常用的定量方法有标准曲线法、标准加入法和内标法。

1. 标准曲线法 根据试样中待测元素的含量和仪器推荐的浓度范围内,配制合适的系列标准溶液,同时以相应试剂配制空白对照溶液,按溶液浓度由低到高,依次喷入火焰,分别测定空白溶液与标准溶液的吸光度 A,以吸光度 A 为纵坐标,标准溶液浓度 c 为横坐标,绘制 A-c 标准曲线。在完全相同的实验条件下,喷入待测试样溶液,根据得的吸光度,从标准曲线上查出该吸光度所对应的浓度,以此计算试样中被测元素的含量。

该法原理与紫外 - 可见标准曲线法相同,但由于燃气流量和喷雾效率的变化、单色器波长的漂移等因素可导致试样测定条件与标准曲线测定条件不同。所以,每次测定前,应随时对标准曲线进行检查、校正。此法适用于组成简单的大批量试样分析,不适用于基体复杂试样。

2. 标准加入法 若试样组成较复杂,而且对测定又有明显的影响时,可采用标准加入法进行定量分析,以克服试样基体的干扰。其方法是取 4 份体积相同的试样溶液,并依次加入浓度为 0、c_0、$2c_0$、$4c_0$ 的标准溶液,然后用溶剂稀释至一定体积。在相同的实验条件下分别测得其吸光度为 A_0、A_1、A_2、A_3,以 A 对浓度 c 作图,得到如图 14-5 所示的直线,延长直线与横坐标交于 c_x,c_x 即为所测试样中待测元素的浓度。

使用标准加入法应注意：①被测元素的浓度应在通过原点的校准曲线线性范围内；②至少采用四点作外推曲线，并且第一份加入的标准溶液与试样溶液的浓度相当；③得到的曲线斜率不宜太小，否则引进较大的误差；④只能消除分析中的基体干扰，但不能消除背景干扰。

现行版《中国药典》维生素 C 中铁、铜离子的检查，就采用标准加入法进行测定。

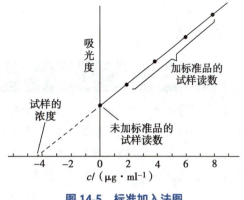

图 14-5　标准加入法图

3. 内标法　在对照品溶液和待测试样溶液中分别加入一定量的内标元素(试样中不存在)，在双波道原子吸收分光光度计上测定被测元素与内标元素的吸光度比值，并以吸光度比值对被测元素浓度绘制校正曲线。根据试液测得的吸光度比值由校正曲线上求得被测元素的含量。

内标法是一种精密度和准确度较高的分析方法，在一定程度上还可以消除火焰、喷雾状况，以及由于试液的物理、化学特性不同而带来的干扰，但内标法只适用于双通道型原子吸收分光光度计，并且要求所选的内标元素应与被测元素在原子化过程中具有相似的特性。例如，测定 Ca 时采用 Sr 作内标元素；测定 Mg 时采用 Cd 作内标元素；测定 Zn 时采用 Cr 或 Mn 作内标元素。

案例分析

案例中质检员的分析方法合理吗？

案例： 现行版《中国药典》规定雷米普利原料药中使用的催化剂重金属钯的含量不得过百万分之二十。某药厂质检员用火焰原子化器，采用标准加入法耗时 45 天完成了 30 个批次雷米普利原料药的检验，产品全部合格放行，准予销售；结果收到原料药买方的律师函，因为进厂复检发现重金属钯含量超标，要求药厂赔偿相应损失。

分析： 因为原料药纯度高，基体干扰较小，分析时应该选用操作简单、有利于大批量试样分析的标准曲线法。而质检员选择的是标准加入法，使检验时间延长；此外，原料药中钯含量要求不大于 20ppm，要求的检测限很低，应采用石墨炉原子化器，而质检员选择的是火焰原子化器，由于质检员选择的分析方法不当，直接导致分析结果不准确，从而给公司带来了巨大的损失。以此说明，在实际检测中必须根据试样的具体情况选择适合的分析方法和仪器。

(三) 应用示例

原子吸收分光光度法具有灵敏度高、选择性好、操作方便、快速和准确度好等特点，被广泛应用于水、食品、药物以及生存环境的检验，主要用于毒性元素的分析，目前，大约有 70 多种元素可用原子吸收分光光度法直接或间接地进行测定。

例如《生活饮用水卫生标准》(GB 5749—2022) 的常规水质的毒理指标规定了 As、Se、Hg、Cd、Pb、Cr(六价) 6 种元素的限值；《食品卫生检验方法理化部分总则》(GB/T 5009.1—2003)、国家环境保护总局编写的《水和废水监测分析方法》(第四版)、《饲料工业标准汇编》、《中国药典》、农业部颁布的无公害农产品行业标准、《土壤分析技术规范》等标准和书籍按照毒性大小规定了多种毒性元素的限值。

> **点滴积累**
>
> 1. 原子吸收分光光度法的定量依据：$A=K'c$。
> 2. 原子吸收分光光度计主要由光源、原子化器、单色器、检测系统组成。
> 3. 原子吸收分光光度法的定量方法有标准曲线法、标准加入法和内标法。
> 4. 原子吸收分光光度法是测量试样元素含量的首选方法。

第三节　荧光分析法

物质分子吸收光子能量被激发后，从激发态的最低振动能级返回基态时发射出的比原来吸收光波长更长的光，称为荧光。根据物质的荧光谱线位置及强度进行物质定性和定量分析的方法称为荧光分析法（FLA）。如果待测物质是分子，则称为分子荧光；如果待测物质是原子，则称为原子荧光。根据激发光的波长范围不同，又可分紫外-可见荧光、红外荧光和 X 射线荧光等。近年来荧光分析法在生物化学、医学、药学、化学等各领域研究中的应用逐步广泛，本节主要介绍分子荧光分析法。

一、基本原理

（一）分子荧光的产生

吸收光子能量后的分子很不稳定，在较短的时间内可通过不同途径释放多余的能量回到基态。在溶液中，处于激发态的溶质分子与溶剂分子间发生碰撞，将一部分能量以热的形式迅速传递给溶剂分子，在 $10^{-13} \sim 10^{-11}$ 秒时间从激发态的较高振动能级回到同一电子激发态的最低振动能级，这一过程称为振动弛豫。在振动弛豫后，大多数物质仍继续以其他无辐射跃迁形式回到基态，而荧光物质则以发射光量子的形式回到基态的各振动能级上从而发射荧光。显然，荧光的能量小于激发光的能量，波长比激发光波长长。

（二）激发光谱与荧光光谱

由于荧光是荧光分子被激发后的发射光谱，因此荧光分子均具有两个特征光谱，即激发光谱和荧光光谱（发射光谱）。

1. **激发光谱**　将激发荧光的光源用单色器分光，连续改变激发光波长（λ_{ex}），引起物质发射某一波长荧光的发射效率，测定不同激发光波长下物质发射的荧光强度，以荧光强度为纵坐标，以激发光波长为横坐标作图,即为激发光谱。从激发光谱图上可找到发生荧光强度最强的激发波长,选用它可得到强度最大的荧光。

2. 荧光光谱　选择最强的激发波长作激发光源,用另一单色器将物质发射的荧光分光,记录每一波长下的荧光强度,作荧光强度(F)和发射波长(λ_{em})的关系图,即为荧光光谱。荧光光谱中荧光强度最强的波长与最强的激发波长,一般可作为定量分析中最灵敏的波长。

激发光谱和荧光光谱可用来鉴别荧光物质,而且是选择测定波长的依据,如图 14-6 为硫酸奎宁的激发光谱和荧光光谱。

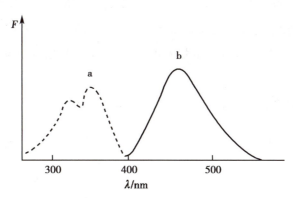

图 14-6　硫酸奎宁的激发光谱(a)和荧光光谱(b)

(三)影响荧光强度的主要因素

荧光分子不能将全部吸收的光能都转变成荧光,总是或多或少地以其他形式释放。荧光分子将吸收的光能转变成荧光的百分率称为荧光效率,表示发射荧光的量子数和所吸收激发光量子数的比值。通常用 φ_f 表示。

$$\varphi_f = \frac{发射荧光的量子(荧光强度)}{吸收激发光的量子数(激发光强度)} \qquad 式(14\text{-}6)$$

一般物质的荧光效率在 0~1 之间。如蒽在乙醇中 φ_f=0.30,荧光素钠在水中 φ_f=0.92,荧光素在水中 φ_f=0.65。

影响荧光强度的主要因素有:

1. 有机化合物结构　能够发射荧光的物质应同时具备两个条件,一是物质分子必须有强的紫外 - 可见吸收;二是物质分子必须有一定的荧光效率。一般来说,长共轭分子具有 π→π* 跃迁的 K 带紫外吸收,刚性平面结构分子具有较高的荧光效率,而在共轭体系上的取代基对荧光光谱和荧光强度也有很大影响。

2. 溶液浓度　由于荧光物质是在吸收光能后而被激发才发射荧光的,所以荧光的强度与该溶液中荧光物质吸收光能的强度和荧光效率有关。设溶液中荧光物质的浓度为 c,摩尔吸光系数为 ε,液层厚度为 L。若浓度 c 很小时,εcL 也很小,当 $\varepsilon cL \leq 0.05$ 时,根据比尔定律荧光强度 F 与浓度 c 的关系为:

$$F = 2.3\,\varphi_f I_0 \varepsilon cL = Kc \qquad 式(14\text{-}7)$$

式(14-7)说明,在稀溶液中荧光强度与荧光物质的浓度呈线性关系,但当荧光物质浓度高,$\varepsilon cL>0.05$时,荧光强度与荧光物质的浓度不再呈线性关系。式(14-7)是荧光定量分析的依据。

3. 外部因素 分子所处的外界环境,如温度、酸度、溶剂、荧光熄灭剂等都会影响荧光效率,甚至影响分子结构及立体构象,从而影响荧光光谱的形状和强度。①溶剂:同一物质在不同溶剂中,其荧光光谱的形状和强度都有差别。通常荧光波长随着溶剂极性的增强而长移,荧光强度也增强。②温度:一般情况随温度升高,溶液中荧光物质的荧光效率和荧光强度将降低,因为温度增高后分子间碰撞次数增加,无辐射跃迁增加,从而降低了荧光效率。③溶液的pH:当荧光物质本身为弱酸或弱碱时,溶液的pH改变对溶液荧光强度产生影响较大,因为不同酸度中分子和离子间的平衡改变,荧光强度也会有所不同。④荧光熄灭剂:与荧光物质分子相互作用引起荧光强度降低的物质。如卤素离子、重金属离子、氧分子及硝基化合物、重氮化合物、羰基化合物等。

除此之外,还有散射光及激发光源等因素都能影响荧光的强度。所以,在使用荧光分析法时,应严格控制测定条件。

二、荧光分光光度计

荧光分光光度计的主要部件由激发光源、激发单色器(置于试样池之前)、样品池、发射单色器(置于样品池之后)及检测系统组成,如图14-7所示。

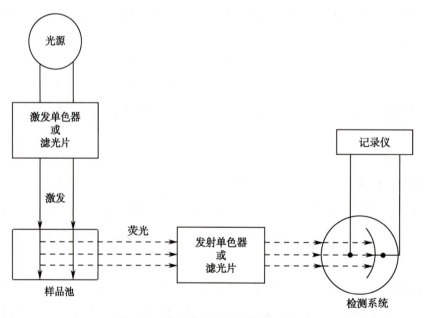

图14-7 荧光分光光度计结构示意图

1. 光源 一般采用氙灯作光源,因为氙灯发射的谱线强度大,是连续光谱,其波长分布在250~700nm之间,在300~400nm范围内谱线强度几乎相等。20世纪70年代开始用激光作为激发光源。激光光强度大,单色性好,脉冲激光光照时间短,可避免感光物质的分解。

2. 单色器 荧光分析仪有两个单色器,分别为激发单色器和发射单色器。前者作为选择激发光波长,后者作为选择荧光波长,通常第二个单色器应置于垂直于入射光的方向上,这样可以避免透射光的干扰。

3. 样品池 通常采用低荧光材料的石英制成,常用散射干扰较小的正方形样品池,且四面透光。

4. 检测系统 由于荧光的强度很弱,因此要求检测器具有较高的灵敏度,所以常用光电倍增管作检测器。

三、应用

荧光分析法灵敏度高,选择性好,取样量少,已成为医药学、生物学、农学和工业等领域进行科学研究工作的重要手段之一。

知识链接

荧光免疫分析

荧光免疫分析的基本原理是将不影响抗原抗体活性的荧光色素标记在抗体(或抗原)上,与其相应的抗原(或抗体)结合后,在荧光显微镜下呈现特异性荧光反应,通过荧光显微镜、激光共聚焦显微镜、流式细胞仪等仪器的检测,达到定位、示踪、含量测定等目的。

荧光免疫分析的标记物主要有有机荧光染料酶、无机金属配合物、复合纳米材料等几类,对方法的灵敏度和选择性至关重要,也是近年来研究的热点。为了检测试样中的痕量物质,还可以利用酶联放大、脂质体包裹、多重标记、聚合酶链式反应(polymerase chain reaction,PCR)等检测信号放大技术以获得更高的灵敏度。荧光免疫分析的主要特点是特异性强、敏感性高、速度快,目前已被广泛应用于生物化学、免疫学、分子生物学、病理学和诊断学等方面。

荧光分析法的定量分析常用标准曲线法、比例法和间接测定法等方法。以下介绍标准曲线法和比例法。

1. 标准曲线法 与紫外可见分光光度法相似,以荧光强度为纵坐标,对照品溶液的浓度为横坐标绘制标准曲线。然后在同样条件下测定试样溶液的荧光强度,由标准曲线求出试样中荧光物质的含量。

2. 比例法 如果荧光分析的标准曲线通过原点,就可选择其线性范围,用比例法进行测定。取已知量的对照品,配制对照品液(c_s),使其浓度在线性范围之内,测定荧光强度(F_s),然后在相同条件下测定试样溶液的荧光强度(F),按比例关系计算试样中荧光物质的含量(c)。当空白溶液的荧光强度调不到0,必须从 F_s 和 F 值中扣除空白溶液的荧光强度(F_0),再进行计算。

> **点滴积累**
>
> 1. 荧光分析法是根据物质的荧光谱线位置及强度进行物质定性和定量分析的方法。
> 2. 荧光分析法定量的依据是当 $\varepsilon cL \leqslant 0.05$ 时，$F = 2.3\ \varphi_f I_0 \varepsilon cL = Kc$。
> 3. 影响荧光强度的外部因素包括溶剂、温度、酸度等。
> 4. 荧光分光光度计的主要部件为光源、单色器、样品池及检测系统。

第四节　质谱法

质谱法(MS)是利用离子化技术，将物质分子转化为气态离子，再利用电磁场将离子按质荷比 (m/z) 的差异进行分离后检测的分析方法。质谱法具有以下特点。

1. 灵敏度高　一次分析仅需几微克，检测限可达 $10^{-11} \sim 10^{-9}\text{g}$。

2. 分析速度快　响应快，容易实现液 - 质联用和气 - 质联用，自动化程度高。

3. 信息量大　能得到试样分子的结构信息和精确相对分子质量，确定分子式。

目前，质谱法已被广泛应用于化学、能源、药学、医学及生命科学等多个领域，尤其是色谱 - 质谱联用技术的日益成熟，使质谱法的应用拓展到分析极性强、难挥发、热不稳定试样和生物大分子，迅速成为现代分析化学最前沿的研究领域之一。

一、基本原理

质谱法是应用多种离子化技术，如高能电子流轰击、化学电离、强电场作用等，使物质分子失去一个外层价电子，而形成自由基正离子，亦称分子离子。分子离子的质量等于化合物的分子量，而分子离子中的化学键又继续发生某些有规律的断裂而形成不同质量的碎片离子。

选择其中带正电荷的离子使其在电场或磁场的作用下，根据其质荷比 (m/z) 的差异进行分离，按各离子 m/z 的顺序及相对强度大小记录的谱图即为质谱。由于谱图中离子的质量及相对强度是各物质所特有的，即代表了物质的性质和结构特点，因此通过质谱解析即可进行物质的成分和结构分析。

当气态试样通过导入系统进入离子源，被电离成分子离子和碎片离子，由质量分析器将其分离并按质荷比大小依次进入检测器，经信号放大、记录得到质谱图。质谱的形成与光谱类似。质谱仪的离子源、质量分析器和检测器分别类似于分光光度计中的光源、单色器和检测器。但两者的原理不同，光谱法依据待测物吸光或发光特性进行定性和结构分析，并以待测物吸光度与浓度成正比这一规律进行定量分析。质谱法是依据待测物离子化特性进行定性和结构分析，以离子流强度与待测物含量成正比进行定量分析。所以质谱法不属于光谱法。

二、质谱仪

质谱仪是根据带电粒子在电磁场中能够偏转的原理按物质原子分子或分子碎片的质量差异进行分离和检测物质组成的一类仪器。

质谱仪有多种类型,其主要组成部分大致相同,一般由进样系统、离子源、质量分析器、检测器、计算机控制与数据处理系统五部分组成,如图 14-8 所示。进样系统将被测物送入离子源;离子源把试样物质分子电离成离子;质量分析器将离子源中产生的离子按质荷比的大小顺序分开;检测器按顺序检测粒子流强度;计算机系统将信号记录并打印。

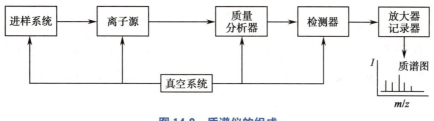

图 14-8　质谱仪的组成

在整个质谱仪结构中,离子源和质量分析器是核心部件,下面对其进行主要介绍。

(一) 离子源

离子源又称电离源,其功能是将气态试样分子转化成离子,并对离子进行加速,同时又具有准直和聚集作用,使离子汇聚成具有一定几何形状和能量的离子束进入质量分析器。在离子源的出口对离子施加一个加速电压,使离子加速到达质量分析器。

目前,离子源有电子轰击电离源、化学电离源、快原子轰击电离源、大气压电离源及基质辅助激光解吸电离源等类型,无机质谱仪通常采用电感耦合等离子体离子源。

(二) 质量分析器

质量分析器的作用是将离子源中产生的试样离子按质荷比 m/z 分开,得到按质荷比大小顺序排列的质谱图。质量分析器的主要类型有磁质量分析器、四极杆质量分析器、飞行时间质量分析器、离子阱质量分析器和静电场轨道阱质量分析器等。

三、应用

(一) 质谱图

在质谱分析中,质谱图的表示方法主要用棒图的形式。如图 14-9 为甲苯的质谱图,图中横坐标表示质荷比,纵坐标表示离子的相对丰(强)度。相对丰度是将质谱图中最强峰的丰度定为 100%,并将此峰称为基峰,用其他峰的高度除以基峰的高度,所得的分数为其他离子的相对丰(强)度。

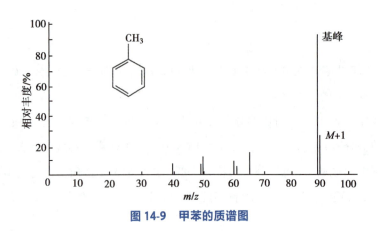

图 14-9　甲苯的质谱图

质谱中的主要离子峰如下。

1. 分子离子峰　分子在离子源中失去一个电子而形成的带正电荷的离子称为分子离子,由分子离子形成的质谱峰称为分子离子峰。分子离子峰的质荷比是确定相对分子质量和分子式的重要依据。

2. 碎片离子峰　分子离子在质谱仪中进一步裂解所产生的所有离子统称为碎片离子,由此而形成的峰称为碎片离子峰。碎片离子峰的峰位(m/z)及相对丰(强)度可提供化合物的结构信息。

3. 同位素离子峰　大多数元素由具有一定自然丰度的同位素组成,含有同位素的离子称为同位素离子,在质谱图中出现的相应的质谱峰称为同位素离子峰。同位素离子峰在质谱解析中具有重要意义。

除上述离子峰外,在分子离子裂解过程中,还可能产生重排离子、亚稳离子等,从而产生相应的重排离子峰、亚稳离子峰等。

(二) 质谱解析步骤

从质谱图可以获得有机物的相对分子质量、分子式、组成分子的结构单元及连接次序等信息,但对于比较复杂的有机物单凭质谱数据推测结构相当困难,需要辅之以其他波谱信息。解析质谱的一般步骤如下。

1. 由质谱图中的高 m/z 值端确定分子离子峰,确定相对分子质量,并从分子离子峰的强弱初步判断化合物的类型及是否含有卤素。

2. 根据同位素丰度或高分辨质谱数据确定分子离子和重要碎片离子元素组成,并确定可能分子式。

3. 由分子式计算化合物的不饱和度,确定化合物中双键和芳环的数目。

4. 研究质谱的概貌,判断分子性质,对化合物类型进行归属。

5. 根据重要的低质量离子系列、高质量端离子和丢失中性碎片后的碎片离子等信息,并参考其他光谱数据,列出可能的分子结构。

6. 根据标准化合物的质谱图及其他信息筛选验证并确定化合物的组成。

ER 14-3

质谱图的解析(视频)

（三）气相色谱 - 质谱联用技术

气相色谱 - 质谱联用技术（GC-MS）是以气相色谱为分离手段,以质谱为检测手段的分离分析方法。GC-MS 联用仪是分析仪器中较早实现联用技术的仪器。1957 年,J. C. Homes 和 F. A. Morell 首次将气相色谱与质谱联用。GC-MS 也是目前发展较完善、应用较广泛的一种联用技术。GC-MS 联用仪主要由气相色谱单元、质谱单元、接口和计算机系统四大部分组成,如图 14-10 所示。气相色谱单元将试样中的各组真空系统进行分离;接口把从气相色谱单元流出的组分,计算机系统依次送入质谱单元进行检测;质谱单元将接口引入的各组分进行分析;计算机系统交互式地控制数据分析气相色谱单元、接口和质谱单元,进行数据采集和处理,同时获得色谱和质谱数据,完成对试样组分的定性和定量分析。

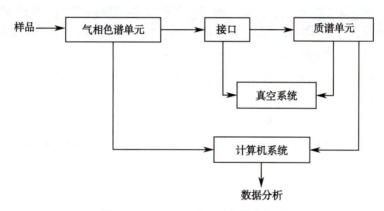

图 14-10　GC-MS 联用仪的结构组成

GC-MS 法具有如下特点:①定性参数多定性可靠,除与 GC 法一样能提供保留时间外,还能通过高分辨质谱仪获取分子离子峰的准确质量、碎片离子峰强度比、同位素离子峰强度比等信息;②检测灵敏度高,全扫描时的检测灵敏度优于所有通用型 GC 检测器,选择离子检测时的检测灵敏度一般优于其他选择性 GC 检测器;③能检测色谱分离不完全的组分,用提取离子色谱图、选择离子检测色谱图等可检出总离子流色谱图上未分离或被噪声掩盖的色谱峰;④分析方法容易建立,用于 GC 法的大多数试样处理方法、分离条件等均可以移植到 GC-MS 法中。

> ### 知识链接
>
> #### 液相色谱 - 质谱联用技术简介
>
> 液质色谱 - 质谱联用技术（LC-MS）的研究始于 20 世纪 70 年代。20 世纪 80 年代中后期,大气压离子化和基质辅助激光解吸离子化技术的出现,推动了 LC-MS 的迅速发展;20 世纪 90 年代出现了商品化的 LC-MS 联用仪。LC-MS 法具有如下特点:①提供结构信息多;②专属性强、灵敏度高和分析速度快;③测定质量范围宽,LC-MS 法弥补了 GC-MS 法应用的局限性,适用于极性较大、挥发性差或热不稳定化合物的分析。LC-MS 法在药学、临床医学、生物学、食品化工等许多领域的应用越来越广泛,可以对体内药物及代谢产物、药物合成中间体、基因工程产品等进行定性鉴定和定量测定,解决单纯用液相色谱或质谱不能解决的许多问题。

（四）在药学研究中的主要用途

1. 测定相对分子质量　由高分辨质谱获得分子离子峰的质量数，从而测出精确的相对分子质量。

2. 鉴别化合物　与标准品质谱或谱库中的质谱比较，可快速鉴别未知物。

3. 推断未知物的结构　从分子离子峰和碎片离子峰获得的信息可推测未知物的分子结构。

4. 测定分子中 Cl、Br、S 等的原子数　运用同位素离子峰强比及其分布特征推算这些原子的数目。

5. 复杂试样的分析　质谱与色谱联用，可用于复杂试样的分析，如天然产物、生化物质、药物的分离、鉴别和定量分析等。

> **点滴积累**
>
> 1. 质谱法（MS）是依据离子的质荷比（m/z）的差异进行分析的方法。
> 2. 定性和结构分析依据为待测物离子化特性；定量分析依据为离子流强度与待测物含量成正比。
> 3. 质谱图中横坐标表示质荷比，纵坐标表示离子的相对丰（强）度。
> 4. 质谱中的主要离子峰有分子离子峰、碎片离子峰、同位素离子峰等。

习题

复习导图

目标检测

一、简答题

1. 红外分光光度法中的特征区和指纹区各有何特点？分别在图谱解析中解决哪些问题？

2. 原子吸收分光光度法为何常选用待测元素的共振线作为分析线？

3. 写出荧光强度与荧光物质溶液浓度的关系式，并说明其应用条件。

4. 质谱仪主要由哪几部分组成？各部分有何作用？

5. 试述红外光谱与紫外光谱在形成原因、特征性和应用范围方面的不同。

二、计算题

1. 某化合物的化学式为 $C_8H_{10}O$，试计算其不饱和度。

2. 用原子吸收法测锑，用铅作内标，取 5.00ml 未知锑溶液，加入 2.00ml 的 4.13mg/ml 的铅溶液，并稀释至 10.0ml，测得 A_{Sb}/A_{Pb}=0.808。另取相同浓度的锑和铅溶液，测得 A_{Sb}/A_{Pb}=1.31，计算未知液中锑的质量浓度。

三、实例分析

1. 前些年，有媒体曝光某些企业用鞣质处理的皮革废料（俗称蓝矾皮）熬制工业明胶，并卖给下游药用胶囊生产企业，这种用工业明胶制备的胶囊重金属铬含量严重超标。铬作为一种重金属元素，若被人体长期吸收，会损害皮肤和呼吸道系统，甚至诱发癌症，因此准确检测药用明胶空心胶囊中铬的含量成为空心胶囊生产企业和监督检测机构的当务之急。药用明胶空心胶囊中铬的检查可以用原子吸收分光光度法,查询资料说明如何进行检查。

2. 氨苯蝶啶是一种主要治疗水肿性疾病的处方药,如充血性心力衰竭、肝硬化腹水、肾病综合征,以及肾上腺糖皮质激素治疗过程中发生的水钠潴留,主要目的在于纠正上述情况出现时的继发性醛固酮分泌增多,并拮抗其他利尿药的排钾作用。现行版《中国药典》采用荧光法对其进行定性鉴别,请问具体如何进行鉴别?

实训二十六　参观红外分光光度计、原子吸收分光光度计、荧光分光光度计、质谱仪、色谱 - 质谱联用仪等仪器

【实训目的】

了解　各类现代分析仪器的主要结构、工作原理及使用情况;现代仪器分析技术在医药领域中的应用。

【实训原理】

参见各类仪器的工作原理和操作规程。

【仪器和试剂】

红外分光光度计、原子吸收分光光度计、荧光分光光度计、质谱仪、GC-MS 联用仪、HPLC-MS 联用仪。

【实训步骤】

到药品生产企业或药品检验机构实地参观、见习红外分光光度计、原子吸收分光光度计、荧光分光光度计、质谱仪、GC-MS 联用仪、HPLC-MS 联用仪等的使用情况。

【注意事项】

1. 服从见习场所工作人员的安排,严格遵守操作规程。

2. 为保证见习工作的科学性和规范化,原始记录必须用蓝黑墨水或碳素笔书写,做到记录原始、数据真实、字迹清晰、资料完整。

【思考题】

1. 简述原子吸收分光光度计、荧光分光光度计、质谱仪的主要部件。

2. 简述色谱 - 质谱联用仪中接口的作用。

【实训记录】

见表 14-1。

表 14-1　实训二十六的实训记录

实训项目	所用仪器(型号、名称)	主要参数	见习记录

（杨　丹）

参考文献

［1］傅春华, 黄月君. 基础化学. 3 版. 北京: 人民卫生出版社, 2018.

［2］李维斌, 陈哲洪. 分析化学. 3 版. 北京: 人民卫生出版社, 2018.

［3］牛秀明, 林珍. 无机化学. 3 版. 北京: 人民卫生出版社, 2018.

［4］陈哲洪, 鲍羽. 分析化学. 5 版. 北京: 人民卫生出版社, 2023.

［5］黄月君, 叶国华, 吴晟. 基础化学实验操作技术. 2 版. 北京: 北京科学技术出版社, 2019.

［6］国家药典委员会. 中华人民共和国药典: 2025 年版. 北京: 中国医药科技出版社, 2025.

［7］黄南珍. 无机化学. 北京: 人民卫生出版社, 2003.

［8］冉启文, 许标. 分析化学. 4 版. 北京: 中国医药科技出版社, 2021.

［9］谢茹胜, 张立虎. 分析化学. 北京: 中国医药科技出版社, 2021.

［10］邸欣. 分析化学. 9 版. 北京: 人民卫生出版社, 2023.

［11］孙彦坪. 化学基础. 北京: 人民卫生出版社, 2019.

［12］曾琦斐, 成洪达, 唐光辉. 无机化学. 北京: 北京大学医学出版社, 2023.

［13］刘斌, 付洪涛. 无机化学. 北京: 人民卫生出版社, 2015.

［14］陈海燕, 栾崇林, 陈燕舞. 化学分析. 北京: 化学工业出版社, 2018.

［15］施春红, 张喜玲, 杨春雪. 磷酸盐分步沉淀不锈钢酸洗污泥浸出液铬铁镍. 化工进展, 2021, 40 (11): 6378-6384.

［16］石秋成, 周文斌, 陈龙, 等. 报废锂电池有价金属湿法回收. 资源再生, 2021 (11): 57-60.

目标检测参考答案

第一章　溶　　液

一、简答题（略）

二、计算题

1. 约 390ml。

2. 约 395ml。

三、实例分析

1. 正常。

2. 配制时取 2.78mol/L 的葡萄糖溶液 56ml，0.28mol/L 的葡萄糖溶液 444ml 混匀即可。

3. 等渗。

第二章　物　质　结　构

一、简答题（略）

二、计算题

1. 第三电子层中有 3s、3p、3d 这三个亚层；共有 9 个轨道；最多可容纳 18 个电子。

2. X、Y、Z 三种元素分别是 O、F、Cl。

三、实例分析

1. NH_4^+ 和 Cl^- 之间是离子键；NH_4^+ 中含有配位键和普通共价键。

2. CS_2 是非极性，H_2S 是极性，PCl_3 是极性，BCl_3 是非极性，SiF_4 是非极性。

3. NH_3 和 H_2O 之间形成了分子间氢键。

第三章　化学反应速率与化学平衡

一、简答题（略）

二、计算题

1. $\bar{v}_B=0.1\text{mol}/(\text{L}\cdot\text{s})$。

2. 2.25。

三、实例分析

1. 临床上,通过输氧增加 O_2 的浓度,使上述平衡向右移动,产生更多的氧合血红蛋白,氧合血红蛋白随血液流经全身组织,将 O_2 释放,以维持患者对氧的需要。利用浓度的变化引起化学平衡移动的原理,输氧抢救危重患者。

2. 经常吃甜食,糖附着在牙齿上发酵时,会产生 H^+,H^+ 和 OH^- 结合,消耗 OH^-,平衡向右移动,促进牙釉质 $[Ca_5(PO_4)_3OH]$ 溶解,所以多吃糖容易损坏牙齿。

3. $I_2(g)$ 是紫色气体,升高温度,混合气体颜色变浅,说明平衡向左移动,逆反应是吸热反应,所以正反应 HI 的分解反应是放热反应。

4. (1)增大反应物浓度;(2)吸热反应;(3)增大体系压强。

第四章　定量分析基础

一、简答题(略)

二、计算题

1. 70.34%。

2. (1)0.100 0mol/L;(2)0.047 91g/ml 和 0.046 31g/ml。

3. 94.53%。

三、实例分析

1. 10.43%;0.036%;0.35%;0.046%;0.44%;根据所得的相对平均偏差数值 0.35%>0.2%,不符合要求,不能取其平均值作为最后的测定结果。

2. 不应舍去。

第五章　酸碱平衡与酸碱滴定法

一、简答题(略)

二、计算题

1. 10.72。

2. 4.97。

3. 4.76。

三、实例分析

1. 74.8g。

2. 0.101 3mol/L。

3. Na_2CO_3:71.70%; $NaOH$:4.470%。

第六章　沉淀溶解平衡与沉淀滴定法

一、简答题（略）

二、计算题

1. 98.72%。

2. $c_{AgNO_3} = 0.074\ 53mol/L$；$c_{NH_4SCN} = 0.070\ 98mol/L$。

3. 87.14%。

三、实例分析

1. I^- 比曙红的阴离子优先被 AgI 沉淀吸附，因此，可以使用曙红作为指示剂测定 I^-。不能用荧光黄代替曙红，因为 AgI 对荧光黄的吸附能力太弱，使终点变色推迟。

2. $C_4H_4Na_2O_4S_2$ 加水溶解后解离出 S^{2+}，加入过量的 $0.1mol/L$ 硝酸银滴定液发生沉淀反应生成 Ag_2S，过滤后洗涤沉淀，与滤液合并，取一定量的合并溶液，加适量的稀硝酸与铁铵矾指示液，用 $0.1mol/L$ 硫氰酸铵滴定液测定未反应的硝酸银的量，最后得到 $C_4H_4Na_2O_4S_2$ 的具体含量。

第七章　配位平衡与配位滴定法

一、简答题（略）

二、计算题

1. 154.1mg/L。

2. 0.010 04mol/L。

三、实例分析

1. 因为在滴定过程中，不仅要调节滴定前溶液的酸度，同时也要注意控制滴定过程中溶液酸度的变化。在滴定中需加一定量的缓冲溶液，以维持溶液的 pH 始终在允许的范围内。另外，指示剂变色也需要控制在一定的 pH 范围内。因此，进行 EDTA 滴定时需加入一定量的缓冲溶液来控制溶液的酸度。

2. 铬黑 T 可用 NaH_2In 表示，溶于水时，全部离解为 Na^+ 和 H_2In^-。H_2In^- 在水溶液中进行分级解离，解离平衡如下：

$$H_2In^- \underset{+H^+}{\overset{-H^+}{\rightleftharpoons}} HIn^{2-} \underset{+H^+}{\overset{-H^+}{\rightleftharpoons}} In^{3-}$$

紫红色　　　　　　　蓝色　　　　　　　橙色
pH<6　　　　　　　pH=7~11　　　　　pH>12

　　由于铬黑 T 与金属离子形成的配合物呈红色，因此，只有在 pH 为 10 左右时，铬黑 T 才有明显的颜色变化。因此使用铬黑 T 指示剂时需加入一定量 pH 约为 10 的缓冲溶液。

第八章　氧化还原反应与氧化还原滴定法

一、简答题（略）

二、计算题

1. 0.032 9g/ml 或 3.29%。

2. 0.117 5mol/L。

3. 0.914 9 或 91.49%。

三、实例分析

1. $KMnO_4$ 在强酸性溶液中氧化能力最强，同时生成几乎无色的 Mn^{2+}，便于终点的观察，因此高锰酸钾法通常在强酸性溶液中进行。调节酸度以硫酸为宜。

   盐酸具有还原性，可与被测物 $KMnO_4$ 反应；硝酸具有氧化性，可与草酸滴定液反应，均会影响含量的测定，因此，不能用它们代替硫酸。

2. 原理：高锰酸钾具有强氧化性，硫酸亚铁具有还原性，在酸性条件下，发生下列反应：

$$MnO_4^- + 5Fe^{2+} + 8H^+ = Mn^{2+} + 5Fe^{3+} + 4H_2O$$

   可用高锰酸钾作自身指示剂指示终点。

   方法：精密称定一定量的样品，加稀硫酸与新沸过的纯化水各 15ml 溶解后，立即用高锰酸钾滴定液（0.02mol/L）滴定至溶液显粉红色（30 秒不褪色）。

3. 把样品加到 20% 碘化钾溶液目的是增大 I_2 的溶解度，防止 I_2 的挥发。

   指示剂应在近终点时加入，目的是防止大量 I_2 被淀粉吸附太牢，而难于很快与 $Na_2S_2O_3$ 反应，使终点滞后。

第九章　电化学分析法

一、简答题（略）

二、计算题

1. 98.82%，符合规定。

2. 0.047 86mol/L。

3. 60.06%。

三、实例分析

1. （1）pH 玻璃电极作指示电极；饱和甘汞电极作参比电极。

   （2）一般指示剂法要求滴定突跃范围在两个 pH 单位以上才可辨别出颜色变化，而电势滴定即使有零点几个 pH 单位变化也可确定滴定终点。

2. （1）双铂电极。

(2)滴定过程中,开始时电流保持不变,终点后开始增大。

第十章　紫外-可见分光光度法

一、简答题（略）

二、计算题

1. $E_{1cm}^{1\%}=1.2\times10^4(ml/g\cdot cm)$; $\varepsilon=6.72\times10^4(L/mol\cdot cm)$。

2. 95.38%。

3. 98.0%。

三、实例分析

1. 紫外-可见分光光度法进行定性分析的方法主要有比较吸收光谱的一致性、比较吸收光谱特征性常数的一致性、比较吸光度（或吸光系数）比值的一致性等几种方法。

   现行版《中国药典》对维生素 K_1 的定性鉴别作了如下规定:取本品,加三甲基戊烷溶解并稀释制成每 1ml 中约含 10μg 的溶液,照紫外-可见分光光度法（通则 0401）测定,在 243nm、249nm、261nm 与 270nm 的波长处有最大吸收;在 228nm、246nm、254nm 与 266nm 的波长处有最小吸收;254nm 波长处的吸光度与 249nm 波长处的吸光度的比值应为 0.70~0.75。

2. 紫外-可见分光光度法定量分析的理论依据是朗伯-比尔定律。定量方法分为吸光系数法、标准对照法、标准曲线法。

   现行版《中国药典》测定左旋多巴片的含量采用的是吸光系数法。

3. 硝酸盐及亚硝酸盐本身在紫外-可见光区没有强吸收,但在弱酸条件下,亚硝酸盐与对氨基苯磺酸重氮化后,再与盐酸萘乙二胺耦合形成紫红色染料,使亚硝酸盐转化为有色物质,采用标准曲线法在 538nm 波长处测定有色物质的吸光度间接求得亚硝酸盐含量。采用镉柱将硝酸盐还原成亚硝酸盐,测得亚硝酸盐总量,由测得的亚硝酸盐总量减去试样中亚硝酸盐含量,即得试样中硝酸盐含量。

第十一章　液相色谱法

一、简答题（略）

二、计算题

1. 0.58。

2. 样品及标准品的 R_f 和 R_s 分别为 0.57、0.47 和 1.21。

三、实例分析

1.(1)薄层板有两种:不加黏合剂的软板和加黏合剂的硬板。

   常用的黏合剂有羧甲基纤维素钠（CMC-Na）和煅石膏（G）等。CMC-Na 常配成 0.5%~1%

的溶液使用,煅石膏(G)常配成 5%~15% 的溶液使用。羧甲基纤维素钠作黏合剂制成的硬板,机械性能强,但不耐腐蚀性。煅石膏(G)作黏合剂制成的硬板,机械性能较差,易脱落,但耐腐蚀,可用浓硫酸试液显色。

(2) 吸附色谱法是利用吸附剂表面或吸附剂的某些基团对不同组分吸附性能的差异进行物质分离的方法;分配色谱法是利用不同组分在互不相溶的两相中的分配系数(或溶解度)差异进行物质分离的方法;离子交换色谱法是利用离子交换树脂对溶液中不同离子的交换能力的差异进行物质分离的方法;凝胶色谱法又称空间排阻色谱法或分子排阻色谱法,是利用凝胶对不同大小的组分分子具有不同的阻滞差异进行物质分离的方法。

2. (1) 薄层色谱中展开剂的选择遵循“相似相溶”的原则。分离极性大的组分时,选用活性低的薄层板,极性大的展开剂展开,反之亦然。

(2) 影响 R_f 的因素很多,主要有流动相和固定相的种类和性质、展开剂的组成、展开时的温度、展开剂的饱和程度以及薄层板的性能等。

第十二章　气相色谱法

一、简答题(略)

二、计算题

1. 1 633。

2. 1.09mg/L。

三、实例分析

1. 采用气相色谱法检测。因为乙醇沸点较低,且热稳定性较好。

2. 两峰的峰高分离度为 59%。

第十三章　高效液相色谱法

一、简答题(略)

二、计算题

1. 31.0%;39.7%;29.3%。

2. 48.89%。

三、实例分析

1. 根据现行版《中国药典》规定,本品为阿莫西林和克拉维酸钾的混合制剂,其中阿莫西林(按 $C_{16}H_{19}N_3O_5S$ 计)与克拉维酸($C_8H_9NO_5$)标示之比为 4∶1 或 7∶1 或 14∶1,含阿莫西林(按 $C_{16}H_{19}N_3O_5S$ 计)应为标示量的 90.0%~120.0%,克拉维酸($C_8H_9NO_5$)应为标示量的 90.0%~125.0%。按照外标法以峰面积分别计算供试品中 $C_{16}H_{19}N_3O_5S$ 与 $C_8H_9NO_5$ 的含量。配制供试品溶液和对照品溶液,色谱条件用十八烷基硅烷键合硅胶为填充剂,以 0.05mol/L 磷酸二氢钠溶液-甲醇(95∶5)为流动相,检测波长为220nm,进样体积20µl。精密量取供试品溶液与对照品溶液,分别注入液相色谱仪,记录色谱图。

2. 取本品适量(约相当于卡铂5mg),加硫脲少许,加热,溶液显黄色。分别配制供试品溶液和对照品溶液,在含量测定项下记录的色谱图中,供试品溶液主峰的保留时间应与对照品溶液主峰的保留时间一致。照现行版《中国药典》高效液相色谱法(通则0512)测定。避光操作。

第十四章 其他仪器分析法简介

一、简答题(略)

二、计算题

1. 4。

2. 1.02mg/ml。

三、实例分析

1. 取本品0.5g,精密称定,聚四氟乙烯消解罐内,加硝酸5~10ml,混匀,100℃预消解2小时后,盖上内盖,旋紧外套,置适宜的微波消解炉内,进行消解。消解完全后,取消解内罐置电热板上,缓缓加热至红棕色蒸气挥尽并近干,用2%硝酸转移至50ml量瓶中,并用2%硝酸稀释至刻度,摇匀,作为供试品溶液(如胶囊中含有钛白粉,在消解后将供试液定容后离心或过滤,取上清液或续滤液作为供试品溶液,或消解前加1ml氢氟酸进行消解)。同法制备试剂空白溶液;另取铬单元素标准溶液,用2%硝酸稀释制成每1ml含铬1.0µg的铬标准贮备液,临用时,分别精密量取铬标准贮备液适量,用2%硝酸溶液稀释制成每1ml含铬0~80ng的对照品溶液。取供试品溶液与对照品溶液,以石墨炉为原子化器,照现行版《中国药典》原子吸收分光光度法(通则0406第一法),在357.9nm的波长处测定,计算,即得,含铬不得过百万分之二。

2. 取本品约10mg,加稀硫酸5ml,振摇数分钟后,滤过,滤液显蓝绿色荧光;用水稀释后,荧光即加强。再将此溶液分成两份:一份加氨试液使成碱性,转变为蓝紫色荧光;另一份加10%氢氧化钠溶液使成碱性,荧光即消失。

附 录

一、国际单位制的基本单位

物理量的名称	单位名称	单位符号
长度(L)	米(meter)	m
质量(m)	千克(kilogram)	kg
时间(t)	秒(second)	s
电流(I)	安[培](Ampere)	A
热力学温度(T)	开[尔文](Kelvin)	K
物质的量(n)	摩[尔](mole)	mol
发光强度(Iv,I)	坎[德拉](candela)	cd

二、常见元素国际原子量

元素	符号	相对原子质量	元素	符号	相对原子质量	元素	符号	相对原子质量
银	Ag	107.87	铋	Bi	208.98	铬	Cr	51.996
铝	Al	26.982	溴	Br	79.904	铯	Cs	132.91
氩	Ar	39.948	碳	C	12.011	铜	Cu	63.546
砷	As	74.922	钙	Ca	40.078	镝	Dy	162.50
金	Au	196.97	镉	Cd	112.41	铒	Er	167.26
硼	B	10.811	铈	Ce	140.12	铕	Eu	151.96
钡	Ba	137.33	氯	Cl	35.453	氟	F	18.998
铍	Be	9.012 2	钴	Co	58.933	铁	Fe	55.845

元素	符号	相对原子质量	元素	符号	相对原子质量	元素	符号	相对原子质量
镓	Ga	69.723	铌	Nb	92.906	硅	Si	28.086
钆	Gd	157.25	钕	Nd	144.24	钐	Sm	150.36
锗	Ge	72.61	氖	Ne	20.180	锡	Sn	118.71
氢	H	1.0079	镍	Ni	58.693	锶	Sr	87.62
氦	He	4.0026	镎	Np	237.05	钽	Ta	180.95
铪	Hf	178.49	氧	O	15.999	铽	Tb	158.9
汞	Hg	200.59	锇	Os	190.23	碲	Te	127.60
钬	Ho	164.93	磷	P	30.974	钍	Th	232.04
碘	I	126.90	铅	Pb	207.2	钛	Tl	47.867
铟	In	114.82	钯	Pd	106.42	铊	Ti	204.38
铱	Ir	192.22	镨	Pr	140.91	铥	Tm	168.93
钾	K	39.098	铂	Pt	195.08	铀	U	238.03
氪	Kr	83.80	镭	Ra	226.03	钒	V	50.942
镧	La	138.91	铷	Rb	85.468	钨	W	183.84
锂	Li	6.941	铼	Re	186.21	氙	Xe	131.29
镥	Lu	174.97	铑	Rh	102.91	钇	Y	88.906
镁	Mg	24.305	钌	Ru	101.07	镱	Yb	173.04
锰	Mn	54.938	硫	S	32.066	锌	Zn	65.39
钼	Mo	95.94	锑	Sb	121.76	锆	Zr	91.224
氮	N	14.007	钪	Sc	44.956			
钠	Na	22.990	硒	Se	78.96			

三、常见化合物的相对分子质量

化学式	相对分子质量	化学式	相对分子质量	化学式	相对分子质量
AgBr	187.77	$Ca(NO_3)_2$	164.086	$Fe(OH)_3$	106.866
AgCl	143.32	$Ca(OH)_2$	74.092	FeS	87.90
AgCN	133.89	$Ca_3(PO_4)_2$	310.174	Fe_2S_3	207.87
AgSCN	165.95	$CaSO_4$	136.13	$FeSO_4$	151.90
Ag_2CrO_4	331.73	$CdCO_3$	172.42	H_3AsO_3	125.943
AgI	234.77	$CdCl_2$	183.31	H_3AsO_4	141.942
$AgNO_3$	169.87	CdS	144.47	H_3BO_3	61.83
$AlCl_3$	133.33	$Ce(SO_4)_2$	332.23	HBr	80.912
$Al(NO_3)_3$	212.994	$CoCl_2$	129.83	HBrO	96.911
Al_2O_3	101.961	$Co(NO_3)_2$	182.941	H_2CO_3	62.024
$Al(OH)_3$	78.003	$CoSO_4$	154.99	HCl	36.46
$Al_2(SO_4)_3$	342.13	$CrCl_3$	158.35	$HClO_4$	100.45
As_2O_3	197.841	$Cr(NO_3)_3$	238.008	HF	20.006 4
As_2S_3	246.02	Cr_2O_3	151.989	HIO_3	175.909
$BaCO_3$	197.34	$CuCl_2$	134.45	HNO_3	63.012
BaC_2O_4	225.35	CuSCN	121.62	HNO_2	47.013
$BaCl_2$	208.23	CuI	190.450	H_2O	18.015
$BaCrO_4$	253.32	$Cu(NO_3)_2$	187.554	H_2O_2	34.014
BaO	153.33	CuO	79.545	H_3PO_4	97.994
$Ba(OH)_2$	171.34	Cu_2O	143.091	H_2S	34.08
$BaSO_4$	233.39	CuS	95.61	H_2SO_3	82.07
$BiCl_3$	315.33	$CuSO_4$	159.60	H_2SO_4	98.07
CO_2	44.009	$FeCl_2$	126.74	$HgCl_2$	271.49
CO_3^{2-}	60.008	$FeCl_3$	162.20	Hg_2Cl_2	472.08
CaO	56.077	$Fe(NO_3)_3$	241.857	HgI_2	454.401
$CaCO_3$	100.086	FeO	71.844	$Hg(NO_3)_2$	324.600
CaC_2O_4	128.096	Fe_2O_3	159.687	HgO	216.591
$CaCl_2$	110.98	Fe_3O_4	231.531	HgS	232.65

化学式	相对分子质量	化学式	相对分子质量	化学式	相对分子质量
$HgSO_4$	296.65	$Mg(NO_3)_2$	148.313	$(NH_4)_2SO_4$	132.14
Hg_2SO_4	497.24	$MgNH_4PO_4$	137.314	Na_3AsO_3	191.888
I_2	253.809	MgO	40.304	$Na_2B_4O_7$	201.21
$KAl(SO_4)_2$	258.19	$Mg(OH)_2$	58.319	$NaBiO_3$	279.967
KBr	119.002	$Mg_2P_2O_7$	222.551	$NaBr$	102.894
$KBrO_3$	166.999	$MgSO_4$	120.36	$NaCN$	49.008
KCl	74.55	$Mg_2Si_3O_8$（三硅酸镁）	260.857	Na_2CO_3	105.988
$KClO_3$	122.55	$MnCO_3$	114.946	$Na_2C_2O_4$	133.998
$KClO_4$	138.54	$MnCl_2$	125.84	$NaCl$	58.44
KCN	65.116	$Mn(NO_3)_2$	178.946	$NaClO$	74.44
K_2CO_3	138.205	MnO	70.937	$NaHCO_3$	84.006
K_2CrO_4	194.189	MnO_2	86.936	Na_2HPO_4	141.957
$K_2Cr_2O_7$	294.182	MnS	87.00	NaH_2PO_4	119.976
$K_3Fe(CN)_6$	329.248	$MnSO_4$	150.99	$NaNO_2$	68.995
$K_4Fe(CN)_6$	368.346	NO	30.006	$NaNO_3$	84.994
$KFe(SO_4)_2$	287.06	NO_2	46.005	Na_2O	61.979
KHC_2O_4	128.124	NO_3^-	62.004	Na_2O_2	77.978
$KHSO_4$	136.16	NH_3	17.031	$NaOH$	39.997
KI	166.003	NH_4^+	18.039	Na_3PO_4	163.939
KIO_3	214.000	NH_4Cl	53.49	Na_2S	78.04
$KMnO_4$	158.027	$(NH_4)_2CO_3$	96.086	Na_2SO_3	126.04
KNO_2	85.103	$(NH_4)_2C_2O_4$	124.096	Na_2SO_4	142.04
KNO_3	101.102	$NH_4Fe(SO_4)_2$	266.00	$Na_2S_2O_3$	158.10
K_2O	94.196	$(NH_4)_2Fe(SO_4)_2$	284.04	$NaSCN$	81.07
KOH	56.105	NH_4SCN	76.12	$NiCl_2$	129.59
$KSCN$	97.176	NH_4HCO_3	79.055	$Ni(NO_3)_2$	182.701
K_2SO_4	174.25	$(NH_4)_2MoO_4$	196.02	$NiSO_4$	154.75
$MgCO_3$	84.313	NH_4NO_3	80.043	OH^-	17.007
$MgCl_2$	95.20	$(NH_4)_2HPO_4$	132.056	P_2O_5	141.943
MgC_2O_4	112.323	$(NH_4)_2S$	68.14	PO_4^{3-}	94.970

化学式	相对分子质量	化学式	相对分子质量	化学式	相对分子质量
$PbCO_3$	267.2	$Sr(NO_3)_2$	211.63	$C_6H_8O_6$(维生素 C)	176.124
PbC_2O_4	295.2	$SrSO_4$	183.68	$KHC_8H_4O_4$(邻苯二甲酸氢钾)	204.222
$PbCl_2$	278.1	$ZnCO_3$	125.39	$NaC_3H_5O_3$(乳酸钠)	112.060
$PbCrO_4$	323.2	ZnC_2O_4	153.40	$BaCl_2 \cdot 2H_2O$	244.26
$Pb(NO_3)_2$	331.2	$ZnCl_2$	136.28	$CaCl_2 \cdot 6H_2O$	219.07
PbO	223.2	$Zn(NO_3)_2$	189.39	$CoCl_2 \cdot 6H_2O$	237.92
PbO_2	239.2	ZnO	81.38	$CuCl_2 \cdot 2H_2O$	170.48
PbS	239.3	ZnS	97.44	$CuSO_4 \cdot 5H_2O$	249.68
$PbSO_4$	303.3	$ZnSO_4$	161.44	$FeSO_4 \cdot 7H_2O$	278.01
SO_2	64.06	CH_3OH(甲醇)	32.042	$H_2C_2O_4 \cdot 2H_2O$	126.064
SO_3	80.06	C_2H_5OH(乙醇)	46.069	$KAl(SO_4)_2 \cdot 12H_2O$	474.38
SO_4^{2-}	96.06	$HCOOH$(甲酸)	46.025	$KFe(SO_4)_2 \cdot 12H_2O$	503.24
$SbCl_3$	228.11	CH_3COOH(醋酸,简写 HAc)	60.052	$KHC_2O_4 \cdot H_2C_2O_4 \cdot 2H_2O$	254.19
$SbCl_5$	299.01	$NaAc$(醋酸钠)	82.034	$MgCl_2 \cdot 6H_2O$	203.29
Sb_2O_3	291.517	$C_7H_6O_2$(苯甲酸)	122.123	$MgSO_4 \cdot 7H_2O$	246.47
Sb_2S_3	339.70	$NaC_7H_5O_2$(苯甲酸钠)	144.105	$Mn(NO_3)_2 \cdot 6H_2O$	287.036
SiO_2	60.083	$H_2C_2O_4$(草酸)	90.034	$(NH_4)_2Fe(SO_4)_2 \cdot 6H_2O$	392.13
$SnCl_2$	189.61	$Na_2C_2O_4$(草酸钠)	133.998	$NH_4Fe(SO_4)_2 \cdot 12H_2O$	482.18
$SnCl_4$	260.51	$C_9H_8O_4$(阿司匹林)	180.159	$Na_2B_4O_7 \cdot 10H_2O$	381.36
SnO_2	150.708	$CO(NH_2)_2$(尿素)	60.056	$Na_2CO_3 \cdot 10H_2O$	286.138
SnS_2	182.83	$C_3H_8O_3$(甘油)	92.094	Na_2H_2Y(EDTA 二钠)$\cdot 2H_2O$	372.238
$SrCO_3$	147.63	$C_6H_{12}O_6$(葡萄糖)	180.156	$Na_2S_2O_3 \cdot 5H_2O$	248.18
SrC_2O_4	175.64	$Ca(C_6H_{11}O_7)_2$(葡萄糖酸钙)	430.372	$Ni(NO_3)_2 \cdot 6H_2O$	290.791
$SrCrO_4$	203.61	$C_{12}H_{22}O_{11}$(蔗糖)	342.297	$ZnSO_4 \cdot 7H_2O$	287.54

注:本表相对分子质量按 Standard atomic weights of the elements 2021(IUPAC Technical report)公布的缩略标准原子量(Abridged standard atomic weight)计算。

四、常见弱酸、弱碱在水中的解离常数(298.15K)

名称	分子式	解离常数 K	pK
砷酸	H_3AsO_4	$K_1=5.8 \times 10^{-3}$	2.24
		$K_2=1.1 \times 10^{-7}$	6.96
		$K_3=3.2 \times 10^{-12}$	11.50
亚砷酸	H_3AsO_3	6.0×10^{-10}	9.23
醋酸	CH_3COOH	1.76×10^{-5}	4.75
甲酸	$HCOOH$	1.80×10^{-4}	3.75
碳酸	H_2CO_3	$K_1=4.3 \times 10^{-7}$	6.37
		$K_2=5.61 \times 10^{-11}$	10.25
铬酸	H_2CrO_4	$K_1=1.8 \times 10^{-1}$	0.74
		$K_2=3.20 \times 10^{-7}$	6.49
氢氟酸	HF	3.53×10^{-4}	3.45
氢氰酸	HCN	4.93×10^{-10}	9.31
氢硫酸	H_2S	$K_1=9.5 \times 10^{-8}$	7.02
		$K_2=1.3 \times 10^{-14}$	13.9
过氧化氢	H_2O_2	2.4×10^{-12}	11.62
次溴酸	$HBrO$	2.06×10^{-9}	8.69
次氯酸	$HClO$	3.0×10^{-8}	7.53
次碘酸	HIO	2.3×10^{-11}	10.64
碘酸	HIO_3	1.69×10^{-1}	0.77
高碘酸	HIO_4	2.3×10^{-2}	1.64
亚硝酸	HNO_2	7.1×10^{-4}	3.16
磷酸	H_3PO_4	$K_1=7.52 \times 10^{-3}$	2.12
硫酸	H_2SO_4	$K_2=1.02 \times 10^{-2}$	1.99
亚硫酸	H_2SO_3	$K_1=1.23 \times 10^{-2}$	1.91
		$K_2=6.6 \times 10^{-8}$	7.18
草酸	$H_2C_2O_4$	$K_1=5.9 \times 10^{-2}$	1.23
		$K_2=6.4 \times 10^{-5}$	4.19
酒石酸	$H_2C_4H_4O_6$	$K_1=9.2 \times 10^{-4}$	3.036
		$K_2=4.31 \times 10^{-5}$	4.366
柠檬酸	$H_3C_6H_5O_7$	$K_1=7.44 \times 10^{-4}$	3.13
		$K_2=1.73 \times 10^{-5}$	4.76
		$K_3=4.0 \times 10^{-7}$	6.40
苯甲酸	C_6H_5COOH	6.46×10^{-5}	4.19
苯酚	C_6H_5OH	1.1×10^{-10}	9.95

名称	分子式	解离常数 K	pK
氨水	$NH_3 \cdot H_2O$	1.76×10^{-5}	4.75
氢氧化钙	$Ca(OH)_2$	$K_1 = 4.0 \times 10^{-2}$	2.43
		$K_2 = 3.74 \times 10^{-3}$	1.40
氢氧化铅	$Pb(OH)_2$	9.6×10^{-4}	3.02
氢氧化银	$AgOH$	1.1×10^{-4}	3.96
氢氧化锌	$Zn(OH)_2$	9.6×10^{-4}	3.02
羟胺	NH_2OH	9.1×10^{-9}	8.04
苯胺	$C_6H_5NH_2$	4.6×10^{-10}	9.34
乙二胺	$H_2NCH_2CH_2NH_2$	$K_1 = 8.5 \times 10^{-5}$	4.07
		$K_2 = 7.1 \times 10^{-8}$	7.15

五、常见难溶电解质的溶度积常数(298.15K)

化合物	K_{sp}	化合物	K_{sp}
$AgBr$	5.35×10^{-13}	$Cu(OH)_2$	2.2×10^{-20}
$AgCl$	1.77×10^{-10}	CuS	1.3×10^{-36}
Ag_2CrO_4	1.12×10^{-12}	$CuBr$	6.3×10^{-9}
$AgCN$	5.97×10^{-17}	$CuCl$	1.7×10^{-7}
$AgOH$	2.0×10^{-8}	CuI	1.3×10^{-12}
AgI	8.51×10^{-17}	CuS	1.3×10^{-36}
Ag_2S	6.3×10^{-50}	$CuSCN$	1.8×10^{-15}
Ag_2SO_4	1.2×10^{-5}	$Fe(OH)_3$	2.9×10^{-39}
$AgSCN$	1.0×10^{-12}	$Fe(OH)_2$	4.9×10^{-17}
Ag_2CO_3	8.4×10^{-12}	FeS	1.6×10^{-19}
$Al(OH)_3$	1.1×10^{-33}	$PbSO_4$	1.8×10^{-8}
$BaCO_3$	2.6×10^{-9}	PbS	9.1×10^{-29}
$BaCrO_4$	1.2×10^{-10}	$Mg_3(PO_4)_2$	9.9×10^{-25}
BaC_2O_4	1.6×10^{-7}	$MgCO_3$	6.8×10^{-6}
$BaSO_4$	1.1×10^{-10}	$Mg(OH)_2$	5.6×10^{-12}
$Cr(OH)_3$	6.3×10^{-31}	$Mn(OH)_2$	2.1×10^{-13}
$CaCO_3$	5.0×10^{-9}	HgS	1.0×10^{-47}
CaF_2	3.4×10^{-11}	$ZnCO_3$	1.2×10^{-10}
CaC_2O_4	2.3×10^{-9}	$Zn(OH)_2$	6.9×10^{-17}
$CaSO_4$	7.1×10^{-5}	ZnS	1.2×10^{-23}

六、EDTA 滴定部分金属离子的最低 pH

金属离子	$\lg K_{稳}$	pH（近似值）	金属离子	$\lg K_{稳}$	pH（近似值）
Mg^{2+}	8.69	9.7	Zn^{2+}	16.50	3.9
Ca^{2+}	10.96	7.5	Pb^{2+}	18.04	3.2
Mn^{2+}	14.04	5.2	Ni^{2+}	18.62	3.0
Fe^{2+}	14.33	5.1	Cu^{2+}	18.80	2.9
Al^{3+}	16.13	4.2	Hg^{2+}	21.80	1.9
Co^{2+}	16.31	4.0	Sn^{2+}	22.11	1.7
Cd^{2+}	16.46	3.9	Fe^{3+}	25.10	1.0

七、部分电对的标准电极电势（298.15K）

电极反应				$\varphi^{\ominus}/V$
氧化型	电子数		还原型	
$F_2(气)+2H^+$	$+2e$	$\rightleftharpoons$	$2HF$	3.06
O_3+2H^+	$+2e$	$\rightleftharpoons$	O_2+H_2O	2.07
$S_2O_8^{2-}$	$+2e$	$\rightleftharpoons$	$2SO_4^{2-}$	2.01
$H_2O_2+2H^+$	$+2e$	$\rightleftharpoons$	$2H_2O$	1.77
$PbO_2(固)+SO_4^{2-}+4H^+$	$+2e$	$\rightleftharpoons$	$PbSO_4(固)+2H_2O$	1.685
$HClO_2+2H^+$	$+2e$	$\rightleftharpoons$	$HClO+H_2O$	1.64
$HClO+H^+$	$+e$	$\rightleftharpoons$	$1/2Cl_2+H_2O$	1.63
Ce^{4+}	$+e$	$\rightleftharpoons$	Ce^{3+}	1.61
$HBrO+H^+$	$+e$	$\rightleftharpoons$	$1/2Br_2+H_2O$	1.59
$BrO_3^-+6H^+$	$+5e$	$\rightleftharpoons$	$1/2Br_2+H_2O$	1.52
$MnO_4^-+8H^+$	$+5e$	$\rightleftharpoons$	$Mn^{2+}+4H_2O$	1.51
Au^{3+}	$+3e$	$\rightleftharpoons$	Au	1.50
$HClO+H^+$	$+2e$	$\rightleftharpoons$	Cl^-+H_2O	1.49
$ClO_3^-+6H^+$	$+5e$	$\rightleftharpoons$	$1/2Cl_2+3H_2O$	1.47
$PbO_2(固)+4H^+$	$+2e$	$\rightleftharpoons$	$Pb^{2+}+2H_2O$	1.455
$HIO+H^+$	$+e$	$\rightleftharpoons$	$1/2I_2+H_2O$	1.45
$ClO_3^-+6H^+$	$+6e$	$\rightleftharpoons$	Cl^-+3H_2O	1.45
$BrO_3^-+6H^+$	$+6e$	$\rightleftharpoons$	Br^-+3H_2O	1.44
Au^{3+}	$+2e$	$\rightleftharpoons$	Au^+	1.41
$Cl_2(气)$	$+2e$	$\rightleftharpoons$	$2Cl^-$	1.359 5
$ClO_4^-+8H^+$	$+7e$	$\rightleftharpoons$	$1/2Cl_2+4H_2O$	1.34
$Cr_2O_7^{2-}+14H^+$	$+6e$	$\rightleftharpoons$	$2Cr^{3+}+7H_2O$	1.33
$MnO_2(固)+4H^+$	$+2e$	$\rightleftharpoons$	$Mn^{2+}+2H_2O$	1.23
$O_2(气)+4H^+$	$+4e$	$\rightleftharpoons$	$2H_2O$	1.229

电极反应			$\varphi^{\ominus}/\mathrm{V}$
氧化型	电子数	还原型	
$IO_3^-+6H^+$	$+5e$ ⇌	$1/2I_2+3H_2O$	1.20
$ClO_4^-+2H^+$	$+2e$ ⇌	$ClO_3^-+H_2O$	1.19
Br_2(水)	$+2e$ ⇌	$2Br^-$	1.087
NO_2+H^+	$+e$ ⇌	HNO_2	1.07
Br_3^-	$+2e$ ⇌	$3Br^-$	1.05
HNO_2+H^+	$+e$ ⇌	NO(气)$+H_2O$	1.00
$HIO+H^+$	$+2e$ ⇌	I^-+H_2O	0.99
$NO_3^-+3H^+$	$+2e$ ⇌	HNO_2+H_2O	0.94
ClO^-+H_2O	$+2e$ ⇌	Cl^-+2OH^-	0.89
H_2O_2	$+2e$ ⇌	$2OH^-$	0.88
$Cu^{2+}+I^-$	$+e$ ⇌	CuI(固)	0.86
Hg^{2+}	$+2e$ ⇌	Hg	0.845
$NO_3^-+2H^+$	$+e$ ⇌	NO_2+H_2O	0.80
Ag^+	$+e$ ⇌	Ag	0.799 5
Hg_2^{2+}	$+2e$ ⇌	$2Hg$	0.793
Fe^{3+}	$+e$ ⇌	Fe^{2+}	0.771
BrO^-+H_2O	$+2e$ ⇌	Br^-+2OH^-	0.76
O_2(气)$+2H^+$	$+2e$ ⇌	H_2O_2	0.682
$2HgCl_2$	$+2e$ ⇌	Hg_2Cl_2(固)$+2Cl^-$	0.63
Hg_2SO_4(固)	$+2e$ ⇌	$2Hg+SO_4^{2-}$	0.615 1
$MnO_4^-+2H_2O$	$+3e$ ⇌	MnO_2(固)$+4OH^-$	0.588
MnO_4^-	$+e$ ⇌	MnO_4^{2-}	0.564
$H_3AsO_4+2H^+$	$+2e$ ⇌	$HAsO_2+2H_2O$	0.559
I_3^-	$+2e$ ⇌	$3I^-$	0.545
I_2(固)	$+2e$ ⇌	$2I^-$	0.534 5
$Mo(\text{Ⅵ})$	$+e$ ⇌	$Mo(\text{Ⅴ})$	0.53
Cu^+	$+e$ ⇌	Cu	0.52
$4SO_2$(水)$+4H^+$	$+6e$ ⇌	$S_4O_6^{2-}+2H_2O$	0.51
$HgCl_4^{2-}$	$+2e$ ⇌	$Hg+4Cl^-$	0.48
$2SO_2$(水)$+2H^+$	$+4e$ ⇌	$S_2O_3^{2-}+H_2O$	0.40
$Fe(CN)_6^{3-}$	$+e$ ⇌	$Fe(CN)_6^{4-}$	0.36
Cu^{2+}	$+2e$ ⇌	Cu	0.342
$VO^{2+}+2H^+$	$+e$ ⇌	$V^{3+}+H_2O$	0.337
BiO^++2H^+	$+3e$ ⇌	$Bi+H_2O$	0.32
Hg_2Cl_2(固)	$+2e$ ⇌	$2Hg+2Cl^-$	0.267 6
$HAsO_2+3H^+$	$+3e$ ⇌	$As+2H_2O$	0.248
$AgCl$(固)	$+e$ ⇌	$Ag+Cl^-$	0.222 3
SbO^++2H^+	$+3e$ ⇌	$Sb+H_2O$	0.212

电极反应				$\varphi^{\ominus}/V$
氧化型	电子数		还原型	
$SO_4^{2-}+4H^+$	+2e	$\rightleftharpoons$	$SO_2(水)+2H_2O$	0.17
Cu^{2+}	+e	$\rightleftharpoons$	Cu^+	0.153
Sn^{4+}	+2e	$\rightleftharpoons$	Sn^{2+}	0.151
$S+2H^+$	+2e	$\rightleftharpoons$	$H_2S(气)$	0.141
Hg_2Br_2	+2e	$\rightleftharpoons$	$2Hg+2Br^-$	0.139 5
$TiO^{2+}+2H^+$	+e	$\rightleftharpoons$	$Ti^{3+}+H_2O$	0.1
$S_4O_6^{2-}$	+2e	$\rightleftharpoons$	$2S_2O_3^{2-}$	0.08
$AgBr(固)$	+e	$\rightleftharpoons$	$Ag+Br^-$	0.071
$2H^+$	+2e	$\rightleftharpoons$	H_2	0.000
O_2+H_2O	+2e	$\rightleftharpoons$	$HO_2^-+OH^-$	−0.067
$TiOCl^++2H^++3Cl^-$	+e	$\rightleftharpoons$	$TiCl_4^-+H_2O$	−0.09
Pb^{2+}	+2e	$\rightleftharpoons$	Pb	−0.126
Sn^{2+}	+2e	$\rightleftharpoons$	Sn	−0.136
$AgI(固)$	+e	$\rightleftharpoons$	$Ag+I^-$	−0.152
Ni^{2+}	+2e	$\rightleftharpoons$	Ni	−0.246
$H_3PO_4+2H^+$	+2e	$\rightleftharpoons$	$H_3PO_3+H_2O$	−0.276
Co^{2+}	+2e	$\rightleftharpoons$	Co	−0.277
Tl^+	+e	$\rightleftharpoons$	Tl	−0.336 0
In^{3+}	+3e	$\rightleftharpoons$	In	−0.345
$PbSO_4(固)$	+2e	$\rightleftharpoons$	$Pb+SO_4^{2-}$	−0.355 3
$SeO_3^{2-}+3H_2O$	+4e	$\rightleftharpoons$	$Se+6OH^-$	−0.366
$As+3H^+$	+3e	$\rightleftharpoons$	AsH_3	−0.38
$Se+2H^+$	+2e	$\rightleftharpoons$	H_2Se	−0.40
Cd^{2+}	+2e	$\rightleftharpoons$	Cd	−0.403
Cr^{3+}	+e	$\rightleftharpoons$	Cr^{2+}	−0.41
Fe^{2+}	+2e	$\rightleftharpoons$	Fe	−0.447
S	+2e	$\rightleftharpoons$	S^{2-}	−0.48
$2CO_2+2H^+$	+2e	$\rightleftharpoons$	$H_2C_2O_4$	−0.49
$H_3PO_3+2H^+$	+2e	$\rightleftharpoons$	$H_3PO_2+H_2O$	−0.50
$Sb+3H^+$	+3e	$\rightleftharpoons$	SbH_3	−0.51
$HPbO_2^-+H_2O$	+2e	$\rightleftharpoons$	$Pb+3OH^-$	−0.54
Ga^{3+}	+3e	$\rightleftharpoons$	Ga	−0.56
$TeO_3^{2-}+3H_2O$	+4e	$\rightleftharpoons$	$Te+6OH^-$	−0.57
$2SO_3^{2-}+3H_2O$	+4e	$\rightleftharpoons$	$S_2O_3^{2-}+6OH^-$	−0.58
$SO_3^{2-}+3H_2O$	+4e	$\rightleftharpoons$	$S+6OH^-$	−0.66
$AsO_4^{3-}+2H_2O$	+2e	$\rightleftharpoons$	$AsO_2^-+4OH^-$	−0.67
$Ag_2S(固)$	+2e	$\rightleftharpoons$	$2Ag+S^{2-}$	−0.69
Zn^{2+}	+2e	$\rightleftharpoons$	Zn	−0.762
$2H_2O$	+2e	$\rightleftharpoons$	H_2+2OH^-	−0.828
Cr^{2+}	+2e	$\rightleftharpoons$	Cr	−0.91

电极反应				$\varphi^{\ominus}/V$
氧化型	电子数		还原型	
$HSnO_2^-+H_2O$	+2e	$\rightleftharpoons$	$Sn+3OH^-$	−0.91
Se	+2e	$\rightleftharpoons$	Se^{2-}	−0.92
$Sn(OH)_6^{2-}$	+2e	$\rightleftharpoons$	$HSnO_2^-+H_2O+3OH^-$	−0.93
CNO^-+H_2O	+2e	$\rightleftharpoons$	CN^-+2OH^-	−0.97
Mn^{2+}	+2e	$\rightleftharpoons$	Mn	−1.182
$ZnO_2^{2-}+2H_2O$	+2e	$\rightleftharpoons$	$Zn+4OH^-$	−1.216
Al^{3+}	+3e	$\rightleftharpoons$	Al	−1.66
$H_2AlO_3^-+H_2O$	+3e	$\rightleftharpoons$	$Al+4OH^-$	−2.35
Mg^{2+}	+2e	$\rightleftharpoons$	Mg	−2.37
Na^+	+e	$\rightleftharpoons$	Na	−2.714
Ca^{2+}	+2e	$\rightleftharpoons$	Ca	−2.87
Sr^{2+}	+2e	$\rightleftharpoons$	Sr	−2.89
Ba^{2+}	+2e	$\rightleftharpoons$	Ba	−2.90
K^+	+e	$\rightleftharpoons$	K	−2.925
Li^+	+e	$\rightleftharpoons$	Li	−3.042

八、常见酸碱溶液的浓度、含量及密度

名称和化学式	相对密度（20℃）	质量分数	质量浓度 $/(g \cdot ml^{-1})$	物质的量浓度 $/(mol \cdot L^{-1})$
浓盐酸 HCl	1.19	38.0		12
稀盐酸 HCl			10	2.8
稀盐酸 HCl	1.10	20.0		6
浓硝酸 HNO_3	1.42	69.8		16
稀硝酸 HNO_3			10	1.6
稀硝酸 HNO_3	1.2	32.0		6
浓硫酸 H_2SO_4	1.84	98		18
稀硫酸 H_2SO_4			10	1
稀硫酸 H_2SO_4	1.18	24.8		3
浓醋酸 HAc	1.05	90.5		17
稀醋酸 HAc	1.045	36~37		6
高氯酸 $HClO_4$	1.74	74		13
浓氨水 $NH_3 \cdot H_2O$	0.9	25~27		15
稀氨水 $NH_3 \cdot H_2O$		10		6
稀氨水 $NH_3 \cdot H_2O$		2.5		1.5
氢氧化钠 NaOH		10		2.8

九、常见酸溶液的配制

名称	相对密度 （20℃）	浓度 / （mol·L⁻¹）	质量 分数	配制方法
浓盐酸 HCl	1.19	12	0.372 3	—
稀盐酸 HCl	1.10	6	0.200	浓盐酸 500ml，加水稀释至 1 000ml
稀盐酸 HCl	—	3	—	浓盐酸 250ml，加水稀释至 1 000ml
稀盐酸 HCl	1.036	2	0.071 5	浓盐酸 167ml，加水稀释至 1 000ml
浓硝酸 HNO₃	1.42	16	0.698 0	—
稀硝酸 HNO₃	1.20	6	0.323 6	浓硝酸 375ml，加水稀释至 1 000ml
稀硝酸 HNO₃	1.07	2	0.120 0	浓硝酸 127ml，加水稀释至 1 000ml
浓硫酸 H₂SO₄	1.84	18	0.956	—
稀硫酸 H₂SO₄	1.18	3	0.248	浓硫酸 167ml 慢慢倒入 800ml 水中，并不断搅拌，最后加水稀释至 1 000ml
稀硫酸 H₂SO₄	1.06	1	0.092 7	浓硫酸 53ml 慢慢倒入 800ml 水中，并不断搅拌，最后加水稀释至 1 000ml
浓醋酸 CH₃COOH	1.05	17	0.995	—
稀醋酸 CH₃COOH	—	6	0.350	浓醋酸 353ml，加水稀释至 1 000ml
稀醋酸 CH₃COOH	1.016	2	0.121 0	浓醋酸 118ml，加水稀释至 1 000ml
浓磷酸 H₃PO₄	1.69	14.7	0.850 9	—

十、常见碱溶液的配制

名称	相对密度 （20℃）	浓度 / （mol·L⁻¹）	质量分数	配制方法
浓氨水 NH₃·H₂O	0.90	15	0.25~0.27	—
稀氨水 NH₃·H₂O	—	6	0.10	浓氨水 400ml，加水稀释至 1 000ml
稀氨水 NH₃·H₂O	—	2	—	浓氨水 133ml，加水稀释至 1 000ml
稀氨水 NH₃·H₂O	—	1	—	浓氨水 67ml，加水稀释至 1 000ml
氢氧化钠 NaOH	1.22	6	0.197	氢氧化钠 250g 溶于水，稀释至 1 000ml
氢氧化钠 NaOH	—	2	—	氢氧化钠 80g 溶于水，稀释至 1 000ml
氢氧化钠 NaOH	—	1	—	氢氧化钠 40g 溶于水，稀释至 1 000ml
氢氧化钾 KOH	—	2	—	氢氧化钾 112g 溶于水，稀释至 1 000ml

十一、不同温度时常用标准缓冲溶液的 pH

温度 /℃	0.05mol/L 草酸三氢钾	0.05mol/L 邻苯二甲酸氢钾	0.025mol/L KH₂PO₄+Na₂HPO₄	0.01mol/L 硼砂
0	1.67	4.01	6.98	9.64
5	1.67	4.00	6.95	9.40

温度/℃	0.05mol/L 草酸三氢钾	0.05mol/L 邻苯二甲酸氢钾	0.025mol/L KH₂PO₄+Na₂HPO₄	0.01mol/L 硼砂
10	1.67	4.00	6.92	9.33
15	1.67	4.00	6.90	9.28
20	1.68	4.00	6.88	9.23
25	1.68	4.01	6.86	9.18
30	1.68	4.02	6.85	9.14
35	1.69	4.02	6.84	9.10
40	1.69	4.04	6.84	9.07

十二、标准缓冲溶液的配制

名称	配制方法
草酸三氢钾溶液 (0.05mol/L)	称取在 54℃ ±3℃ 下烘干 4~5 小时的草酸三氢钾 $KH_3(C_2O_4)_2·2H_2O$ 12.61g,溶于纯化水,在容量瓶中稀释至 1 000ml
25℃饱和酒石酸氢钾溶液	在磨口玻璃瓶中装入纯化水和过量的酒石酸氢钾($KHC_8H_4O_6$)粉末(约 20g/1 000ml),控制温度在 25℃ ±5℃,剧烈振摇 20~30 分钟,溶液澄清后,取上清液
邻苯二甲酸氢钾溶液 (0.05mol/L)	称取在 115℃ ±5℃ 下烘干 2~3 小时的邻苯二甲酸氢钾($KHC_4H_4O_4$)10.12g,溶于纯化水,在容量瓶中稀释至 1 000ml
磷酸二氢钾(0.025mol/L)和磷酸氢二钠(0.025mol/L)混合溶液	分别称取在 115℃ ±5℃ 下烘干的 2~3 小时的磷酸氢二钠(Na_2HPO_4)3.53g 和磷酸二氢钾(KH_2PO_4)3.39g,溶于纯化水,在容量瓶中稀释至 1 000ml
0.01mol/L 硼砂溶液	称取硼砂($Na_2B_4O_7·10H_2O$)3.80g(注意:不能烘),溶于纯化水,在容量瓶中稀释至 1 000ml
25℃饱和氢氧化钙溶液	在玻璃磨口瓶或聚乙烯塑料瓶中装入纯化水和过量的氢氧化钙[$Ca(OH)_2$]粉末(5~10g/1 000ml),控制温度在 25℃ ±5℃,剧烈振摇 20~30 分钟,迅速用抽滤法滤清液备用

十三、常用指示剂的配制

名称	配制方法
甲基橙	取甲基橙 0.1g,加纯化水 100ml,溶解后,滤过
酚酞	取酚酞 1g,加 95% 乙醇 100ml 使溶解
铬酸钾	取铬酸钾 5g,加水溶解,稀释至 100ml
硫酸铁铵	取硫酸铁铵 8g,加水溶解,稀释至 100ml
铬黑 T	取铬黑 T 0.1g,加氯化钠 10g,研磨均匀
钙指示剂	取钙指示剂 0.1g,加氯化钠 10g,研磨均匀
淀粉	取淀粉 0.5g,加冷纯化水 5ml,搅匀后,缓缓倾入 100ml 沸纯化水中,随加随搅拌,煮沸,至成稀薄的半透明溶液,放置,倾取上层清液应用。本液应临用新制
碘化钾淀粉	取碘化钾 0.5g,加新制的淀粉指示液 100ml,使溶解。本液配制后 24 小时,即不适用

课程标准

课程标准

元素周期表

图例：
- 原子序数 1
- 元素符号 H
- 元素名称 氢
- 英文名称 Hydrogen

族→	1 IA	2 IIA	3 IIIB	4 IVB	5 VB	6 VIB	7 VIIB	8	9 VIIIB	10	11 IB	12 IIB	13 IIIA	14 IVA	15 VA	16 VIA	17 VIIA	18 VIIIA
1	1 H 氢 Hydrogen																	2 He 氦 Helium
2	3 Li 锂 Lithium	4 Be 铍 Beryllium											5 B 硼 Boron	6 C 碳 Carbon	7 N 氮 Nitrogen	8 O 氧 Oxygen	9 F 氟 Fluorine	10 Ne 氖 Neon
3	11 Na 钠 Sodium	12 Mg 镁 Magnesium											13 Al 铝 Aluminum	14 Si 硅 Silicon	15 P 磷 Phosphorus	16 S 硫 Sulfur	17 Cl 氯 Chlorine	18 Ar 氩 Argon
4	19 K 钾 Potassium	20 Ca 钙 Calcium	21 Sc 钪 Scandium	22 Ti 钛 Titanium	23 V 钒 Vanadium	24 Cr 铬 Chromium	25 Mn 锰 Manganese	26 Fe 铁 Iron	27 Co 钴 Cobalt	28 Ni 镍 Nickel	29 Cu 铜 Copper	30 Zn 锌 Zinc	31 Ga 镓 Gallium	32 Ge 锗 Germanium	33 As 砷 Arsenic	34 Se 硒 Selenium	35 Br 溴 Bromine	36 Kr 氪 Krypton
5	37 Rb 铷 Rubidium	38 Sr 锶 Strontium	39 Y 钇 Yttrium	40 Zr 锆 Zirconium	41 Nb 铌 Niobium	42 Mo 钼 Molybdenum	43 Tc 锝 Technetium	44 Ru 钌 Ruthenium	45 Rh 铑 Rhodium	46 Pd 钯 Palladium	47 Ag 银 Silver	48 Cd 镉 Cadmium	49 In 铟 Indium	50 Sn 锡 Tin	51 Sb 锑 Antimony	52 Te 碲 Tellurium	53 I 碘 Iodine	54 Xe 氙 Xenon
6	55 Cs 铯 Cesium	56 Ba 钡 Barium	57-71 镧系 Lanthanum	72 Hf 铪 Hafnium	73 Ta 钽 Tantalum	74 W 钨 Tungsten	75 Re 铼 Rhenium	76 Os 锇 Osmium	77 Ir 铱 Iridium	78 Pt 铂 Platinum	79 Au 金 Gold	80 Hg 汞 Mercury	81 Tl 铊 Thallium	82 Pb 铅 Lead	83 Bi 铋 Bismuth	84 Po 钋 Polonium	85 At 砹 Astatine	86 Rn 氡 Radon
7	87 Fr 钫 Francium	88 Ra 镭 Radium	89-103 锕系 Actinium	104 Rf 鑪 Rutherfordium	105 Db 𬭊 Dubnium	106 Sg 𬭳 Seaborgium	107 Bh 𬭛 Bohrium	108 Hs 𬭶 Hassium	109 Mt 鿏 Meitnerium	110 Ds 𫟼 Darmstadtium	111 Rg 𬬭 Roentgenium	112 Cn 鿔 Copernicium	113 Nh 鿭 Nihonium	114 Fl 𫓧 Flerovium	115 Mc 镆 Moscovium	116 Lv 𫟷 Livermorium	117 Ts 鿬 Tennessine	118 Og 鿫 Oganesson

镧系（Lanthanides）

57 La 镧 Lanthanum	58 Ce 铈 Cerium	59 Pr 镨 Praseodymium	60 Nd 钕 Neodymium	61 Pm 钷 Promethium	62 Sm 钐 Samarium	63 Eu 铕 Europium	64 Gd 钆 Gadolinium	65 Tb 铽 Terbium	66 Dy 镝 Dysprosium	67 Ho 钬 Holmium	68 Er 铒 Erbium	69 Tm 铥 Thulium	70 Yb 镱 Ytterbium	71 Lu 镥 Lutetium

锕系（Actinides）

89 Ac 锕 Actinium	90 Th 钍 Thorium	91 Pa 镤 Protactinium	92 U 铀 Uranium	93 Np 镎 Neptunium	94 Pu 钚 Plutonium	95 Am 镅 Americium	96 Cm 锔 Curium	97 Bk 锫 Berkelium	98 Cf 锎 Californium	99 Es 锿 Einsteinium	100 Fm 镄 Fermium	101 Md 钔 Mendelevium	102 No 锘 Nobelium	103 Lr 铹 Lawrencium